JN237476

本書で使用するシステム名、製品名は、それぞれ各社の商標、または登録商標です。
なお、本文中では™、®、©マークは省略している場合もあります。

シングルページ Webアプリケーション

Node.js、MongoDBを活用した JavaScript SPA

Michael S. Mikowski
Josh C. Powell　著

佐藤 直生　監訳
木下 哲也　訳

O'REILLY®
オライリー・ジャパン

Single Page Web Applications
JavaScript end-to-end

MICHAEL S. MIKOWSKI
JOSH C. POWELL

MANNING
Shelter Island

Original English language edition published by Manning Publications, USA. copyright ©2013 by Manning Publications Co. Japanese-language edition copyright ©2014 by O'Reilly Japan, Inc. All rights reserved.
Japanese translation rights arranged with Waterside Productions, Inc. as agents for Manning Publications through Japan UNI Agency, Inc., Tokyo.

本書は、株式会社オライリー・ジャパンがManning Publications Co.の許諾に基づき翻訳したものです。日本語版についての権利は、株式会社オライリー・ジャパンが保有します。

日本語版の内容について、株式会社オライリー・ジャパンは最大限の努力をもって正確を期していますが、本書の内容に基づく運用結果について責任を負いかねますので、ご了承ください。

両親、妻、子供たちへ。あなたたちはたくさんのことを教えてくれた。愛している。

——M.S.M

妻、Marianneへ。執筆中の並々ならぬ忍耐に感謝する。愛している。

——J.C.P

まえがき

私は2006年に初めてJavaScriptシングルページWebアプリケーション（SPA）を記述した（当時はSPAとは言わなかったが）。これは私にとって大きな変化であった。私の経歴の初期の頃には、低水準のLinuxカーネルハッキングと並列分散コンピューティングに重点的に取り組んでおり、ユーザインタフェースは常に簡単なコマンドラインであった。2006年にサンフランシスコ大学でテニュア（終身在職権）を手に入れた後、分散マシン管理とデバッグを容易にするために対話型グラフィカルインタフェースが必要なRiver(http://river.cs.usfca.edu)という野心的な分散コンピューティングプロジェクトを開始した。

Alex Russellが「コメット（comet）」という用語を作り、それに刺激を受け、インタフェースにこの技術とWebブラウザを使うことに決めた。それにはJavaScriptでリアルタイムなやり取りを可能にするという大きな課題があった。何とか動作させることはできたが、期待していたほど効率的ではなかった。現在手に入るライブラリやテクニックは存在しなかったので、すべてを自分たちで開発する必要があるという課題があった。例えば、jQueryの最初のバージョンはその年の後半までリリースされていなかった。

2011年7月、SnapLogic, Inc. (http://snaplogic.com)の研究部長だったときに、Mike MikowskiがUIアーキテクトとして入社した。我々は次世代データ統合製品を設計するチームで一緒に働いた。Mikeと私は、ソフトウェアエンジニアリングと言語設計の主要課題についてかなりの時間を費やして議論した。我々は互いに多くを学び合った。Mikeは読者が今読んでいる本書の草稿にも一緒に取り組み、その時にMikeとJoshのSPA構築手法について学んだ。彼らがさまざまな世代の商用SPAを構築し、その経験を活かして包括的かつ明確で比較的単純なテクニックとアーキテクチャに磨きをかけてきたことは明らかであった。

2006年のRiverプロジェクト以来、ブラウザネイティブなSPAを開発するための要素が、JavaやFlashなどのサードパーティプラグインよりも概して優れている段階まで成熟した。HTML、CSS、JavaScript、jQuery、Node.js、HTTPなどの要素に焦点を当てた優れた書籍がたくさんある。残念ながら、これらの要素をまとめ上げる方法をうまく示した書籍はあまりない。

本書は例外である。エンドツーエンドでJavaScriptを使って強力なSPAを構築するのに必要な、十分にテストされたレシピを詳細に示している。SPAの多くの世代の改良から得られた知見を共有している。MikeとJoshは多くの間違いを犯し、読者が間違いを犯さないようにしてくれていると言えよう。本書を使うと、実装の代わりにアプリケーションという目的に専念できる。

　本書のソリューションでは最新のWeb標準を利用しているので、寿命が長く、多くのブラウザやデバイスで使えるはずだ。2006年にRiverプロジェクトに関わったときに現在の技術と本書が存在していたらよかったと本当に思う。間違いなくどちらも使っていただろう。

サンフランシスコ大学
コンピュータ科学科教授
Gregory D. Benson

はじめに

Joshと私は、2011年夏に私が求職活動をしており、JoshがWebアーキテクトの職を申し出てくれたときに出会った。最終的には別の申し出を受け入れることにしたのだが、我々は非常に気が合い、シングルページWebアプリケーション（SPA）とインターネットの将来に関する興味深い議論を交わした。ある日、Joshが一緒に書籍を執筆することを無邪気に提案した。私は愚かにも同意し、その先何百週間もの共同的運命を決めた。我々は、本書が300ページ以下の薄い書籍になると予想していた。経験豊富な開発者がエンドツーエンドでJavaScriptを使って本番環境に備えたSPAを作成する様子を、肩ごしに覗き込むようなスタイルで提供する考えであった。そのクラスで最高のツールとテクニックだけを使って世界に誇るユーザエクスペリエンスを提供する。このコンセプトは、本書どおりに開発するか、利用可能なフレームワークライブラリの1つを使うことに決めるかにかかわらず、JavaScript SPAを開発する誰にでも適用される。

Manning Early Access Programで最初に出版したときには、最初の月に約1000人が購入してくれた。読者のフィードバックを聞き、会合、大学、業界のカンファレンスで何千人もの開発者や影響を与える人々と話もし、なぜSPAが人々を魅了するのかを学んだ。我々が耳にしたのは、このトピックに関する知識に対する渇望であった。開発者はWebアプリケーションを構築するより優れた方法を学びたいと切望していることがわかった。そこで、さらにトピックを追加した。例えば、多くの人が本書の原稿で取り上げているテストの範囲が十分ではないと感じていたので、1つの章の長さにも匹敵する付録Bを追加してコマンドラインでのSPAテストを準備する方法を詳細に示した。

依然として本番環境に備えたSPA開発を肩ごしに覗き込むようなスタイルを持ちつつも、読者が本当に望んでいるかなりの追加トピックも取り上げている。そのため、「薄い」はずの書籍は最初の見積りの約2倍に膨れ上がった。楽しんでもらえれば幸いである。

Michael S. Mikowski

本書について

　本書の執筆を検討したときには、SPAクライアントの開発に約3分の2を当てるつもりであった。残りの3分の1は、SPAを提供するのに必要なWebサーバとサービスを念頭に置いていた。しかし、Webサーバに何を使うべきか決められなかった。Ruby/Rails、Java/Tomcat、mod_perl、その他のプラットフォームを使って従来のサイトとSPAサイトのためのWebサーバの点数を付けたが、特にSPAをサポートするにはどれにも欠点があり、より優れたものが欲しいという気持ちになった。

　最近になって、WebサーバとしてNode.jsを使いデータベースとしてMongoDBを使う、「純粋な」JavaScriptスタックに切り替えた。課題はあったが、経験によって解放され、説得力を持つことがわかった。通常、共通の言語とデータフォーマットのメリットは非常に大きいので、この選択によって失うことになる多言語スタックが提供する言語特有のどの機能よりも大幅に勝る。

　「純粋な」JavaScriptスタックを提示したため、読者にずば抜けて高い価値を提供できたと感じた。なぜなら、すべての要素をまとめる方法を示した書籍を他に知らないからだ。また、このスタックは人気を博し続け、シングルページアプリケーションで最も一般的に使われるスタックの1つになると期待している。

ロードマップ

　1章ではシングルページアプリケーションを紹介する。JavaScript SPAを定義し、他の種類のSPAと比較する。従来のWebサイトとSPAを比較し、SPAを使う機会、メリット、課題を説明する。SPAの開発手順を読者に示し、1章が終わる頃にはSPAを利用できるようにする。

　2章では、SPAの構築に不可欠なJavaScriptの機能と特徴を取り上げる。SPAのほぼすべてのコードはJavaScriptで記述されるため、ユーザとのやり取りを提供するために追加した単なる補足ではなく、JavaScript言語の働きを理解することは極めて重要である。変数、フォーマット、関数を説明し、さらに実行コンテキスト、クロージャ、オブジェクトプロトタイプなどの高度なトピックも取り上げる。

　3章では、本書全体で使用するSPAアーキテクチャを紹介する。また、主要なユーザインタフェー

スモジュールとしてシェルも紹介する。シェルは機能モジュール、ブラウザ全体でのイベント、URLやCookieなどのデータを調整する。イベントハンドラを実装し、アンカーインタフェースパターンを使ってページ状態を管理する。

4章では、明確に定義された特定の機能をSPAに提供する機能モジュールを詳細に説明する。適切に記述された機能モジュールをサードパーティJavaScriptと比較する。品質とモジュール性を確保するために分離を推奨する。

5章では、すべてのビジネスロジックを1つの名前空間に集約するモデルモジュールの構築方法を示す。モデルは、クライアントをデータ管理やサーバとのやり取りから分離する。ここでピープルAPIを設計して開発する。フェイクデータモジュールとJavaScriptコンソールでモデルをテストする。

6章ではモデルへの取り組みを完成させる。ここでチャットAPIを設計して開発し、再びフェイクデータモジュールとJavaScriptコンソールでテストする。データモジュールを導入し、Webサーバからの「生」のデータを使うようにアプリケーションを調整する。

7章ではWebサーバとしてNode.jsを導入する。SPAのほとんどのコードはクライアント側にあるので、バックエンドはアプリケーションの需要を満たせるだけの性能を持つ任意の言語で記述できる。バックエンドをJavaScriptで記述すると、プログラミング環境の一貫性を保ち、フルスタック開発が容易になる。過去にNode.jsを使ったことがなければ、本章が優れた入門となり、経験豊富なNode.js開発者であっても、本章はSPAでのサーバの役割を知る手がかりとなる。

8章では、データベースまでスタックを下っていく。本書でMongoDBを使うのは、MongoDBはデータをJSONドキュメントに格納する、本番環境で実績のあるデータベースだからだ。MongoDBを使ったことがない人のために基本的な紹介をしてから、SPAでのデータベースの役割を掘り下げる。

9章では、従来のMVC Webアプリケーションとは異なるSPAの概念的詳細を取り上げる。検索エンジンに対するSPAの最適化、SPAでの分析データの収集、SPAでのエラーロギングなどである。また、SPA開発で特に重要となる従来のWebアプリケーションでの関心分野も取り上げる。CDNを介した静的コンテンツの迅速な提供、スタックのすべてのレベルでのキャッシングなどである。

付録Aでは、JavaScriptコーディング標準を詳しく説明する。このコーディング標準は読者に適する場合もあれば適さない場合もあるかもしれないが、SPAでテスト可能でメンテナンスしやすく非常に読みやすいJavaScriptを構築するための貴重な指針となる。コーディング標準が重要な理由、コードの体系化と文書化、変数やメソッドの命名方法、名前空間の保護、ファイルの体系化、JSLintを使ったJavaScriptの検証を取り上げる。また、コーディング時に手元に置いておく2ページにまとめた参考資料も含まれている。

付録BではSPAのテストを扱う。SPAのテストはそれだけで1冊の書籍になるほど重要で不可欠なトピックなので、無視できない。テストモジュールの準備、テストフレームワークの選択、テストスイートの作成、テスト設定に合わせたSPAモジュールの調整について取り上げる。

対象読者

本書は、JavaScript、HTML、CSSの経験が少なくとも多少はあるWeb開発者、アーキテクト、製品マネージャを対象としている。Web開発をかじったことさえない場合には本書は向いていないが、それでも本書の購入は歓迎する。初心者にWebサイト開発と設計を教えるのに適した書籍は多数存在するが、本書のそのような書籍ではない。

本書は、エンドツーエンドでJavaScriptを使った大規模なシングルページWebアプリケーション（SPA）を設計し構築するための優れた手引書となることを目指している。データベース、Webサーバ、ブラウザアプリケーションの言語としてJavaScriptを使う。本書の約3分の2はクライアント開発に当てている。残りの3分の1は、Node.jsとMongoDBなどのJavaScriptツールを使ってサーバを構築する方法を示している。別のサーバプラットフォームに決まっていても、大部分のロジックを簡単に変換できるはずだ。ただし、ほとんどの場合、メッセージングサービスにはイベント駆動Webサーバが必要である。

コードの表記法とダウンロード

リストや本文のソースコードは、固定幅フォントで表示して通常の文章と区別している。リストにはコードの注釈を付け、重要な概念を強調している。

本書の例のソースコードは、出版社のWebサイトwww.manning.com/SinglePageWebApplicationsからダウンロードできる。

ソフトウェアとハードウェアの要件

最新のMac OS XやLinuxマシンの場合には、本書で指定したソフトウェアをインストールしていれば、本書の作業で問題が生じることはほとんどないだろう。

Windowsの場合には、本書の第1部と第2部の作業で問題が生じることはほとんどないはずだ。第3部では、Windowsでは利用できなかったり制限があるツールが必要である。無料で利用できる仮想マシン（http://www.oracle.com/technetwork/server-storage/virtualbox/downloads/を参照）とLinuxディストリビューション（Ubuntu Server 13.04を推奨。http://www.ubuntu.com/download/serverを参照）を使用するとよい。

表記法

この本では、以下のような表記を使用している。

ゴシック
: 新しい用語を表す。

等幅
: プログラムリスト、プログラム中の変数、関数名、データベース、データ型、環境変数、文、キーワードなどの要素を表す。

等幅太字
: コマンド、ユーザが入力する文字などを表す。

等幅斜体
: ユーザが指定した値やコンテキストで定義された値で置き換えたテキストを表す。

ご意見とご質問

本書に関するコメントや質問は以下までお知らせください。

株式会社オライリー・ジャパン
〒160-0002 東京都新宿区坂町26番地27
インテリジェントプラザビル　1F
電話　　　　03-3356-5227
FAX　　　　03-3356-5261

本書には、正誤表、サンプル、およびあらゆる追加情報を掲載したWebサイトがあります。このページには以下のアドレスでアクセスできます。

　　　http://www.manning.com/mikowski/（英語）
　　　http://www.oreilly.co.jp/books/9784873116730/（日本語）

目次

まえがき vii
はじめに ix
本書について xi

I部
SPA の紹介

1章　最初のシングルページアプリケーション 3
1.1　定義、簡単な歴史、重点事項 4
1.2　最初のSPAを構築する 10
1.3　適切に記述されたSPAのユーザメリット 23
1.4　まとめ 24

2章　JavaScriptのおさらい 27
2.1　変数スコープ 29
2.2　変数の巻き上げ 32
2.3　高度な変数の巻き上げと実行コンテキストオブジェクト 34
2.4　スコープチェーン 39
2.5　JavaScriptオブジェクトとプロトタイプチェーン 43
2.6　関数——詳しく調べる 53
2.7　まとめ 66

II部
SPAクライアント

3章 シェルの開発 ... 71
- 3.1 シェルを完全に把握する ... 71
- 3.2 ファイルと名前空間を用意する ... 73
- 3.3 機能コンテナを作成する ... 79
- 3.4 機能コンテナをレンダリングする ... 85
- 3.5 機能コンテナを管理する ... 91
- 3.6 アプリケーション状態を管理する ... 99
- 3.7 まとめ ... 109

4章 機能モジュールの追加 ... 111
- 4.1 機能モジュール方式 ... 112
- 4.2 機能モジュールファイルを用意する ... 118
- 4.3 メソッドAPIを設計する ... 126
- 4.4 機能APIを実装する ... 133
- 4.5 頻繁に必要となるメソッドを追加する ... 154
- 4.6 まとめ ... 161

5章 モデルの構築 ... 163
- 5.1 モデルを理解する ... 164
- 5.2 モデルとその他のファイルを用意する ... 168
- 5.3 peopleオブジェクトを設計する ... 176
- 5.4 peopleオブジェクトを構築する ... 183
- 5.5 シェルでサインインとサインアウトを可能にする ... 201
- 5.6 まとめ ... 207

6章 モデルとデータモジュールの完成 ... 209
- 6.1 chatオブジェクトを設計する ... 209
- 6.2 chatオブジェクトを構築する ... 214
- 6.3 モデルにアバターサポートを追加する ... 230
- 6.4 チャット機能モジュールを完成させる ... 235
- 6.5 アバター機能モジュールを作成する ... 251
- 6.6 データバインディングとjQuery ... 261

6.7	データモジュールを作成する	262
6.8	まとめ	265

III部
SPAサーバ

7章 Webサーバ　269

7.1	サーバの役割	269
7.2	Node.js	271
7.3	高度なルーティング	285
7.4	認証と認可を追加する	300
7.5	WebSocketとSocket.IO	301
7.6	まとめ	310

8章 サーバデータベース　311

8.1	データベースの役割	311
8.2	MongoDBとは	314
8.3	MongoDBドライバを使う	318
8.4	クライアントデータを検証する	329
8.5	個別のCRUDモジュールを作成する	340
8.6	チャットモジュールを構築する	350
8.7	まとめ	366

9章 SPAを本番環境に備える　367

9.1	SPAを検索エンジンに対して最適化する	368
9.2	クラウドサービスとサードパーティサービス	371
9.3	キャッシングとキャッシュバスティング	376
9.4	まとめ	391

付録A JavaScriptコーディング標準　393

A.1	なぜコーディング標準が必要なのか	393
A.2	コードレイアウトとコメント	394
A.3	変数名	405
A.4	変数の宣言と割り当て	414
A.5	関数	416

- A.6 名前空間 ………………………………………………………… 418
- A.7 ファイル名とレイアウト ……………………………………… 419
- A.8 構文 ……………………………………………………………… 420
- A.9 コードを検証する ……………………………………………… 425
- A.10 モジュール用のテンプレート ………………………………… 428
- A.11 まとめ …………………………………………………………… 430

付録B　SPAのテスト ……………………………………………… 433

- B.1 テストモードを準備する ……………………………………… 434
- B.2 テストフレームワークを選ぶ ………………………………… 438
- B.3 nodeunitを準備する …………………………………………… 439
- B.4 テストスイートを作成する …………………………………… 440
- B.5 テストに合わせてSPAモジュールを調整する ……………… 461
- B.6 まとめ …………………………………………………………… 464

索引 …………………………………………………………………… 465

I部
SPAの紹介

このページを読むのに要する時間の間に、世界中で従来のWebサイトのページのロード待ちに3500万人分（800人月）が費やされるだろう。これは、Webブラウザでロード中に回転しているアイコンが、火星探査機ローバー「キュリオシティ」が火星との間で96往復するほどの時間に相当する。従来のWebサイトの生産性コストは驚くほど高く、このコストはビジネスにとって致命的である。Webサイトが遅いと、ユーザを自社サイトから遠ざけ、ほくそ笑むライバルの思うつぼである。

従来のWebサイトが遅い理由の1つは、人気のMVCサーバフレームワークが基本的にデータ処理能力のないクライアントに静的コンテンツのページを次々に提供することに重点を置いているからだ。例えば、従来のWebサイトのスライドショーのリンクをクリックすると、画面がさっと白くなり、数秒かけてすべてをリロードする。ナビゲーション、広告、見出し、テキスト、フッタなどのすべてを再表示する。しかし、変わっているのはスライドショーイメージとおそらく説明テキストだけである。さらに悪いことに、ページの要素が使えるようになったことを示す仕組みはない。例えば、Webページに現れたらすぐにクリックできるリンクもあるが、再描画が100%完了してから5秒間待たなければいけない場合もある。このような遅くて一貫性のない間抜けな体験は、ますます世の中の事情に精通したWebコンシューマにとって受け入れがたいものになっている。

Webアプリケーションの別の（もっと言えば優れた）開発手法、シングルページWebアプリケーション（SPA：Single Page Web Application）を学習する覚悟を決めてほしい。SPAはブラウザでデスクトップアプリケーションを実現する。その結果、ユーザを困惑させ苦しませるのではなく、驚かせ喜びをもたらす極めて迅速な応答性の高いエクスペリエンスを提供できる。第I部では以下のことを学ぶ。

- SPAとは何か。また、従来のWebサイトに勝る利点。
- SPA手法はどのようにしてWebアプリケーションの応答速度や魅力を大幅に高める

のか。
- SPA開発のためのJavaScriptスキルの改善方法。
- SPAの例の構築方法。

　製品設計は、商用Webアプリケーションや企業Webアプリケーションの成功の決め手であるとますますみなされるようになっている。多くの場合、SPAは最適なユーザエクスペリエンスを提供するための最適な選択肢である。その結果、SPAの採用や高度化を促進する、ユーザに焦点を合わせた設計の需要が期待される。

1章
最初のシングルページ アプリケーション

本章で取り上げる内容：
- シングルページアプリケーションを定義する。
- 最も一般的なシングルページアプリケーションプラットフォーム（Java、Flash、JavaScript）を比較する。
- 最初のJavaScriptシングルページアプリケーションを記述する。
- Chromeデベロッパーツールを使ってアプリケーションを調べる。
- シングルページアプリケーションのユーザメリットを探る。

　本書は、少なくとも多少のJavaScript、HTML、CSSの経験を持つWeb開発者、アーキテクト、製品マネージャを対象としている。Web開発に全く手を出したことがなければ本書は向いていないが、ともかく購入は自由である。Webサイト開発や設計の初心者を教えるのに適した書籍が多数あるが、本書はそれには当たらない。

　本書は、JavaScriptをエンドツーエンドで使用した大規模なシングルページアプリケーション（SPA）の設計と構築の優れた手引書となることを切望している。実際に、**図1-1**に示すように、データベース、Webサーバ、さらにはブラウザアプリケーションの言語としてJavaScriptを使用する。

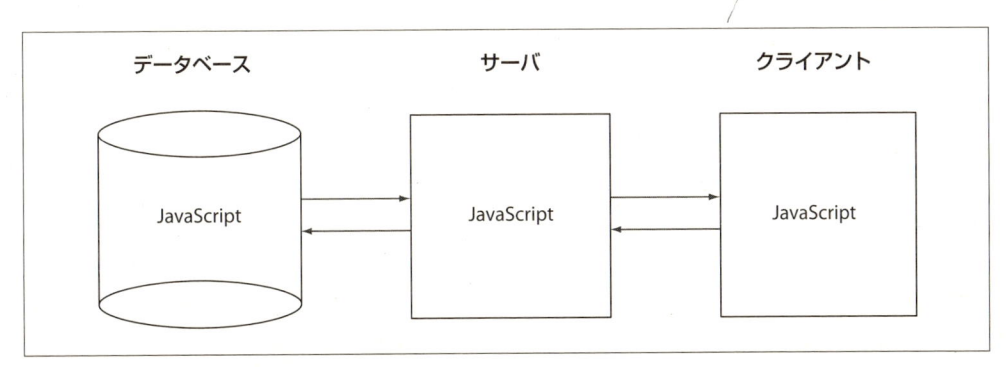

図1-1　エンドツーエンドでのJavaScript

我々は、多数の大規模な商用SPAや企業SPAの開発を先導するのにこの6年間を費やしてきた。その間、遭遇した課題に対応するように常に実践方法を変えてきた。その実践方法は開発の高速化、ユーザエクスペリエンスの改善、品質の確保、チームコミュニケーションの改善に役立ったので、本書でその実践方法を共有する。

1.1　定義、簡単な歴史、重点事項

SPAは、ブラウザに提供され、使用中にページをリロードしないアプリケーションである。すべてのアプリケーションと同様に、ユーザが「文書の記述」や「Webサーバの管理」などのタスクを完了するのに役立つことを目的とする。SPAは、Webサーバからロードしたファットクライアントとみなすことができる。

1.1.1　簡単な歴史

SPAには長い歴史がある。初期の例を見てみよう。

- Tic-Tac-Toe（三目並べ）—— http://rintintin.colorado.edu/~epperson/Java/TicTacToe.html。これが優れているというわけではない。このアプリケーションは、三目並べゲームで手ごわく非情な宿敵コンピュータを打ち負かす意欲をかき立てる。Javaプラグインが必要である（http://www.java.com/ja/download/ を参照）。ブラウザにこのアプレットを実行する権限を与えなければいけない場合もある。
- Flash Spacelander —— http://games.whomwah.com/spacelander.html。これは初期のFlashゲームの1つであり、2001年頃にダンカン・ロバートソンが記述した。Flashプラグインが必要である（http://get.adobe.com/flashplayer/ を参照）。
- JavaScript mortgage calculator（住宅ローン計算）—— http://www.mcfedries.com/creatingawebpage/mortgage.htm。この計算プログラムはJavaScriptそのものと同じくらい古いと思われるが、問題なく動作する。**プラグインは必要ない。**

鋭い読者（また、少数の鋭くない読者でも[*1]）は、最も一般的な3つのSPAプラットフォームであるJavaアプレット、Flash/Flex、JavaScriptの例を紹介していることに気付くだろう。さらに、JavaScript SPAだけがサードパーティプラグインのオーバーヘッドやセキュリティ上の問題が生じることなく動作することにも気付いているかもしれない。

現在、JavaScript SPAはこの3つの中で最善の選択肢であることが少なくない。しかし、JavaScriptが大部分のSPAで利用されるような競争力を持つようになるには（または、利用できるよ

[*1] 原注：ポテトチップスを食べながら本章を読んでいたら、だらしない読者である。

うになるのでさえ）しばらく時間がかかった。その理由を見てみよう。

1.1.2　なぜJavaScript SPAはそれほど長い時間がかかったのか

　FlashとJavaアプレットは、2000年までに見事に進化した。Javaは、複雑なアプリケーションやブラウザを介した完全なオフィススイートを実現するためにも使われていた[*1]。Flashは、機能豊富なブラウザゲームや後にはビデオを提供するために使うプラットフォームになっていた。一方、JavaScriptは依然として主に住宅ローン計算、フォームの検証、ロールオーバーエフェクト、ポップアップウィンドウ程度に追いやられていた。問題は、一般的なブラウザで一貫性して重要な機能を提供するにはJavaScript（またはJavaScriptが使うレンダリング方法）を信頼できなかったことだ。とはいえ、JavaScript SPAではFlashやJavaを上回る多数の魅力的なメリットが約束されていた。

- **プラグインが不要**。ユーザはプラグインのインストール、メンテナンス、OS互換性を気にせずにアプリケーションを利用できる。開発者も別個のセキュリティモデルについて心配する必要がなく、開発やメンテナンスの悩みの種が減る[*2]。
- **少ないリソース**。JavaScriptとHTMLを使ったSPAでは、ランタイム環境を追加する必要のあるプラグインよりも使用するリソースが大幅に少なくなるはずである。
- **1つのクライアント言語**。Webアーキテクトやほとんどの開発者は、HTML、CSS、JSON、XML、JavaScript、SQL、PHP/Java/Ruby/Perlなどの多くの言語とデータフォーマットを知っていなければいけない。ページの他の場所ですでにJavaScriptを使っているのに、なぜJavaによるアプレットやActionScriptによるFlashアプリケーションを記述するのだろうか。クライアントのすべてに1つのプログラミング言語を使用するのは、複雑さを軽減する優れた方法である。
- **より滑らかでインタラクティブなページ**。WebページではFlashやJavaアプリケーションを目にする。多くの場合、ある位置のボックスにアプリケーションが表示され、多くの細部がその周辺のHTML要素とは異なっている。グラフィカルなウィジェットが異なり、右クリックが異なり、音が異なり、ページの他の部分との相互作用は限られている。JavaScript SPAでは、ブラウザウィンドウ全体がアプリケーションインタフェースである。

JavaScriptが成熟するにつれ、ほとんどの弱点が修正または軽減され、価値が高まっている。

- **Webブラウザは世界で最も広く使われているアプリケーション**。多くの人がブラウザウィンドウを常に開いており、一日中使っている。JavaScriptアプリケーションへのアクセスは、ブックマークを1回クリックするだけである。
- **ブラウザ内のJavaScriptは世界で最も広く流通している実行環境**。2011年12月までに、約100

[*1]　原注：Applix (VistaSource) Anywhere Office
[*2]　原注：「同一生成元ポリシー」を知っているだろうか。FlashやJavaで開発したことがあれば、ほぼ確実にこの課題になじみがあるだろう。

万のAndroidとiOSのモバイルデバイスが毎日新規契約されていた。各デバイスのOSには、堅牢なJavaScript実行環境が組み込まれている。この3年間で、10億以上の堅牢なJavaScript実装が世界中の携帯電話、タブレット、ラップトップ、デスクトップコンピュータ用に出荷されている。

- **JavaScriptのデプロイは容易**。JavaScriptアプリケーションは、HTTPサーバにホスティングすれば10億以上のWebユーザが利用できる。
- **JavaScriptはクロスプラットフォーム開発に便利**。現在では、Windows、Mac OS X、LinuxでSPAを作成でき、1つのアプリケーションをすべてのデスクトップマシンだけでなくタブレットやスマートフォンにも展開できる。複数のブラウザ間で収束しつつある標準実装と、一貫性のなさを取り除くjQueryやPhoneGapなどの成熟したライブラリのおかげである。
- **JavaScriptは驚くほど高速になっており、コンパイル型言語にも匹敵する場合もある**。JavaScriptの高速化は、Mozilla Firefox、Google Chrome、Opera、Microsoftで続けられている激しい競争のおかげである。最近のJavaScript実装はネイティブなマシンコードへのJITコンパイル、分岐予測、型推論、マルチスレッディングなどの高度な最適化を享受している[*1]。
- **JavaScriptは高度な機能を備えるように進化している**。この機能には、JSONネイティブオブジェクト、ネイティブJQuery型セレクタ、より一貫性のあるAJAX機能などがある。プッシュメッセージングは、StrophieやSocket.IOなどの成熟したライブラリでかなり簡単になっている。
- **HTML5、SVG、CSS3の標準とサポートが進歩している**。この進歩により、JavaやFlashで作成する速度や品質に匹敵するピクセルパーフェクトなグラフィックスをレンダリングできる。
- **Webプロジェクトで終始JavaScriptを使用できる**。現在では優れたNode.js Webサーバと（どちらもJavaScriptデータフォーマットJSONでやり取りする）CouchDBやMongoDBなどのデータストアを使用できる。サーバとブラウザでライブラリを共有することもできる。
- **デスクトップ、ラップトップ、さらにはモバイルデバイスもより強力になっている**。マルチコアプロセッサやギガバイトのRAMの普及により、以前はサーバで実現していた処理を現在ではクライアントブラウザに割り振ることができる。

上に挙げたようなメリットにより、JavaScript SPAはますます注目を集め、経験豊富なJavaScript開発者とアーキテクトの需要が高まっている。かつては多くのOS（またはJavaやFlash）用に開発していたアプリケーションを現在は1つのJavaScript SPAとして実現している。新興企業はNode.jsをWebサーバとして採用し、携帯アプリケーション開発者はJavaScriptとPhoneGapを使い、1つのコードベースで複数の携帯プラットフォーム用の「ネイティブ」アプリケーションを作成している。

JavaScriptは完璧ではなく、不備、一貫性のなさ、その他の嫌いな側面にもすぐに気付くだろう。

[*1] 原注：Flash ActionScript 3との比較は、http://iq12.com/blog/as3-benchmark/とhttp://jacksondunstan.com/articles/1636を参照。

しかし、これはすべての言語に当てはまる。中核的な概念になじみ、ベストプラクティスを採用し、回避すべきことを学べば、JavaScript開発は楽しく、生産性が高まる。

> ### 生成されたJavaScript：目的は1つ、手段は2つ
>
> JavaScriptを直接使った方がSPAを開発しやすいことがわかっている。これをネイティブJavaScript SPAと呼ぶ。驚くほど人気のある他の手法に、**生成された**JavaScriptを使う方法がある。この方法では開発者は別の言語でコードを記述し、JavaScriptに変換する。この変換は実行時か別個の生成段階中に行われる。有名なJavaScript生成ツールには以下のようなものがある。
>
> - Google Web Toolkit（GWT）── http://www.gwtproject.org/ を参照。GWTはJavaからJavaScriptを生成する。
> - Cappuccino ── http://www.cappuccino-project.org/ を参照。Cappuccinoは、Mac OS XのObjective-Cのクローンであるobjective-Jを使用する。Cappuccino自体が（やはりOS Xの）Cocoaアプリケーションフレームワークの移植版である。
> - CoffeeScript ── http://coffeescript.org/ を参照。CoffeeScriptは、糖衣構文を提供するカスタム言語をJavaScriptに変換する。
>
> GoogleがBlogger、Googleグループ、その他の多くのサイトがGWTを採用していることを考えると、生成されたJavaScript SPAが広く使われていると言って支障がない。すると、「なぜわざわざある高水準言語で記述してから別の言語に変換するのか」という疑問がわく。以下は生成されたJavaScriptが依然として人気がある多くの理由と、その理由がなぜかつてほど説得力がなくなっているかを示している。
>
> - **親しみやすさ**。開発者は、もっとなじみのある言語や簡単な言語を使用できる。生成ツールやフレームワークでは、JavaScriptの気まぐれな変更を気にせずに開発できる。しかし、最終的に変換時に何かが失われるという問題がある。何かが失われると、開発者は生成されたJavaScriptを調べて理解し、正しく機能させる必要がある。言語抽象レイヤーではなくJavaScriptを直接扱った方が効率的であると感じる。
> - **フレームワーク**。開発者は、GWTがサーバとクライアントのために構築された適切なライブラリが凝集したシステムを提供することに感謝している。これは、特にチームがすでに多くの専門知識と稼働中の製品を持っている場合に説得力のある根拠である。
> - **複数のターゲット**。開発者は、Internet Explorer向けのファイルとその他のブラウザ向けのファイルなどの複数のターゲット用のファイルを生成ツールに記述させることができる。さまざまなターゲット用の生成コードは魅力的に思えるが、すべてのブラウザに1つ

のJavaScriptソースを用意した方がはるかに効率的であると考える。ブラウザ実装の収束とjQueryなどの特定のブラウザに依存しない成熟したライブラリのおかげで、現在では修正なしですべての主要ブラウザで動作する高度なSPAを記述するのがはるかに容易になっている。

- **成熟度**。開発者は、JavaScriptは大規模アプリケーション開発には構造化が不十分であると考えている。しかし、JavaScriptは、見事な長所を持ち弱点に対応できるかなり優れた言語になりつつある。Javaなどの強く型付けされた言語の開発者は、型安全性の欠如が許せないと感じる場合がある。また、Ruby on Railsなどの包括的フレームワークの開発者には、一見したところ構造が欠けていることを不満に思うものもいる。ありがたいことに、このような課題はコード検証ツール、コード標準、成熟したライブラリの組み合わせで軽減できる。

現在では、通常はネイティブJavaScript SPAが優れた選択肢であると考えている。本書ではそのネイティブJavaScript SPAの設計と構築を行う。

1.1.3 重点事項

　本書では、JavaScriptをエンドツーエンドで使用した、魅力があり堅牢かつスケーラブルでメンテナンス性の高いSPAの開発方法を示す[*1]。別途注記しない限り、今後SPAと言えば**ネイティブJavaScript SPA**を意味する。ネイティブJavaScript SPAでは、ビジネスロジックとプレゼンテーションロジックをJavaScriptで直接記述し、ブラウザで実行する。このJavaScriptは、HTML5、CSS3、Canvas、SVGなどのブラウザ技術を使ってインタフェースを提供する。

　SPAはサーバ技術をいくつでも使用できる。非常に多くのWebアプリケーションがブラウザに移っているため、サーバ要件が大幅に減少していることが少なくない。**図1-2**は、ビジネスロジックとHTML生成がどのようにサーバからクライアントに移行しているかを図示している。

[*1] 原注：本書の別のタイトルとして『Building Single Page Web Applications Using Best Practices』が挙がっていた。しかし、これは少し冗長に感じられた。

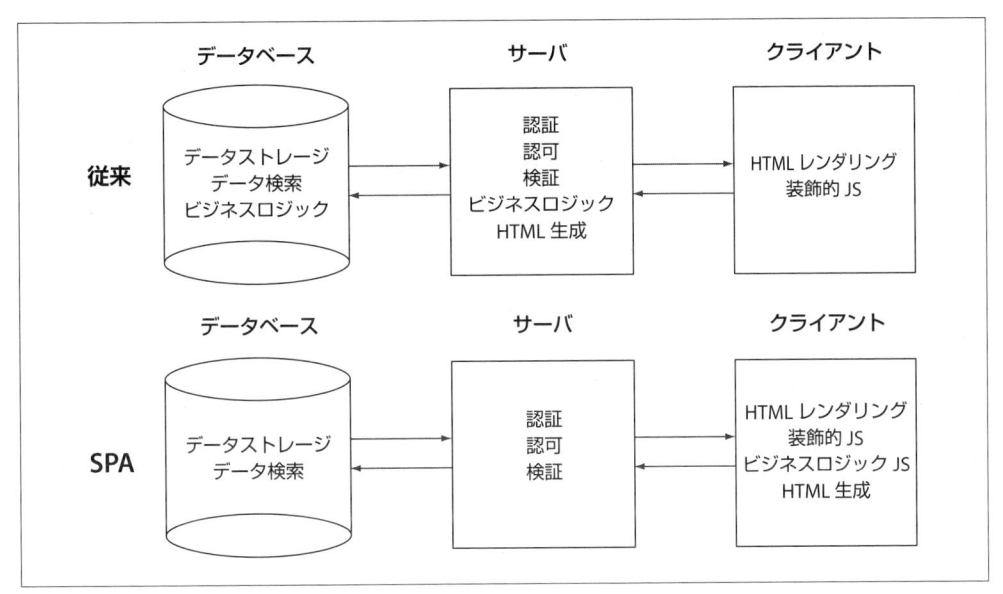

図1-2 データベース、サーバ、クライアントの責務

従来
- データベース: データストレージ、データ検索、ビジネスロジック
- サーバ: 認証、認可、検証、ビジネスロジック、HTML生成
- クライアント: HTMLレンダリング、装飾的JS

SPA
- データベース: データストレージ、データ検索
- サーバ: 認証、認可、検証
- クライアント: HTMLレンダリング、装飾的JS、ビジネスロジックJS、HTML生成

　7章と8章ではバックエンドに焦点を当て、JavaScriptを制御言語としてWebサーバとデータベースを使う。このような選択肢がない場合もあれば、別のバックエンドの方が好みの場合もあるだろう。それでも問題はない。本書で使うSPAの概念やテクニックのほとんどは、使用するバックエンド技術に関わらず適切に機能する。しかし、JavaScriptをエンドツーエンドで使いたい場合には、本書が必要となる。

　クライアントライブラリには、履歴管理やイベント処理のプラグインを備えたDOM操作のためのjQueryが含まれる。TaffyDB2を使って高性能なデータ中心モデルを提供する。Socket.IOは、Webサーバとクライアントとの間のシームレスな準リアルタイムのメッセージングを提供する。サーバでは、イベントベースのWebサーバにNode.jsを使う。Node.jsはGoogle V8 JavaScriptエンジンを使い、何万もの同時接続への対処を得意とする。また、WebサーバでもSocket.IOを使う。データベースはMongoDBであり、これはJavaScriptネイティブデータフォーマットのJSONを使ってデータを格納し、JavaScript APIとコマンドラインインタフェースも備えたNoSQLデータベースである。これらはすべて実績がありよく知られているソリューションである。

　SPA開発では、大量のアプリケーションロジックがサーバからブラウザに移行するため、従来のWebサイトよりも少なくとも一桁大きい規模のJavaScriptコーディングが必要である。1つのSPAの開発では多くの開発者が同時にコーディングを行う必要があり、結果的に100,000行をはるかに超えるコードになる場合もある。サーバサイド開発のためのこれまでの慣行や規律は、この規模での開発に欠かせないものとなる。一方、サーバソフトウェアは簡素化され、認証、検証、データサービスに

格下げされる。本書の例を進めていくときには、このことを肝に銘じておいてほしい。

1.2　最初のSPAを構築する

いよいよSPAを開発する。ベストプラクティスを使って進め、その都度そのベストプラクティスを説明する。

1.2.1　目的を定める

最初のSPAは、GmailやFacebookで目にするのと同様にブラウザウィンドウの右下にチャットスライダーを提供するという控えめな目的を持つ。アプリケーションのロード時には、スライダーは格納されている。図1-3に示すように、スライダーをクリックすると拡大する。再びクリックすると格納される。

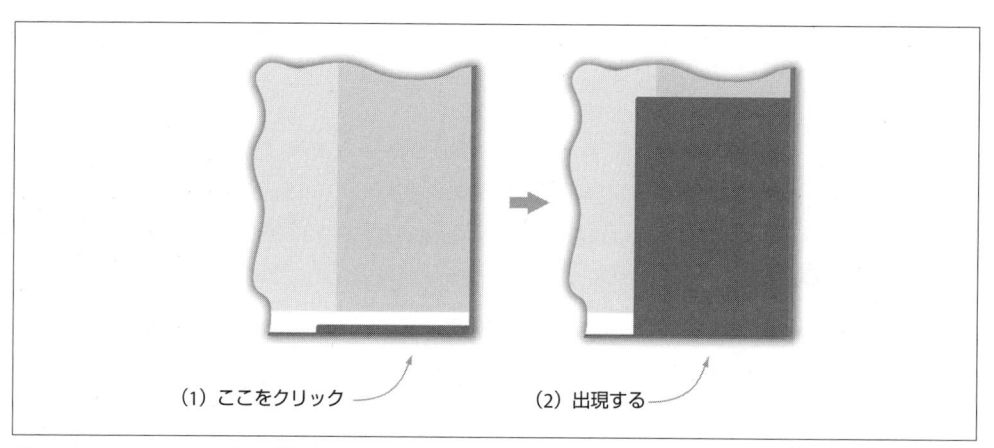

図1-3　チャットスライダーの格納と拡大

通常、SPAはチャットスライダーの開閉以外にも、チャットメッセージの送受信など多くの処理を実行する。このような厄介な細部は省略し、この入門例を比較的簡素にする。有名なことわざを曲解すると、「SPAは一日にしてならず」である。6章と8章でメッセージの送信と取得に戻る。

以降の節では、SPA開発のためのファイルを設定し、お気に入りのツールを紹介し、チャットスライダーのコードを開発し、ベストプラクティスを浮き彫りにする。ここでは身に付けるべきものを数多く示すが、すぐにすべて（特に、ここで使う一部のJavaScriptの技）を理解できるとは思っていない。これらのトピックについては以降の章で触れるべきことがたくさんあるが、当面はリラックスし、小さな事に気をもまず、全体像を把握してほしい。

1.2.2 ファイル構造から始める

1つの外部ライブラリとしてjQueryだけを使い、1つのファイルspa.htmlでアプリケーションを作成する。通常、CSSとJavaScriptは別個のファイルにした方がよいが、1つのファイルで始めると開発と例には便利である。まず、スタイルとJavaScriptを配置する場所を定める。また、**例1-1**に示すようにアプリケーションがHTMLエンティティを記述する`<div>`コンテナも追加する。

例1-1　第一歩（spa.html）

```
<!doctype html>
<html>
<head>
  <title>SPA Chapter 1 section 1.2.2</title>
  <style type="text/css"></style>        ❶
  <script type="text/javascript"></script> ❷
</head>
<body>
  <div id="spa"></div>  ❸
</body>
</html>
```

❶ styleタグを追加してCSSセレクタを含める。一般に、JavaScriptの前にCSSをロードするとページのレンダリングが高速になるので、ベストプラクティスである。
❷ scriptタグを追加してJavaScriptを含める。
❸ spaというIDでdivを作成する。JavaScriptはこのコンテナのコンテンツを制御する。

これでファイルが用意できたので、Chromeデベロッパーツールを準備して現在の状態のアプリケーションを調べてみよう。

1.2.3　Chromeデベロッパーツールを準備する

Google Chromeでリストspa.htmlを開いてみよう。コンテンツを何も追加していないため、空白のブラウザウィンドウが表示されるだろう。しかし、水面下で処理は行われている。Chromeデベロッパーツールで調べてみよう。

Chromeの右上の設定ボタンをクリックし、［ツール］の［デベロッパーツール］（［メニュー］＞［ツール］＞［デベロッパーツール］）を選ぶと、Chromeデベロッパーツールを開くことができる[*1]。すると、**図1-4**に示すようにデベロッパーツールが表示される。JavaScriptコンソールが表示されない場合には、左下のコンソール表示ボタンをクリックすると表示される。コンソールは空白のはずであり、これはJavaScriptの警告やエラーがないことを意味している。現在はJavaScriptがないのでこれでよい。コンソールの上の［Elements］の部分にはページのHTMLと構造が表示される。

本書ではChromeデベロッパーツールを使うが、他のブラウザにも同様の機能がある。例えば、FirefoxはFirebugを、IEとSafariはどちらも独自のデベロッパーツールを提供している。

[*1]　監訳者注：WindowsならF12、またはCtrl + Shift + i、MacならCommand + Option + iでも起動できる。

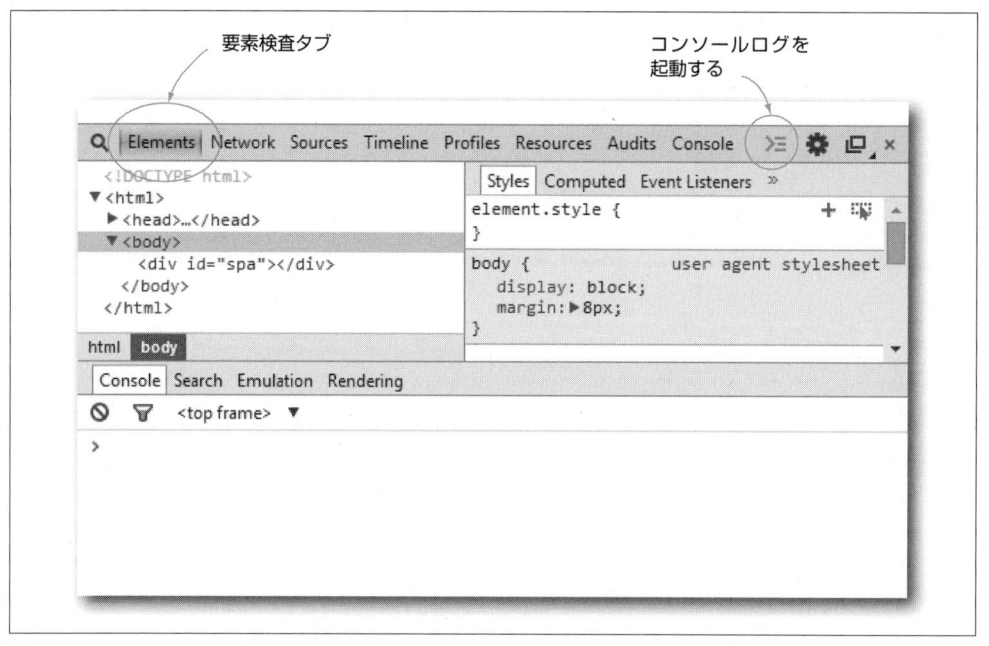

図1-4 Google Chrome デベロッパーツール

本書でリストを提示する際は、多くの場合にChromeデベロッパーツールでHTML、CSS、JavaScriptのすべてが適切に調和して動作することを確認する。次に、HTMLとCSSを作成しよう。

1.2.4　HTMLとCSSを開発する

HTMLに1つのチャットスライダーコンテナを追加する必要がある。まず、spa.htmlファイルの`<style>`セクションでコンテナのスタイルを設定しよう。`<style>`セクションの調整を以下のリストに示す。

例1-2　HTMLとCSS（spa.html）

```
<!doctype html>
<html>
<head>
  <title>SPA Chapter 1 section 1.2.4</title>
  <style type="text/css">
    body {                         ❶
      width : 100%;
      height : 100%;
      overflow : hidden;
      background-color : #777;
    }
```

❶ `<body>`タグを定義してブラウザウィンドウ全体を埋め、オーバーフローを隠す。背景色をミッドグレーに設定する。

```
    #spa {                        ❷
      position : absolute;
      top : 8px;
      left : 8px;
      bottom : 8px;
      right : 8px;
      border-radius : 8px 8px 0 8px;
      background-color : #fff;
    }
    .spa-slider {                 ❸
      position : absolute;
      bottom : 0;
      right : 2px;
      width : 300px;
      height : 16px;
      cursor : pointer;
      border-radius : 8px 0 0 0;
      background-color : #f00;
    }
    </style>
    <script type="text/javascript"></script>
  </head>
  <body>
    <div id="spa">
      <div class="spa-slider"></div>
    </div>
  </body>
</html>
```

❷ SPAのすべてのコンテンツを保持するようにコンテナを定義する。
❸ チャットスライダーコンテナがコンテナの右下角に固定されるようにspa-sliderクラスを定義する。背景色を赤に設定し、左上隅を丸める。

ブラウザでspa.htmlを開くと、**図1-5**に示すようにスライダーは格納されているだろう。インタフェースが表示サイズに順応するリキッドレイアウトを使っており、スライダーは必ず右下角に固定される。コンテナにはボーダーを追加しなかった。なぜなら、ボーダーはコンテナの幅を増やし、ボーダーに対応するためにコンテナのサイズを変更するため開発を妨げる可能性があるからだ。後の章で行うように、基本レイアウトを作成し検証してからボーダーを追加する方が扱いやすい。

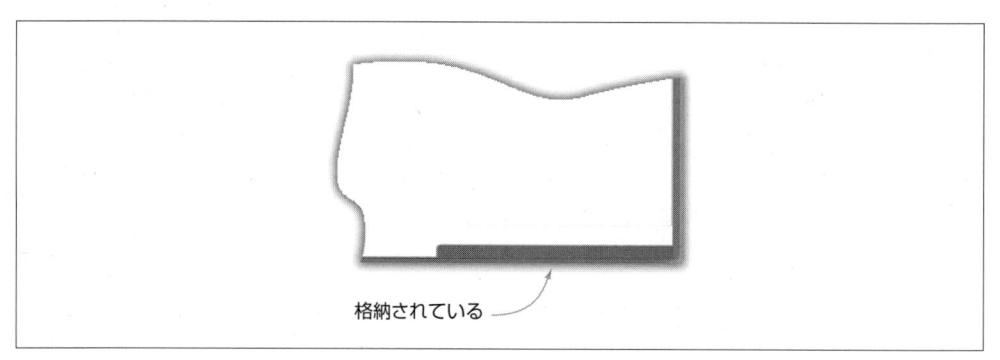

図1-5　格納されたチャットスライダー（spa.html）

視覚要素を整えたので、次はJavaScriptでページをインタラクティブにする。

1.2.5　JavaScriptを追加する

JavaScriptではベストプラクティスを採用したい。役に立つツールの1つは、ダグラス・クロックフォードが開発した**JSLint**である。JSLintは、コードがJavaScriptの多くの妥当なベストプラクティスを破らないようにするJavaScriptバリデータである。また、John Resigが開発したドキュメントオブジェクトモデル（DOM：Document Object Model）ツールキットの**jQuery**も使いたい。jQueryは、スライダーアニメーションを簡単に実装するための特定のブラウザに依存しない簡単なツールを提供する。

JavaScriptの記述に取りかかる前に、行いたいことの概要を示しておこう。最初のスクリプトタグはjQueryライブラリをロードする。2番目のスクリプトタグで、以下の3つの部分からなるJavaScriptを追加する。

1. JSLint設定を宣言するヘッダ。
2. チャットスライダーの作成と管理を行う、spaという関数。
3. ブラウザのドキュメントオブジェクトモデル（DOM）が準備できたらspa関数を開始する行。

spa関数で実行すべき処理を詳しく見てみよう。経験から、モジュール変数を宣言し、構成定数を持つセクションが必要となることがわかっている。チャットスライダーを切り替える関数（トグル関数）も必要である。また、ユーザのクリックイベントを受け取り、トグル関数を呼び出す関数が必要である。最後に、アプリケーション状態を初期化する関数が必要である。概要をさらに詳しく説明しよう。

例1-3　JavaScript開発、第1段階（spa.html）

```
/* jslint設定 */

// モジュール/spa/
```

    // チャットスライダー機能を提供する
      // モジュールスコープ変数
        // 定数を設定する
        // その他のすべてのモジュールスコープ変数を宣言する

      // DOMメソッド/toggleSlider/
      // スライダーの高さを切り替える

      // イベントハンドラ/onClickSlider/
      // クリックイベントを受け取り、toggleSliderを呼び出す

      // パブリックメソッド/initModule/
      // 初期状態を設定し、機能を提供する
        // HTMLをレンダリングする
        // スライダーの高さとタイトルを初期化する
        // ユーザクリックイベントをイベントハンドラにバインドする

   // DOMの準備ができたらspaを開始する

　好調な滑り出しである。コメントはそのままにしてコードを追加しよう。わかりやすくするためにコメントを**太字**にする。

例1-4　JavaScript開発、第2段階（spa.html）

```
/* jslint 設定 */

// モジュール/spa/
// チャットスライダー機能を提供する
//
var spa = (function ( $ ) {
  // モジュールスコープ変数
  var
    // 定数を設定する
    configMap = { },
    // その他のすべてのモジュールスコープ変数を宣言する
    $chatSlider,
    toggleSlider, onClickSlider, initModule;

  // DOMメソッド/toggleSlider/
  // スライダーの高さを切り替える
  //
  toggleSlider = function () {};

  // イベントハンドラ/onClickSlider/
  // クリックイベントを受け取り、toggleSliderを呼び出す
  //
```

```
    onClickSlider = function ( event ) {};

    // パブリックメソッド/initModule/
    // 初期状態を設定し、機能を提供する
    //
    initModule = function ( $container ) {
      // HTMLをレンダリングする
      // スライダーの高さとタイトルを初期化する
      // ユーザクリックイベントをイベントハンドラにバインドする
    };
  }());

  // DOMの準備ができたらspaを開始する
```

そして、**例1-5**に示すようにspa.htmlの最終段階を作成しよう。jQueryライブラリをロードし、独自のJavaScriptを追加する。このJavaScriptには、JSLint設定、spaモジュール、DOMの準備ができたらspaモジュールを開始する行が含まれる。これでspaモジュールは完全に機能する。すべてがすぐにわからなくても心配ない。ここには多くのことを取り入れており、今後の章ですべてを詳細に説明する。これは何ができるかを示すための例にすぎない。

例1-5　JavaScript開発、第3段階（spa.html）

```html
<!doctype html>
<html>
<head>
  <title>SPA Chapter 1 section 1.2.5</title>
  <style type="text/css">
  ...
  </style>
  <script type="text/javascript" src=    ←❶
    "http://ajax.googleapis.com/ajax/libs/jquery/1.9.1/jquery.min.js">
  </script>

  <script type="text/javascript">
  /*jslint browser      : true, continue : true,   ←❷
    devel   : true, indent  : 2, maxerr    : 50,
    newcap  : true, nomen   : true, plusplus : true,
    regexp  : true, sloppy  : true, vars     : true,
    white   : true
  */
  /*global jQuery spa:true */   ←
  // モジュール/spa/
  // チャットスライダー機能を提供する
  //
  var spa = (function ( $ ) {   ❸
```

❶ Google Content Delivery Network (CDN) からjQueryライブラリを含める。これでサーバでのロードが楽になり、大抵高速化する。他の多くのWebサイトがGoogle CDNのjQueryを使っているため、ユーザのブラウザにこのライブラリがすでにキャッシュされており、HTTPリクエストを行わずに使用する可能性が高い。

❷ JSLint設定を追加。JSLintを使い、コードにJavaScriptで一般的な間違いがないようにする。現時点では設定の意味については心配しなくてよい。付録AでJSLintを詳しく取り上げる。

❸ コードをspa名前空間にまとめる。この方法の詳細は2章で紹介する。

```
// モジュールスコープ変数 ←                          ❹
var
  // 定数を設定する
  configMap = {
    extended_height  : 434,
    extended_title   : 'Click to retract',
    retracted_height : 16,
    retracted_title  : 'Click to extend',
    template_html    : '<div class="spa-slider"><\/div>'
  },

  // その他のすべてのモジュールスコープ変数を宣言する
  $chatSlider,
  toggleSlider, onClickSlider, initModule; ←

// DOMメソッド/toggleSlider/ ←
// スライダーの高さを切り替える
//
toggleSlider = function () {
  var
    slider_height = $chatSlider.height();

  // 完全に格納されている場合はスライダーを拡大する ← ❻
  if ( slider_height === configMap.retracted_height ) {
    $chatSlider
      .animate({ height : configMap.extended_height })
      .attr( 'title', configMap.extended_title );
    return true;
  } ←
  // 完全に拡大されている場合は格納する ←           ❼
  else if ( slider_height === configMap.extended_height ) {
    $chatSlider
      .animate({ height : configMap.retracted_height })
      .attr( 'title', configMap.retracted_title );
    return true;
  } ←

  // スライダーが移行中の場合は何もしない
  return false;
}; ←
// イベントハンドラ/onClickSlider/ ←                ❽
// クリックイベントを受け取り、toggleSliderを呼び出す
//
onClickSlider = function ( event ) {
  toggleSlider();
  return false;
}; ←
```

❹ すべての変数を使用する前に宣言する。モジュール構成値は`configMap`、状態値は`stateMap`に格納する。

❺ すべてのドキュメントオブジェクトモデル（DOM）操作メソッドをこのセクションにまとめる。

❻ チャットスライダーを拡大するコードを追加する。スライダーの高さを調べ、完全に格納されているかどうかを判断する。格納されている場合には、jQueryアニメーションを使って拡大する。

❼ チャットスライダーを格納するコードを追加する。スライダーの高さを調べ、完全に拡大されているかどうかを判断する。拡大されている場合には、jQueryアニメーションを使って格納する。

❽ すべてのイベントハンドラメソッドをこのセクションにまとめる。ハンドラは小規模で集中的にするようにするのがよい。ハンドラは他のメソッドを呼び出し、表示の更新やビジネスロジックの調整を行う。

```
        // パブリックメソッド/initModule/  ❾
        // 初期状態を設定し、機能を提供する
        //
        initModule = function ( $container ) {
          // HTMLをレンダリングする
          $container.html( configMap.template_html );  ❿
          $chatSlider = $container.find( '.spa-slider' );  ⓫
          // スライダーの高さとタイトルを初期化する
          // ユーザクリックイベントをイベントハンドラにバインドする
          $chatSlider  ⓬
            .attr( 'title', configMap.retracted_title )
            .click( onClickSlider );
          return true;
        };

        return { initModule : initModule };  ⓭
      }( jQuery ));
      // DOMの準備ができたらspaを開始する
      //
      jQuery(document).ready(  ⓮
        function () { spa.initModule( jQuery('#spa') ); }
      );
    </script>
  </head>
  <body>
    <div id="spa"></div>  ⓯
  </body>
</html>
```

❾ すべてのパブリックメソッドをこのセクションにまとめる。
❿ スライダーテンプレートHTMLで$containerを埋めるコードを追加する。
⓫ チャットスライダーdivを見つけ、モジュールスコープ変数$chatSliderに格納する。モジュールスコープ変数はspa名前空間のすべての関数で使用できる。
⓬ スライダーのタイトルを設定し、onClickSliderハンドラをチャットスライダーのクリックイベントにバインドする。
⓭ spa名前空間からのオブジェクトを返し、パブリックメソッドをエクスポートする。1つのメソッドinitModuleだけをエクスポートする。
⓮ jQueryのreadyメソッドを使い、DOMが準備できてからSPAを開始する。
⓯ HTMLを仕上げる。JavaScriptがチャットスライダーをレンダリングするので、チャットスライダーを静的HTMLから削除した。

JSLint検証については、後の章で使い方を詳しく説明するのであまり心配しなくてよい。しかし、ここでは特筆すべき概念を少し説明する。まず、スクリプトの先頭のコメントは、検証の設定を行う。次に、このスクリプトと設定では、エラーや警告が発行されることなく検証に合格する。最後に、JSLintでは、関数を使用する前に宣言する必要があるので、スクリプトを「ボトムアップ」で読み込み、最も高水準の関数を最後に読み込む。

jQueryを使うのは、基本的なJavaScript機能（DOMの選択、トラバーサル、操作、およびAJAXメソッド）とイベントのための特定のブラウザに依存しない最適化されたユーティリティを提供するためである。例えば、jQuery $(selector).animate(...)メソッドは、本来なら非常に複雑な処理を簡単に行う方法を提供する。チャットスライダーの高さを指定の時間内で格納状態から拡張状態（およびその逆）にアニメーション表示するのである。この動きはゆっくりと始まって加速し、またゆっくりと終わる。（イージングと呼ばれる）このような動きには、フレームレート計算、三角関数、一般的なブラウザの実装の気まぐれな変更に関する知識が必要である。自分で記述するなら、かなりの行を追加する必要がある。

また、jQuery(document).ready(function)もかなりの作業を省略してくれる。これはDOM操作の準備が整ってから関数を実行する。これを行うための従来の方法は、window.onloadイベントを使う方法であったが、さまざまな理由から、window.onloadはさらに要求が厳しいSPAでは効率的な解決策ではない（ただし、ここでは大した差はない）。しかし、すべてのブラウザで使用する正しいコードを記述するのは極めて退屈で、冗長である[*1]。

前述の例で示したように、通常、jQueryのメリットはコストを上回る。この例の場合、開発時間を短縮し、スクリプトの長さを削減し、ブラウザ間での堅牢な互換性を実現した。最小限のjQueryライブラリは小さく、ユーザはおそらくすでにデバイス上にキャッシュしているので、jQueryを使うコストは低いか無視できるほどである。**図1-6**は完成したチャットスライダーを表す。

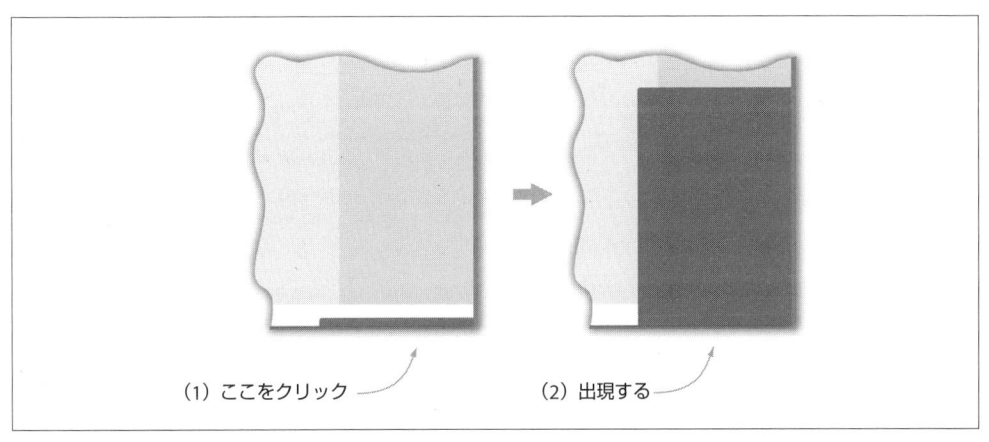

図1-6　完成したチャットスライダーの動作（spa.html）

これでチャットスライダーの最初の実装が完了したので、Chromeデベロッパーツールを使ってこのアプリケーションの実際の動作を調べてみよう。

1.2.6　Chromeデベロッパーツールでアプリケーションを調べる

Chromeデベロッパーツールをよく知っていれば、この節は飛ばしてもよい。なじみがなければ、まずは実際に試してみるとよい。

Chromeでspa.htmlファイルを開く。ロードしたら、すぐにデベロッパーツール（[メニュー] ＞ [ツール] ＞ [デベロッパーツール]）を開く。

まず気付くのは、**図1-7**に示すように<div class="spa-slider" ...>を含めるためにこのモジュールによってDOMがどのように変わっているかである。先に進むにつれ、このアプリケーションにはこのような**多く**の動的要素を追加していく。

[*1]　原注：この苦痛を味わうには、www.javascriptkit.com/dhtmltutors/domready.shtmlを参照。

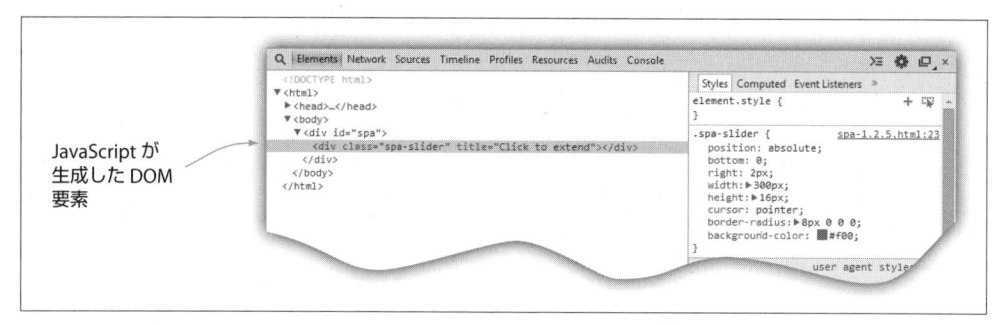

1章　最初のシングルページアプリケーション

図1-7　要素の検査（spa.html）

デベロッパーツールのトップメニューの［Sources］をクリックすると、JavaScript実行を調べることができる。そして、**図1-8**に示すようにJavaScriptを含むファイルを選択する。

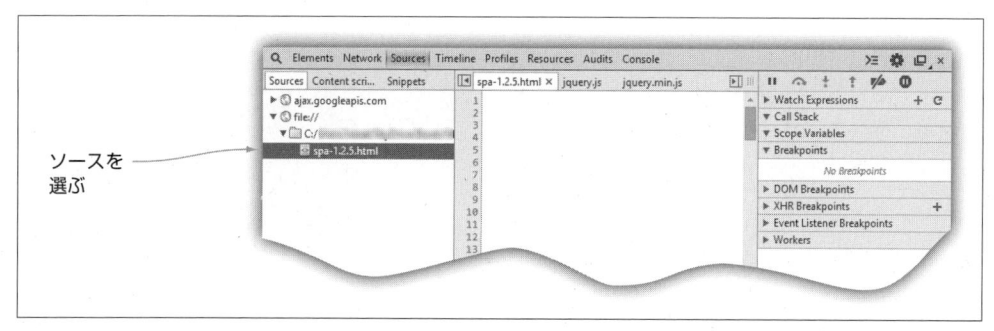

図1-8　ソースファイルの選択（spa.html）

後の章では、JavaScriptを別のファイルに格納する。しかし、この例では**図1-9**に示すようにHTMLファイルにJavaScriptを追加する。スクロールダウンして調べたいJavaScriptを見つける必要がある。

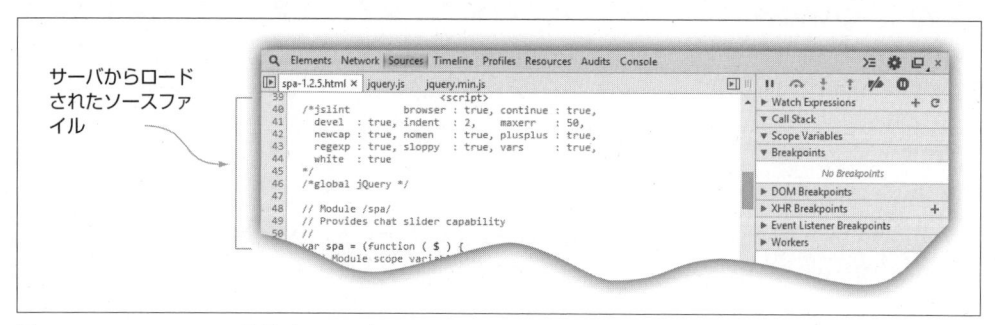

図1-9　ソースファイルの閲覧（spa.html）

75行目に移動すると、**図1-10**に示すように`if`文があるだろう。この文を実行する**前**のコードを調べたいはずなので、左余白をクリックしてブレイクポイントを追加する。JavaScriptインタプリタがスクリプトのこの行に到達すると必ず一時停止するので、要素や変数を調べて何が起こっているかをさらに深く理解できる。

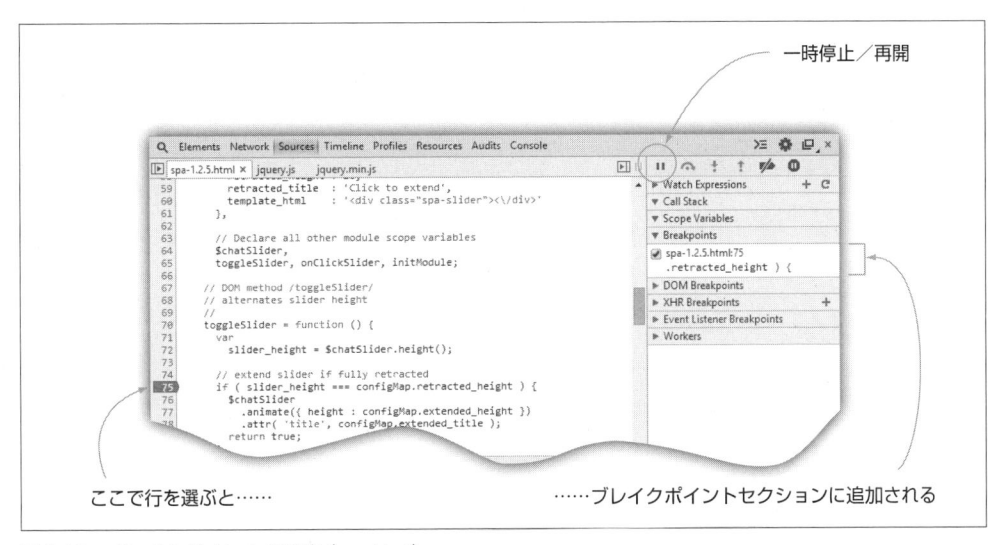

図1-10　ブレイクポイントの設定（spa.html）

　ここでブラウザに戻り、スライダーをクリックしよう。**図1-11**に示すように、JavaScriptが75行目の青い矢印で一時停止しているのがわかる。アプリケーションが一時停止している間に、変数と要素を調べることができる。コンソールセクションを開き、さまざまな変数を入力して［Return］を押すと、一時停止状態での値がわかる。コンソールの下端に示されているように、`if`文条件がtrue（`slider_height`が16、`configMap.retracted_height`が16）であることがわかり、`configMap`オブジェクトなどの複雑な変数も調べることができる。検査が終わったら、75行目の左余白をクリックしてから右上（［Watch Expressions］の上）の［Resume］ボタンをクリックすると、ブレイクポイントを削除できる。

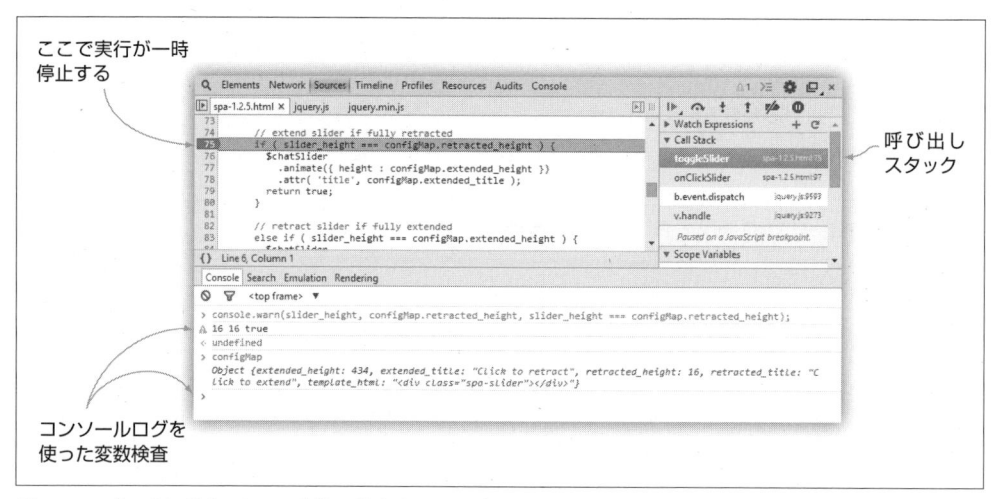

図1-11　ブレイクポイントでの変数の検査（spa.html）

　［Resume］をクリックすると、スクリプトは75行目から再開し、スライドバーの切り替えを完了する。図1-12に示すように、［Elements］タブに戻り、DOMがどのように変化しているかを調べよう。この図では、spa-sliderクラスで提供された（右下を参照）CSSのheightプロパティが要素スタイルでオーバーライドされていることがわかる（要素スタイルは、クラスやIDからのスタイルよりも高い優先度を持つ）。スライダーを再びクリックすると、スライダーの格納に伴って高さがリアルタイムに変わるのが確認できる。

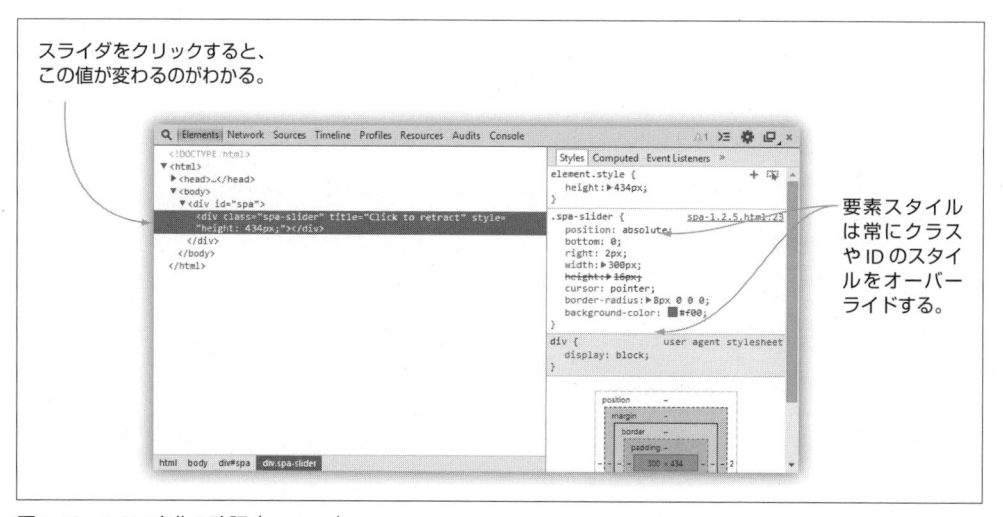

図1-12　DOM変化の確認（spa.html）

ここでのChromeデベロッパーツールの簡単な紹介では、その能力のほんの一部だけを示し、アプリケーションの「背後」で何が起こっているかを理解するのに一役買った。引き続きこのアプリケーションの開発時にこれらのツールを使うので、ある程度の時間を費やしてhttps://developers.google.com/chrome-developer-tools/のオンラインマニュアルを読むとよい。時間を費やすだけの価値がある。

1.3 適切に記述されたSPAのユーザメリット

最初のSPAを構築したので、従来のWebサイトを上回るSPAの主なメリットを考えよう。SPAの方がずっと魅力的なユーザエクスペリエンスを提供する。SPAは、デスクトップアプリケーションの即時性とWebサイトの移植性やアクセスしやすさという両方の長所を実現できる。

- **SPAはデスクトップアプリケーションのようにレンダリングする**。SPAは変更する必要のあるインタフェース部品を必要なときだけ再描画する。それに比べ、従来のWebサイトは多くのユーザ動作でページ全体を再描画するため、ブラウザがサーバからすべてを再取得してページ上に再描画する間、一時停止して「真っ白」になる。ページが大きい場合、サーバがビジーの場合、またはインターネット接続が遅い場合には、この真っ白な時間が数秒以上かかり、ユーザはいつページが再び使えるようになるのかを推測する必要がある。これは、SPAでの瞬時のレンダリングや即座なフィードバックに比べてひどい不快感を味わう。
- **SPAはデスクトップアプリケーションのように応答する**。SPAは、作業（一時）データをできるだけサーバからブラウザに移動させて処理することで、応答時間を最小限にする。SPAは、ほとんどの決定をローカルで迅速に行うのに必要なデータやビジネスロジックを持っている。6章から8章で説明する理由から、データ検証、認証、永続ストレージだけはサーバに残す必要がある。従来のWebサイトはほとんどのアプリケーションロジックをサーバに持ち、ユーザは多くの入力に対して要求/応答/再描画のサイクルを待たなければいけない。SPAのほぼ即座の応答に比べ、これには数秒かかる可能性がある。
- **SPAはデスクトップアプリケーションのようにユーザに状態を通知する**。SPAがサーバを待たなければいけないときには、進捗バーやビジーアイコンを動的に表示できるので、ユーザは遅延に当惑しない。ページがロードされ使用可能になるときを実際にユーザが推測する必要があった従来のWebサイトと比べてほしい。
- **SPAはWebサイトのようにほぼどこからでもアクセスできる**。大部分のデスクトップアプリケーションとは異なり、ユーザはあらゆるWeb接続や一般的なブラウザからSPAにアクセスできる。現在では、スマートフォン、タブレット、テレビ、ラップトップ、デスクトップコンピュータなどからアクセスできる。
- **SPAはWebサイトのように即座に更新され配布される**。ユーザはメリットを実感するために何

もする必要はない。ブラウザをリロードすれば動作する。同時にソフトウェアの複数のバージョンを保守管理する面倒が大幅に軽減される[*1]。我々は1日に何度もビルドされ更新されるSPAを開発したことがある。多くの場合、デスクトップアプリケーションで新しいバージョンをインストールするにはダウンロードと管理者権限が必要であり、バージョン間の間隔は数ヵ月や数年に及ぶ場合がある。

- **SPAはWebサイトのようにクロスプラットフォームである。**ほとんどのデスクトップアプリケーションとは異なり、適切に記述されたSPAは、最新のHTML5ブラウザに対応するOSであれば動作する。これは通常開発者のメリットと考えられるが、仕事ではWindows、家ではMac、Linuxサーバ、Android携帯、Amazonタブレットなどの複数のデバイスの組み合わせを持つ多くのユーザにとっては極めて便利である。

このようなすべてのメリットから、次に開発するアプリケーションはSPAにするとよいだろう。クリックのたびにページ全体を再描画する格好悪いWebサイトからは、ますます高度化しているユーザは離れてしまう。適切に記述されたSPAの伝達能力があり反応が速いインタフェースと、インターネットのアクセスしやすさにより顧客に自社の製品を使い続けてもらうことができる。

1.4　まとめ

シングルページアプリケーションが登場してしばらくの時間が経っている。最近までは、FlashやJavaの機能、速度、一貫性がJavaScriptとブラウザレンダリングよりも勝っていたため、FlashやJavaが最も広く使われているSPAクライアントプラットフォームであった。しかし最近では、JavaScriptとブラウザレンダリングは転換点に至り、最も厄介な欠点を克服しつつ、他のクライアントプラットフォームを超える大幅なメリットを提供している。

本書ではネイティブJavaScriptとブラウザレンダリングを使ったSPAの作成に重点を置き、SPAと言ったときは特に注記しない限りネイティブJavaScript SPAを意味する。本書でのSPAツール群にはjQuery、TaffyDB2、Node.js、Socket.IO、MongoDBが含まれる。これらはすべて実績のある一般的なソリューションである。代替となる技術を採用してもよいが、具体的にどの技術を選択してもSPAの基本構造は同じである。

ここで開発した簡単なチャットスライダーアプリケーションは、JavaScript SPAの多くの特徴を実証している。ユーザ入力に即座に応答し、サーバの代わりにクライアントに格納されたデータを使って判断を下している。JSLintを使い、アプリケーションにJavaScriptでの一般的な間違いが含まれないようにした。また、jQueryを利用してDOMの選択とアニメーション化を行い、ユーザがスライ

[*1] 原注：しかし、十分ではない。サーバとクライアントとの間のデータ交換フォーマットが変わり、多くのユーザが以前のバージョンのソフトウェアをブラウザにロードしていたらどうなるだろうか。これにはあらかじめ考慮することで対応できる。

ダーをクリックしたときのイベントに対処した。Chromeデベロッパーツールの使い方を探り、アプリケーションの動作を理解するのに役立てた。

　SPAは、デスクトップアプリケーションの即時性とWebサイトの移植性やアクセスしやすさという両方の長所を実現できる。JavaScript SPAは、最新のWebブラウザをサポートし、専用のプラグインを必要としない無数のデバイスで利用できる。わずかな労力で、さまざまなOSが動作するデスクトップ、タブレット、スマートフォンをサポートできる。SPAは更新や配布が簡単であり、ユーザは通常何もする必要がない。このようなメリットすべてが、次のアプリケーションをSPAにするとよい理由である。

　次の章では、SPA開発に必要であるにもかかわらず無視または誤解されることの多いJavaScriptの主な概念を探っていく。そして、この基盤を足場とし、本章で開発したSPA例を改善し拡張する。

2章
JavaScriptのおさらい

本章で取り上げる内容：

- 変数スコーピング、関数の巻き上げ、実行コンテキストオブジェクト。
- 変数スコープチェーンと変数スコープチェーンを使う理由を説明する。
- プロトタイプを使ってJavaScriptオブジェクトを生成する。
- 自己実行型無名関数を記述する。
- モジュールパターンとプライベート変数を使う。
- 楽しみとメリットを得るためにクロージャを活用する。

　この章では、大規模なネイティブJavaScriptシングルページアプリケーションを構築する場合に知っておく必要がある、特有のJavaScript概念を復習する。1章で紹介した**例2-1**のコードがここで取り上げる概念を表している。この概念の**実現方法**と**採用理由**をすべて理解していれば、この章はさっと目を通すか飛ばして、3章のSPAにすぐに取りかかってもよい。

　この章を理解するためには、この章のコードをChromeデベロッパーツールのコンソールログにカットアンドペーストし、[Return]を押して実行する。是非楽しんで取り組んでほしい。

例2-1　アプリケーションJavaScript

```
...
var spa = (function ( $ ) {  ❶
  // モジュールスコープ変数
  var
    configMap = {  ❷
      extended_height : 434,
      extended_title  : 'Click to retract',
      retracted_height : 16,
      retracted_title  : 'Click to extend',
      template_html    : '<div class="spa-slider"></div>'
    },
    $chatSlider,
```

❶ 自己実行型無名関数、モジュールパターン

❷ プロトタイプベースの継承、変数の巻き上げ、変数スコープ

```
      toggleSlider, onClickSlider, initModule;
  ...

  // パブリックメソッド
  initModule = function ( $container ) { ❸

    $container.html( configMap.template_html );
    $chatSlider = $container.find( '.spa-slider' );

    $chatSlider
      .attr( 'title', configMap.retracted_title )
      .click( onClickSlider );

    return true;
  };

  return { initModule : initModule };  ❹

}( jQuery ));  ❺
...
```

❸ 無名関数、モジュールパターン、クロージャ
❹ モジュールパターン、スコープチェーン
❺ 自己実行型無名関数

コーディング標準とJavaScript構文

　JavaScript構文は、初心者にはわかりにくい場合がある。先に進む前に変数宣言ブロックとオブジェクトリテラルを理解しておくことが重要である。すでによく理解している場合には、このコラムを飛ばしてもらって構わない。我々が考える重要なJavaScript構文と優れたコーディング標準をすべてまとめたものは、付録Aを参照のこと。

変数宣言ブロック

```
    var spa = "Hello world!";
```

　JavaScript変数は、`var`キーワードの後に宣言する。変数には、配列、整数、浮動小数点、文字列などのあらゆる種類のデータを指定できる。変数の型を指定しないので、JavaScriptは**緩く型付けされた言語**とみなされる。変数に値を割り当てた後でも、別の型の値を割り当てると値の型を変更できるので、**動的言語**ともみなされる。

　JavaScript変数の宣言と割り当ては、`var`キーワードの後ろにカンマで区切って連結できる。

```
    var book, shopping_cart,
        spa = "Hello world!",
        purchase_book = true,
```

```
        tell_friends = true,
        give_5_star_rating_on_amazon = true,
        leave_mean_comment = false;
```

変数宣言ブロックの最適な形式に関しては多くの観点がある。我々は、定義しない変数宣言を先頭に配置し、その後に定義を伴う変数宣言を配置する方を好む。また、ここで示したように行の最後にカンマを付けた方がよいが、絶対ではなくJavaScriptエンジンは気にしない。

オブジェクトリテラル

オブジェクトリテラルは、中かっこで囲まれた属性のカンマ区切りリストで定められたオブジェクトである。属性は等号の代わりにコロンで設定する。オブジェクトリテラルには配列を含めることもでき、配列は大かっこで囲まれたメンバーのカンマ区切りリストである。属性の値として関数を設定することで、メソッドを定義できる。

```
    var spa = {
        title: "Single Page Web Applications",     //属性
        authors: [ "Mike Mikowski", "Josh Powell" ], //配列
        buy_now: function () {                      //関数
          console.log( "Book is purchased" );
        }
    }
```

オブジェクトリテラルと変数宣言ブロックは、本書のいたるところで使用する。

2.1 変数スコープ

まずは、変数の振る舞いと変数がスコープ内になるときとスコープ外になるときについて議論するのがよいだろう。

JavaScriptでは変数のスコープは関数で決まり、グローバルかローカルのどちらかになる。**グローバル変数**はどこからでもアクセスでき、**ローカル変数**は宣言された場所からしかアクセスできない。JavaScriptで変数のスコープを定めるブロックは、関数だけである。グローバル変数は関数の外側で定義するのに対し、ローカル変数は関数内で定義するので簡単だ。

別の見方としては、関数を刑務所、関数内で定義された変数を囚人とみることができる。囚人は刑務所には収容されており、刑務所の壁の外側には逃げられないのと同様に、以下のコードが示すようにローカル変数は関数に含まれており、関数の外側には逃げられない。

```
    var regular_joe = 'I am global!';
```

```
function prison() {
  var prisoner = 'I am local!';
}

prison();
console.log( regular_joe );  ❶
console.log( prisoner );  ❷
```

> ❶ 「I am global!」と出力する。
> ❷ 「Error: prisoner is not defined」
>   と出力する。

JavaScript 1.7、1.8、1.9以降とブロックスコープ

JavaScript 1.7では、新しいブロックスコープコンストラクタのlet文が導入されている。残念ながら、JavaScript 1.7、1.8、1.9の標準が存在するにもかかわらず、1.7でさえすべてのブラウザが必ずしも対応しているわけではない。ブラウザがこれらのJavaScript更新に対応するまで、本書ではJavaScript 1.7以降は存在しないものとする。とはいえ、JavaScript 1.7以降の動作を見ておこう。

```
let (prisoner = 'I am in prison!') {
  console.log( prisoner );  ❶
}
console.log( prisoner );  ❷
```

> ❶ 「I am in prison!」と出力する。
> ❷ 「Error: prisoner isn't defined」
>   と出力する。

JavaScript 1.7を使うには、scriptタグのtype属性にバージョンを指定する。

```
<script type="application/javascript;version=1.7">
```

これはJavaScript 1.7以降の簡単な一例にすぎない。他にも多くの変更や新機能がある。

ただし、ことはそんなに簡単ではない。JavaScriptスコーピングでよく目にする最初の問題として、図2-1に示すようにvar宣言を省略するだけで関数内でもグローバル変数を宣言できる。また、すべてのプログラミング言語と同様に、グローバル変数はほとんどの場合、好くしくない方法である。

```
                    グローバルスコープ
                  ┌─────────────────────┐
                  │    関数スコープ      │
                  │ ┌─────────────────┐ │
                  │ │ function leaky() {│ │
                  │ │     var local=1; │ │
                  │ │     global=2;    │ │
                  │ │ }                │ │
                  │ └─────────────────┘ │
                  │                     │
                  │     global=2;       │
                  └─────────────────────┘
```

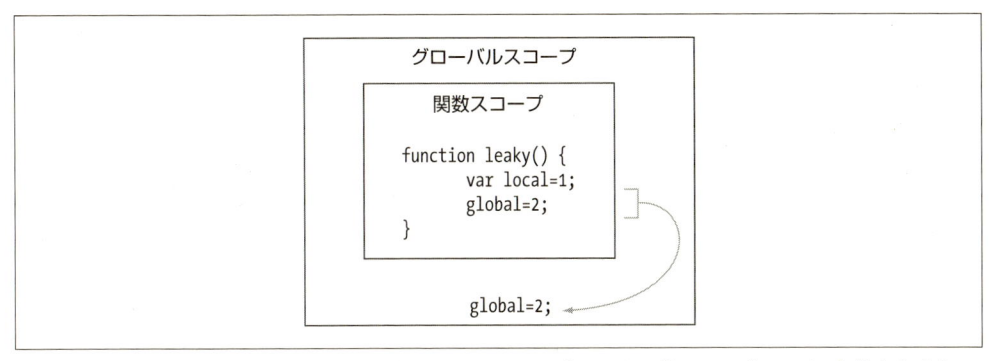

図2-1　関数内でローカル変数を宣言する際varキーワードを忘れると、代わりにグローバル変数を作成する。

```
function prison () {
  prisoner_1 = 'I have escaped!';
  var prisoner_2 = 'I am locked in!';
}

prison();
console.log( prisoner_1 ); ❶

console.log( prisoner_2 ); ❷
```

❶「I have escaped!」と出力する。
❷「error: prisoner_2 is not defined」と出力する。

これはよくない。囚人を逃がしてはいけない。この問題は、forループでカウンタを宣言するときにvarを忘れた場合にもよく出現する。以下のprison関数の定義を1つずつ試してみよう。

```
// 間違い
function prison () {
  for( i = 0; i < 10; i++ ) {
    //...
  }
}
prison();
console.log( i ); // iは10
delete window.i;

// 容認できる
function prison () {
  for( var i = 0; i < 10; i++ ) {
    //...
  }
}
prison();
console.log( i ); // iは未定義
```

```
// 最善
function prison () {
  var i;
  for ( i = 0; i < 10; i++ ) {
    // ...
  }
}
prison();
console.log( i ); // iは未定義
```

関数の先頭で変数を宣言するとスコープが極めて明確になるため、このバージョンの方がよい。forループの初期化子内で変数を宣言すると、他の一部の言語の場合のように変数のスコープがforループに限定されていると思わせてしまう可能性がある。

このロジックを拡張し、宣言した関数の先頭でJavaScript宣言とほとんどの割り当てをすべて解決して組み合わせ、変数のスコープが明確になるようにする。

```
function prison() {
  var prisoner = 'I am local!',
      warden   = 'I am local too!',
      guards   = 'I am local three!'
  ;
}
```

カンマを使ってローカル変数定義をまとめると見やすくでき、さらに重要なことに、不注意で入力ミスをし、ローカル変数の代わりにグローバル変数を作成してしまう可能性を減らせる。また、行がきれいに並んでいることにも気付いただろうか。最後のセミコロンが変数宣言ブロックの終了タグのような役割をしている。JavaScriptを読みやすく理解しやすくフォーマットするためのこうした方法については、付録AのJavaScriptコーディング標準で取り上げる。JavaScriptのその他の興味深い機能である変数の巻き上げは、このローカル変数宣言方法に関連している。次節で詳しく説明する。

2.2 変数の巻き上げ

JavaScriptで変数を宣言すると、その宣言は関数スコープの先頭に**巻き上げ**られていると考え、変数にはundefinedの値が割り当てられる。これには、図2-2に示すように関数内のどこで宣言された変数でも関数全体に存在するが、値を割り当てるまで未定義になるという効果がある。

```
                function hoisted() {              function hoisted() {
                    console.log(v);                  var v;
                    var v=1;                         console.log(v);
                }                                    v=1;
                                                 }
```

図2-2 JavaScript変数宣言は、その宣言が出現する関数の先頭に「巻き上げ」られるが、初期化はそのままの位置に残る。JavaScriptエンジンは実際にはコードを書き直さない。宣言は関数を呼び出すたびに再度巻き上げられる。

```
function prison () {
  console.log(prisoner);  ❶
    var prisoner = 'Now I am defined!';

  console.log(prisoner);  ❷
}
prison();
```

❶ 「prisoner is undefined」と出力する。
❷ 「Now I am defined」と出力する。

ローカルでもグローバルでも宣言されていない変数にアクセスしようとするコードと比べてほしい。これは結果的に実行時JavaScriptエラーになり、この文でJavaScriptの実行を止める。

```
function prison () {
  console.log(prisoner);  ❶

}
prison();
```

❶ 「error: prisoner is not defined」と出力し、JavaScriptエンジンはコードの実行を止める。

変数宣言は必ず関数スコープの先頭に巻き上げられるので、常に関数の先頭で、できれば1つのvar文で変数を宣言することがベストプラクティスである。これはJavaScriptの動作と合致し、前記の図に示したような混乱を避けられる。

```
function prison () {
  console.log(prisoner);  ❶
  var prisoner, warden, guards;

  console.log(prisoner);  ❷
  prisoner = 'prisoner assigned';
    console.log(prisoner);  ❸
  }
prison();
```

❶ 「undefined」と出力する。
❷ 「undefined」と出力する。
❸ 「prisoner assigned」と出力する。

このスコープと巻き上げ動作の組み合わせにより、驚きの振る舞いをすることがある。

```
var regular_joe = 'Regular Joe'; ❶
function prison () {
    console.log(regular_joe); ❷
}
prison();
```

> ❶ regular_joeはグローバルスコープで定義されている。
> ❷ 「Regular Joe」（グローバル変数regular_joe）はprison関数の中で出力される。

prisonを実行してconsole.log()がregular_joeを要求すると、JavaScriptエンジンはまずregular_joeがローカルスコープで宣言されているかを調べる。regular_joeはローカルスコープで宣言されていないので、次にJavaScriptエンジンはグローバルスコープを調べて宣言を見つけ、その値を返す。これは**スコープチェーンの上昇**と呼ばれる。しかし、変数がローカルスコープでも宣言されていたらどうなるだろうか。

```
var regular_joe = 'regular_joe is assigned';
function prison () {
    console.log(regular_joe); ❶
    var regular_joe;
}
prison();
```

> ❶ 「undefined」と出力する。regular_joeの宣言は関数の先頭に巻き上げられ、グローバルスコープでregular_joeを探す前にこの巻き上げられた宣言を調べる。

これは直感に反して紛らわしいだろうか。JavaScriptが水面下で巻き上げにどのように対処しているかを調べてみよう。

2.3 高度な変数の巻き上げと実行コンテキストオブジェクト

これまで取り上げてきた概念はすべて、一般的にJavaScript開発者として成功を収めるために知っておく必要があると考えられている。さらに一歩進め、水面下で何が起こっているかを確認してみよう。JavaScriptが実際にどのように動作しているかを知る数少ない人間の1人になるのである。JavaScriptのさらに「魔法のような」機能の1つである変数と関数の巻き上げから始めよう。

2.3.1 巻き上げ

あらゆる手品と同様に、トリックはタネが明かされると大体がっかりするものである。スコープに関しては、JavaScriptエンジンがコードを2回走査しているというのがタネである。最初の走査では変数を初期化し、2回目の走査でコードを実行する。簡単なので、なぜ通常はこのことが説明されないのか不思議である。この最初の走査には興味深い影響があるため、JavaScriptエンジンが最初の走査で実行することをさらに詳しく調べてみよう。

最初の走査では、JavaScriptエンジンはコードを調べ、以下の3つの処理を行う。

1. 関数引数を宣言し、初期化する。
2. ローカル変数に割り当てられた無名関数も含むローカル変数を宣言するが、初期化はしない。

3. 関数を宣言し、初期化する。

例2-2　最初の走査

```
function myFunction( arg1, arg2 ) { ❶
  var local_var = 'foo', ❷
      a_function = function () {
        console.log( 'a function' );
      };

  function inner () { ❸
    console.log('inner');
  }

}
myFunction( 1,2 );
```

❶ 関数引数を宣言し、初期化する。
❷ ローカル変数に割り当てられた無名関数も含むローカル変数を宣言するが、初期化はしない。
❸ 関数を宣言し、初期化する。

　値を決めるにはコードを実行する必要がある。最初の走査ではコードを実行しないので、最初の走査ではローカル変数に値を割り当てない。引数の値を決めるのに必要なコードは引数を関数に渡す前に実行されるので、値は引数に割り当てられる。

　前節の最後で関数の巻き上げの例を示したコードと比較すれば、最初の走査で引数の値を設定することを実証できる。

例2-3　変数は宣言するまで未定義である

```
var regular_joe = 'regular_joe is assigned';
function prison () {
  console.log(regular_joe); ❶
  var regular_joe;
}
prison();
```

❶「undefined」と出力する。regular_joeの宣言は関数の先頭に巻き上げられ、グローバルスコープでregular_joeを探す前にこの巻き上げられた宣言を調べる。

　regular_joeはprison関数で宣言するまで未定義であるが、regular_joeが引数として渡されていると、宣言前に値を持つ。

例2-4　変数が宣言前に値を持つ

```
var regular_joe = 'regular_joe is assigned';
function prison ( regular_joe ) {
  console.log(regular_joe); ❶
  var regular_joe;

  console.log(regular_joe); ❷
}
```

❶「the regular_joe argument」と出力する。最初の走査で引数に値が割り当てられる。JavaScriptエンジンが行う2回の走査を理解していないと、regular_joe引数は巻き上げられたregular_joeローカル変数宣言で上書きされるように見える。
❷「the regular_joe argument」と出力する。驚きである。regular_joeは引数から値を割り当てられたので、宣言時に未定義に上書きされない。この宣言は冗長である。

```
prison( 'the regular_joe argument' );
```

このことで頭が混乱していても心配ない。JavaScriptエンジンは実行時に関数を2回走査し、最初の走査で変数を格納することを説明したが、変数の格納**方法**は確認していない。JavaScriptエンジンが変数を格納する方法を確認すれば、依然として残っている混乱は解消するだろう。JavaScriptエンジンは、**実行コンテキストオブジェクト**と呼ばれるオブジェクトの属性として変数を格納する。

2.3.2　実行コンテキストと実行コンテキストオブジェクト

関数を呼び出すたびに、新しい実行コンテキストが存在する。実行コンテキストは実行中の関数の概念であり、オブジェクトではない。ランニングコンテキスト（走っている状態）やジャンピングコンテキスト（ジャンプしている状態）のアスリートを考えるようなものである。ランニングコンテキストのアスリートと言う代わりに走っているアスリートと言うことができるのと同様に、実行中の関数と言えるが、専門用語ではこのように言わない。**実行コンテキスト**と言う。

実行コンテキストは、関数の実行中に起こるすべてからなる。これは関数宣言とは別である。関数宣言は関数の実行時に起こる「であろう」ことを表すからだ。実行コンテキストは、関数の実行「そのもの」を指す。

関数内で定義された変数と関数は、すべて実行コンテキストの一部とみなされる。実行コンテキストは、開発者が関数の**スコープ**について話すときに言及するものの一部である。現在の実行コンテキストで変数にアクセスできる場合、その変数は「スコープ内」と見なされる。これは、関数の実行中に変数にアクセスできればその変数はスコープ内である、ということの別の言い方である。

実行コンテキストに含まれる変数や関数は、実行コンテキストのECMA標準実装である**実行コンテキストオブジェクト**に格納される。実行コンテキストオブジェクトはJavaScriptエンジンにおけるオブジェクトであるが、JavaScriptで直接アクセスできる変数ではない。変数を使うたびに実行コンテキストオブジェクトの属性にアクセスしているので、間接的にアクセスするのは簡単である。

以前にJavaScriptエンジンが実行コンテキストを2回走査して変数の宣言と初期化を行う方法を説明したが、その変数はどこに格納されるのだろうか。JavaScriptエンジンは、実行コンテキストオブジェクトの属性として変数を宣言して初期化する。変数の格納方法の例として、表2-1を見てみよう。

表2-1　実行コンテキストオブジェクト

コード	実行コンテキストオブジェクト

`var example_variable = "example",`
`    another_example = "another";`
	`{`
	`  example_variable: "example",`
	`  another_example: "another"`
	`};`

実行コンテキストオブジェクトを聞いたことがない人もいるだろう。おそらく実行コンテキストオ

ブジェクトがJavaScriptの実装に埋もれており、開発中に直接アクセスできないために、Web開発コミュニティで一般的に議論されるものではない。

この章のここ以降を理解するには実行コンテキストオブジェクトを理解することが重要になるため、実行コンテキストオブジェクトのライフサイクルと、実行コンテキストオブジェクトを生成するJavaScriptコードを調べてみよう。

例2-5　実行コンテキストオブジェクト（最初の走査）

```
outer(1); ❶

function outer( arg ) { ❷

  var local_var = 'foo'; ❸

  function inner () { ❹
    console.log('inner');
  }

  inner(); ❺
}
```

❶ {
　}
　outerの呼び出し時に空の実行コンテキストオブジェクトが生成される。

❷ {
　　arg : 1
　}
　引数を宣言し、割り当てを行う。

❸ {
　　arg : 1,
　　local_var: undefined
　}
　ローカル変数を宣言するが割り当ては行わない。

❹ {
　　arg : 1,
　　local_var : undefined,
　　inner :
　　function () {
　　　console.log('inner');
　　}
　}
　関数を宣言し割り当てを行うが、実行はしない。

❺ 何も起こらない。最初の走査ではコードを実行しない。

引数と関数の宣言と割り当てを行い、ローカル変数を宣言したので、2回目の走査を行い、JavaScriptを実行してローカル変数の定義を割り当てる。

例2-6　実行コンテキストオブジェクト（2回目の走査）

```
outer(1); ❶

function outer( arg ) {

  var local_var = 'foo';
```

❶ {
　　arg: 1
　　local_var: undefined,
　　inner: function () {
　　　console.log('inner');
　　}
　}

```
function inner () { ❷
  console.log('inner');
}

inner(); ❸
}
```

```
❷ {
    arg: 1,
    local_var: 'foo',
    inner: function () {
      console.log('inner');
    }
  };
コードの実行時にローカル変数を割り当てる。
❸ {
    arg: 1,
    local_var: 'foo',
    inner: function () {
      console.log('inner');
    }
  }
この実行コンテキストオブジェクトの変数を表す属性
は同じままだが、関数innerの呼び出し時に、この実行
コンテキストオブジェクト内に新しい実行コンテキスト
オブジェクトが生成される。
```

実行コンテキスト内で関数を呼び出すと、階層が深くなっていく。実行コンテキスト内で関数を呼び出すと、既存の実行コンテキスト内に入れ子になった新しい実行コンテキストを作成する。また頭が混乱してきたので、**図2-3**を見てほしい。

```
┌─────────────────────────────────────┐
│ グローバル実行コンテキスト              │
│  ┌───────────────────────────────┐  │
│  │ first_function() 実行コンテキスト │  │
│  │  ┌─────────────────────────┐  │  │
│  │  │ second_function() 実行コンテキスト │  │  │
│  │  │                         │  │  │
│  │  └─────────────────────────┘  │  │
│  └───────────────────────────────┘  │
│                                     │
│  ┌───────────────────────────────┐  │
│  │ second_function() 実行コンテキスト │  │
│  │                               │  │
│  └───────────────────────────────┘  │
└─────────────────────────────────────┘
```

```
<script>                         ①
var global_var;

first_function();                ②

function first_function() {
    var first_var;
    second_function();           ③
}

function second_function() {
    var second_var;
}

second_function();               ④
</script>
```

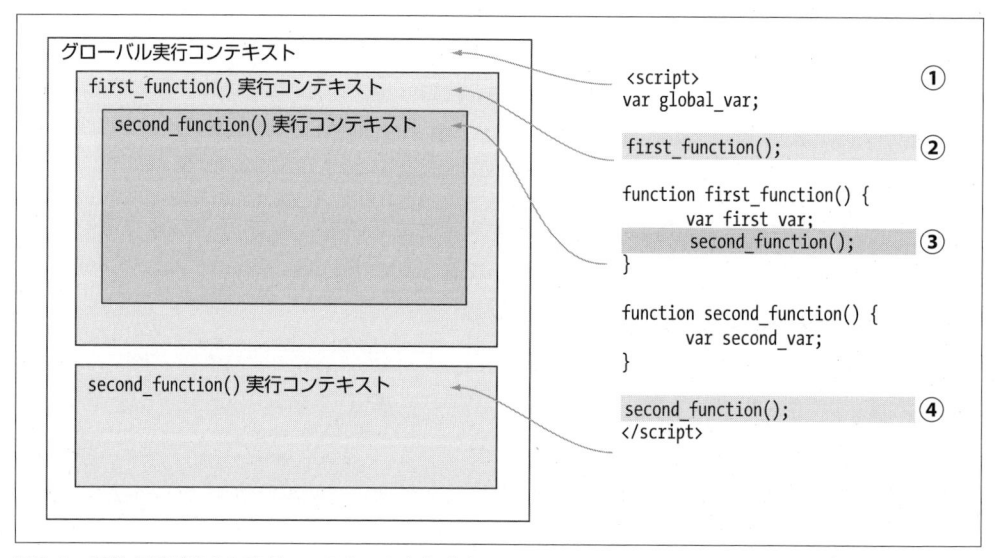

図2-3　関数を呼び出すと実行コンテキストを作成する

1. `<script>`タグ内のすべては、グローバル実行コンテキストに含まれる。
2. `first_function`を呼び出すと、グローバル実行コンテキスト内に新しい実行コンテキストを作成する。`first_function`を呼び出すと、呼び出された実行コンテキストの変数にアクセスする。この場合、`first_function`はグローバル実行コンテキストで定義された変数と`first_function`で定義されたローカル変数にアクセスできる。これらの変数は**スコープ内**とみなされる。
3. `second_function`を呼び出すと、`first_function`実行コンテキスト内に新しい実行コンテキストを作成する。`second_function`は`first_function`実行コンテキスト内で呼び出されたので、`first_function`実行コンテキストの変数にアクセスできる。また、`second_function`はグローバル実行コンテキストの変数と`second_function`で定義されたローカル変数にもアクセスできる。これらの変数は**スコープ内**とみなされる。
4. `second_function`を、今回はグローバル実行コンテキストで再び呼び出す。今回`second_function`は`first_function`実行コンテキストで呼び出されていないので、この`second_function`は`first_function`実行コンテキストの変数にアクセスできない。言い方を変えると、今回の`second_function`の呼び出し時には、`first_function`内から呼び出されていないので`first_function`で定義された変数にはアクセスできない。

この`second_function`実行コンテキストは、実行コンテキストが異なるので以前の`second_function`の呼び出しでの変数にもアクセスできない。つまり、関数を呼び出すときには、前回のその関数の呼び出し時に作成されたローカル変数にはアクセスできず、次回その関数を呼び出すときには今回の関数呼び出しでのローカル変数にはアクセスできない。このアクセスできない変数は**スコープ外**とみなされる。

JavaScriptエンジンが「スコープ内」の変数にアクセスするために実行コンテキストオブジェクトを調べる順序を**スコープチェーン**と呼び、スコープチェーンは**プロトタイプチェーン**と共にJavaScriptが変数や変数の属性にアクセスする順序を表す。以降の数節でこれらの概念について説明する。

2.4　スコープチェーン

これまでは、変数スコープの議論を**グローバル**と**ローカル**にほぼ限定してきた。出発点としてはこれでよいが、前節の入れ子になった実行コンテキストの議論でほのめかしたように、スコーピングにはもう少し微妙な意味合いがある。図2-4に示すように、変数スコープはもっと正確にはチェーンと考えられる。JavaScriptエンジンが変数定義を探すときには、まずローカル実行コンテキストオブジェクトを調べる。変数定義がなければ、そのローカル実行コンテキストオブジェクトを作成した実行コンテキストにスコープチェーンを1つ上り、その実行コンテキストオブジェクトで変数定義を探す。これを、定義が見つかるかグローバルスコープに到達するまで繰り返す。

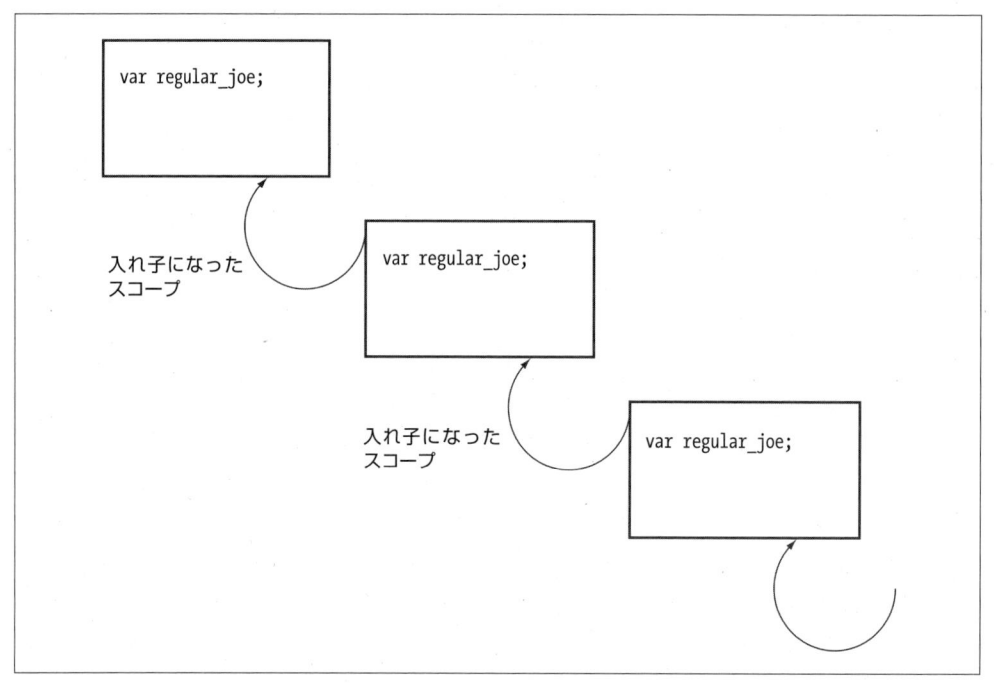

図2-4　実行時にJavaScriptはスコープ階層を検索して変数名を解決する

前述の例を変更してスコープチェーンを説明しよう。**例2-7**のコードは以下を出力する。

```
I am here to save the day!
regular_joe is assigned
undefined
```

例2-7　スコープチェーンの例（各呼び出しスコープで定義されたregular_joe）

```javascript
var regular_joe = 'I am here to save the day!'; ❶

// 「I am here to save the day!」を出力する
console.log(regular_joe); ❷
function supermax(){
  var regular_joe = 'regular_joe is assigned';

  // 「regular_joe is assigned」を出力する
  console.log(regular_joe); ❸

  function prison () {
    var regular_joe;
    console.log(regular_joe); ❹
  }
```

❶ regular_joeはグローバルスコープに設定される。

❷ 呼び出しスコープ：グローバル。スコープチェーン内の最も近い一致：グローバルのregular_joe。

❸ 呼び出しスコープ：グローバル→supermax()。スコープチェーン内の最も近い一致：supermax()で定義されたregular_joe。

❹ 呼び出しスコープ：グローバル→supermax()→prison()。スコープチェーン内の最も近い一致：prison()で定義されたregular_joe。

```
    // 「undefined」を出力する
    prison();
  }
supermax();
```

実行中には、JavaScriptはスコープ階層を調べて変数名を解決する。現在のスコープから始め、トップレベルスコープのwindow（ブラウザ）やglobal（Node.js）オブジェクトまでさかのぼる。最初に一致したものを使い、検索を止める。これは、現在のスコープでよりグローバルなスコープの変数を置き換えることで、より深く入れ子になったスコープの変数で、よりグローバルなスコープの変数を隠せることを意味する。しかしそのような状況を期待しているか否かで、適切な場合も不適切な場合もある。実際のコードでは、可能な限り変数名を一意にするようにすべきである。上記の同じ名前が3つの異なる入れ子になったスコープに導入されているコードはとてもベストプラクティスの例とは言えず、要点を説明するためだけに使用している。

このコードでは、regular_joeという変数の値が3つのスコープから要求されている。

1. コードの最初のconsole.log(regular_joe)はグローバルスコープである。JavaScriptは、グローバル実行コンテキストオブジェクトのregular_joeプロパティの検索を始める。値I am here to save the dayを持つプロパティを見つけ、それを使う。
2. supermax関数の最後の行にconsole.log(regular_joe)がある。この呼び出しはsupermax実行コンテキスト内である。JavaScriptは、supermax実行コンテキストオブジェクトのregular_joeプロパティの検索を始める。値regular_joe is assignedを持つプロパティを見つけて使う。
3. prison関数の最後の行にconsole.log(regular_joe)がある。この呼び出しは、supermax実行コンテキスト内のprison実行コンテキスト内である。JavaScriptは、prison実行コンテキストオブジェクトのregular_joeプロパティの検索を始める。値undefinedを持つプロパティを見つけて使う。

この例では、regular_joeの値が3つのすべてのスコープで定義されている。**例2-8**に示す次のバージョンのコードでは、グローバルスコープだけで定義する。このプログラムは「I am here to save the day!」を3回出力する。

例2-8　スコープチェーンの例（1つのスコープだけで定義されたregular_joe）

```
var regular_joe = 'I am here to save the day!'; ❶
// 「I am here to save the day!」を出力する
console.log(regular_joe); ❷
function supermax(){

    // 「I am here to save the day!」を出力する
    console.log(regular_joe); ❸
```

❶ regular_joeはグローバルスコープに設定される。
❷ 呼び出しスコープ：グローバル。グローバルで見つかる。
❸ 呼び出しスコープ：グローバル→supermax()。スコープチェーン内の最も近い一致：グローバルのregular_joe。

```
    function prison () {
      console.log(regular_joe);  ❹
    }

    // 「I am here to save the day!」を出力する
    prison();
  }
  // 「I am here to save the day」を2回出力する
  supermax();
```

❹ 呼び出しスコープ：グローバル → supermax() → prison()。スコープチェーン内の最も近い一致：グローバルのregular_joe。

変数値を要求すると、結果はスコープチェーンのあらゆる場所から来る可能性があることを覚えておくことが重要である。ひどく混乱したコードに陥らないように、値がチェーンのどこから来ているかを制御して把握するのは各自の責任である。付録AのJavaScriptコーディング標準ではそのために役立つ数多くのテクニックの概要を説明しており、そのテクニックをおいおい使っていく。

グローバル変数とwindowオブジェクト

通常**グローバル変数**と呼ばれているものは、実行環境のトップレベルオブジェクトのプロパティである。ブラウザのトップレベルオブジェクトは`window`オブジェクトである。Node.jsではトップレベルオブジェクトを`global`と呼び、変数スコープの働きが異なる。

`window`オブジェクトには多くのプロパティがあり、プロパティにはオブジェクト、メソッド（`onload`、`onresize`、`alert`、`close`など）、DOM要素（`document`、`frames`など）、その他の変数が含まれる。これらのすべてのプロパティには、構文`window.property`を使ってアクセスする。

```
window.onload = function(){
  window.alert('window loaded');
}
```

node.jsのトップレベルオブジェクトは`global`と呼ばれる。Node.jsはネットワークサーバでありブラウザではないので、使用できる関数やプロパティは大幅に異なる。

ブラウザ内のJavaScriptが**グローバル変数**の存在を調べるときには、`window`オブジェクトを調べる。

```
var regular_joe = 'Global variable';
console.log( regular_joe );           // 'Global variable'
console.log( window.regular_joe );    // 'Global variable'
console.log( regular_joe === window.regular_joe ); // true
```

JavaScriptには、スコープチェーンと並んで**プロトタイプチェーン**と呼ばれる概念がある。プロト

タイプチェーンは、オブジェクトが属性の定義を探す場所を定義する。プロトタイプとプロトタイプチェーンを調べてみよう。

2.5　JavaScriptオブジェクトとプロトタイプチェーン

　JavaScriptオブジェクトはプロトタイプベースであるのに対し、現在最も広く使われているその他の言語はすべてクラスベースのオブジェクトを使う。クラスベースのシステムでは、クラスを使ってオブジェクトがどのようなものかを表して、オブジェクトを定義する。プロトタイプベースのシステムでは、その型のすべてのオブジェクトをどのようなものにしたいかを表す1つのオブジェクトを生成し、同様のオブジェクトがさらに必要だとJavaScriptエンジンに伝える。

　暗喩をあまり濫用したくないが、アーキテクチャがクラスベースのシステムの場合、建築士は家の設計図を作成し、その設計図に基づいて家を建築する。アーキテクチャがプロトタイプベースの場合、建築士は家を建築してから、その家のような家を建築する。

　前述の囚人の例を再び使い、名前、囚人ID、実刑年数、執行猶予年数のプロパティを持つ1人の囚人を作成するのに必要なものを比較しよう。

表2-2　簡単なオブジェクトの生成：クラスとプロトタイプの対比

クラスベース	プロトタイプベース

`public class Prisoner {`
　`public int sentence   = 4;`
　`public int probation = 2;`
　`public string name   = "Joe";`
　`public int id        = 1234;`
`}`
`Prisoner prisoner = new Prisoner();`
	`var prisoner = {`
	　`sentence : 4,`
	　`probation : 2,`
	　`name : 'Joe',`
	　`id : 1234`
	`};`

　オブジェクトのインスタンスが1つだけのときには、プロトタイプベースのオブジェクトの方が簡単に手早くできる。クラスベースのシステムでは、クラスとコンストラクタを定義してから、そのクラスのメンバーのオブジェクトをインスタンス化する。プロトタイプベースのオブジェクトは使う場所で、定義するだけである。

　プロトタイプベースのシステムは簡単な単一オブジェクトのユースケースで異彩を放つが、類似した特性を共有する複数のオブジェクトを持つもっと複雑なユースケースにも対応できる。前述の囚人の例を使い、コードで囚人の`name`と`id`を変更するが、実刑年数と執行猶予年数はそのままにしてみよう。

　表2-3からわかるように、2種類のプログラミングが同様のシーケンスに従っており、クラスに慣れていれば、プロトタイプに慣れるのはそれほど大変ではないだろう。しかし、細部に罠があり、プロ

トタイプベースの手法を学ばずにクラスベースのシステムからJavaScriptに移行してきた場合には、簡単に思えることに惑わされやすい。このシーケンスを詳しく調べ、何が学べるか見てみよう。

表2-3　複数オブジェクト：クラスとプロトタイプの対比

クラスベース	プロトタイプベース

`/* ステップ1 */`
`public class Prisoner {`
`  public int sentence = 4;`
`  public int probation = 2;`
`  public string name;`
`  public string id;`
 	
`  /* ステップ2 */`
`  public Prisoner( string name,`
`    string id ) {`
 	
`    this.name = name;`
`    this.id = id;`
`  }`
`}`
 	
`/* ステップ3 */`
`Prisoner firstPrisoner`
` = new Prisoner("Joe","12A");`
 	
`Prisoner secondPrisoner`
` = new Prisoner("Sam","2BC");`
1　クラスを定義する
2　クラスコンストラクタを定義する
3　オブジェクトをインスタンス化する
	`// * ステップ1 *`
	`var proto = {`
	`  sentence : 4,`
	`  probation : 2`
	`};`
	
	`//* ステップ2 *`
	`var Prisoner =`
	`    function(name, id){`
	`  this.name = name;`
	`  this.id = id;`
	`};`
	
	`//* ステップ3 *`
	`Prisoner.prototype = proto;`
	
	`// * ステップ4 *`
	`var firstPrisoner =`
	`  new Prisoner('Joe','12A');`
	
	`var secondPrisoner =`
	`  new Prisoner('Sam','2BC');`
	1　プロトタイプオブジェクトを定義する
	2　オブジェクトコンストラクタを定義する
	3　コンストラクタをプロトタイプに関連付ける
	4　オブジェクトをインスタンス化する

　それぞれの方法では、まずオブジェクトのテンプレートを作成する。このテンプレートは、クラスベースのプログラミングでは**クラス**、プロトタイプベースのプログラミングでは**プロトタイプオブジェクト**と呼ばれるが、同じ目的で用いられ、オブジェクトを作成するための骨組みの役割を担う。

　次に、コンストラクタを作成する。クラスベースの言語では、コンストラクタはクラス内で定義するので、オブジェクトのインスタンス時にどのコンストラクタがどのクラスに対応しているかが明確である。JavaScriptではオブジェクトコンストラクタをプロトタイプの外で設定するので、関連付けるための手順が別途必要である。

　最後に、オブジェクトをインスタンス化する。

　JavaScriptでのnew演算子の使用は根源のプロトタイプベースのシステムからの脱却であり、おそ

らくクラスベースの継承になじみのある開発者が理解しやすいようにするためである。残念ながら、これは問題をうやむやにし、なじみのないはずのもの（したがって、学習すべきもの）をなじみがあるように見せるため、開発者が飛びつき、問題に遭遇してからやっと、JavaScriptをクラスベースのシステムと勘違いしたことが原因のバグを何時間もかけて探すはめになる。

new演算子を使う代わりとしてObject.createメソッドが開発され、JavaScriptオブジェクト生成にプロトタイプベースの感覚を付け加えるのに使われている。本書ではもっぱらObject.createメソッドをいたるところで使っている。Object.createメソッドを使って表2-3のプロトタイプベースの例の囚人を作成すると以下のようになる。

例2-9　Object.createを使ったオブジェクトの生成

```
var proto = {
  sentence : 4,
  probation : 2
};

var firstPrisoner = Object.create( proto );
firstPrisoner.name = 'Joe';
firstPrisoner.id = '12A';

var secondPrisoner = Object.create( proto );
secondPrisoner.name = 'Sam;
secondPrisoner.id = '2BC';
```

Object.createは引数としてプロトタイプを取り、オブジェクトを返す。この方法では、プロトタイプオブジェクトに共通の属性とメソッドを定義し、それを使って同じ特性を共有する多数のオブジェクトを作成できる。nameとidを個々に手動で設定するにはコードを繰り返さなければならず、あまり洗練された方法ではないので苦痛である。別の方法として、Object.createを使うための一般的なパターンは、最終オブジェクトを生成して返すファクトリ関数を使う方法である。本書では、すべてのファクトリ関数にmake<object_name>という名前を付ける。

例2-10　ファクトリ関数でのObject.createの使用

```
var proto = {
  sentence : 4,
  probation : 2
};

var makePrisoner = function( name, id ) { ❶

  var prisoner = Object.create( proto ); ❷
  prisoner.name = name;
  prisoner.id = id;
```

❶ makePrisonerはファクトリ関数。prisonerオブジェクトを生成する。

❷ オブジェクト生成は以前のリストと同じであり、ファクトリ関数内に含まれているだけである。

```
    return prisoner;
};

var firstPrisoner = makePrisoner( 'Joe', '12A' );  ❸

var secondPrisoner = makePrisoner( 'Sam', '2BC' );
```

❸ これでmakePrisoner関数を呼び出してnameとidを渡すことで新しい囚人を作成できる。

JavaScriptでオブジェクトを生成するには他にも多数の方法があるが（これも開発者が頻繁に議論するトピックである）、一般にはObject.createを使うのがベストプラクティスと考えられている。この方法はプロトタイプの設定方法を明確に示すので、本書ではこの方法を使う。しかし残念ながら、おそらくnew演算子がオブジェクトを生成するのに最も一般的に使われる方法である。残念と言ったのは、これが開発者を惑わせてクラスベースの言語と思わせ、プロトタイプベースのシステムのニュアンスをあいまいにするからだ。

古いブラウザのためのObject.create

Object.createはIE 9以降、Firefox 4以降、Safari 5以降、Chrome 5以降で動作する。古いブラウザ（IE 6、7、8）で互換性を保つためには、Object.createが存在しないときにはObject.createを定義し、すでに実装済みのブラウザではObject.createをそのままにする必要がある。

```
// Object.create()をサポートするための特定のブラウザに依存しない方法

var objectCreate = function ( arg ){
  if ( ! arg ) { return {}; }
  function obj() {};
  obj.prototype = arg;
  return new obj;
};

Object.create = Object.create || objectCreate;
```

JavaScriptがプロトタイプを使って同じ特性を共有するオブジェクトを生成する方法を述べたので、プロトタイプチェーンを掘り下げ、JavaScriptエンジンがオブジェクトの属性値を見つける方法を説明しよう。

2.5.1 プロトタイプチェーン

プロトタイプベースのJavaScriptでは、オブジェクトの属性の実装方法と機能の仕方がクラスベースのシステムとは異なる。非常に似ているので、ほとんどの場合は明確に理解していなくてもうまくいくが、その違いが顕在化すると、フラストレーションという犠牲を払い、生産性を損なう。プロトタイプとクラスの基本的な違いを学ぶのが重要であるのと同様に、プロトタイプチェーンについて学ぶことも重要である。

JavaScriptは、**プロトタイプチェーン**でプロパティ値を解決する。プロトタイプチェーンは、JavaScriptエンジンがオブジェクトのプロパティ値がある場所を特定するために、オブジェクトからオブジェクトのプロトタイプ、そしてプロトタイプのプロトタイプへとどのように調べていくかを表している。オブジェクトのプロパティを要求すると、JavaScriptエンジンはまずオブジェクトから直接そのプロパティを探す。そこにプロパティが見つからないと、(オブジェクトの`__proto__`プロパティに格納されている) プロトタイプを調べ、そのプロトタイプに要求されたプロパティがあるかどうかを確認する。

JavaScriptエンジンはオブジェクトプロトタイプでプロパティを見つけられないと、プロトタイプのプロトタイプを調べる (プロトタイプは単なるオブジェクトなので、プロトタイプもプロトタイプを持つ)。これを続けていく。このプロトタイプチェーンは、JavaScriptが汎用`Object`プロトタイプに到達すると終了する。JavaScriptが要求されたプロパティをチェーンのどこにも見つけられない場合は、`undefined`を返す。JavaScriptエンジンがプロトタイプチェーンを調べるにつれて細部は複雑になっていくが、本書の目的のためには、プロパティがオブジェクトで見つからない場合には、プロトタイプを調べるということだけ覚えておけばよい。

このようにプロトタイプチェーンをさかのぼっていく様子は、JavaScriptエンジンがスコープチェーンをさかのぼって変数の定義を見つけるのと似ている。図2-5からわかるように、この概念は図2-4のスコープチェーンとほぼ同じである。

```
                    ┌─────────────────────┐
                    │  toString:function()│
                    └─────────────────────┘
                              ↑
                              │
                         ┌─────────────┐
                         │ sentence: 4 │
firstPrisoner.__proto__.__proto__      │
                         └─────────────┘
                                ↑
                                │
                           ┌──────────────┐
                           │ name: joe    │
           firstPrisoner.__proto__         │
                           └──────────────┘
                                    ↑
                                    │
                              firstPrisoner
```

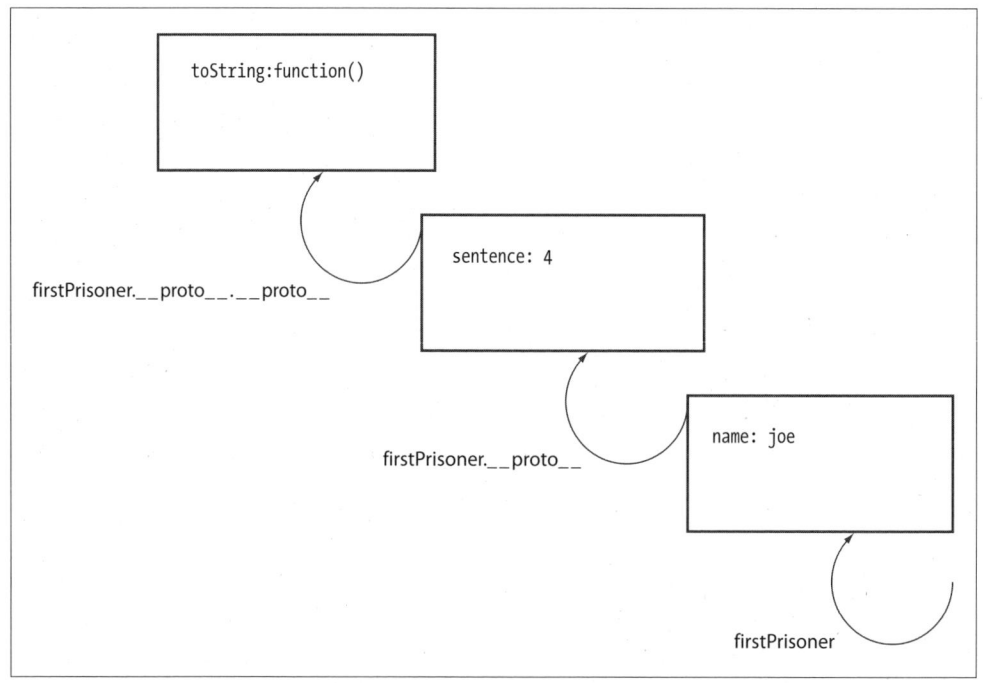

図2-5　実行時にJavaScriptはプロトタイプチェーンを検索してプロパティ値を解決する

`__proto__`プロパティを使うと、プロトタイプチェーンを手動でさかのぼることができる。

```
var proto = {
  sentence : 4,
  probation : 2
};

var makePrisoner = function( name, id ) {

  var prisoner = Object.create( proto );
  prisoner.name = name;
  prisoner.id = id;
  return prisoner;
};

var firstPrisoner = makePrisoner( 'Joe', '12A' );

// プロトタイプのプロパティを含むオブジェクト全体
// {"id": "12A", "name": "Joe", "probation": 2, "sentence": 4}
console.log( firstPrisoner );

// プロトタイププロパティのみ
```

```
// {"probation": 2, "sentence": 4}
console.log( firstPrisoner.__proto__ );

// プロトタイプはプロトタイプを持つオブジェクト。
// プロトタイプが設定されていないので、プロトタイプは
// 汎用オブジェクトプロトタイプであり、空の中かっこで表される
// {}
console.log( firstPrisoner.__proto__.__proto__ );

// しかし、汎用オブジェクトプロトタイプはプロトタイプを持たない
// null
console.log( firstPrisoner.__proto__.__proto__.__proto__ );

// また、nullのプロトタイプを取得しようとするとエラーになる
// "firstPrisoner.__proto__.__proto__.__proto__ is null"
console.log( firstPrisoner.__proto__.__proto__.__proto__.__proto__ );
```

firstPrisoner.nameを要求すると、JavaScriptはオブジェクトから直接囚人の名前を見つけ、Joeを返す。firstPrisoner.sentenceを要求すると、JavaScriptはオブジェクトではこのプロパティを見つけられないが、プロトタイプで見つけて値4を返す。また、firstPrisoner.toString()を要求すると、ベースのObjectプロトタイプにこのメソッドがあるので文字列[object Object]が得られる。最後に、firstPrisoner.hopelessを要求すると、このプロパティはプロトタイプチェーンのどこにも見つからないので、undefinedが返る。この結果を**表2-4**にまとめる。

表2-4　プロトタイプチェーン

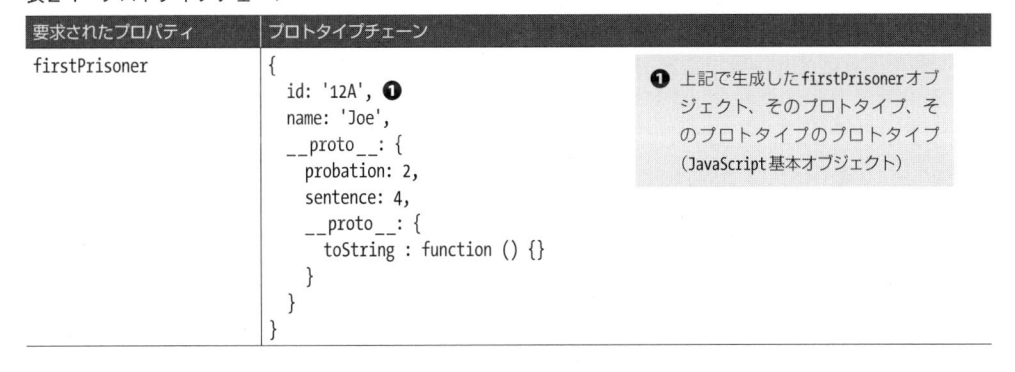

要求されたプロパティ	プロトタイプチェーン	

firstPrisoner	{
	  id: '12A', ❶
	  name: 'Joe',
	  __proto__: {
	    probation: 2,
	    sentence: 4,
	    __proto__: {
	      toString : function () {}
	    }
	  }
	}
		❶ 上記で生成したfirstPrisonerオブジェクト、そのプロトタイプ、そのプロトタイプのプロトタイプ（JavaScript基本オブジェクト）

要求されたプロパティ	プロトタイプチェーン	
| firstPrisoner.name | ```
{
  id: '12A',
  name: 'Joe', ❷
  __proto__: {
    probation: 2,
    sentence: 4,
    __proto__: {
      toString : function () {}
    }
  }
}
``` | ❷ nameにはfirstPrisonerオブジェクトで直接アクセスする。 |
| firstPrisoner.sentence | ```
{
  id: '12A',
  name: 'Joe',
  __proto__: {
    probation: 2,
    sentence: 4, ❸
    __proto__: {
      toString : function () {}
    }
  }
}
``` | ❸ sentence属性はfirstPrisonerオブジェクトではアクセスできないので、プロトタイプを探して見つける。 |
| firstPrisoner.toString | ```
{
  id: '12A',
  name: 'Joe',
  __proto__: {
    probation: 2,
    sentence: 4,
    __proto__ :
      toString : function () { ❹
        [ ネイティブコード ]
      }
  }
}
``` | ❹ toString()はオブジェクトやプロトタイプにはないので、プロトタイプのプロトタイプ(基本JavaScriptオブジェクト)を調べる。 |
| firstPrisoner.hopeless | ```
{ ❺
  id: '12A',
  name: 'Joe',

  __proto__: { ❻
    probation: 2,
    sentence: 4,

    __proto__ : ❼
      toString : function () {
        [ ネイティブコード ]
      }
  }
}
``` | ❺ hopelessはオブジェクトでは定義されておらず……<br>❻ ……プロトタイプや……<br>❼ ……プロトタイプのプロトタイプでも定義されていないので、値は未定義。 |

2.5 JavaScriptオブジェクトとプロトタイプチェーン

プロトタイプチェーンの例を示す別の方法として、プロトタイプで設定したオブジェクトの値を変更するとどうなるかを確認する。

例2-11　プロトタイプの上書き

```javascript
var proto = {
  sentence : 4,
  probation : 2
};

var makePrisoner = function( name, id ) {

  var prisoner = Object.create( proto );
  prisoner.name = name;
  prisoner.id = id;

  return prisoner;
};

var firstPrisoner = makePrisoner( 'Joe', '12A' );

// どちらも4を出力する
console.log( firstPrisoner.sentence );  ❶
console.log( firstPrisoner.__proto__.sentence );
firstPrisoner.sentence = 10;  ❷

// 10を出力する
console.log( firstPrisoner.sentence );  ❸

// 4を出力する
console.log( firstPrisoner.__proto__.sentence );  ❹
delete firstPrisoner.sentence;  ❺

// どちらも4を出力する
console.log( firstPrisoner.sentence );  ❻
console.log( firstPrisoner.__proto__.sentence );
```

❶ firstPrisoner.sentenceはfirstPrisonerオブジェクトにsentence属性が見つからないので、オブジェクトのプロトタイプを調べて見つける。

❷ オブジェクトのsentenceプロパティを10に設定する。

❸ このオブジェクトで値が10に設定されていることを確認する。

❹ ……しかし、このオブジェクトのプロトタイプは全く手が付けられておらず、4のまま。

❺ 属性をプロトタイプの値に戻すために、オブジェクトからこの属性を削除する。

❻ JavaScriptエンジンはオブジェクトでこの属性を見つけられなくなっているので、プロトタイプチェーンをさかのぼって調べ、プロトタイプオブジェクトで属性を見つけなければいけない。

プロトタイプオブジェクトで属性の値を変えるとどうなるかがわかっただろうか。

2.5.1.1　プロトタイプの変更

プロトタイプ継承がもたらす強力な（そして潜在的に危険な）振る舞いとして、プロトタイプをベースにした**すべてのオブジェクトを一度に変更**できる。静的変数になじみがある人にとっては、プロトタイプの属性はプロトタイプから生成したオブジェクトの静的変数のような役割を果たす。もう一度コードを調べてみよう。

```
var proto = {
  sentence : 4,
  probation : 2
};

var makePrisoner = function( name, id ) {
  var prisoner = Object.create( proto );
  prisoner.name = name;
  prisoner.id = id;

  return prisoner;
};

var firstPrisoner = makePrisoner( 'Joe', '12A' );

var secondPrisoner = makePrisoner( 'Sam', '2BC' );
```

上記の例の後に`firstPrisoner`や`secondPrisoner`を調べると、継承されたプロパティ`sentence`は4に設定されていることがわかる。

```
...

// どちらも「4」を出力する
console.log( firstPrisoner.sentence );
console.log( secondPrisoner.sentence );
```

例えば、`proto.sentence = 5`を設定してプロトタイプオブジェクトを変更すると、その後と**前**に作成されたすべてのオブジェクトにこの値が反映される。そのため、`firstPrisoner.sentence`と`secondPrisoner.sentence`は5に設定される。

```
...
proto.sentence = 5;

// どちらも「5」を出力する
console.log( firstPrisoner.sentence );
console.log( secondPrisoner.sentence );
```

この振る舞いにはよい点と悪い点がある。これはJavaScript環境全体を通して一貫しており、この

ことに対応したコーディングができるように、このような振る舞いを知っておくことが重要である。

オブジェクトがプロトタイプを使って他のオブジェクトからどのようにプロパティを継承するかがわかったので、関数がどのように動作するかを調べてみよう。なぜなら、関数も予想とは異なる振る舞いをする可能性があるからだ。また、その違いがどのようにして本書のいたるところで活用する便利な機能をもたらすかも調べる。

2.6 関数 ── 詳しく調べる

JavaScriptでは、関数は第一級オブジェクトである。関数は変数や所定の属性に格納でき、関数呼び出しの引数として渡すこともできる。関数は変数スコープの制御にも使え、プライベート変数やプライベートメソッドを提供する。関数の理解はJavaScriptを理解するためのポイントの1つであり、専門的なSPAを構築するための重要な基盤である。

2.6.1 関数と無名関数

JavaScriptの関数は、他のオブジェクトと同様にオブジェクトであるという重要な特徴がある。おそらく、誰もが以下のように宣言されたJavaScript関数を見たことがあるだろう。

```
function prison () {}
```

しかし、変数に関数を格納することもできる。

```
var prison = function prison () {};
```

無名関数にすると、冗長性（および、名前の不一致の可能性）を減らすことができる。無名関数とは、名前のない関数宣言の呼び名にすぎない。以下は、ローカル変数に格納された無名関数である。

```
var prison = function () {};
```

ローカル変数に格納された関数は、普通の関数と同じ方法で呼び出す。

```
var prison = function () {
  console.log('prison called');
};
prison(); ❶
```

❶ 「prison called」と出力する。

2.6.2 自己実行型無名関数

JavaScriptで常に直面する問題の1つは、グローバルスコープで定義されたものはすべて、どこでも使用できることだ。全員とは共有したくなく、サードパーティライブラリに内部変数を共有させたくない場合もある。互いのライブラリのステップオーバーが簡単になり、診断が難しい問題を引き起

こすからだ。関数に関する知識を使い、プログラム全体を関数で包んでその関数を呼び出せば、変数は外部コードからアクセスできなくなる。

```javascript
var myApplication = function () {
  var private_variable = "private";
};

myApplication();

//変数が未定義であるというエラーを出力する
console.log( private_variable );
```

しかし、このような方法は冗長で面倒である。関数を定義したり変数に保存しなくても、その関数を実行できればよいだろう。簡略な手法があれば間違いなく素晴らしい。そのような方法が実はある。

```javascript
(function () {
  var private_variable = "private";
})();

//変数が未定義であるというエラーを出力する
console.log( private_variable );
```

これは名前を付けたり変数に保存したりせずに定義され、即座に実行されるため、**自己実行型無名関数**と呼ばれる。表2-5に示すように、かっこで関数を囲み、続いてかっこの対を記述するだけで関数を実行する。この構文は、明示的に呼び出した関数と並べてみるとそれほど驚くものではない。

表2-5 明示的な呼び出しと自己実行型関数の対比。どちらも同じ効果がある。関数を作成してその関数を即座に呼び出す。

明示的な呼び出し	自己実行型関数

`var foo = function () {`
　`// 何かを実行する`
`};`
`foo();`
	`(function () {`
	　`// 何かを実行する`
	`})();`

　自己実行型無名関数は、変数スコープを含め、変数がコード内の他の場所に漏れるのを防ぐために使う。自己実行型無名関数はグローバル名前空間に変数を追加しないので、アプリケーションコードと衝突しないJavaScriptプラグインを作成するのに使用できる。次の節では、本書のいたるところで使うさらに高度なユースケースを紹介する。これは**モジュールパターン**と呼ばれ、プライベート変数やプライベートメソッドを定義できる。まず、自己実行型無名関数で変数スコープがどのように機能するかを見てみよう。これに見覚えがあると感じるなら、それは新しい構文を使っているだけで以前と全く同じだからだ。

```
// エラーメッセージ「local_var is not defined」
console.log(local_var); ❶

(function () {

  // local_varは未定義
  console.log(local_var); ❷

  var local_var = 'Local Variable!';

  // local_varは「Local Variable!」
  console.log(local_var); ❸
}());

// エラーメッセージ「local_var is not defined」
console.log(local_var); ❹
```

❶ ローカル変数を関数内で宣言すると、その関数外ではアクセスできない。
❷ 自己実行型無名関数内の宣言前では、変数はJavaScriptエンジンの関数の最初の走査中に宣言されるが、2回目の走査で宣言に到達するまでは初期化されないので、変数は未定義。
❸ 変数を宣言し、関数内で値を割り当てた後には、その変数の値を使用できる。
❹ 自己実行型無名関数の外側では変数は定義されていない。

以下のコードと比べてほしい。

```
console.log(global_var); ❶
var global_var = 'Global Variable!';

console.log(global_var); ❷
```

❶ global_varは未定義だが、宣言はされている。
❷ global_varは「Global Variable!」。

ここではグローバル名前空間がglobal_var変数で汚染されており、自分のコードやプロジェクトで使用している外部JavaScriptライブラリで使われている同じ名前の他の変数と衝突する危険がある。**グローバル名前空間の汚染**は、JavaScriptサークルでよく耳にする用語である。この用語は上記の状況を表している。

自己実行型無名関数で解決できる問題に、サードパーティライブラリや無意識のうちに自分のコードでもグローバル変数を上書きできてしまうという問題がある。自己実行型無名関数に引数として値を渡すと、コード外からはその値に影響を与えられないので、そのパラメータの値がその実行コンテキストでは期待どおりの値になることが保証される。

最初に、自己実行型無名関数にパラメータを渡す方法を見てみよう。

```
(function (what_to_eat) {

  var sentence = 'I am going to eat a ' + what_to_eat;
  console.log(sentence); ❶
})('sandwich'); ❷
```

❶ 値sandwichが無名関数の最初の引数what_to_eatとして渡される。
❷ 「I'm going to eat a sandwich」と出力する。

この構文は実は、値sandwichを無名関数に最初に引数として渡しているだけである。この構文を通常の関数と比較してみよう。

```
var eatFunction = function (what_to_eat) {
  var sentence='I am going to eat a ' + what_to_eat;
  console.log( sentence );
};
eatFunction( 'sandwich' );

// これは以下と同じである

(function (what_to_eat) {
  var sentence = 'I am going to eat a ' + what_to_eat;
  console.log(sentence);
})('sandwich');
```

唯一の違いは、変数eatFunctionがなく、関数定義をかっこで囲んでいる点である。

変数の上書きを防ぐ有名な例の1つは、JavaScriptライブラリのjQueryとPrototypeを使う方法である。どちらのライブラリも1文字変数$を大いに活用する。アプリケーションにこの両方を含めると、最後に追加したライブラリが$を制御する。自己実行型無名関数に変数を渡すテクニックを使うと、jQueryでコードブロックに$変数を使えるようになる。

この例では、jQueryと$変数は互いの別名である。jQuery変数を$パラメータとして使う自己実行型無名関数にjQuery変数を渡すと、$がPrototypeライブラリに奪われることを防ぐ。

```
( function ( $ ) {  ❶

  console.log( $ );  ❷
})( jQuery );
```

❶ $はこの時点まではプロトタイプ関数。
❷ $は関数スコープ内のjQueryオブジェクト。これは簡単な例で、自己実行型無名関数内で定義された関数でも$でjQueryオブジェクトを参照する。

2.6.3　モジュールパターン — JavaScriptにプライベート変数をもたらす

アプリケーションを自己実行型無名関数で囲んでアプリケーションをサードパーティライブラリから（また、そのアプリケーション自身からも）守ることができるのは素晴らしいが、SPAは巨大であり、1つのファイルでは定義できない。そのファイルをモジュールに分割し、各モジュールが独自のプライベート変数を持つようにする方法があれば間違いなく素晴らしいだろう。そのような方法が存在するので、その方法を説明していく。

コードを複数ファイルに分割しながらも、自己実行型無名関数を活用して変数のスコープを制御する方法を調べてみよう。

> ### 自己実行型無名関数構文にまだ慣れていないか？
>
> 別の例を見てみよう。
>
> ```
> var prison = (function() {
>   return 'Mike is in prison';
> })();
> ```
>
> 上のおかしな形式の構文は、実は以下の構文と同じである。
>
> ```
> function makePrison() {
>   return 'Mike is in prison';
> }
> var prison = makePrison();
> ```
>
> どちらの場合も、`prison`の値は「Mike is in prison」である。ただ、`makePrison`関数を格納する代わりに、一時的に使用する必要があるときにだけ、この関数を作成してどこにも格納しないで呼び出すことだけが実質的に異なる。

```
var prison = (function () {   ❶
  var prisoner_name = 'Mike Mikowski',
      jail_term = '20 year term';

  return {   ❷
    prisoner: prisoner_name + ' - ' + jail_term,
    sentence: jail_term
  };
})();

// これは未定義。prisoner_nameはない。
console.log( prison.prisoner_name );   ❸

// これは「Mike Mikowski - 20 year term」と出力する
console.log( prison.prisoner );

// これは「20 year term」と出力する
console.log( prison.sentence );
```

❶ この自己実行型無名関数の戻り値が`prison`変数に格納される。

❷ この自己実行型無名関数は`prison`変数に必要な属性だけを持つオブジェクトを返す。

❸ `prison.prisoner_name`はこの自己実行型無名関数が返すオブジェクトの属性ではないので、未定義。

　この自己実行型無名関数はすぐに実行され、プロパティ`prisoner`と`sentence`を持つオブジェクトを返す。この無名関数は実行されたので`prison`変数には格納されない。**無名関数の戻り値が`prison`変数に格納される。**

　変数`prisoner_name`と`jail_term`をグローバルスコープに追加する代わりに、変数`prison`だけを追

加する。もっと大きなモジュールでは、グローバル変数の削減がなおさら重要になる。

このオブジェクトには、関数の実行が完了すると自己実行型無名関数で定義された変数がなくなってしまうので、変数を変更できないという問題がある。prisoner_nameとjail_termは変数prisonに格納されたオブジェクトのプロパティではないので、この方法ではアクセスできない。prisoner_nameとjail_termは無名関数が返したオブジェクトの属性prisonerとsentenceを定義するために使う変数であり、属性prisonerとsentenceにはprison変数でアクセスできる。

```
  ...

  // 未定義と出力する
  console.log( prison.jail_term );  ❶
  prison.jail_term = 'Sentence commuted';  ❷

  // ここでは「Sentence commuted」と出力するが……
  console.log( prison.jail_term );

  // これは「Mike Mikowski - 20 year term」と出力する……お気の毒に、Mike
  console.log( prison.prisoner );  ❸
```

❶ prison.jail_termは、自己実行型無名関数が返すオブジェクトの属性ではないので未定義。
❷ prisonはオブジェクトなので、やはりjail_term属性を定義できる……
❸ ……しかし、prison.prisonerは更新されない。

prison.prisonerはいくつかの理由から更新されない。まず、jail_termはprisonオブジェクトやプロトタイプの属性ではない。このオブジェクトを生成し、prison変数に格納された実行コンテキストの変数であり、この関数の実行がすでに完了しているのでこの実行コンテキストはもはや存在しない。次に、このような属性は無名関数の実行時に一度設定され、決して更新されない。更新するには、呼び出すたびに変数にアクセスするメソッドに属性を変更する必要がある。

```
var prison = (function () {
  var prisoner_name = 'Mike Mikowski',
      jail_term = '20 year term';

  return {  ❶
    prisoner: function () {  ❷
      return prisoner_name + ' - ' + jail_term;  ❸
    },
    setJailTerm: function ( term ) {
      jail_term = term;
    }
  };
})();

// これは Mike Mikowski - 20 year term と出力する
console.log( prison.prisoner() );

prison.setJailTerm( 'Sentence commuted' );
```

❶ 2つのメソッドを持つオブジェクトを返す。
❷ prisoner()を呼び出すたびに、prisoner_nameとjail_termを再度調べる。
❸ setJailTerm()を呼び出すたびに、jail_termを調べて設定する。

```
// 今回は「Mike Mikowski - Sentence commuted」と出力する
console.log( prison.prisoner() );
```

　自己実行型無名関数の実行が完了しても、変数prisoner_nameとjail_termは引き続きprisonerメソッドとsetJailTermメソッドにアクセスできる。prisoner_nameとjail_termは、prisonオブジェクトのプライベート属性のような役割を果たしている。prisoner_nameとjail_termには無名関数が返すオブジェクトのメソッドだけがアクセスでき、オブジェクトやオブジェクトのプロトタイプから直接アクセスすることはできない。クロージャは難しいと聞いたことがあるだろう。ここで、どうしてこれがクロージャなのかまだ説明していなかったので、少し戻ってクロージャを説明しよう。

2.6.3.1　クロージャとは

　抽象概念としてのクロージャは理解しにくいかもしれないので、「クロージャとは何か」という質問に答える前に、背景を説明する必要があるだろう。この節が終わるまでにはこの質問に対する答えが得られるので、我慢して付き合ってほしい。

　プログラムを実行すると、プログラムは変数の値の格納などのさまざまなことのために、コンピュータのメモリを確保して使用する。プログラムを実行し、必要なくなったメモリを解放しないと、コンピュータは最終的にはクラッシュする。Cなどの一部の言語では、プログラムがメモリを管理する必要があり、プログラマは使い終わったメモリを必ず解放するようにコードを記述するために多大な時間を費やしている。

　JavaやJavaScriptなどの言語では、必要なくなったらコンピュータのメモリからコードを削除して、自動的にメモリを解放するシステムを実装している。場所を取っている不要な変数は「悪臭を放っている」ので、このような自動システムは**ガベージコレクタ**（ごみ収集人）と呼ばれる。自動と手動のどちらのシステムの方が優れているかについてはさまざまな意見があるが、それは本書の対象範囲外である。JavaScriptにはガベージコレクタがあることを知っていれば十分である。

　単純なメモリ管理方式では、関数の実行が完了するとその関数内で作成されたすべてをメモリから削除するだろう。結局のところ、関数の実行が完了しているので、その実行コンテキスト内のものにはもはやアクセスする必要はないと思われる。

```
var prison = function () {
  var prisoner = 'Josh Powell';
};

prison();
```

　prisonの実行が終了すると、prisoner変数にアクセスする必要はなくなるので、Joshは解放される。このパターンは冗長なので、自己実行型無名関数パターンに戻そう。

```javascript
(function () {
  var prisoner = 'Josh Powell';
})();
```

ここでも同じである。関数を実行して完了すると、prisoner変数はもはやメモリに保持する必要はなくなる。さよなら、Josh。

本書のモジュールパターンでこれを利用しよう。

```javascript
var prison = (function () {
  var prisoner = 'Josh Powell';

  return { prisoner: prisoner }; ❶

})();

// 「Josh Powell」と出力する
console.log( prison.prisoner );
```

❶ モジュールパターンが返すオブジェクトで、変数や関数を同名のプロパティに格納することに慣れてきた。本書のいたるところでこの方法を使用する。

無名関数の実行後には、やはりprisoner変数にアクセスする必要はない。文字列Josh Powellはprison.prisonerに格納されており、prisoner変数にはもうアクセスできないので、このモジュールのprisoner変数をメモリに保持する理由はない。予想外かもしれないが、prison.prisonerの値は文字列Josh Powellである。prisoner変数を指していないのである。

```javascript
var prison = (function () {
  var prisoner = 'Josh Powell';

  return {
    prisoner: function () {
      return prisoner;
    }
  }
})();

// 「Josh Powell」と出力する
console.log( prison.prisoner() );
```

これで、prison.prisonerを実行するたびにprisoner変数にアクセスする。prison.prisoner()はprisoner変数の現在の値を返す。ガベージコレクタが登場してメモリから削除した場合、prison.prisonerを呼び出すとJosh Powellの代わりにundefinedを返す。

いよいよ「クロージャとは何か」という質問に答えよう。クロージャは、変数を作成した実行コンテキスト外から変数にアクセスできるようにしておくことで、ガベージコレクタがメモリから変数を削除しないようにするプロセスである。クロージャは、prisonオブジェクトにprisoner関数を格納したときに作成される。(ガベージコレクタがprisoner変数を削除するのを防ぐ) 現在の実行コンテキスト

外からのprisoner変数への動的アクセスを伴う関数を格納することで、クロージャが作成される。

クロージャの例をもう少し見てみよう。

```javascript
var makePrison = function ( prisoner ) {
  return function () {
    return prisoner;
  }
};

var joshPrison = makePrison( 'Josh Powell' );
var mikePrison = makePrison( 'Mike Mikowski' );

// 「Josh Powell」と出力する。prisoner変数はクロージャに保存される。
// makePrison呼び出しで返される無名関数がprisoner変数にアクセスするため、
// クロージャが作成される。
console.log( joshPrison() );

// 「Mike Mikowski」と出力する。prisoner変数はクロージャに保存される。
// makePrison呼び出しで返される無名関数がprisoner変数にアクセスするため、
// クロージャが作成される。
console.log( mikePrison() );
```

もう1つの一般的なクロージャの使い方は、Ajax呼び出しが戻ってきたときに使うために、変数を保存しておくことである。JavaScriptオブジェクトでメソッドを使用するときには、`this`はそのオブジェクトを指す。

```javascript
var prison = {
  names: 'Mike Mikowski and Josh Powell',
  who: function () {
    return this.names;
  }
};

// 「Mike Mikowski and Josh Powell」を返す
prison.who();
```

メソッドでjQueryを使ってAjax呼び出しを行うと、`this`はもうオブジェクトを指していない。Ajax呼び出しを指すのである。

```javascript
var prison = {
  names: 'Josh Powell and Mike Mikowski',
  who: function () {
    $.ajax({
      success: function () {
        console.log( this.names );
      }
```

```
      });
    }
  };
  // undefinedと出力する。「this」はajaxオブジェクト。
  prison.who();
```

どのようにしてこのオブジェクトを参照するのだろうか。クロージャが救いの手となる。クロージャは、現在の実行コンテキストの変数にアクセスする関数を現在の実行コンテキスト外の変数に保存して作成する。次の例では、thisをthatに保存し、Ajax呼び出しが戻ったときに実行する関数でthatにアクセスすることでクロージャを作成する。Ajax呼び出しは非同期なので、そのAjax呼び出しを行った実行コンテキスト外から応答が返る。

```
  var prison = {
    names: 'Mike Mikowski and Josh Powell',
    who: function () {
      var that = this;
      $.ajax({ ❶
        success: function () {
          console.log( that.names );
        }
      });
    }
  };

  // 「Mike Mikowski and Josh Powell」と出力する
  prison.who();
```

❶ Ajax呼び出しは非同期なので、応答が返されたときには、who()呼び出しの実行が完了している。

Ajax呼び出しが戻るときまでにwho()の実行が完了しているにもかかわらず、that変数にはガベージコレクションが行われず、successメソッドで利用できる。

クロージャとその働きをわかりやすく説明できていれば幸いである。クロージャとは何かがわかったので、クロージャの仕組みを掘り下げ、実装方法を確認しよう。

2.6.4　クロージャ

クロージャはどのように機能するのだろうか。クロージャとは**何か**は理解したが、実装**方法**はわかっていない。その答えは実行コンテキストオブジェクトにある。前節の例を見てみよう。

```
  var makePrison = function (prisoner) {
    return function () {
      return prisoner;
    }
  };

  var joshPrison = makePrison( 'Josh Powell' );
```

```
var mikePrison = makePrison( 'Mike Mikowski' );

// 「Josh Powell」と出力する
console.log( joshPrison() );

// 「Mike Mikowski」と出力する
console.log( mikePrison() );
```

makePrisonを呼び出すと、その**特定**の呼び出しの実行コンテキストオブジェクトが作成され、prisonerに渡された値を割り当てる。実行コンテキストオブジェクトはJavaScriptエンジンの一部であり、JavaScriptで直接アクセスすることはできない。

上記の例では、makePrisonを2回呼び出し、その結果をjoshPrisonとmikePrisonに保存した。makePrisonの戻り値は関数なので、joshPrisonに割り当てると、その**特定**の実行コンテキストオブジェクトに対する参照カウントは1であり、このカウントはゼロより大きいので、JavaScriptエンジンはこの**特定**の実行コンテキストオブジェクトを保持する。このカウントがゼロに減ると、JavaScriptエンジンはそのオブジェクトにガベージコレクションを実行できることがわかる。

makePrisonを再び呼び出してmikePrisonに割り当てると、新しい実行コンテキストオブジェクトが生成され、その実行コンテキストオブジェクトの参照カウントも1に設定される。この時点で、2つの実行コンテキストオブジェクトへの2つのポインタがあり、どちらも同じ関数の実行で作成されたにもかかわらず、どちらの参照カウントも1である。

もしjoshPrisonを再び呼び出したら、makePrisonを呼び出してjoshPrisonに保存したときに作成された実行コンテキストオブジェクトに設定された値を使う。保持された実行コンテキストオブジェクトを消去するには、(Webページを閉じる以外には) joshPrison変数を削除するしかない。そうすると、その実行コンテキストオブジェクトへの参照カウントは0に減り、JavaScriptの都合の良い時に削除される可能性がある。

いくつかの実行コンテキストオブジェクトを同時に開始し、何が起きるか調べてみよう。

例2-12　実行コンテキストオブジェクト

```
var curryLog, logHello, logStayinAlive, logGoodbye;

curryLog = function ( arg_text ){
  var log_it = function (){ console.log( arg_text ); };
  return log_it;
};

logHello = curryLog('hello');
logStayinAlive = curryLog('stayin alive!');
logGoodbye = curryLog('goodbye');

// これは実行コンテキストへの参照を作成しないため、
```

```
// 実行コンテキストオブジェクトは
// JavaScriptのガベージコレクタで即座に消去される可能性がある。
curryLog('fred');

logHello();         // 「hello」と出力する
logStayinAlive();   // 「stayin alive!」と出力する
logGoodbye();       // 「goodbye」と出力する
logHello();         // 再び「hello」と出力する

// 「hello」実行コンテキストへの参照を削除する
delete window.logHello;

// 「stayin alive!」実行コンテキストへの参照を削除する
delete window.logStayinAlive;

logGoodbye();       // 「goodbye」と出力する
logStayinAlive();   // 未定義。実行コンテキストは削除されている
```

　関数を呼び出すたびに一意の実行コンテキストオブジェクトが作成されることを覚えておかなければいけない。関数が完了すると、**呼び出し側が実行オブジェクトへの参照を保持しない限り**、その実行オブジェクトは即座に破棄される。関数が数値を返す場合、通常は関数の実行コンテキストオブジェクトへの参照を保持できない。一方、関数が関数、オブジェクト、配列などのもっと複雑な構造を返す場合には、実行コンテキストへの参照は、多くの場合戻り値を変数に格納すれば（時には誤って）作成される。

　多階層の実行コンテキスト参照のチェーンを作成できる。これは必要な際には好ましい（**オブジェクト継承**を考えてほしい）。しかし、このようなクロージャではメモリ使用量がどんどん増えるので避けたいときもある（**メモリリーク**など）。意図しないクロージャを避けるために役立つルールやツールを、付録Aで紹介している。

クロージャをもう一度

クロージャはJavaScriptのとても重要ながらもわかりにくい部分なので、先に進む前にもう一度説明してみよう。クロージャを完全に理解していれば、遠慮なく先に進んでほしい。

```
var menu, outer_function,
    food = 'cake';

outer_function = function () {
  var fruit, inner_function;

  fruit = 'apple';

  inner_function = function () {
    return { food: food, fruit: fruit };
  }

  return inner_function;
};

menu = outer_function();

// { food: 'cake', fruit: 'apple' }を返す
menu();
```

outer_functionを実行すると、実行コンテキストを作成する。inner_functionはこの実行コンテキスト内で定義される。

inner_functionはouter_function実行コンテキスト内で定義されるので、outer_functionのスコープ内のすべての変数にアクセスできる。この場合はfood、fruit、outer_function、inner_function、menuである。

outer_functionの実行が完了すると、この実行コンテキスト内のすべてがガベージコレクタに破棄されると思うかもしれないが、それは間違いである。

inner_functionへの参照が変数menuにグローバルスコープで保存されているので、破棄されない。inner_functionは宣言されたスコープ内にあるすべての変数へのアクセスを保持する必要があるため、outer_function実行コンテキストを「囲い込み」、ガベージコレクタが削除するのを防ぐ。これがクロージャである。

最初の例に戻り、Ajax呼び出しが戻った後になぜscoped_varにアクセスできるのかを調べてみよう。

```
function sendAjaxRequest() {
  var scoped_var = 'yay';
  $.ajax({
    success: function () {
      console.log(scoped_var);
    }
  });
}
sendAjaxRequest(); ❶
```

❶ Ajax呼び出しが正常に完了すると「yay」と出力する。

successメソッドはsendAjaxRequestの呼び出し時に作成された実行コンテキストで定義されており、scoped_varはその時にスコープ内なのでアクセスできる。まだクロージャがはっきりわからなくても動揺しないでほしい。クロージャは非常に難しいJavaScript概念の1つであり、この節を何度か読んで理解できなくても、先に進めばよい。クロージャの概念を理解するには、もっと実用的な経験を積む必要があることもある。本書を読み終わるまでに、クロージャが第二の天性となるくらい十分に実用的な経験が得られれば幸いである。

これでJavaScriptの細部に関する概要と一部の詳細な説明を終わりにする。本章のおさらいは包括的ではないが、その代わりに大規模SPAの開発に必要な概念に重点を置いた。楽しんでもらえれば幸いである。

2.7　まとめ

本章では、JavaScript固有ではないが、他の広く使われているプログラム言語には見られないこともある概念を取り上げた。これらのトピックの知識は、SPAを記述するときに重要になる。この知識がないと、アプリケーションの構築時に戸惑うことになりかねない。

変数スコーピングや変数と関数の巻き上げを理解することは、JavaScriptの変数の神秘性を取り除くための基盤となる。実行コンテキストオブジェクトの理解は、スコーピングと巻き上げの仕組みを理解するのに重要である。

JavaScriptでプロトタイプを使ってオブジェクトを生成する方法を知ると、ネイティブJavaScriptで再利用可能なコードを記述できるようになる。プロトタイプベースのオブジェクトを理解しないと、エンジニアは、（実際はプロトタイプベースモデルのラッパーである）ライブラリが提供するクラスベースモデルに頼り、再利用可能なコードを記述するのにライブラリを使ってしまうことが少なくない。プロトタイプベースの手法を学習した後に、依然としてクラスベースのシステムを使う方が好きであっても、簡単なユースケースにプロトタイプベースモデルを活用できる。本書のSPAの構築に

は、2つの理由からプロトタイプベースモデルを使用する。本書のユースケースにはプロトタイプベースモデルを使った方が簡単であると考えており、プロトタイプベースモデルこそがJavaScript方式であり、我々はJavaScriptでコーディングしているからだ。

　自己実行型無名関数の記述には変数スコープが含まれており、グローバル名前空間をうかつに汚染しないようにし、他のライブラリと衝突しないライブラリやコードベースを記述するのに役立つ。

　モジュールパターンとプライベート変数の使い方を理解すると、オブジェクトに気の利いたパブリックAPIを構築でき、他のオブジェクトがアクセスする必要のない厄介な内部メソッドや内部変数をすべて隠蔽できる。これにより、適切で簡潔なAPIを保ち、どのメソッドを使うべきかや、どのメソッドがAPIのプライベートヘルパーメソッドであるかが明確になる。

　最後に、最も難しいJavaScript概念の1つであるクロージャを探るのに多大な時間を費やした。まだクロージャを完全に理解していなくても、本書を通じて十分な実用的経験を得て理解を深めてもらえれば幸いである。

　これらの概念を念頭に置き、次の章に進んで製品品質のSPAの構築を始めよう。

II部
SPAクライアント

SPAクライアントは、従来のWebサイトユーザインタフェース（UI）以上のものを提供する。SPAクライアントはデスクトップアプリケーションのように応答性が高いと言う人もいるが、もっと正確に言うと、適切に記述されたSPAクライアントはデスクトップアプリケーションそのものである。

デスクトップアプリケーションと同様に、SPAクライアントは従来のWebページとは大幅に異なる。従来のWebサイトをSPAに置き換えると、データベースサーバからHTMLテンプレートにいたるまでのソフトウェアスタック全体が変わる。従来のWebサイトからSPAにうまく移行するためのビジョンがある企業は、旧来の慣行や構造を変えなければいけないことを理解している。クライアント側での開発能力、規律、テストに改めて重点的に取り組んでいる。サーバ側は引き続き重要であるが、JSONデータサービスの提供に重点を置いている。

そのため、従来のWebサイトのクライアント開発に関して知っていることをすべて忘れよう。いや、**すべて**ではない。JavaScript、HTML5、CSS3、SVG、CORS、その他の多くの略語を知っていることはやはり好ましい。しかし、章を進めていく際に、従来のWebサイトではなく**デスクトップアプリケーションを構築している**ことを覚えておかなければいけない。第2部では、以下の方法を学ぶ。

- 拡張性が高くテスト可能で有能なSPAクライアントの構築とテストを行う。
- ［戻る］ボタン、ブックマーク、その他の履歴制御を期待どおりに機能させる。
- 堅牢な機能モジュールとAPIの設計、実装、テストを行う。
- モバイルデバイスとデスクトップでUIをシームレスに機能させる。
- テスト、チーム開発、品質設計を大幅に改善するようにモジュールと名前空間を体系化する。

特定のSPAフレームワークライブラリの使い方は説明しない。これには多くの理由があ

る（掘り下げた議論は6章のコラムを参照）。1つのフレームワークライブラリだけに当てはまる実装の複雑さではなく、適切に記述されたSPAの内部構造を説明したい。その代わりに、6年間で多くの商用製品を通じて磨きをかけたアーキテクチャを使う。このアーキテクチャは、テストのしやすさ、読みやすさ、品質設計を向上させる。また、作業を多くのクライアント開発者で分担するのが簡単で楽しくなる。この手法を使うと、フレームワークライブラリを使いたい読者が十分な情報に基づいた判断を下せ、より成功裏に使用できる。

3章
シェルの開発

本章で取り上げる内容:
- シェルモジュールとアーキテクチャ内でのシェルモジュールの立場を説明する。
- ファイルと名前空間を構造化する。
- 機能コンテナを作成し、スタイルを設定する。
- イベントハンドラを使って機能コンテナを切り替える。
- アンカーインタフェースパターンを使ってアプリケーション状態を管理する。

本章では、このアーキテクチャに必要な要素である**シェル**を説明する。機能コンテナを含むページレイアウトを開発し、シェルを調節してレンダリングする。次に、シェルがチャットスライダーを拡張・格納させることで機能コンテナをどのように管理するかを示す。最後に、**アンカーインタフェースパターン**を利用してURIアンカーを状態APIとして使う。これにより、ユーザは期待どおりのブラウザ制御（[進む]や[戻る]ボタン、ブラウザ履歴、ブックマークなど）を手に入れる。

本章が終わるまでに、スケーラブルで管理可能なSPAの基盤を構築する。しかし、あまり先走りすぎないようにしよう。まずはシェルを理解する必要がある。

3.1 シェルを完全に把握する

シェルは本書のSPAのマスタコントローラであり、このアーキテクチャに必須である。シェルモジュールの役割は飛行機の外郭構造（シェル）に匹敵する。

（モノコックや機体とも呼ばれる）**飛行機の外郭構造**は、航空機に形状と構造を提供する。そして、さまざまな留め具を使って座席、トレーテーブル、エンジンなどの組み立て部品を取り付ける。組み立て部品はすべてできるだけ独立して動作するように組み立てる。ミリーおばさんがトレーテーブルを開いたら、それが原因でジェット機が大きく右に傾くようなことは避けたいからだ。

シェルモジュールは、アプリケーションに形状と構造を提供する。チャット、サインイン、ナビゲーションなどの機能モジュールは、APIを使ってシェルに「取り付ける」。ミリーおばさんがチャットス

ライダーに「やった!!! あなたを倒したわ!」と入力したら、アプリケーションがすぐにブラウザウィンドウを閉じるようなことは誰も好まないので、機能モジュールはすべてできるだけ独立して機能するように作り上げる。

　シェルは、多くの商用プロジェクトを通じて磨きをかけたアーキテクチャの1つの要素にすぎない。このアーキテクチャ（およびシェルの位置付け）を**図3-1**に示す。シェルはこのアーキテクチャの中心なので、まずシェルを記述したい。シェルは、**機能モジュール**をビジネスロジックおよびURIやCookieなどの汎用ブラウザインタフェースと連携させる。ユーザが［戻る］ボタンをクリックしたり、サインインしたり、アプリケーションのブックマーク可能な状態を変更するその他の操作を行ったりすると、シェルはその変更を調整する。

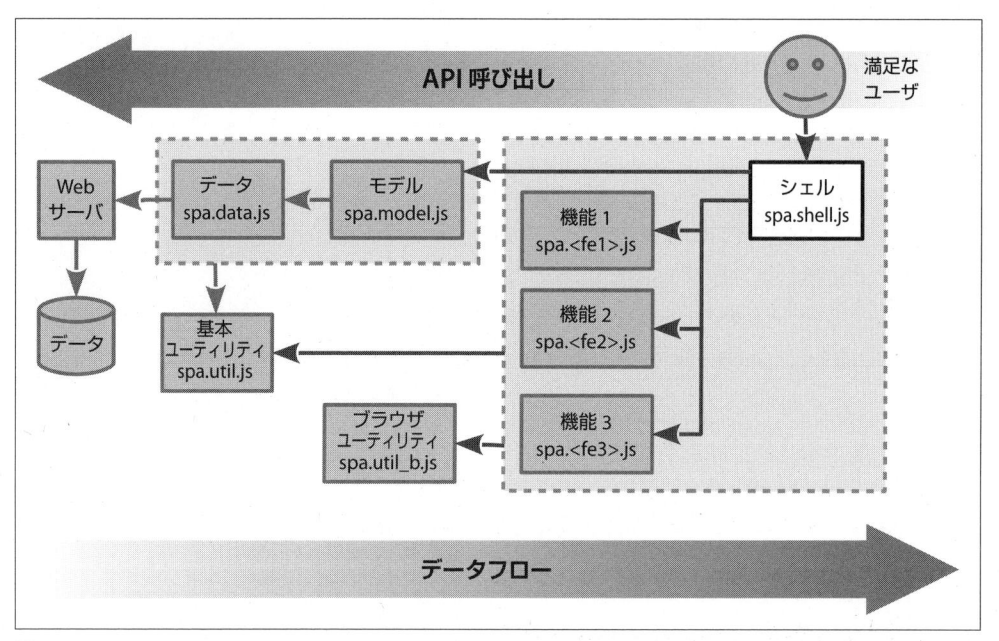

図3-1　SPAアーキテクチャにおけるシェル

　MVC（モデル・ビュー・コントローラ）アーキテクチャに慣れた方は、シェルが配下のすべての機能モジュールのコントローラを調整するので、シェルをマスタコントローラと考えるかもしれない。

　シェルは以下の責務を果たす。

- 機能コンテナのレンダリングと管理
- アプリケーション状態の管理
- 機能モジュールの調整

機能モジュールの調整については次の章で詳しく説明する。本章では、機能コンテナのレンダリングとアプリケーション状態の管理を取り上げる。まずはファイルと名前空間を用意しよう。

3.2　ファイルと名前空間を用意する

付録Aのコード標準に従ってファイルと名前空間を用意する。特に、JavaScript名前空間ごとに1つのJavaScriptファイルを持ち、自己実行型無名関数を使ってグローバル名前空間の汚染を防ぐ。また、CSSファイルを並列構造で用意する。この慣例は開発を早め、品質を高め、メンテナンスを楽にする。このありがたみは、プロジェクトにモジュールや開発者が増えるにつれて高まる。

3.2.1　ファイル構造を作成する

このアプリケーションのルート名前空間にspaを選んだ。JavaScriptとCSSのファイル名、JavaScript名前空間、CSSセレクタ名を合わせる。すると、どのJavaScriptにどのCSSが対応するかを簡単に把握できる。

3.2.1.1　ディレクトリとファイルを計画する

多くの場合、Web開発者はHTMLファイルをあるディレクトリに置き、CSSとJavaScriptをそのサブディレクトリに置く。この慣例を破る理由はない。例3-1に示すようにディレクトリとファイルを作成しよう。

例3-1　ファイルとディレクトリ（初期状態）

```
spa ❶
 +-- css ❷
 |   +-- spa.css
 |   `-- spa.shell.css
 +-- js ❸
 |   +-- jq ❹
 |   +-- spa.js ❺
 |   `-- spa.shell.js ❻
 +-- layout.html
 `-- spa.html ❼
```

❶ spaはルートディレクトリでありルート名前空間。
❷ すべてのスタイルシートファイルを含むディレクトリ。
❸ すべてのJavaScriptファイルを含むディレクトリ。
❹ プラグインを含むjQuery JavaScriptファイルを収めるディレクトリ。
❺ spa.jsはルートJavaScript名前空間spaを提供する。spa.jsには対応するスタイルシートがcss/spa.cssにある。
❻ spa.shell.jsはシェル名前空間spa.shellを提供する。spa.shell.jsには対応するスタイルシートがcss/spa.shell.cssにある。
❼ SPAを実行するためにブラウザが読み込むファイル。

基盤が整ったので、jQueryをインストールしよう。

3.2.1.2　jQueryとプラグインをインストールする

多くの場合、jQueryとプラグインは縮小（圧縮）ファイルか通常ファイルのどちらかで提供される。デバッグに役立つのと、結局はビルドシステムの一部として縮小ファイルにするため、大抵は通常ファ

イルをインストールする。jQueryとプラグインの働きについては、本章の後半で取り上げる。

jQueryライブラリは、便利なクロスプラットフォームのDOM操作とその他のユーティリティを提供する。本書ではバージョン1.9.1を使っており、http://jquery.com/download/で入手できる。jQueryライブラリをjQueryディレクトリに配置しよう。

```
...
  +-- js
  |   +-- jq
  |   |   +-- jquery-1.9.1.js
...
```

jQueryのuriAnchorプラグインは、URIのアンカー要素を管理するユーティリティを提供する。uriAnchorプラグインは、GitHub (https://github.com/mmikowski/urianchor) で入手できる。uriAnchorプラグインを同じjQueryディレクトリに配置しよう。

```
...
  +-- js
  |   +-- jq
  |   |   +-- jquery.uriAnchor-1.1.3.js
...
```

これでファイルとディレクトリは**例3-2**のようになるだろう。

例3-2　jQueryとプラグインを追加した後のファイルとディレクトリ

```
spa
  +-- css
  |   +-- spa.css
  |   `-- spa.shell.css
  +-- js
  |   +-- jq
  |   |   +-- jquery-1.9.1.js
  |   |   `-- jquery.uriAnchor-1.1.3.js
  |   +-- spa.js
  |   `-- spa.shell.js
  +-- layout.html
  `-- spa.html
```

すべてファイルの準備が整ったので、いよいよHTML、CSS、JavaScriptの記述を始める。

3.2.2　アプリケーションHTMLを記述する

ブラウザドキュメント（spa/spa.html）を開くと、これまでに仕上げたSPAの恩恵を享受できる。もちろん、これは空のファイルなので、この恩恵は全く何も行わないバグのない非常にセキュアな空白

ページだけである。「空白ページ」の部分を変更しよう。

ブラウザドキュメント（spa/spa.html）は常に小規模な状態を維持する。ブラウザドキュメントの唯一の役割は、ライブラリとスタイルシートをロードし、アプリケーションを開始することである。お気に入りのテキストエディタを起動し、**例3-3**に示す本章に必要なすべてのコードを追加しよう。

例3-3　アプリケーションHTML（spa/spa.html）

```
<!doctype html>
<html>
<head>
  <title>SPA Starter</title>

  <!-- スタイルシート --> ❶
  <link rel="stylesheet" href="css/spa.css" type="text/css"/>
  <link rel="stylesheet" href="css/spa.shell.css" type="text/css"/>

  <!-- サードパーティjavascript --> ❷
  <script src="js/jq/jquery-1.9.1.js" ></script>
  <script src="js/jq/jquery.uriAnchor-1.1.3.js"></script>

  <!-- 本書のjavascript --> ❸
  <script src="js/spa.js" ></script>
  <script src="js/spa.shell.js"></script>
  <script>
    $(function () { spa.initModule( $('#spa') ); }); ❹
  </script>

</head>
<body>
  <div id="spa"></div>
</body>
</html>
```

> ❶ まずスタイルシートをロードする。これは性能を最適化する。サードパーティスタイルシートを追加する場合は、まずサードパーティスタイルシートをロードする。
> ❷ 次にサードパーティJavaScriptをロードする。現在のところ、ロードしているサードパーティスクリプトはjQueryとアンカー操作のためのプラグインだけである。
> ❸ 次に本書のJavaScriptライブラリをロードする。これは名前空間の深さの順にする。名前空間オブジェクトspaは、例えばspa.shellなどの子を宣言する前に宣言する必要があるので、順番は重要である。
> ❹ DOMの準備ができたらアプリケーションを初期化する。$(function (...は$(document).ready(function (...とも記述できるので、jQueryになじみのある方はこのコードでは短縮形であることに気付くだろう。

性能意識の強い開発者なら、「なぜ従来のWebページのようにスクリプトを**body**の最後に配置しないのか」と疑問に思うだろう。これはもっともな疑問である。そのようにすると、通常はJavaScript

のロードが完了する前に静的HTMLとCSSを表示できるため、ページのレンダリングが高速になるからだ。しかし、SPAはそのような動作はしない。SPAはJavaScriptでHTMLを生成するため、ヘッダの外側にスクリプトを配置してもレンダリングは高速にならない。その代わり、秩序と読みやすさを改善するために外部スクリプトはすべてheadセクションに含める。

3.2.3　ルートCSS名前空間を作成する

　ルート名前空間はspaであり、付録Aの規約に従ってルートスタイルシートはspa/css/spa.cssという名前にすべきである。このファイルは以前に作成したが、ここで中身を作成する。これはルートスタイルシートなので、他のCSSファイルよりも少し多くのセクションを持つことになる。再びお気に入りのテキストエディタを使い、**例3-4**に示すように必要なルールを追加しよう。

例3-4　ルートCSS名前空間（spa/css/spa.css）

```
/*
 * spa.css
 * ルート名前空間スタイル
 */
/** リセット開始 */ ❶
  * {
    margin : 0;
    padding : 0;
    -webkit-box-sizing : border-box;
    -moz-box-sizing    : border-box;
    box-sizing         : border-box;
  }
  h1,h2,h3,h4,h5,h6,p { margin-bottom : 10px; }
  ol,ul,dl { list-style-position : inside;}
/** リセット終了 */

/** 標準セレクタ開始 */ ❷
  body {
    font : 13px 'Trebuchet MS', Verdana, Helvetica, Arial, sans-serif;
    color            : #444;
    background-color : #888;
  }
  a { text-decoration : none; }
    a:link, a:visited { color : inherit; }
    a:hover { text-decoration: underline; }

  strong {
    font-weight : 800;
    color       : #000;
  }
/** 標準セレクタ終了 */
```

❶ ほとんどのセレクタをリセットする。ブラウザのデフォルトを当てにしない。CSS作成者はこれを一般的な慣行と認識しているが、議論の余地がある。

❷ 標準セレクタを調整する。ここでもブラウザのデフォルトを当てにせず、アプリケーション全体で特定の種類の要素が共通の外観になるようにもしたい。それらは、他のファイルのより具体的なセレクタで調節できる。

```
/** spa名前空間セレクタ開始 */ ❸
  #spa {
    position : absolute;
    top      : 8px;
    left     : 8px;
    bottom   : 8px;
    right    : 8px;

    min-height : 500px;
    min-width  : 500px;
    overflow   : hidden;

    background-color : #fff;
    border-radius    : 0 8px 0 8px;
  }
/** spa名前空間セレクタ終了 */

/** ユーティリティセレクタ開始 */ ❹
  .spa-x-select {}
  .spa-x-clearfloat {
    height     : 0    !important;
    float      : none !important;
    visibility : hidden !important;
    clear      : both !important;
  }
/** ユーティリティセレクタ終了 */
```

❸ 名前空間セレクタを定義する。一般に、これは例えば#spaなどのルート名を使った要素のためのセレクタである。

❹ 他のすべてのモジュールで使うユーティリティセレクタを提供する。これには接頭辞 spa-x- が付く。

コード標準に従うと、このファイルのすべてのCSS IDとクラス名には接頭辞 spa- を付ける。ルートアプリケーションCSSを作成したので、次に対応するJavaScript名前空間を作成する。

3.2.4　ルートJavaScript名前空間を作成する

ルート名前空間はspaであり、付録Aの規約に従ってルートJavaScriptはspa/js/spa.jsという名前にすべきである。最低限必要なJavaScriptは`var spa = {};`である。しかし、アプリケーションを初期化するメソッドを追加し、コードがJSLintに合格するようにしたい。付録Aのテンプレートを使い、すべてのセクションは必要ないのでこのテンプレートを切り詰めることができる。再びお気に入りのテキストエディタでこのファイルを開き、例3-5に示すように中身を作成しよう。

例3-5　ルートJavaScript名前空間 (spa/js/spa.js)

```
/*
 * spa.js
 * ルート名前空間モジュール
 */
```

```
    /*jslint          browser : true, continue : true,   ❶
      devel  : true, indent  : 2,       maxerr : 50,
      newcap : true, nomen   : true, plusplus : true,
      regexp : true, sloppy  : true,     vars : false,
      white  : true
    */
    /*global $, spa:true */  ❷

    var spa = (function () {  ❸
      var initModule = function ( $container ) {
        $container.html(
          '<h1 style="display:inline-block; margin:25px;">'
            + 'hello world!'
            + '</h1>'
        );
      };

      return { initModule: initModule };
    }());
```

❶ 付録Aのモジュールテンプレートに従ってJSLintスイッチを設定する。

❷ JSLintにspaと$がグローバル変数であることを示す。このコードでspaの後に独自の変数を追加していたら、おそらく何か間違ったことをしている。

❸ 2章のモジュールパターンを使って「spa」名前空間を作成する。このモジュールは1つのメソッドinitModuleをエクスポートし、initModuleはその名前が示すようにアプリケーションを初期化する関数。

コードに一般的な間違いや悪しき慣行がないようにしたい。付録Aに有益なJSLintユーティリティのインストールと実行方法を示しており、このJSLintがそのチェックを行う。付録Aは、ファイルの先頭のすべての/*jslint ... */スイッチの意味を説明している。付録Aに加え、5章でもさらにJSLintについて取り上げる。

コマンドラインでjslint spa/js/spa.jsと入力してコードをチェックしよう。警告やエラーは出ないはずである。ここでブラウザドキュメント（spa/spa.html）を開くと、図3-2に示すようなお決まりの「hello world」デモが表示される。

図3-2　お決まりの「hello world」スクリーンショット

世界にあいさつし、成功の味をしめて勢いづいたので、もっと大がかりな探求に乗り出そう。次の節では、最初の「現実世界」のSPAの構築を始める。

3.3　機能コンテナを作成する

シェルは、機能モジュールが使うコンテナを作成して管理する。例えば、チャットスライダーは一般的な慣例に従い、ブラウザウィンドウの右下に固定されている。シェルはスライダーコンテナに関与しているが、コンテナ内の振る舞いは管理しない。コンテナ内の振る舞いはチャット機能モジュールに割り当てられており、チャット機能モジュールについては6章で取り上げる。

チャットスライダーを比較的完全なレイアウトで配置しよう。図3-3は希望するコンテナのワイヤフレームを示す。

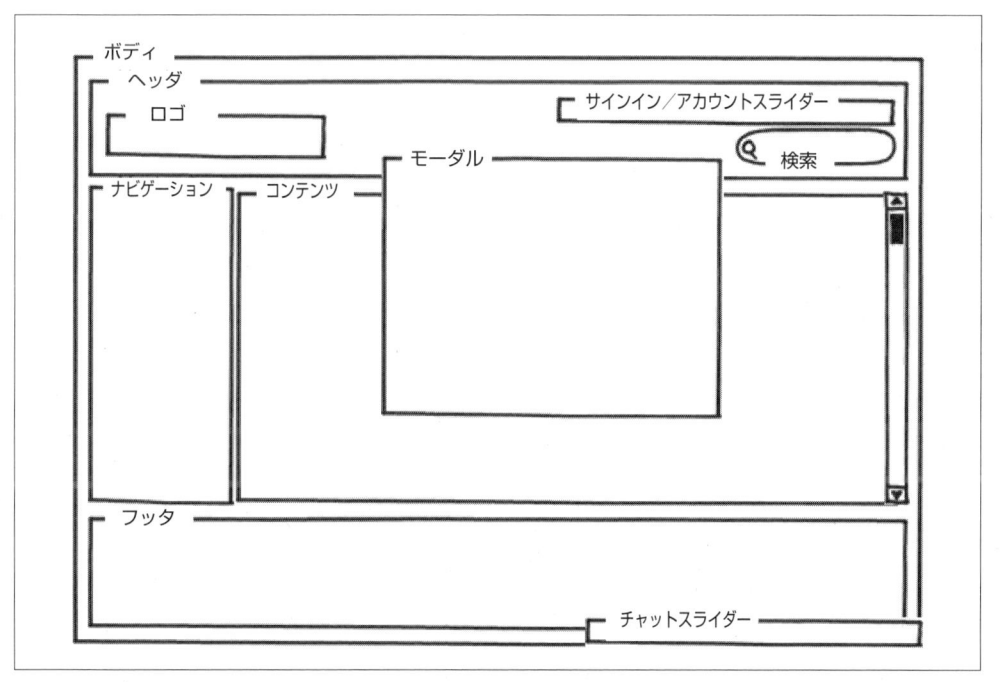

図3-3　アプリケーションコンテナのワイヤフレーム

もちろん、これはワイヤフレームにすぎない。これをHTMLとCSSに変換する必要がある。その変換方法を説明しよう。

3.3.1　方式を選ぶ

機能コンテナのHTMLとCSSを、シングルレイアウトドキュメントファイルspa/layout.htmlに開発する。コンテナを好みに微調整してから、コードをシェルのCSSとJavaScriptファイルに移動する。この方法では他のほとんどのコードとの相互作用を気にせずに進められるため、通常はこの方法が初期レイアウトを開発するための最も高速で最も効率的な手段である。

まずHTMLを記述し、その後にスタイルを追加していく。

3.3.2　シェルHTMLを記述する

HTML5とCSS3の優れた機能の1つは、スタイルとコンテンツを完全に分離できることである。ワイヤフレームは、必要なコンテナとコンテナをどのように入れ子にするかを示す。自信を持ってコンテナのHTMLを記述するのに必要なのは、これだけである。レイアウトドキュメント（spa/layout.html）を開き、例3-6に示すHTMLを入力しよう。

例3-6　コンテナのHTMLを作成する（spa/layout.html）

```
<!doctype html>
  <html>
  <head>
    <title>HTML Layout</title>
    <link rel="stylesheet" href="css/spa.css" type="text/css"/>
  </head>
  <body>
    <div id="spa">
      <div class="spa-shell-head">　❶
        <div class="spa-shell-head-logo"></div>
        <div class="spa-shell-head-acct"></div>
        <div class="spa-shell-head-search"></div>
      </div>
      <div class="spa-shell-main">　❷
        <div class="spa-shell-main-nav"></div>
        <div class="spa-shell-main-content"></div>
      </div>
      <div class="spa-shell-foot"></div>　❸
      <div class="spa-shell-chat"></div>　❹
      <div class="spa-shell-modal"></div>　❺
    </div>
  </body>
</html>
```

❶ logo、アカウント設定（acct）、searchボックスをheadコンテナ内に入れ子にする。
❷ ナビゲーション（nav）とcontentコンテナをmainコンテナ内に配置する。
❸ footerコンテナを作成する。
❹ chatコンテナを外側のコンテナの右下に固定する。
❺ 他のコンテンツの上に浮くmodalを作成する。

ここでHTMLを検証し、エラーがないことを確認すべきである。優れたTidyツールを使いたい。Tidyは、欠けているタグやその他の一般的なHTMLエラーを見つけられる。Tidyはhttp://

infohound.net/tidy/からオンラインで取得するか、またはhttp://tidy.sourceforge.net/でソースをダウンロードできる。UbuntuやFedoraなどのLinuxディストリビューションの場合には、Tidyは標準ソフトウェアリポジトリで簡単に入手できる。次に、これらのコンテナにスタイルを設定しよう。

3.3.3　シェルCSSを記述する

　最も極端なサイズ以外では、ブラウザウィンドウを埋めるようにコンテンツの幅と高さを調節する**リキッドレイアウト**を提供するようにCSSを記述する。機能コンテナには背景色を設定するので、簡単に見ることができる。また、ボーダはCSSボックスのサイズを変更する可能性があるので避ける。ボーダを入れると、迅速なプロトタイプのプロセスに好ましくない退屈な作業が加わる。コンテナの見栄えに満足したら、必要に応じて後でボーダを追加できる。

リキッドレイアウト

　レイアウトが複雑になるにつれ、**流動性**を提供するJavaScriptを使わなければいけない場合がある。多くの場合、ウィンドウリサイズイベントハンドラを使ってブラウザウインドウサイズを判断し、新しいCSSの寸法を計算し直して適用する。この手法は4章で解説する。

　レイアウトドキュメント（spa/layout.html）の<head>セクションにCSSを追加しよう。**例3-7**に示すように、spa.cssスタイルシートリンクの直後にCSSを配置できる。変更部分はすべて**太字**で示している。

例3-7　コンテナのCSSを作成する（spa/layout.html）

```
  ...
  <head>
    <title>HTML Layout</title>
    <link rel="stylesheet" href="css/spa.css" type="text/css"/>

    <style>
      .spa-shell-head, .spa-shell-head-logo, .spa-shell-head-acct,
      .spa-shell-head-search, .spa-shell-main, .spa-shell-main-nav,
      .spa-shell-main-content, .spa-shell-foot, .spa-shell-chat,
      .spa-shell-modal {
        position : absolute;
      }
      .spa-shell-head {
        top    : 0;
        left   : 0;
        right  : 0;
```

```css
    height : 40px;
  }
  .spa-shell-head-logo {
    top        : 4px;
    left       : 4px;
    height     : 32px;
    width      : 128px;
    background : orange;
  }
  .spa-shell-head-acct {
    top        : 4px;
    right      : 0;
    width      : 64px;
    height     : 32px;
    background : green;
  }
  .spa-shell-head-search {
    top        : 4px;
    right      : 64px;
    width      : 248px;
    height     : 32px;
    background : blue;
  }
  .spa-shell-main {
    top    : 40px;
    left   : 0;
    bottom : 40px;
    right  : 0;
  }
  .spa-shell-main-content,
  .spa-shell-main-nav {
    top    : 0;
    bottom : 0;
  }
  .spa-shell-main-nav {
    width      : 250px;
    background : #eee;
  }
  .spa-x-closed .spa-shell-main-nav {
    width : 0;
  }
  .spa-shell-main-content {
    left       : 250px;
    right      : 0;
    background : #ddd;
  }
  .spa-x-closed .spa-shell-main-content {
```

```css
      left : 0;
    }
    .spa-shell-foot {
      bottom : 0;
      left   : 0;
      right  : 0;
      height : 40px;
    }
    .spa-shell-chat {
      bottom     : 0;
      right      : 0;
      width      : 300px;
      height     : 15px;
      background : red;
      z-index    : 1;
    }
    .spa-shell-modal {
      margin-top    : -200px;
      margin-left   : -200px;
      top           : 50%;
      left          : 50%;
      width         : 400px;
      height        : 400px;
      background    : #fff;
      border-radius : 3px;
      z-index       : 2;
    }
  </style>
</head>
...
```

ブラウザドキュメント（spa/spa.html）を開くと、図3-4に示すようなワイヤフレームに驚くほど似たページが表示されるだろう。ブラウザウィンドウのサイズを変更すると、機能コンテナも必要に応じてサイズが変更されるのがわかる。このリキッドレイアウトには制限がある。幅か高さを500ピクセル未満にすると、スクロールバーが現れる。コンテンツをこのサイズ以下に縮小できないからだ。

図3-4　コンテナのHTMLとCSS（spa/layout.html）

　Chromeデベロッパーツールを使い、この新しく定義したスタイルの初期表示では使われていないスタイルを試すことができる。例えば、spa-shell-mainコンテナにspa-x-closedを追加しよう。これはページの左側のナビゲーションバーを閉じる。図3-5に示したこのクラスを削除すると、ナビゲーションバーが元に戻る。

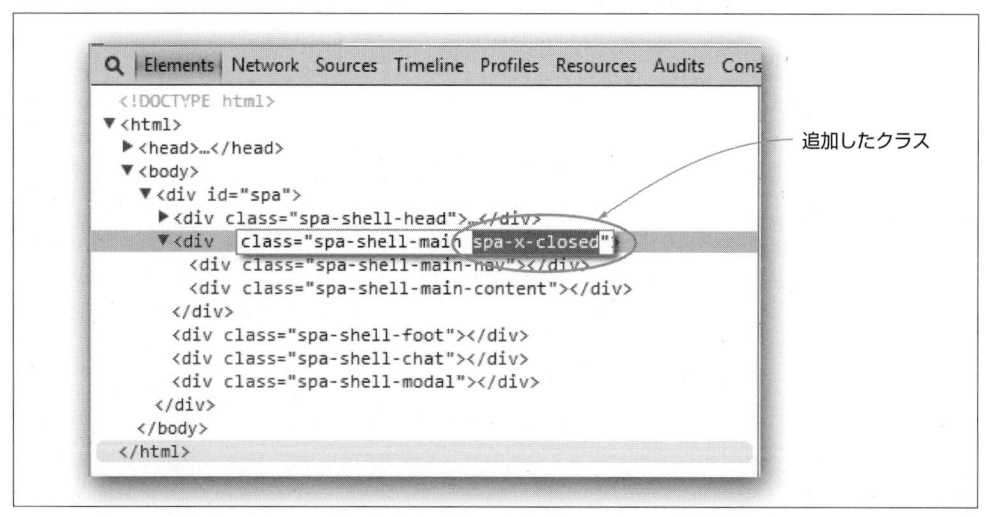

図3-5　ChromeデベロッパーツールでHTMLをダブルクリックしてクラスを追加する

3.4 機能コンテナをレンダリングする

作成したレイアウトドキュメント（spa/layout.html）は強固な土台となる。次にSPAでこのレイアウトドキュメントを使う。まずは、静的HTMLとCSSを使う代わりに、シェルにコンテナをレンダリングさせる。

3.4.1 HTMLをJavaScriptに変換する

JavaScriptでドキュメントの変更をすべて管理する必要があるので、過去に開発したHTMLをJavaScript文字列に変換しなければいけない。**例3-8**に示すように、読みやすくメンテナンスしやすくするためにHTMLのインデントを維持する。

例3-8　HTMLテンプレートの連結

```
    var main_html = String()
      + '<div class="spa-shell-head">'
        + '<div class="spa-shell-head-logo"></div>'
        + '<div class="spa-shell-head-acct"></div>'
        + '<div class="spa-shell-head-search"></div>'
      + '</div>'
      + '<div class="spa-shell-main">'
        + '<div class="spa-shell-main-nav"></div>'
        + '<div class="spa-shell-main-content"></div>'
      + '</div>'
    + '<div class="spa-shell-foot"></div>'
    + '<div class="spa-shell-chat"></div>'
    + '<div class="spa-shell-modal"></div>';
```

文字列の連結による性能上のデメリットは気にしない。本番環境に取りかかるときには、JavaScript縮小ツール（minifier）が文字列を連結してくれる。

> **エディタを構成する**
>
> プロの開発者は、プロレベルのテキストエディタやIDEを使っているだろう。そのほとんどが正規表現やマクロをサポートしている。HTMLからJavaScriptへの変換は自動化できるだろう。例えば、優れたvimエディタでは、2つのキー入力でHTMLをJavaScript連結文字列に変換するように設定できる。~/.vimrcファイルに以下を追加する。
>
> ```
> vmap <silent> ;h :s?^\(\s*\)+ '\([^']\+\)',*\s*$?\1\2?g<CR>
> vmap <silent> ;q :s?^\(\s*\)\(.*\)\s*$? \1 + '\2'?<CR>
> ```
>
> vimを再起動すると、変更するHTMLを視覚的に選択できる。;qを押すと、選択部分が変換される。;hを押すと、変換を元に戻す。

3.4.2 JavaScriptにHTMLテンプレートを追加する

いよいよ大胆な手段を講じてシェルを作成する。シェルを初期化したときに、選択したページ要素を機能コンテナで満たしたい。その最中に、jQueryコレクションオブジェクトをキャッシュしたい。付録Aのモジュールテンプレートと先ほど作成したJavaScript文字列を使うと、これを実現できる。テキストエディタを起動し、**例3-9**に示すファイルを作成しよう。注釈で有益な詳細を説明しているので、注釈に細心の注意を払ってほしい。

例3-9 シェルに着手する（spa/js/spa.shell.js）

```
/*
 * spa.shell.js
 * SPAのシェルモジュール
*/
/*jslint         browser : true, continue : true,
  devel  : true, indent  : 2,    maxerr   : 50,
  newcap : true, nomen   : true, plusplus : true,
  regexp : true, sloppy  : true, vars     : false,
  white  : true
*/
/*global $, spa */
spa.shell = (function () {
  //---------------- モジュールスコープ変数開始 -------------- ❶
  var
    configMap = { ❷
      main_html : String() ❸
        + '<div class="spa-shell-head">'
          + '<div class="spa-shell-head-logo"></div>'
```

❶ 「モジュールスコープ」セクションで名前空間（この場合はspa.shell）全体で利用できるすべての変数を宣言する。テンプレートのこのセクションやその他のセクションに関する詳細な説明は、付録Aを参照。

❷ configMapに静的な構成値を配置する。

❸ HTML文字列をインデント。これは理解を助け、メンテナンスを軽減する。

```
            + '<div class="spa-shell-head-acct"></div>'
            + '<div class="spa-shell-head-search"></div>'
          + '</div>'
          + '<div class="spa-shell-main">'
            + '<div class="spa-shell-main-nav"></div>'
            + '<div class="spa-shell-main-content"></div>'
          + '</div>'
          + '<div class="spa-shell-foot"></div>'
          + '<div class="spa-shell-chat"></div>'
          + '<div class="spa-shell-modal"></div>'
    },
    stateMap  = { $container : null },  ❹
    jqueryMap = {},  ❺

    setJqueryMap, initModule;  ❻
    //----------------- モジュールスコープ変数終了 ---------------
    //-------------------- ユーティリティメソッド開始 ------------  ❼
    //--------------------- ユーティリティメソッド終了 -----------
    //--------------------- DOMメソッド開始 ---------------------  ❽
    // DOMメソッド/setJqueryMap/開始
    setJqueryMap = function () {  ❾
      var $container = stateMap.$container;
      jqueryMap = { $container : $container };
    };
    // DOMメソッド/setJqueryMap/終了
    //--------------------- DOMメソッド終了 ---------------------

    //------------------- イベントハンドラ開始 ------------------  ❿
    //-------------------- イベントハンドラ終了 ------------------
    //------------------- パブリックメソッド開始 ----------------  ⓫
    // パブリックメソッド/initModule/開始
    initModule = function ( $container ) {  ⓬
      stateMap.$container = $container;
      $container.html( configMap.main_html );
      setJqueryMap();
    };
    // パブリックメソッド/initModule/終了
    return { initModule : initModule };  ⓭
    //------------------ パブリックメソッド終了 -----------------
}());
```

❶ 「モジュールスコープ」セクションで名前空間(この場合はspa.shell)全体で利用できるすべての変数を宣言する。テンプレートのこのセクションやその他のセクションに関する詳細な説明は付録Aを参照。

❷ configMapに静的な構成値を配置。

❸ HTML文字列をインデント。これは理解を助け、メンテナンスを軽減する。

❹ モジュール全体で共有する動的情報をstateMapに配置。

❺ jqueryMapにjQueryコレクションをキャッシュ。

❻ このセクションですべてのモジュールスコープ変数を宣言する。その多くは後に割り当てる。

❼ ページ要素とやり取りしない関数のための「ユーティリティメソッド」セクションを用意。

❽ 「DOMメソッド」セクションにページ要素の作成と操作を行う関数を配置。

❾ setJqueryMapを使ってjQueryコレクションをキャッシュ。この関数は、記述するほとんどすべてのシェルと機能モジュールに存在する。jqueryMapキャッシュを使うと、jQueryのドキュメントトラバーサル数を大幅に減らし、性能を改善できる。

❿ jQueryイベントハンドラ関数のための「イベントハンドラ」セクションを用意する。

⓫ パブリックに利用可能なメソッドを「パブリックメソッド」セクションに配置する。

⓬ パブリックメソッドinitModuleを作成する。これはモジュールの初期化に使う。

⓭ マップにパブリックメソッドを戻すことで明示的にパブリックメソッドをエクスポートする。現在はinitModuleだけを利用できる。

機能コンテナをレンダリングするモジュールができたが、CSSファイルの中身を作成し、伝統的な「hello world」テキストを表示する代わりにシェルモジュール（spa/js/spa.shell.js）を使うようにルート名前空間モジュール（spa/js/spa.js）に指示する必要がある。これに取りかかろう。

3.4.3　シェルスタイルシートを記述する

付録Aに示す便利な名前空間規約を使うと、spa-shell-*セレクタをspa/css/spa.shell.cssという名前のファイルに配置すべきである。例3-10に示すように、spa/layout.htmlで開発したCSSをこのファイルに直接コピーできる。

例3-10　シェルCSS（初期状態）（spa/css/spa.shell.css）

```
/*
 * spa.shell.css
 * シェルスタイル
 */
.spa-shell-head, .spa-shell-head-logo, .spa-shell-head-acct,
.spa-shell-head-search, .spa-shell-main, .spa-shell-main-nav,
.spa-shell-main-content, .spa-shell-foot, .spa-shell-chat,
.spa-shell-modal {
  position : absolute;
}
.spa-shell-head {
  top    : 0;
  left   : 0;
  right  : 0;
  height : 40px;
}
.spa-shell-head-logo {
  top        : 4px;
  left       : 4px;
  height     : 32px;
  width      : 128px;
  background : orange;
}
.spa-shell-head-acct {
  top        : 4px;
  right      : 0;
  width      : 64px;
  height     : 32px;
  background : green;
}
.spa-shell-head-search {
  top   : 4px;
  right : 64px;
```

```css
    width      : 248px;
    height     : 32px;
    background : blue;
}
.spa-shell-main {
    top    : 40px;
    left   : 0;
    bottom : 40px;
    right  : 0;
}
.spa-shell-main-content, ❶
.spa-shell-main-nav {
    top    : 0;
    bottom : 0;
}
.spa-shell-main-nav {
    width      : 250px;
    background : #eee;
}
    .spa-x-closed .spa-shell-main-nav { ❷
        width : 0;
    }
.spa-shell-main-content {
    left  : 250px;
    right : 0;
    background : #ddd;
}
    .spa-x-closed .spa-shell-main-content { ❸
        left : 0;
    }
.spa-shell-foot {
    bottom : 0;
    left   : 0;
    right  : 0;
    height : 40px;
}
.spa-shell-chat {
    bottom     : 0;
    right      : 0;
    width      : 300px;
    height     : 15px;
    background : red;
    z-index    : 1;
}
.spa-shell-modal {
    margin-top  : -200px;
    margin-left : -200px;
```

❶ 共有CSSルールを定義する。
❷ 親クラスを使って子要素に影響を及ぼす。これはおそらくCSSの最も強力な機能の1つであるが、あまり頻繁には使われていない。
❸ 派生セレクタをインデントし、親セレクタの直下に配置する。派生セレクタは、その意味が明らかに親に依存しているセレクタである。

```
  top           : 50%;
  left          : 50%;
  width         : 400px;
  height        : 400px;
  background    : #fff;
  border-radius : 3px;
  z-index       : 2;
}
```

すべてのセレクタには接頭辞spa-shell-が付く。これには複数のメリットがある。

- このクラスがシェルモジュール（spa/js/spa.shell.js）で制御されることを示す。
- サードパーティスクリプトや他のモジュールとの名前空間衝突を防ぐ。
- ドキュメントのHTMLのデバッグや検査を行っているときに、どの要素がシェルモジュールで制御されているかが即座にわかる。

上記のすべてのメリットのおかげで、CSSセレクタ名地獄の恐ろしい深みにはまらずにすむ。たとえ中規模でもスタイルシートを管理したことがある人なら、言っている意味が正確にわかるだろう。

3.4.4　アプリケーションがシェルを使うようにする

DOMに「hello world」をそっくりそのままコピーする代わりにシェルを使うようにルート名前空間モジュール（spa/js/spa.js）を変更しよう。これは以下の**太字**で示した修正で実現できる。

```
/*
 * spa.js
 * ルート名前空間モジュール
*/
...
/*global $, spa */
var spa = (function () {
  var initModule = function ( $container ) {
    spa.shell.initModule( $container );
  };

  return { initModule: initModule };
}());
```

これでドキュメント（spa/spa.html）を開くことができ、図3-6のように表示されるだろう。Chromeデベロッパーツールを使い、SPA（spa/spa.html）が作成したドキュメントがレイアウトドキュメント（spa/layout.html）と一致していることを確認できる。

図3-6 デジャブのようである（spa/spa.html）

　土台が整ったので、シェルに機能コンテナを管理させる作業に着手する。また、次の節はかなり大がかりなので、ここが休憩を取るのにもってこいのタイミングだろう。

3.5　機能コンテナを管理する

　シェルは**機能コンテナ**のレンダリングと制御を行う。機能コンテナは、機能コンテンツを保持する「トップレベル」コンテナ（通常は div）である。シェルは、アプリケーションのすべての機能モジュールの初期化と調整を行う。また、シェルは機能モジュールに、機能コンテナ内のすべてのコンテンツを作成して管理するように指示する。機能モジュールについては4章で詳しく説明する。

　この節では、まずチャットスライダー機能コンテナの拡大と格納を行うメソッドを記述する。そして、クリックイベントハンドラを構築し、ユーザがスライダーを開閉できるようにする。続いて、それまでの作業を点検し、次の大きな話題であるURIハッシュフラグメントを使ったページ状態の管理について説明する。

3.5.1　チャットスライダーの拡大や格納を行うメソッドを記述する

　チャットスライダー関数にはそれなりの意欲を持って取り組む。製品品質にする必要があるが、度を超すべきではない。以下は実現したい要件である。

1. 開発者がスライダーの動きの速度と高さを設定できるようにする。
2. チャットスライダーの拡大や格納を行う1つのメソッドを作成する。

3. スライダーの拡大と格納が同時に実行されるような競合状態を避ける。
4. 開発者がコールバックを渡し、スライダー動作の完了時に呼び出せるようにする。
5. テストコードを作成し、スライダーが正しく機能していることを確認する。

上記の要件を満たすために、**例3-11**に示すようにシェルを調整しよう[*1]。変更点はすべて**太字**で示す。注釈で変更点がどのように要件に対応しているかを詳しく説明している。

例3-11　チャットスライダーの拡大と格納を行うように修正したシェル（spa/js/spa.shell.js）

```
...
spa.shell = (function () {
  //---------------- モジュールスコープ変数開始 --------------
  var
    configMap = {
      main_html : String()
      ...
      chat_extend_time   : 1000,   ❶
      chat_retract_time  : 300,
      chat_extend_height : 450,
      chat_retract_height : 15
    },
    stateMap = { $container : null },
    jqueryMap = {},

    setJqueryMap, toggleChat, initModule;   ❷
  //----------------- モジュールスコープ変数終了 ---------------

  //-------------------- ユーティリティメソッド開始 ------------
  //-------------------- ユーティリティメソッド終了 -----------

  //-------------------- DOMメソッド開始 ---------------------
  // DOMメソッド/setJqueryMap/開始
  setJqueryMap = function () {
    var $container = stateMap.$container;

    jqueryMap = {   ❸
      $container : $container,
      $chat : $container.find( '.spa-shell-chat' )
    };
  };
  // DOMメソッド/setJqueryMap/終了

  // DOMメソッド/toggleChat/開始   ❹
```

❶ 要件1「開発者がスライダーの動きの速度と高さを設定できるようにする」に従い、モジュール構成マップで格納と拡大の時間と高さを格納する。

❷ モジュールスコープ変数のリストにtoggleChatを追加する。

❸ チャットスライダー jQueryコレクションをjqueryMapにキャッシュする。

❹ 要件2「チャットスライダーの拡大や格納を行う1つのメソッドを作成する」に従い、toggleChatメソッドを追加する。

[*1] 原注：jQueryの優れた機能に感謝するちょうどよい機会である。jQueryがなければ、この作業はかなり困難になっていただろう。

```
// 目的：チャットスライダーの拡大や格納
// 引数：
//   * do_extend－trueの場合、スライダーを拡大する。falseの場合は格納する。
//   * callback－アニメーションの最後に実行するオプションの関数
// 設定：
//   * chat_extend_time, chat_retract_time
//   * chat_extend_height, chat_retract_height
// 戻り値：boolean
//   * true－スライダーアニメーションが開始された
//   * false－スライダーアニメーションが開始されなかった
//
toggleChat = function ( do_extend, callback ) {
  var
    px_chat_ht = jqueryMap.$chat.height(),
    is_open    = px_chat_ht === configMap.chat_extend_height,
    is_closed  = px_chat_ht === configMap.chat_retract_height,
    is_sliding = ! is_open && ! is_closed;

  // 競合状態を避ける
  if ( is_sliding ){ return false; }  ❺

  // チャットスライダーの拡大開始
  if ( do_extend ) {
    jqueryMap.$chat.animate(
      { height : configMap.chat_extend_height },
      configMap.chat_extend_time,
      function () {
        if ( callback ){ callback( jqueryMap.$chat ); }  ❻
      }
    );
    return true;
  }
  // チャットスライダーの拡大終了

  // チャットスライダーの格納開始
  jqueryMap.$chat.animate(
    { height : configMap.chat_retract_height },
    configMap.chat_retract_time,
    function () {
      if ( callback ){ callback( jqueryMap.$chat ); }  ❻
    }
  );
  return true;
  // チャットスライダーの格納終了
};
// DOMメソッド/toggleChat/終了
//-------------------- DOMメソッド終了 --------------------
```

❺ 要件3「スライダーの拡大と格納が同時に実行されるような競合状態を避ける」に従い、スライダーがすでに動作中の場合には対処を拒否して競合状態を避ける。

❻ 要件4「開発者がコールバックを渡し、スライダー動作の完了時に呼び出せるようにする」に従い、アニメーションの完了後にコールバックを呼び出す。

```
//------------------ イベントハンドラ開始 ------------------
//------------------ イベントハンドラ終了 ------------------

//------------------ パブリックメソッド開始 ------------------
// パブリックメソッド/initModule/開始
initModule = function ( $container ){
  // HTMLをロードし、jQueryコレクションをマッピングする
  stateMap.$container = $container;
  $container.html( configMap.main_html );
  setJqueryMap();

  // 切り替えをテストする ❼
  setTimeout( function () {toggleChat( true );}, 3000 );
  setTimeout( function () {toggleChat( false );}, 8000 );
};
// パブリックメソッド/initModule/終了


return { initModule : initModule };
//------------------ パブリックメソッド終了 ------------------
}());
```

❼ 要件5「テストコードを作成し、スライダーが正しく機能していることを確認する」に従い、ページロードの3秒後にスライダーを拡大し、8秒後に格納する。

実際に試している場合には、まずコマンドラインで jslint spa/js/spa.shell.js と入力し、JSLintでこのコードを調べてみよう。警告やエラーは表示されないはずだ。次にブラウザドキュメント（spa/spa.html）をリロードし、チャットスライダーが3秒後に拡大し、8秒後に格納されることを確認しよう。これでスライダーが動作したので、ユーザのマウスクリックで位置を切り替えられるようにしていく。

3.5.2 チャットスライダークリックイベントハンドラを追加する

ほとんどのユーザは、チャットスライダーをクリックするとチャットスライダーが拡大または格納することを期待する。これが一般的な動作だからだ。以下の要件を実現したい。

1. ユーザ動作（例えば、「Click to retract（クリックして格納）」など）を促すツールチップテキストを設定する。
2. toggleChatを呼び出すクリックイベントハンドラを追加する。
3. クリックイベントハンドラをjQueryイベントにバインドする。

上記の要件を満たすために、**例3-12**に示すようにシェルを調整しよう。変更点はすべて**太字**で示しており、注釈で変更点がどのように要件に対応しているかを詳しく説明している。

例3-12　チャットスライダークリックイベントに対処するように修正したシェル（spa/js/spa.shell.js）

```javascript
...
spa.shell = (function () {
  //--------------- モジュールスコープ変数開始 --------------
  var
  configMap = {
    ...
    chat_retract_height : 15,
    chat_extended_title : 'Click to retract', ❶
    chat_retracted_title : 'Click to extend'  ❷
  },
  stateMap = {
    $container      : null,
    is_chat_retracted : true
  },
  jqueryMap = {},

  setJqueryMap, toggleChat, onClickChat, initModule; ❸
  //----------------- モジュールスコープ変数終了 --------------
  ...
  //--------------------- DOMメソッド開始 --------------------
  // DOMメソッド/setJqueryMap/開始
  ...
  // DOMメソッド/setJqueryMap/終了

  // DOMメソッド/toggleChat/開始
  // 目的：チャットスライダーの拡大や格納
  ...
  // 状態：stateMap.is_chat_retractedを設定する
  //    * true－スライダーは格納されている ❹
  //    * false－スライダーは拡大されている
  //
  toggleChat = function ( do_extend, callback) {
    var
      px_chat_ht = jqueryMap.$chat.height(),
      is_open    = px_chat_ht === configMap.chat_extend_height,
      is_closed  = px_chat_ht === configMap.chat_retract_height,
      is_sliding = ! is_open && ! is_closed;

    // 競合状態を避ける
    if ( is_sliding ){ return false; }

    // チャットスライダーの拡大開始
    if ( do_extend ) {
      jqueryMap.$chat.animate(
        { height : configMap.chat_extend_height },
```

❶ 要件1「ユーザ動作を促すツールチップテキストを設定する」に従い、configMapに格納と拡大時のタイトルテキストを追加する。

❷ stateMapにis_chat_retractedを追加する。使用しているすべてのキーをstateMapに列挙し、簡単に見つけて調べることができるようにするのがベストプラクティスである。これはtoggleChatメソッドで使用する。

❸ モジュールスコープ関数名のリストにonClickChatを追加する。

❹ toggleChatのAPIドキュメントを更新し、このメソッドでstateMap.is_chat_retractedがどのように設定されるかを示す。

```
        configMap.chat_extend_time,
        function () {
          jqueryMap.$chat.attr(
            'title', configMap.chat_extended_title
          );
          stateMap.is_chat_retracted = false;
          if ( callback ) { callback( jqueryMap.$chat ); }
        }
      );
      return true;
    }
    // チャットスライダーの拡大終了

    // チャットスライダーの格納開始
    jqueryMap.$chat.animate(
      { height : configMap.chat_retract_height },
      configMap.chat_retract_time,
      function () {
        jqueryMap.$chat.attr(
          'title', configMap.chat_retracted_title
        );
        stateMap.is_chat_retracted = true;
        if ( callback ) { callback( jqueryMap.$chat ); }
      }
    );
    return true;
    // チャットスライダーの格納終了
  };
  // DOMメソッド/toggleChat/終了
  //-------------------- DOMメソッド終了 --------------------

  //------------------ イベントハンドラ開始 ------------------
  onClickChat = function ( event ) {
    toggleChat( stateMap.is_chat_retracted );
    return false;
  };
  //------------------ イベントハンドラ終了 ------------------

  //------------------ パブリックメソッド開始 ----------------
  // パブリックメソッド/initModule/開始
  initModule = function ( $container ) {
    // HTMLをロードし、jQueryコレクションをマッピングする
    stateMap.$container = $container;
    $container.html( configMap.main_html );
    setJqueryMap();

    // チャットスライダーを初期化し、クリックハンドラをバインドする
```

❺ 要件1「ユーザ動作を促すツールチップテキストを設定する」に従い、ホバーテキストとstateMap.is_chat_retracted値を制御するようにtoggleChatを調整する。

❻ 要件2「toggleChatを呼び出すクリックイベントハンドラを追加する」に従い、onClickChatイベントハンドラを追加する。

```
      stateMap.is_chat_retracted = true;  ←─────────────────❼
      jqueryMap.$chat
        .attr( 'title', configMap.chat_retracted_title )
        .click( onClickChat );  ←
    };
    // パブリックメソッド/initModule/終了

    return { initModule : initModule };
    //------------------ パブリックメソッド終了 ----------------
  }());
```

> ❼ stateMap.is_chat_retractedとホバーテキストを設定し、イベントハンドラを初期化する。そして、要件3「クリックイベントハンドラをjQueryイベントにバインドする」に従い、ハンドラをクリックイベントにバインドする。

実際に試している人は、やはりコマンドラインで jslint spa/js/spa.shell.js と入力してこのコードを調べてみるべきである。警告やエラーは表示されないはずだ。

覚えておくことが極めて重要だと我々が考えている、jQueryイベントハンドラの特徴がある。それはjQueryが戻り値を解釈し、イベントの次の処理を指定することである。我々は通常、jQueryイベントハンドからはfalseを返す。以下にその効果を示す。

- デフォルト動作（リンクをたどる、テキストを選択するなど）を生じさせないように、jQueryに指示する。イベントハンドラでevent.preventDefault()を呼び出すと同じ効果が得られる。
- 親のDOM要素で同じイベントを発行しないように、jQueryに指示する（これは**バブリング**と呼ばれる）。イベントハンドラでevent.stopPropagation()を呼び出すのと同じ効果が得られる。
- ハンドラ実行を終える。クリックされた要素に、このハンドラの後に別のハンドラがバインドされている場合、次のハンドラを実行する（次のハンドラを実行したくない場合には、event.preventImmediatePropagation()を呼び出す）。

上記の3つの動作は、通常はイベントハンドラに行ってもらいたい動作である。この動作を行いたくない場合のイベントハンドラを、少し後で記述する。そのようなイベントハンドラはtrue値を返す。

シェルでは、必ずしもクリックに対処する必要はない。その代わりに、チャットモジュールへのコールバックでスライダーを操作する機能を提供することができ、この方法を推奨する。しかし、そのモジュールをまだ記述していないので、当面はシェルでクリックイベントに対処しておく。

ここでシェルスタイルを少し優雅にしよう。**例3-13**にその変更点を示す。

例3-13　シェルを優雅にする（spa/css/spa.shell.css）

```
...
.spa-shell-foot {
  ...
}
.spa-shell-chat {
  bottom        : 0;
  right         : 0;
  width         : 300px;
```

```
    height        : 15px;
    cursor        : pointer; ❶
    background    : red;
    border-radius : 5px 0 0 0; ❷
    z-index       : 1;
  }
    .spa-shell-chat:hover { ❸
      background : #a00;
    }

    .spa-shell-modal { ... }
    ...
```

❶ スライダーの上に来たときに、カーソルをポインタに変える。これにより、クリックしたら何かが起こることをユーザに知らせる。
❷ 角を丸め、スライダーの見栄えをよくする。
❸ カーソルがスライダーの上に来たらスライダーの色を変える。これにより、クリックすると動きがあるというメッセージをユーザに示す。

ブラウザドキュメント（spa/spa.html）をリロードすると、図3-7に示すようにスライダーをクリックして拡大できる。

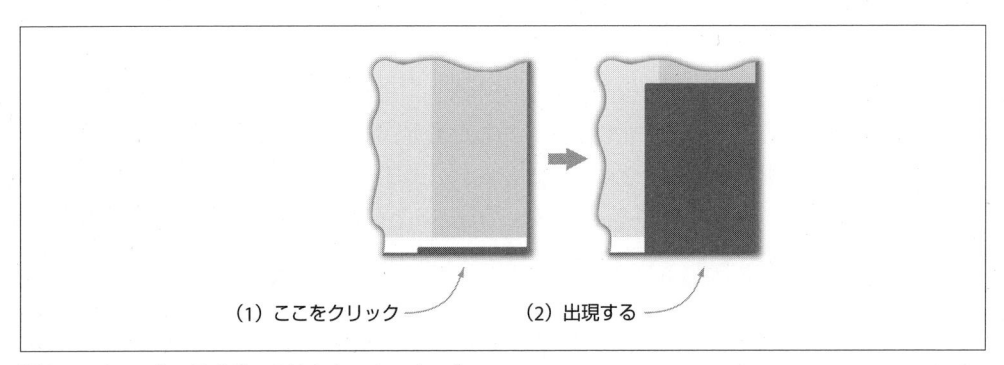

図3-7　チャットスライダーの拡大（spa/spa.html）

スライダーは格納時よりもかなりゆっくりと拡大する。例えば、以下のようにシェル内の構成を変えればスライダーの速度を変更できる。

```
    ...
    configMap = {
      main_html : String()
      ...
      chat_extend_time : 250,
      chat_retract_time : 300,
      ...
    },
    ...
```

次の節では、より優れた状態管理を行うようにアプリケーションを調整する。それが完了すると、チャットスライダーのブックマーク、［進む］ボタン、［戻る］ボタンなどのすべてのブラウザ履歴機能がユーザの期待どおりに機能する。

3.6　アプリケーション状態を管理する

コンピュータサイエンスでは、**状態**はアプリケーション内の特有の情報形態を指す。一般に、デスクトップアプリケーションやWebアプリケーションはセッション間で状態を保持しようとする。例えば、ワープロ文書を保存し、後日再びその文書を開くと、その文書が復元される。アプリケーションは、ウィンドウサイズ、プリファレンス、カーソルやページの位置も復元できる。ブラウザを使う人は特定の振る舞いを期待するため、SPAでも状態を管理する必要がある。

3.6.1　ブラウザユーザが期待する振る舞いを理解する

デスクトップアプリケーションとWebアプリケーションでは、保持する状態の特徴が大きく異なる。デスクトップアプリケーションでは、「アンドゥ（元に戻す）」機能を提供していない場合［戻る］ボタンを取り除くことができる。しかし、Webアプリケーションでは、（最も頻繁に使われるブラウザコントロールである）ブラウザの［戻る］ボタンはユーザの目を引き、クリックを促す。そして、［戻る］ボタンを削除することはできない。

また、［進む］ボタン、［ブックマーク］ボタン、［履歴表示］も同様である。ユーザはこのような**履歴制御**が正しく機能することを期待する。正常に機能しないと、ユーザは不機嫌になり、そのアプリケーションは決してウェビー賞[*1]を勝ち取れない。表3-1は、このような履歴制御に相当するデスクトップアプリケーションの機能を示す。

表3-1　ブラウザとデスクトップの制御の対比

ブラウザ制御	デスクトップ制御	コメント
［戻る］ボタン	［アンドゥ（元に戻す）］	以前の状態に戻る
［進む］ボタン	［リドゥ（やり直し）］	最近の「元に戻す」や「戻る」動作の前の状態を復元する
［ブックマーク］	［名前を付けて保存］	将来の使用や参考のためのアプリケーション状態を保存する
［履歴表示］	［アンドゥ履歴］	一連のアンドゥ/リドゥ手順を閲覧する

ウェビー賞を獲得したいので、このような履歴制御がユーザの期待どおりに機能するようにする必要がある。次は、ユーザが期待する振る舞いを提供する方式について説明する。

3.6.2　履歴制御を管理するための方式を選ぶ

履歴制御を提供するための最適な方式は、以下の要件を満たすようにする。

1. **表3-1**に示したように、履歴制御はユーザの期待どおりに機能すべきである。

[*1] 監訳者注：ウェビー賞（Webby Awards）は、国際デジタル芸術科学アカデミー（IADAS）が毎年、優れたWebサイトに授与している賞である。インターネット版アカデミー賞とも言われている。

2. 履歴制御をサポートするための開発は、低コストであるべきである。履歴制御のない開発と比べて、非常に多くの時間や複雑さを必要とすべきではない。
3. アプリケーションの性能がよくなくてはいけない。アプリケーションはユーザ動作への応答に長い時間をかけるべきではなく、結果的にユーザインタフェースが複雑になるべきではない。

例としてチャットスライダーと以下のユーザ操作を使って、方式を検討しよう。

1. スーザンがSPAにアクセスし、チャットスライダーをクリックして開く。
2. 彼女がSPAをブックマークしてから別のサイトを閲覧する。
3. 後に、彼女がこのアプリケーションに戻り、ブックマークをクリックする。

スーザンのブックマークを期待どおりに機能させるための3つの方式を考えよう。この方式を覚える心配はいらない。相対的な利点を示したいだけである[*1]。

方式1：クリック時に、イベントハンドラが直接toggleChatルーチンを呼び出し、URIを無視する。スーザンがブックマークに戻ったら、スライダーをデフォルト位置に表示する（閉じる）。ブックマークが期待どおりに動作しないので、スーザンは満足しない。開発者のジェームズも満足しない。なぜなら、彼の製品マネージャはこのアプリケーションの使い勝手を許容できないと考え、そのことをジェームズにしつこく言ってくるからだ。

方式2：クリック時に、イベントハンドラが直接toggleChatルーチンを呼び出し、URIを修正してこの状態を記録する。スーザンがブックマークに戻ったら、アプリケーションはURIのパラメータを認識し、そのパラメータに基づいて動作する。スーザンは満足する。開発者のジェームズは、スライダーを開く2つの条件（実行時のクリックイベントとロード時のURIパラメータ）をサポートしなければいけなくなるので満足しない。また、この二重パス方式をサポートすると遅くなり、バグや矛盾が生じやすいため、ジェームズの製品マネージャもあまり満足しない。

方式3：クリック時に、イベントハンドラがURIを変更し、すぐに戻る。シェルのhashchangeイベントハンドラがその変更を受け取り、toggleChatルーチンに送る。スーザンがブックマークに戻ったら、同じルーチンでURIを解析し、開いたスライダーを復元する。ブックマークが期待どおり動作するので、スーザンは満足する。開発者のジェームズも、**1つのコードパスでブックマーク可能なすべての状態を実装できる**ので満足する。また、開発が速く、比較的バグがなくなるため、ジェームズの製品マネージャも満足する。

推奨する解決策は**方式3**である。すべての履歴制御をサポートするからだ（要件1）。また、開発者の心配事を解決し、最小限にする（要件2）。そして、履歴制御を使うときにページの変更が必要な部分だけを調節するので、アプリケーション性能も確保できる（要件3）。**図3-8**に示すように、この解決

[*1] 原注：他にも方式があるが（永続Cookieやiframeの利用など）、率直に言って利点を検討するには限定的で複雑すぎる。

策ではURIが常にページ状態を表すので、**アンカーインタフェースパターン**と呼ぶ[*1]。

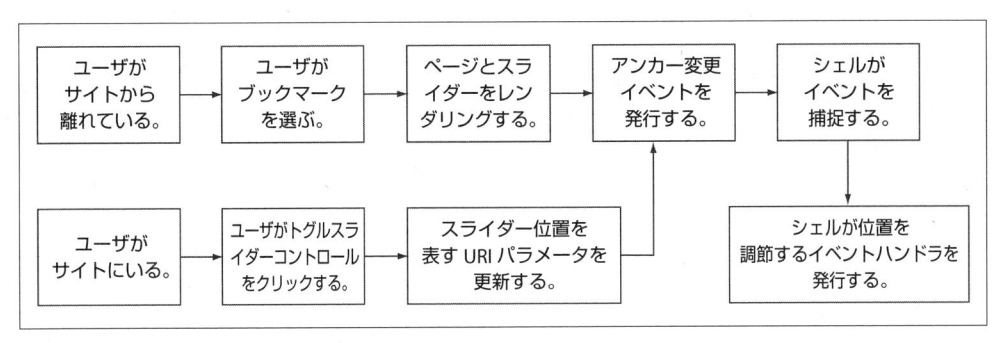

```
┌─────────┐   ┌─────────┐   ┌─────────┐   ┌─────────┐   ┌─────────┐
│ユーザが │   │ユーザが │   │ページと │   │アンカー │   │シェルが │
│サイトから├──▶│ブックマーク├──▶│スライダーを├──▶│変更    ├──▶│イベントを│
│離れている│   │を選ぶ。 │   │レンダリング│   │イベントを│   │捕捉する。│
│。       │   │         │   │する。   │   │発行する。│   │         │
└─────────┘   └─────────┘   └─────────┘   └─────────┘   └─────────┘
                                              ▲              │
┌─────────┐   ┌─────────┐   ┌─────────┐      │         ┌─────────┐
│ユーザが │   │ユーザがトグル│   │スライダー│      │         │シェルが位置を│
│サイトに ├──▶│スライダーコント├──▶│位置を表す ├──────┘         │調節するイベント│
│いる。   │   │ロールをクリック│   │URIパラメータ│              │ハンドラを発行│
│         │   │する。        │   │を更新する。│               │する。       │
└─────────┘   └─────────┘   └─────────┘                    └─────────┘
```

図3-8　アンカーインタフェースパターン

このパターンは4章で再び取り上げる。方式を選んだので実装してみよう。

3.6.3　履歴イベントが発生したときにアンカーを変更する

URIのアンカー要素は、表示すべきページ部分をブラウザに指示する。アンカーの別の一般名は**ブックマーク要素**や**ハッシュフラグメント**である。アンカーは必ず#記号で始まり、以下のコードでは**太字**で示されている。

　　`http://localhost/spa.html`**`#!chat=open`**

伝統的に、Web開発者はアンカーの仕組みを使って、ユーザが長い文書のセクション間を簡単に飛び越えられるようにしてきた。例えば、先頭に目次のあるWebページでは、節のタイトルを文書内の対応する節にリンクするだろう。また、各節の最後には「先頭に戻る」リンクがある。ブログやフォーラムではいまだにこの仕組みを広く使っている。

アンカー要素の例外的な特徴は、アンカー要素が変更されたときにブラウザがページをリロードしないことである。アンカー要素はクライアント側専用のコントロールであるため、アプリケーション状態を格納するのに理想的な場所となる。この手法は多くのSPAで使われている。

ブラウザ履歴に保持したいアプリケーション状態変化を、**履歴イベント**と呼ぶ。(この会議にみなさんは欠席していたが) チャットの開閉は履歴イベントだと決めたので、クリックイベントハンドラにアンカーを変更させ、チャットスライダー状態を表すことができる。この重労働はjQueryプラグイン`uriAnchor`で実行できる。**例3-14**に示すように、ユーザのクリックでURIが変わるようにシェルを修正しよう。変更点はすべて**太字**で示している。

[*1] 監訳者注：アンカー (anchor) は、船を固定する「いかり」を意味する。HTMLでリンクを指定する`<a>`タグは、anchorを略したものである

例3-14　jQueryプラグインuriAnchorの登場（spa/js/spa.shell.js）

```
...
  //------------------ イベントハンドラ開始 ------------------
  onClickChat = function ( event ) {
    if ( toggleChat( stateMap.is_chat_retracted ) ) {
      $.uriAnchor.setAnchor({
        chat : ( stateMap.is_chat_retracted ? 'open' : 'closed' )
      });
    }
    return false;
  };
  //------------------ イベントハンドラ終了 ------------------
...
```

　これでスライダーをクリックすると、URIのアンカーが変わるのがわかる。しかし、`toggleChat`が成功して`true`を返した場合だけである。例えば、チャットスライダーをクリックして開いてから閉じると、以下のようになる。

　http://localhost/spa.html#!chat=closed

感嘆符

　URI例のハッシュ記号に続く感嘆符は、このURIを検索のためにインデックス付けできることをGoogleや他の検索エンジンに知らせる。検索エンジンの最適化については、9章で詳しく取り上げる。

　アンカーを変更するときには、アプリケーションの調整が必要な部分だけを変更するようにする。するとアプリケーションが大幅に高速になり、ページの一部が不必要に消されたり再描画されたりするときに生じる「ちらつき」を防ぐ。例えば、スーザンがチャットスライダーを開いたときに1000個のユーザプロフィールのリストを見ているとしよう。スーザンが［戻る］ボタンをクリックすると、アプリケーションは単にスライダーを閉じてプロフィールを再描画すべきではない。

　以下の3点から、イベントハンドラからの変更が履歴サポートに値するかどうかを判断する。

- ユーザは発生した変更のブックマークをどれほど強く望むか。
- ユーザは変更前のページ状態に戻すことをどれほど強く望むか。
- そのためにのどの程度のコストがかかるか。

　アンカーインタフェースパターンを使うと状態を保持するために増えるコストは通常わずかである

が、コストがかかったり不可能であったりする場合もある。例えば、オンライン購入では、ユーザが［戻す］ボタンをクリックしたときに戻すのは非常に困難だろう。このような状況では、履歴エントリを完全に無効にする必要がある。幸いにも、uriAnchorプラグインがこれをサポートする。

3.6.4 アンカーを使ってアプリケーション状態を表す

アンカー要素が常にブックマーク可能なアプリケーション状態を表せるようにしたい。これによって、履歴関数が必ず期待どおりに機能する。以下の疑似コードは、どのように履歴イベントを処理したいかの概略を示している。

- 履歴イベントが発生すると、URIのアンカー要素を変更して変更された状態を反映する。
    - イベントを受け取ったハンドラがシェルユーティリティを呼び出し、アンカーを変更する。
    - その後、イベントハンドラが終了する。
- シェルのhashchangeイベントハンドラがURI変更に気付き、その変更に基づいた動作をする。
    - 現在の状態と新しいアンカーによって示された状態を比較する。
    - 比較から判断した、アプリケーションの調整が必要な部分を変更しようとする。
    - 要求された変更を実行できない場合には、現在の状態を保持し、アンカーを現在の状態に一致するように戻す。

疑似コードの概略を示したので、実際のコードへの変換に取りかかろう。

3.6.4.1 アンカー要素を使うようにシェルを変更する

例3-15に示すように、アンカー要素を使ってアプリケーション状態を運ぶようにシェルを修正しよう。ここにはかなりの新しいコードがあるが、弱気にならないでほしい。いずれすべてを説明する。

例3-15 アンカーを使ってアプリケーション状態を運ぶ（spa/js/spa.shell.js）

```
...
spa.shell = (function () {
  //--------------- モジュールスコープ変数開始 --------------
  var
    configMap = {
      anchor_schema_map : { ❶
        chat : { open : true, closed : true }
      },
      main_html : String()
      ...
    },
    stateMap = {
      $container      : null,
      anchor_map      : {}, ❷
```

❶ 検証のためにuriAnchorが使うマップを定義する。
❷ マップの現在のアンカー値をモジュール状態 stateMap.anchor_mapに格納する。

```
    is_chat_retracted : true
  },
  jqueryMap = {},

  copyAnchorMap, setJqueryMap, toggleChat, ❸
  changeAnchorPart, onHashchange,
  onClickChat,      initModule;
//---------------- モジュールスコープ変数終了 ----------------

//---------------- ユーティリティメソッド開始 ----------------
// 格納したアンカーマップのコピーを返す。オーバーヘッドを最小限にする。 ❹
copyAnchorMap = function () {
  return $.extend( true, {}, stateMap.anchor_map );
;}
//---------------- ユーティリティメソッド終了 ----------------

//-------------------- DOMメソッド開始 --------------------
...
// DOMメソッド/changeAnchorPart/開始 ❺
// 目的：URIアンカー要素部分を変更する
// 引数：
//   * arg_map－変更したいURIアンカー部分を表すマップ
// 戻り値：boolean
//   * true－URIのアンカー部分が更新された
//   * false－URIのアンカー部分を更新できなかった
// 動作：
// 現在のアンカーをstateMap.anchor_mapに格納する。
// エンコーディングの説明はuriAnchorを参照。
// このメソッドは
//   * copyAnchorMap()を使って子のマップのコピーを作成する。
//   * arg_mapを使ってキーバリューを修正する。
//   * エンコーディングの独立値と従属値の区別を管理する。
//   * uriAnchorを使ってURIの変更を試みる。
//   * 成功時にはtrue、失敗時にはfalseを返す。
//
changeAnchorPart = function ( arg_map ) {
  var
    anchor_map_revise = copyAnchorMap(),
    bool_return = true,
    key_name, key_name_dep;

  // アンカーマップへ変更を統合開始
  KEYVAL:
  for ( key_name in arg_map ) {
    if ( arg_map.hasOwnProperty( key_name ) ) {

      // 反復中に従属キーを飛ばす
```

❸ 3つの追加メソッドcopyAnchorMap、changeAnchorPart、onHashchangeを宣言する。

❹ jQueryユーティリティextend()を使ってオブジェクトをコピーする。JavaScriptオブジェクトはすべて参照で渡され、正しくコピーすることが重要なのでこれが必要である。

❺ changeAnchorPartユーティリティを追加して自動的にアンカーを更新する。これは変更したいマップ（例えば、{ chat :'open' }など）を取り、アンカー要素の特定のキーバリューだけを更新する。

```
      if ( key_name.indexOf( '_' ) === 0 ) { continue KEYVAL; }

      // 独立キー値を更新する
      anchor_map_revise[key_name] = arg_map[key_name];

      // 合致する独立キーを更新する
      key_name_dep = '_' + key_name;
      if ( arg_map[key_name_dep] ) {
        anchor_map_revise[key_name_dep] = arg_map[key_name_dep];
      }
      else {
        delete anchor_map_revise[key_name_dep];
        delete anchor_map_revise['_s' + key_name_dep];
      }
    }
  }
  // アンカーマップへ変更を統合終了

  // URIの更新開始。成功しなければ元に戻す。 ←──────────────────┐ ❻
  try {
    $.uriAnchor.setAnchor( anchor_map_revise );
  }
  catch ( error ) {
    // URIを既存の状態に置き換える
    $.uriAnchor.setAnchor( stateMap.anchor_map,null,true );
    bool_return = false;
  }
  // URIの更新終了…… ←──────────────────────────────────────┘

  return bool_return;
};
// DOMメソッド/changeAnchorPart/終了
//--------------------- DOMメソッド終了 ----------------------

//------------------- イベントハンドラ開始 -------------------
// イベントハンドラ/onHashchange/開始 ❼
// 目的:hashchangeイベントを処理する
// 引数：
//   * event - jQueryイベントオブジェクト
// 設定  ：なし
// 戻り値：false
// 動作  ：
//   * URIアンカー要素を解析する。
//   * 提示されたアプリケーション状態と現在の状態を比較する。
//   * 提示された状態が既存の状態と異なる場合のみ
//     アプリケーションを調整する
//
```

> ❻ スキーマを渡していない場合はアンカーを設定しない（uriAnchorは例外を発行する）。その場合には、アンカー要素を以前の状態に戻す。
>
> ❼ onHashchangeイベントハンドラを追加してURIアンカー変更に対処する。uriAnchorプラグインを使ってアンカーをマップに変換し、以前の状態と比較して対処を決める。提示されたアンカー変更が無効の場合、アンカーを以前の値に戻す。

```javascript
onHashchange = function ( event ) {
  var
    anchor_map_previous = copyAnchorMap(),
    anchor_map_proposed,
    _s_chat_previous, _s_chat_proposed,
    s_chat_proposed;

  // アンカーの解析を試みる
  try { anchor_map_proposed = $.uriAnchor.makeAnchorMap(); }
  catch ( error ) {
    $.uriAnchor.setAnchor( anchor_map_previous, null, true );
    return false;
  }
  stateMap.anchor_map = anchor_map_proposed;

  // 便利な変数
  _s_chat_previous = anchor_map_previous._s_chat;
  _s_chat_proposed = anchor_map_proposed._s_chat;

  // 変更されている場合のチャットコンポーネントの調整開始
  if ( ! anchor_map_previous
    || _s_chat_previous !== _s_chat_proposed
  ) {
    s_chat_proposed = anchor_map_proposed.chat;
    switch ( s_chat_proposed ) {
      case 'open' :
        toggleChat( true );
      break;
      case 'closed' :
        toggleChat( false );
      break;
      default :
        toggleChat( false );
        delete anchor_map_proposed.chat;
        $.uriAnchor.setAnchor( anchor_map_proposed, null, true );
    }
  }
  // 変更されている場合のチャットコンポーネントの調整終了

  return false;
};
// イベントハンドラ/onHashchange/終了

// イベントハンドラ/onClickChat/開始 ❽
onClickChat = function ( event ) {
  changeAnchorPart({
    chat: ( stateMap.is_chat_retracted ? 'open' : 'closed' )
```

❽ アンカーのchatパラメータだけを変更するようにonClickChatイベントハンドラを修正する。

```
      });
      return false;
    };
    // イベントハンドラ/onClickChat/終了 }
    //-------------------- イベントハンドラ終了 --------------------
    //-------------------- パブリックメソッド開始 --------------------
    // パブリックメソッド/initModule/開始
    initModule = function ( $container ) {
      ... // 我々のスキーマを使うようにuriAnchorを設定する ❾
      $.uriAnchor.configModule({
        schema_map : configMap.anchor_schema_map
      });

      // URIアンカー変更イベントを処理する。
      // これはすべての機能モジュールを設定して初期化した後に行う。
      // そうしないと、トリガーイベントを処理できる状態になっていない。
      // トリガーイベントはアンカーがロード状態と見なせることを保証するために使う。
      //
      $(window) ❿
        .bind( 'hashchange', onHashchange )
        .trigger( 'hashchange' );

    };
    // パブリックメソッド/initModule/終了

    return { initModule : initModule };
    //------------------ パブリックメソッド終了 --------------------
  }());
```

❾ スキーマに対してテストするようにuriAnchorプラグインを設定する。

❿ ブックマークが初期ロード状態であるとモジュールが見なすように、hashchangeイベントハンドラをバインドしてすぐに発行する。

コードを調整したので、履歴制御（[進む]ボタン、[戻る]ボタン、ブックマーク、ブラウザ履歴）がすべて期待どおり機能するだろう。そして、アンカーをサポートしていないパラメータや値に手動で変更すると、アンカーが自ら修正する。例えば、ブラウザのアドレスバーでアンカーを#!chat=barneyに置き換えて［Return］を押してみてほしい。

これで履歴制御が正しく機能したので、アンカーを使ってアプリケーション状態を運ぶ方法を説明しよう。まずは、uriAnchorを使ってアンカーのエンコードとデコードを行う方法を示す。

3.6.4.2 uriAnchorがアンカーのエンコードとデコードを行う方法を理解する

jQueryイベントhashchangeを使ってアンカー要素の変化を認識する。アプリケーション状態は、**独立**および**従属**のキーバリューペアの概念を使ってエンコードされる。例として、太字で示した以下のアンカーを取り上げる。

http://localhost/spa.html**#!chat=profile:on:uid,suzie|status,green**

この例の**独立**キーはprofileであり、値onを持つ。profile状態をさらに定義するキーは**従属**キーであり、コロン（:）区切り文字の後に続く。これには値suzieを持つキー uidと値greenを持つキーstatusが含まれる。

uriAnchorプラグイン js/jq/jquery.uriAnchor-1.1.3.jsは、独立値と従属値のエンコードとデコードに対処してくれる。$.uriAnchor.setAnchor()を使うと、ブラウザURIを上記の例と一致するように変更できる。

```
var anchorMap = {
  profile : 'on',
  _profile : {
    uid : 'suzie',
    status : 'green'
  }
};
$.uriAnchor.setAnchor( anchorMap );
```

makeAnchorMapを使うと、アンカーを読み込んで解析し、マップを作成できる。

```
var anchorMap = $.uriAnchor.makeAnchorMap();
console.log( anchorMap );

// ブラウザのURIアンカー要素が以下の場合、
// http://localhost/spa.html#!chat=profile:on:uid,suzie|status,green
//
// console.log( anchorMap )は以下を
// 表示する。
//
// { profile : 'on',
//   _profile : {
//     uid : 'suzie',
//     status : 'green'
//   }
// };
//
```

これでuriAnchorを使ってURIアンカー要素で表されたアプリケーション状態のエンコードとデコードを行う方法がよく理解できれば幸いである。次に、URIアンカー要素を使ってアプリケーション状態を運ぶ方法を詳しく調べてみよう。

3.6.4.3　アンカーの変更でアプリケーション状態を運ぶ方法を理解する。

ここでの履歴制御方式では、ブックマーク可能な状態を変更するイベントは以下の2つの処理を行う。

1. アンカーを変更する。
2. すぐに戻る。

シェルにchangeAnchorPartメソッドを追加したため、独立と従属のキーバリューを適切に処理しつつ、アンカー部分だけを更新できた。このメソッドはアンカー管理のロジックを一元化し、**アプリケーションでアンカーを修正する唯一の手段である**。

「すぐに戻る」とは、アンカーを変更したらイベントハンドラの仕事が完了することを意味する。ページ要素は変更しない。変数やフラグも更新しない。呼び出し側のイベントに直接戻るだけである。この例はonClickChatイベントハンドラで示されている。

```
onClickChat = function ( event ) {
  changeAnchorPart({
    chat: ( stateMap.is_chat_retracted ? 'open' : 'closed' )
  });
  return false;
};
```

このイベントハンドラはchangeAnchorPartを使ってアンカーのchatパラメータを変更し、すぐに戻る。アンカー要素が変更されているので、hashchangeブラウザイベントを発行する。シェルはhashchangeイベントを監視し、アンカーコンテンツに基づいて対処する。例えば、chat値がopenedからclosedに変わっていることにシェルが気付くと、チャットスライダーを閉じる。

(changeAnchorPartメソッドで修正された)アンカーをブックマーク可能な状態のためのAPIと考えるかもしれない。この方法の利点は、アンカーが変更された**理由**は問題ではないことである。アプリケーションが変更した場合、ユーザがブックマークをクリックした場合、[進む]や[戻る]ボタンを使った場合、ブラウザのアドレスバーに直接入力した場合などが考えられる。どのような場合でも、常に正しく機能し、1つの実行経路しか使わない。

3.7 まとめ

シェルの2つの主要な責務の実装が完了した。機能コンテナとそのスタイルを作成し、URIアンカーを使ってアプリケーション状態を運ぶ枠組みを作成した。その概念を実証するためにチャットスライダーを修正した。

しかし、3つ目の主要な責務である機能モデルの調整にはまだ取り組んでいないので、シェルでの作業は終わりではない。次の章では機能モジュールの構築方法、シェルからの機能モジュールの設定方法と初期化方法、そして機能モジュールの呼び出し方法を示す。機能ごとにモジュールに分離すると、信頼性、保守性、スケーラビリティ、ワークフローが大幅に改善する。また、サードパーティモジュールの利用や開発も促進する。引き続き読み進めてほしい。ここが肝心なところである。

4章
機能モジュールの追加

本章で取り上げる内容：

- 機能モジュールと、機能モジュールがどのようにアーキテクチャに当てはまるかを定める。
- 機能モジュールとサードパーティモジュールを比較する。
- フラクタルMVCデザインパターンとアーキテクチャでの役割を説明する。
- 機能モジュールのためのファイルとディレクトリを用意する。
- 機能モジュールAPIを定義して実装する。
- 共通して必要となる機能モジュール機能を実装する。

本章に取りかかる前に、本書の1章から3章を読み終えるべきである。また、3章のプロジェクトファイルを基に構築していくので、3章のプロジェクトファイルも必要である。3章で作成したすべてのファイルとディレクトリ構造全体を新しい「chapter_4」ディレクトリにコピーして、このディレクトリで更新できるようにするとよい。

機能モジュールは、明確に定義されスコーピングされた機能をSPAに提供する。本章では、3章で紹介したチャットスライダー機能を機能モジュールに移行し、機能を改善する。チャットスライダー以外の機能モジュールの例には、イメージビューア、アカウント管理パネル、ユーザがグラフィカルオブジェクトを組み立てられるワークベンチが含まれる。

明確に定義されたAPIと強固な分離を使って、サードパーティモジュールと同様のアプリケーションとのインタフェースを持つように機能モジュールを設計する。これにより、付加価値のある主要モジュールの作成に専念し、補助的なモジュールはサードパーティに任せることができるので、高い品質で迅速にリリースできる。この方式では、時間とリソースが許す限りサードパーティモジュールを選択的により優れたモジュールに置き換えられるので、改善の道筋も明確になる。その他のメリットとして、複数のプロジェクトでモジュールを簡単に再利用できる。

4.1 機能モジュール方式

3章で説明したシェルは、URIアンカーやCookieの管理などのアプリケーション全体のタスクを担当し、綿密に分離した機能モジュールに機能固有のタスクを発行する。機能モジュールは、シェルと共有する独自のビュー、コントローラ、モデルを持つ。このアーキテクチャの概要を**図4-1**に示す[*1]。

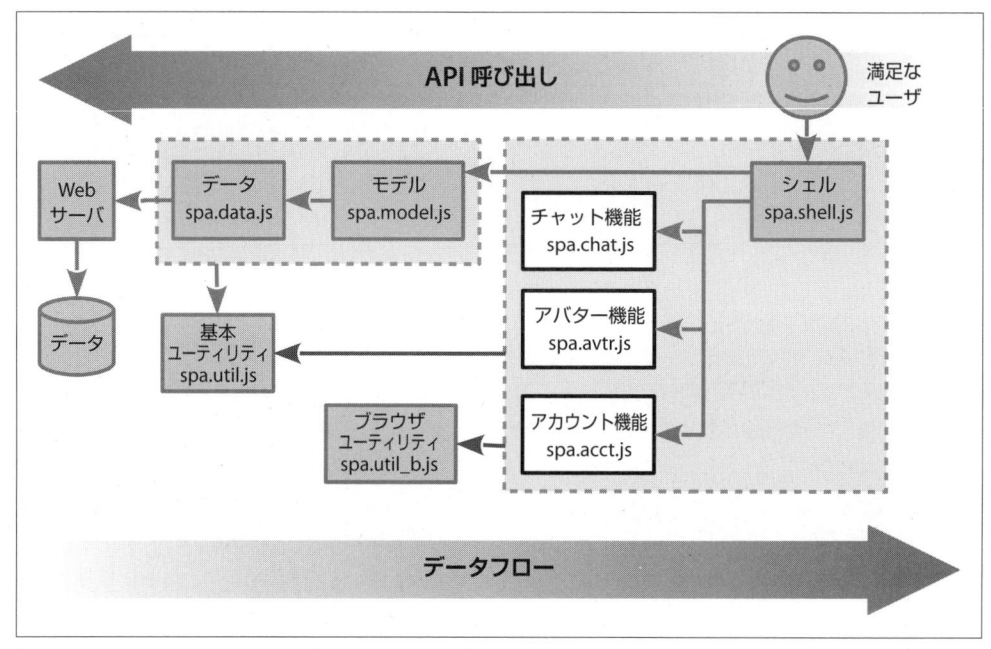

図4-1　SPAアーキテクチャ内の機能モジュール（白で表示）

機能モジュールの例には、ワークベンチでのスケッチに対処するspa.wb.js、サインインやサインアウトなどのアカウント管理機能のためのspa.acct.js、チャットインタフェースのためのspa.chat.jsなどがある。チャットがうまくいっているようなので、本章ではチャットモジュールに焦点を当てる。

4.1.1 サードパーティモジュールとの比較

機能モジュールは、現代のWebサイトにさまざまな機能を提供するサードパーティモジュールによく似ている[*2]。サードパーティの例には、ブログコメント（DisQusやLiveFyre）、広告（DoubleClick

---

[*1] 原注：著者はこの図を机の横の壁に貼った。
[*2] 原注：サードパーティモジュールとその作成方法について詳しく学ぶには、Ben VinegarとAnton Kovalyov共著の『Third-Party JavaScript』（Manning、2012年）を参照のこと。

やValueClick)、分析（GoogleやOverture)、共有（AddThisやShareThis)、ソーシャルサービス（Facebookの「いいね」ボタンやGoogleの「+1」ボタン）などがある。サードパーティモジュールは、Webサイト運用者が、独自に開発する代わりに、わずかなコスト、労力、メンテナンス作業で、サイトに高品質な機能を追加できるため、極めて人気が高い[*1]。一般に、サードパーティモジュールをWebサイトに追加するには、静的なWebページにスクリプトタグを含めるか、SPAに関数呼び出しを追加する。サードパーティモジュールがなかったら、コストが非常に高いので多くのWebサイトの多くの機能が実現できなかっただろう。

適切に記述されたサードパーティモジュールには、以下の共通する特徴がある。

- 専用に提供された**独自のコンテナにレンダリングするか**、または、ドキュメントそのものに付加する。
- **明確に定義されたAPI**を提供して振る舞いを制御する。
- JavaScript、データ、CSSを綿密に分離することで、**ホストページの破損を避ける**。

サードパーティモジュールには欠点もある。主な問題は、「サードパーティ」にはそれぞれの事業目的があり、読者の目的と食い違う場合がある。これはさまざまな形で現れる。

- **サードパーティのコードとサービスに依存する**。事業に失敗したり倒産したりすると、サービスが失われかねない。リリースに失敗すると、サイトが動作しなくなる可能性もある。不幸にも、これは予想以上に頻繁に起こる。
- サーバとのやり取りや機能膨張のためにカスタムモジュールよりも**遅いことが少なくない**。1つのサードパーティモジュールが遅いと、アプリケーション全体が遅くなる可能性がある。
- サードパーティモジュールには独自のサービス利用規約があり、弁護士は大抵、利用規約を直ちに変更する権利を留保しているので、**プライバシーに懸念がある**。
- データやスタイルの不一致、柔軟性の欠如のために**機能がシームレスに統合されないことが多い**。
- サードパーティデータをSPAに統合できないと、**機能間のやり取り**が困難または不可能な場合がある。
- モジュールの**カスタマイズ**が困難または不可能な場合がある。

本書の機能モジュールではサードパーティモジュールの有益な特性は引き継ぐが、サードパーティは存在しないので、デメリットを回避する。つまり、**図4-2**に示すように、シェルは特定の機能に対する機能モジュールを収容し制御するコンテナを提供する。機能モジュールは、構成、初期化、利用

[*1] 原注：サードパーティモジュールがどの程度人気があるかを正確に測るのは難しいが、サードパーティモジュールが1つもない商用Webサイトを見つけるのは困難である。例えば、本書の執筆時点では、TechCrunch.comでは少なくとも16の主なサードパーティモジュールと（分析サービスだけで少なくとも5つ）膨大な53のスクリプトタグが使われていた。

のための一貫性のあるAPIをシェルに提供する。協調的な固有のJavaScriptとCSS名前空間を使い、共有ユーティリティ以外の外部呼出しを許可しないことで、各機能を他の機能と分離する。

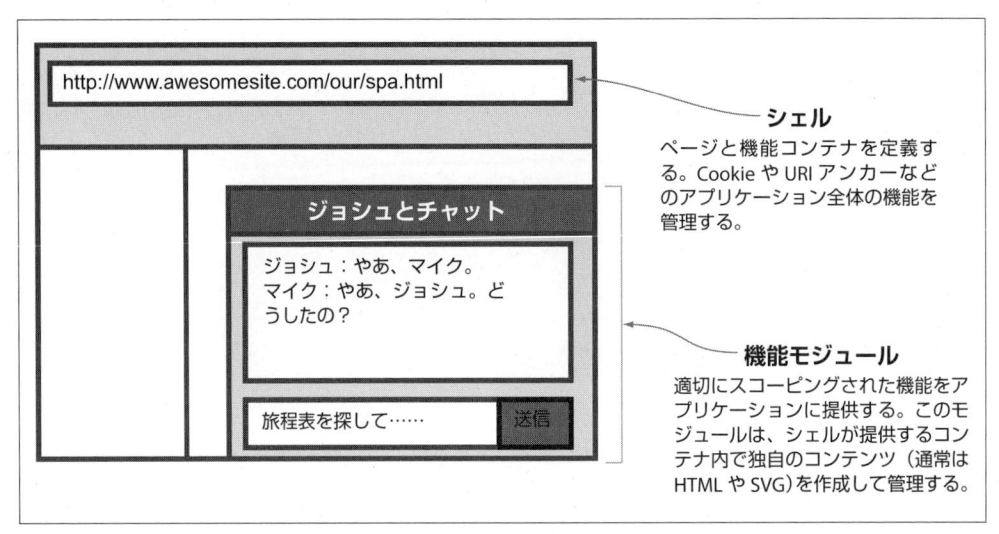

```
┌─────────────────────────────────────────┐
│ http://www.awesomesite.com/our/spa.html │ ←── **シェル**
│                                         │    ページと機能コンテナを定義す
│        ┌──────────────────────┐         │    る。CookieやURIアンカーなど
│        │   ジョシュとチャット  │         │    のアプリケーション全体の機能を
│        ├──────────────────────┤         │    管理する。
│        │ ジョシュ：やあ、マイク。│         │
│        │ マイク：やあ、ジョシュ。ど│        │
│        │ うしたの？            │        │ ←── **機能モジュール**
│        │                      │        │    適切にスコーピングされた機能をア
│        │                      │        │    プリケーションに提供する。このモ
│        │ ┌──────────┐  ┌────┐ │        │    ジュールは、シェルが提供するコン
│        │ │旅程表を探して…│ │送信│ │        │    テナ内で独自のコンテンツ（通常は
│        │ └──────────┘  └────┘ │        │    HTMLやSVG）を作成して管理する。
│        └──────────────────────┘         │
└─────────────────────────────────────────┘
```

図4-2　シェルと機能モジュールの責務

　機能モジュールをサードパーティモジュールであるかのように開発すると、以下のようなサードパーティ型JavaScriptの利点を活用できる。

- 開発者がモジュールに基づいて責任を割り振れるので、**チームがより効率的になる**。確認してみよう。チームで取り組んでいる場合、サードパーティではないモジュールは自分の担当モジュールだけである。あるモジュールの担当者以外のチームメンバーは、そのモジュールを使うためのAPIを知っているだけでよい。
- 各モジュールはアプリケーションの担当部分だけを管理し、使わない機能や不要な機能で膨張することなく最適化されるので、**アプリケーションの性能が向上する**。
- モジュールは適切に分離されているので、**コードのメンテナンスや再利用がはるかに容易になる**。Datepickerなどの高度なjQueryプラグインの多くは、事実上サードパーティアプリケーションである。自分で記述するよりもDatepickerプラグインを使った方がどれだけ簡単か考えてみてほしい。

　さらにもちろん、機能モジュールをサードパーティモジュールのように開発することには、もう1つ**大きな利点がある**。Webアプリケーションの主力ではない機能にサードパーティモジュールを使う体制が整っているので、後に時間とリソースが許す限り、サードパーティモジュールを、より適切に統合された高速で侵入性の低い独自の機能モジュールに選択的に置き換えることができる。

4.1.2　機能モジュールとフラクタルMVCパターン

多くのWeb開発者はMVC（Model-View-Controller：モデル・ビュー・コントローラ）デザインパターンになじみがある。MVCデザインパターンは、Ruby on Rails、Django（Python）、Catalyst（Perl）、Spring MVC（Java）、MicroMVC（PHP）などの多くのフレームワークで登場するからだ。非常に多くの読者がこのパターンに精通しているため、本書のSPAアーキテクチャとの関係、特に機能モジュールとの関係を説明する。

MVCはアプリケーションの開発に使うパターンであることを思い出してほしい。MVCには以下の要素が含まれる。

- **モデル**。アプリケーションのデータとビジネスルールを提供する。
- **ビュー**。モデルのデータの感覚的表現（通常は視覚的表現だが、音声のことも多い）を提供する。
- **コントローラ**。ユーザからの要求をアプリケーションのモデルやビューを更新するコマンドに変換する。

MVCフレームワークに精通した開発者なら、本章のほとんどを容易にこなせるだろう。従来のWeb開発者の視点でのMVCフレームワークと本書のSPAアーキテクチャの最大の違いを以下に示す。

- SPAはアプリケーションをできる限りブラウザに移行する。
- MVCパターンがまるでフラクタルのように繰り返すことを認識する。

フラクタルとは、すべてのレベルで自己相似性を表すパターンである。簡単な例を**図4-3**に示す。遠くから見ると一般的なパターンに見え、近付いて見るとより詳細なレベルでパターンが繰り返されていることがわかる。

図4-3　フラクタル

本書のSPAアーキテクチャでは、複数レベルで繰り返すMVCパターンを採用しているので、**フラクタルMVC（FMVC）**と呼ぶ。この概念は新しいものではなく、開発者の間では同じ名前で少なくとも10年間は議論されてきている。どれだけのフラクタルが見えるかは視点の問題である。**図4-4**のように遠くからWebアプリケーションを眺めると、1つのMVCパターンが見える。コントローラがURIとユーザ入力に対応し、モデルとやり取りし、ブラウザでビューを提供する。

```
                    Webアプリケーション
                    ┌─────────────┐
                    │   モデル     │
                    │   ビュー     │
                    │  コントローラ │
                    └─────────────┘
```

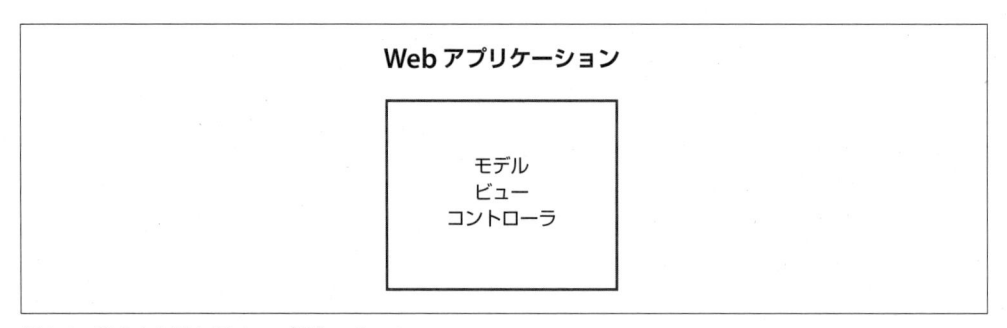

図4-4　遠くから見たWebアプリケーション

　少し近付いて見ると、**図4-5**のようにWebアプリケーションが2つの部分に分かれていることがわかる。MVCパターンを採用してクライアントにデータを提供するサーバ側と、MVCを採用してユーザがブラウザモデルの閲覧やブラウザモデルとのやり取りを実行できるようにするSPAである。サーバでは、モデルにはデータベースからのデータが含まれており、ビューはブラウザに送るデータの表現であり、コントローラはデータ管理とブラウザとのやり取りを指揮するコードである。クライアントでは、モデルにはサーバから受け取ったデータが含まれ、ビューはユーザインタフェース、コントローラはクライアントデータとインタフェースを指揮するロジックである。

```
                    Webアプリケーション
        サーバ                        クライアント
    ┌─────────────┐                ┌─────────────┐
    │   モデル     │                │   モデル     │
    │   ビュー     │  ←─────────→  │   ビュー     │
    │  コントローラ │                │  コントローラ │
    └─────────────┘                └─────────────┘
```

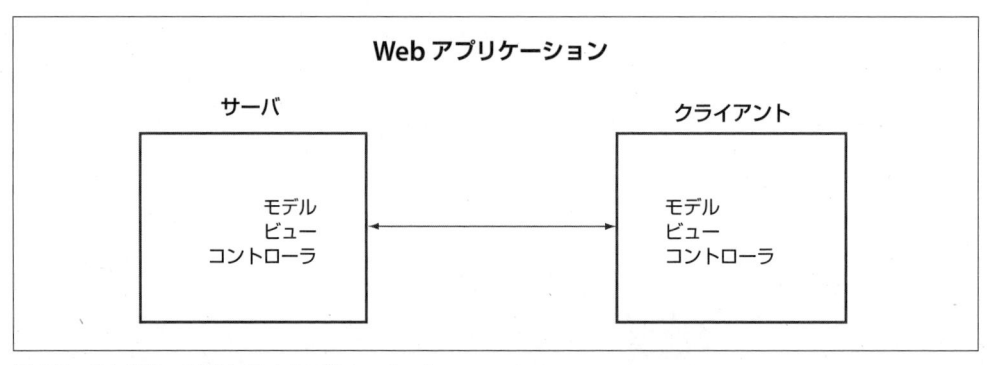

図4-5　少し近付いて見たWebアプリケーション

　さらに近付いて見ると、**図4-6**のようにさらにMVCパターンがあることがわかる。例えば、サーバアプリケーションはMVCパターンを採用してHTTPデータAPIを提供する。サーバアプリケーションが使うデータベースも独自のMVCパターンを採用している。クライアントでは、クライアントアプリケーションがMVCパターンを使い、さらにシェルが配下の機能モジュールを呼び出し、機能モジュール自体もMVCパターンを使う。

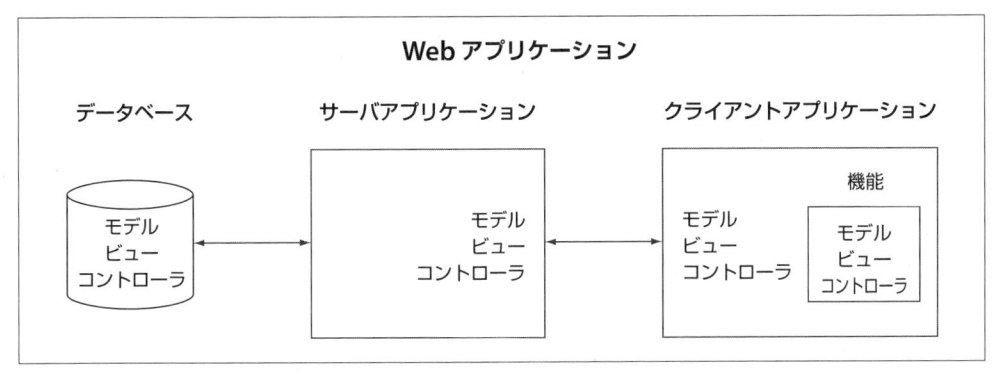

図4-6 詳細に見たWebアプリケーション

　最近のほとんどのWebサイトは、開発者が認識していなくてもこのパターンになっている。例えば、開発者がブログにDisQusやLiveFyre（実質的には他の任意のサードパーティモジュール）のコメント機能を追加すると、別のMVCパターンを追加していることになる。

　本書のSPAアーキテクチャは、このフラクタルMVCパターンを採用している。言い換えると、本書のSPAは、サードパーティモジュールを統合していても独自に記述した機能モジュールを統合していても、ほぼ同じように機能するのである。図4-7は、チャットモジュールが独自のMVCパターンを採用している様子を表している。

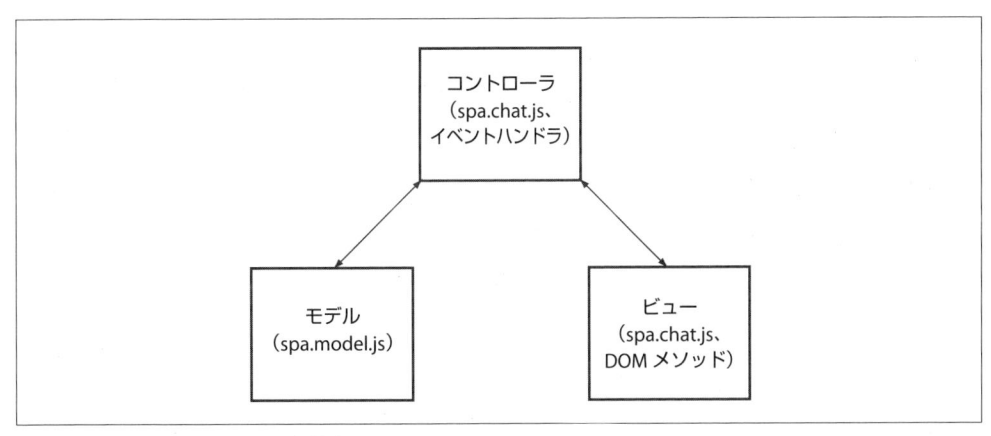

図4-7 チャットモジュールに出現するMVCパターン

　機能モジュールがアーキテクチャのどこに収容されるか、サードパーティモジュールとの類似性、フラクタルMVCを採用していることを説明した。次の節では、これらの概念を使って最初の機能モジュールを作成する。

4.2 機能モジュールファイルを用意する

最初に作成するSPA機能モジュールはチャット機能モジュールであり、本章ではこれ以降、このチャット機能モジュールを**チャット**と呼ぶ。この機能を選んだのは、3章ですでにかなりの作業が完了しており、この変換が機能モジュールをよく表す特徴を強調するのに役立つからだ。

4.2.1 ファイル構造を設計する

3章で作成したディレクトリ構造全体を新しい「chapter_4」ディレクトリにコピーし、このディレクトリで更新できるようにするとよい。例4-1に示す3章でのファイル構造をもう一度見てみよう。

例4-1　3章のファイル構造

```
spa
+-- css
|   +-- spa.css
|   `-- spa.shell.css
+-- js
|   +-- jq
|   |   +-- jquery-1.9.1.js
|   |   `-- jquery.uriAnchor-1.1.3.js
|   +-- spa.js
|   `-- spa.shell.js
+-- layout.html
`-- spa.html
```

行いたい変更を以下に示す。

- チャット用の名前空間付きスタイルシートを作成する。
- チャット用の名前空間付きJavaScriptモジュールを作成する。
- ブラウザモデル用のスタブを作成する。
- 他のすべてのモジュールが使う共通ルーチンを提供するユーティリティモジュールを作成する。
- 新しいファイルを含めるように**ブラウザドキュメント**を修正する。
- レイアウトの開発に使ったファイルを削除する。

これが完了すると、更新したファイルとディレクトリは例4-2のようになるだろう。作成または修正する必要があるファイルはすべて**太字**で示している。

例4-2　チャット用に修正したファイル構造

```
spa
+-- css
|   +-- spa.chat.css ❶
```

❶ チャット用のスタイルシートを追加する。

```
|   +-- spa.css
|   `-- spa.shell.css
+-- js
|   +-- jq
|   |   +-- jquery-1.9.1.js
|   |   `-- jquery.uriAnchor-1.1.3.js
|   +-- spa.chat.js      ❷
|   +-- spa.js
|   +-- spa.model.js     ❸
|   +-- spa.shell.js     ❹
|   `-- spa.util.js      ❺
`-- spa.html             ❻
```

❷ チャット用のJavaScriptを追加する。
❸ モデル用のJavaScriptを追加する。
❹ チャットを使うようにシェルを修正する。
❺ 新しいユーティリティモジュールを追加する。
❻ 新しいファイルを含めるようにブラウザドキュメントを修正する。
❼ レイアウト開発ファイル spa/layout.html を削除する。

追加または修正したいファイルを特定したので、信頼できるテキストエディタを起動して作業を成し遂げよう。上記に示したとおりの順にファイルを検討していく。

4.2.2　ファイルの中身を作成する

最初に検討するファイルは、チャットスタイルシート spa/css/spa.chat.css である。このファイルを作成し、**例4-3**に示す内容を入れる。これは最初は**スタブ**になる[*1]。

例4-3　スタイルシート（スタブ）（spa/css/spa.chat.css）

```
/*
 * spa.chat.css
 * チャット機能スタイル
 */
```

次に、付録Aのモジュールテンプレートを使い、**例4-4**に示すチャット機能モジュール spa/js/spa.chat.js を作成しよう。これは第一弾にすぎず、チャットスライダーコンテナに簡単なHTMLを埋める。

例4-4　限られた機能を持つチャットモジュール（spa/js/spa.chat.js）

```
/*
 * spa.chat.js
 * SPAのチャット機能モジュール
 */

/*jslint         browser : true, continue : true,
  devel : true, indent  : 2,    maxerr   : 50,
  newcap : true, nomen   : true, plusplus : true,
  regexp : true, sloppy  : true, vars     : false,
  white  : true
```

[*1] 原注：**スタブ**は、意図的な未完成（プレースホルダ）リソースである。例えば、5章ではサーバとのやり取りを模倣する「スタブ」データモジュールを作成する。

```
*/

/*global $, spa */

spa.chat = (function () {                              ❶
  //---------------- モジュールスコープ変数開始 --------------
  var
    configMap = {
      main_html : String()
        + '<div style="padding:1em; color:#fff;">'     ❷
          + 'Say hello to chat'
        + '</div>',
      settable_map : {}
    },
    stateMap = { $container : null },
    jqueryMap = {},

    setJqueryMap, configModule, initModule
    ;
  //---------------- モジュールスコープ変数終了 --------------


  //---------------- ユーティリティメソッド開始 --------------
  //---------------- ユーティリティメソッド終了 --------------


  //-------------------- DOMメソッド開始 --------------------
  // DOMメソッド/setJqueryMap/開始
  setJqueryMap = function () {
    var $container = stateMap.$container;
    jqueryMap = { $container : $container };
  };
  // DOMメソッド/setJqueryMap/終了
  //--------------------- DOMメソッド終了 -------------------


  //------------------ イベントハンドラ開始 -----------------
  //------------------ イベントハンドラ終了 -----------------


  //------------------ パブリックメソッド開始 ---------------
  // パブリックメソッド/configModule/開始            ❸
  // 目的：許可されたキーの構成を調整する
  // 引数：構成可能なキーバリューマップ
  //    * color_name－使用する色
  // 設定：
  //    * configMap.settable_map 許可されたキーを宣言する
  // 戻り値  : true
  // 例外発行：なし
  //
  configModule = function ( input_map ) {
```

❶ このモジュールの名前空間spa.chatを作成する。

❷ チャットスライダーのHTMLテンプレートをconfigMapに格納する。この無意味なメッセージは独自のメッセージに置き換えてもらって構わない。

❸ configModuleメソッドを作成する。機能モジュールが構成を受け取るたびに、常に同じメソッド名と同じspa.util.setConfigMapユーティリティを使用する。

```
      spa.util.setConfigMap({
        input_map  : input_map,
        settable_map : configMap.settable_map,
        config_map : configMap
      });
      return true;
    };
    // パブリックメソッド/configModule/終了

    // パブリックメソッド/initModule/開始 ❹
    // 目的：モジュールを初期化する
    // 引数：
    //   * $container この機能が使うjQuery要素
    // 戻り値    : true
    // 例外発行：なし
    //
    initModule = function ( $container ) {
      $container.html( configMap.main_html ); ❺
      stateMap.$container = $container;
      setJqueryMap();
      return true;
    };
    // パブリックメソッド/initModule/終了

    // パブリックメソッドを戻す
    return { ❻
      configModule : configModule,
      initModule : initModule
    };
    //------------------ パブリックメソッド終了 --------------------
  }());
```

❹ initModuleメソッドを追加する。ほぼすべてのモジュールがこのメソッドを持つ。このメソッドはモジュールの実行を開始する。

❺ チャットスライダーコンテナにHTMLテンプレートを埋める。

❻ モジュールメソッドconfigModuleとinitModuleをエクスポートする。これらはほぼすべての機能モジュールの標準メソッド。

次に、**例4-5**に示すモデルを作成しよう。これもスタブである。すべてのモジュールと同様に、ファイル名（spa.model.js）は提供する名前空間（spa.model）を示す。

例4-5 モデル（スタブ）（spa/js/spa.model.js）

```
/*
 * spa.model.js
 * モデルモジュール
 */

/*jslint         browser : true, continue : true,
  devel  : true, indent  : 2,    maxerr   : 50,
  newcap : true, nomen   : true, plusplus : true,
  regexp : true, sloppy  : true, vars     : false,
  white  : true
```

```
 */

/*global $, spa */
spa.model = (function (){ return {}; }());
```

例4-6に示すように、すべてのモジュールで共通ルーチンを共有できるように汎用ユーティリティモジュールを作成しよう。makeErrorメソッドを使うと簡単にエラーオブジェクトを作成できる。setConfigMapメソッドは、モジュールの構成を変更するための簡単で便利な方法を提供する。これらのメソッドはパブリックメソッドなので、他の開発者のために使用法を詳しく記述する。

例4-6 共通ユーティリティ（spa/js/spa.util.js）

```
/*
 * spa.util.js
 * 汎用JavaScriptユーティリティ
 *
 * Michael S. Mikowski - mmikowski at gmail dot com
 * これらは、Webからひらめきを得て、
 * 1998年から作成、コンパイル、アップデートを行ってきたルーチン。
 *
 * MITライセンス
 *
 */

/*jslint         browser : true, continue : true,
  devel  : true, indent  : 2,    maxerr   : 50,
  newcap : true, nomen   : true, plusplus : true,
  regexp : true, sloppy  : true, vars     : false,
  white  : true
*/
/*global $, spa */

spa.util = (function () {
  var makeError, setConfigMap;

  // パブリックコンストラクタ/makeError/開始
  // 目的：エラーオブジェクトを作成する便利なラッパー
  // 引数：
  //   * name_text －エラー名
  //   * msg_text  －長いエラーメッセージ
  //   * data      －エラーオブジェクトに付加するオプションのデータ
  // 戻り値  ：新たに作成されたエラーオブジェクト
  // 例外発行：なし
  //
  makeError = function ( name_text, msg_text, data ) {
    var error = new Error();
```

```javascript
      error.name = name_text;
      error.message = msg_text;

      if ( data ){ error.data = data; }

      return error;
    };
    // パブリックコンストラクタ/makeError/終了

    // パブリックメソッド/setConfigMap/開始
    // 目的：機能モジュールで構成を行うための共通コード
    // 引数：
    //   * input_map    －構成するキーバリューマップ
    //   * settable_map －構成できるキーのマップ
    //   * config_map   －構成を適用するマップ
    // 戻り値：true
    // 例外発行：入力キーが許可されていない場合は例外を発行する
    //
    setConfigMap = function ( arg_map ){
      var
        input_map = arg_map.input_map,
        settable_map = arg_map.settable_map,
        config_map = arg_map.config_map,
        key_name, error;

      for ( key_name in input_map ){
        if ( input_map.hasOwnProperty( key_name ) ){
          if ( settable_map.hasOwnProperty( key_name ) ){
            config_map[key_name] = input_map[key_name];
          }
          else {
            error = makeError( 'Bad Input',
              'Setting config key |' + key_name + '| is not supported'
            );
            throw error;
          }
        }
      }
    };
    // パブリックメソッド/setConfigMap/終了

    return {
      makeError   : makeError,
      setConfigMap : setConfigMap
    };
}());
```

最後に、ブラウザドキュメントを変更して新しいJavaScriptファイルとCSSファイルをロードすれば、上記のすべての変更を結合できる。まずスタイルシートをロードしてからJavaScriptをロードする。JavaScriptライブラリのインクルード順が重要である。サードパーティライブラリは必須条件であることが多いので、最初にサードパーティライブラリをロードすべきである。この方法は、時々起こるサードパーティ名前空間の間抜けな混乱を克服するのにも役立つ（コラム「なぜ本書のライブラリを最後にロードするのか」を参照）。本書のライブラリが次に来て、名前空間階層の順にロードする必要がある。例えば、spa、spa.model、spa.model.userを提供するモジュールはこの順序でロードしなければいけない。これ以降の順序は慣例であり、必須ではない。ルート、主要ユーティリティ、モデル、ブラウザユーティリティ、シェル、機能モジュールという順序が好ましい。

なぜ本書のライブラリを最後にロードするのか

本書のライブラリには名前空間を最後に要求させたいので、最後にロードする。悪質なサードパーティライブラリが`spa.model`名前空間を要求しても、本書のライブラリのロード時に「取り返す」ことができる。このような事態が起きても本書のSPAは機能し続ける可能性が高いが、サードパーティ機能はおそらく機能しない。ライブラリの順序が逆だと、SPAはほぼ確実に**全く機能しなくなる**。自社のWebサイトが深夜に**完全に動作を止めた**理由をCEOに説明するよりは、サードパーティのコメント機能などの問題を修正する方がよいだろう。

例4-7に示すようにブラウザドキュメントを更新しよう。3章からの変更点は**太字**で示す。

例4-7 ブラウザドキュメントへの変更（spa/spa.html）

```html
<!doctype html>
<!--
  spa.html
  spaブラウザドキュメント
-->

<html>
<head>
  <!-- IE9以降のレンダリングで、最新の標準をサポート --> ❶
  <meta http-equiv="Content-Type" content="text/html; charset=ISO-8859-1">
  <meta http-equiv="X-UA-Compatible" content="IE=edge" />
  <title>SPA Chapter 4</title> ❷

  <!-- サードパーティスタイルシート --> ❸

  <!-- 本書のスタイルシート -->
```

❶ IE9以降で正しく機能するようにヘッダを追加する。
❷ 新しい章を反映するようにタイトルを変更する。もはや3章ではない。
❸ サードパーティスタイルシートセクションを追加する。

```html
    <link rel="stylesheet" href="css/spa.css" type="text/css"/>
    <link rel="stylesheet" href="css/spa.chat.css" type="text/css"/> ❹
    <link rel="stylesheet" href="css/spa.shell.css" type="text/css"/>

    <!-- サードパーティ javascript --> ❺
    <script src="js/jq/jquery-1.9.1.js"></script>
    <script src="js/jq/jquery.uriAnchor-1.1.3.js"></script>

    <!-- 本書の javascript -->
    <script src="js/spa.js" ></script> ❻
    <script src="js/spa.util.js" ></script> ❼
    <script src="js/spa.model.js"></script> ❽
    <script src="js/spa.shell.js"></script>
    <script src="js/spa.chat.js" ></script> ❾
    <script>
      $(function () { spa.initModule( $('#spa') ); });
    </script>

  </head>
  <body>
    <div id="spa"></div>
  </body>
</html>
```

❹ 本書のスタイルシートをインクルードする。この JavaScript インクルード順を反映し、メンテナンスを軽減する。

❺ まずサードパーティ JavaScript をインクルードする。この方法が優れている理由についてはコラムを参照してほしい。

❻ 本書のライブラリを名前空間の順にインクルードする。最低でも、spa 名前空間は最初にロードする必要がある。

❼ 本書のユーティリティライブラリをインクルードする。このライブラリは、ルーチンをすべてのモジュールと共有する。

❽ ブラウザモデルをインクルードする。現在はスタブ。

❾ シェルの後に機能モジュールをロードする。

ここで、**例4-8**に示すようにシェルを構成し、チャットを初期化しよう。すべての変更点は**太字**で示す。

例4-8　シェルの改訂（spa/js/spa.shell.js）

```
...
  // 我々のスキーマを使うように uriAnchor を構成する
  $.uriAnchor.configModule({
    schema_map : configMap.anchor_schema_map
  });

  // 機能モジュールを構成して初期化する
  spa.chat.configModule( {} );
  spa.chat.initModule( jqueryMap.$chat );

  // URI アンカー変更イベントを処理する
...
```

これで第一弾は完了である。これはかなりの作業量だが、その手順の多くは将来の機能モジュールには必要ない。それでは、作成したものを見てみよう。

4.2.3 作成したもの

ブラウザドキュメント（spa/spa.html）をロードすると、チャットスライダーは図4-8のようになるだろう。

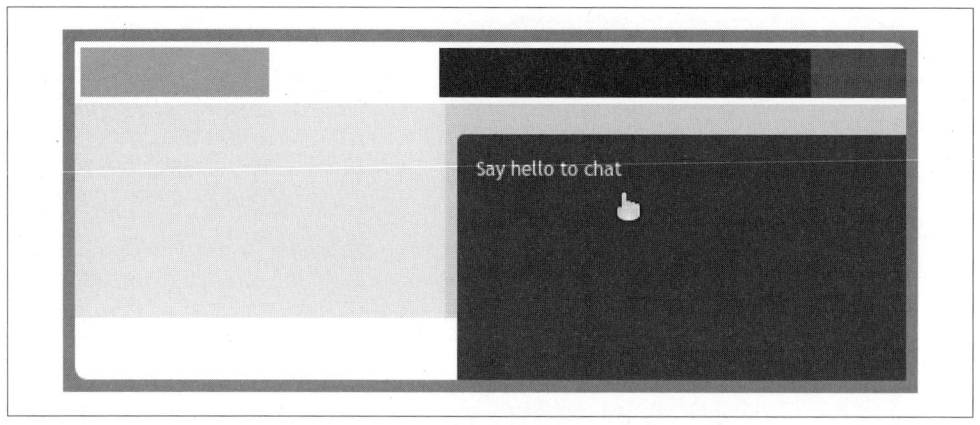

図4-8　更新したブラウザドキュメント（spa/spa.html）

テキストSay hello to chatは、チャットが正しく設定され初期化されており、チャットスライダーコンテンツを提供していることを示している。しかし、この見栄えは決して印象的ではない。次の節では、チャットインタフェースを大幅に改善する。

4.3　メソッドAPIを設計する

本書のアーキテクチャでは、シェルはSPAで任意の下位モジュールを呼び出せる。機能モジュールは共有ユーティリティモジュールを呼び出すだけである。機能モジュール**間**の呼び出しは許されていない。機能モジュールに対するデータや機能のその他の源は、設定中や初期化中にシェルからモジュールのパブリックメソッドに指定される引数として提供されるものだけである。図4-9にこの階層を示す。

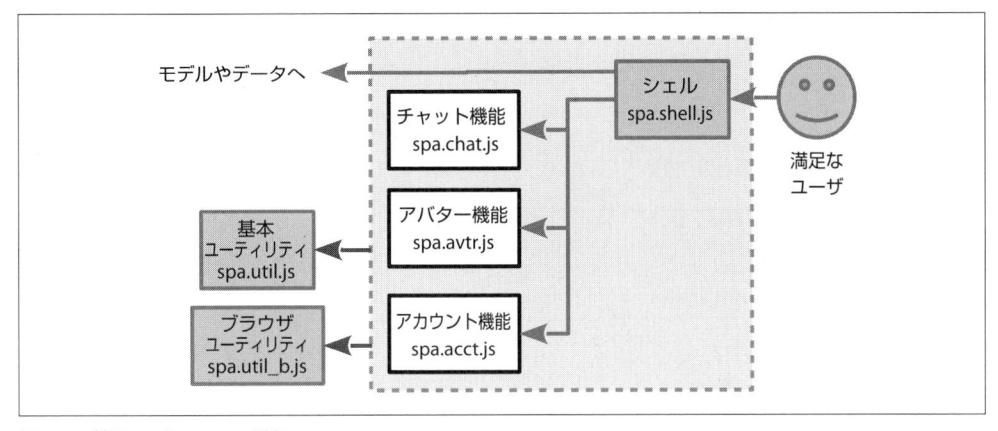

図4-9 機能モジュールの詳細

　この分離は、機能固有の欠陥がアプリケーションレベルや他の機能に伝播することを防ぐのに役立つため、よく考えられている[*1]。

4.3.1　アンカーインタフェースパターン

　3章では、URIアンカーで常にページ状態を表し、その逆は望んでいなかったことを思い出してほしい。しかし、シェルがURIアンカー管理を担当するが、チャットはスライダー表示を担当するため、この実行パスに従うのが困難に思える場合もある。どちらの場合でも、**アンカーインタフェースパターン**を頼りに、同じjQueryイベントhashchangeを使ってURIアンカーとユーザイベント駆動型状態をサポートする。この単一パスでのアプリケーション状態変更により、状態変更メカニズムが1つしかないため、履歴が安全な[*2] URLや一貫した振る舞いを保証し、開発の高速化に役立つ。このパターンを**図4-10**に示す。

　前章ですでにチャットの振る舞いの多くを実装した。ここでは残りのチャットコードを独自のモジュールに移動しよう。また、チャットとシェルの両方が通信に使うAPIも規定しよう。これはすぐにメリットをもたらし、さらにコードの再利用がはるかに簡単になる。API仕様には、必要なリソースや提供する機能を詳細に記述する必要がある。API仕様は「生きたドキュメント」と見なし、APIを変更するたびに更新すべきである。

[*1] 原注：機能モジュール間のやり取りは、常にシェルやモデルが調整すべき。
[*2] 原注：「履歴が安全」とは、［進む］、［戻る］、ブックマーク、ブラウザ履歴などのブラウザ履歴制御がすべてユーザの期待どおりに機能することを意味する。

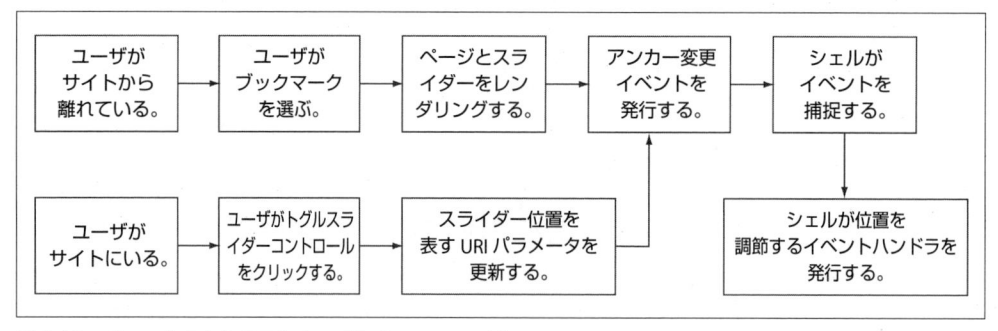

```
┌─────────────────────────────────────────────────────────────────────┐
│  ┌────────┐   ┌────────┐   ┌────────┐   ┌────────┐   ┌────────┐    │
│  │ユーザが│   │ユーザが│   │ページと│   │アンカー│   │シェルが│    │
│  │サイトか│ → │ブックマ│ → │スライダ│ → │変更イベ│ → │イベント│    │
│  │ら離れて│   │ークを選│   │ーをレン│   │ントを発│   │を捕捉す│    │
│  │いる。  │   │ぶ。    │   │ダリング│   │行する。│   │る。    │    │
│  │        │   │        │   │する。  │   │        │   │        │    │
│  └────────┘   └────────┘   └────────┘   └────────┘   └────────┘    │
│                                              ↑            ↓        │
│  ┌────────┐   ┌────────┐   ┌────────┐                ┌────────┐    │
│  │ユーザが│   │ユーザがト│ │スライダ│                │シェルが│    │
│  │サイトに│ → │グルスライ│→│ー位置を│                │位置を調│    │
│  │いる。  │   │ダーコント│ │表すURI │                │節するイ│    │
│  │        │   │ロールをク│ │パラメー│                │ベントハ│    │
│  │        │   │リックする│ │タを更新│                │ンドラを│    │
│  │        │   │。        │ │する。  │                │発行する│    │
│  │        │   │          │ │        │                │。      │    │
│  └────────┘   └────────┘   └────────┘                └────────┘    │
└─────────────────────────────────────────────────────────────────────┘
```

図4-10 チャットのためのアンカーインタフェースパターン

　チャットで提供したい一般的なパブリックメソッドには`configModule`があり、初期化の前に構成を変更するのに使う。すべての機能モジュールと同様に、通常チャットは初期化メソッド`initModule`を持つべきである。この`initModule`を使ってチャットモジュールがユーザに機能を提供するようにする。また、チャットでは`setSliderPosition`メソッドを提供し、シェルがスライダー位置を要求できるようにもしたい。以降の節でこれらのメソッドのAPIを設計する。

4.3.2　チャット構成API

　モジュールを**構成**するときには、ユーザセッション中に変更するはずのない構成を調整する。チャットでは、以下の構成がこの基準に当てはまる。

- URIアンカーパラメータ`chat`を調整する機能を提供する関数。
- (モデルからの) メッセージの送受信のためのメソッドを提供するオブジェクト。
- (モデルからの) ユーザのリストとやり取りするメソッドを提供するオブジェクト。
- スライダーオープン時の高さ、スライダーオープン時間、スライダークローズ時間などの、あらゆる振る舞いの構成。

JavaScript引数の汚点

　単純な値 (文字列、数値、ブール値) だけが関数に直接渡されること覚えておいてほしい。JavaScriptでは、複雑なデータ型 (オブジェクト、配列、関数など) はすべて**参照**で渡される。つまり、複雑なデータ型は他の一部の言語のようにコピーされることは**決して**ない。その代わりに、メモリ位置の値が渡される。これは通常コピーよりはるかに高速であるが、参照で渡されたオブジェクトや配列をうっかり変更してしまうという欠点がある。

> 関数が引数として関数への参照を取る場合、一般にその参照を**コールバック**と呼ぶ。コールバックは強力だが、管理が難しくなることがある。5章と6章では、代わりにjQueryのグローバルカスタムイベントを使ってコールバックの使用を減らす方法を示す。

上記の希望に基づくと、**例4-9**に示すようなチャットのconfigModule API仕様を考案できる。JavaScriptエンジンは、このドキュメントを使わない。

例4-9　configModuleのチャットAPI仕様（spa/js/spa.chat.js）

```
// パブリックメソッド/configModule/開始
// 用例：spa.chat.configModule({ slider_open_em : 18 });
// 目的：初期化前にモジュールを構成する
// 引数：
//   * set_chat_anchor－オープンまたはクローズ状態を示すように
//     URIアンカーを変更するコールバック。このコールバックは要求された状態を
//     満たせない場合にはfalseを返さなければいけない。
//   * chat_model－インスタントメッセージングと
//     やり取りするメソッドを提供するチャットモデルオブジェクト。
//   * people_model－モデルが保持する人々のリストを管理する
//     メソッドを提供するピープルモデルオブジェクト。
//   * slider_*構成。すべてオプションのスカラー。
//     完全なリストはmapConfig.settable_mapを参照。
//     用例：slider_open_emはem単位のオープン時の高さ
// 動作：
//   指定された引数で内部構成データ構造（configMap）を更新する。
//   その他の動作は行わない。
// 戻り値　：true
// 例外発行：受け入れられない引数や欠如した引数では
//           JavaScriptエラーオブジェクトとスタックトレース
//
```

チャット構成のAPIができたので、シェルのsetChatAnchorコールバックの仕様に取り組もう。手始めとしては**例4-10**が適している。JavaScriptエンジンは、このドキュメントを使わない。

例4-10　setChatAnchorコールバックのシェルAPI仕様（spa/js/spa.shell.js）

```
// コールバックメソッド/setChatAnchor/開始
// 用例：setChatAnchor( 'closed' );
// 目的：アンカーのチャットコンポーネントを変更する。
// 引数：
//   * position_type－「closed」または「opened」
// 動作：
//   可能ならURIアンカーパラメータ「chat」を要求値に変更する。
// 戻り値：
```

```
//    * true －要求されたアンカー部分が更新された
//    * false－要求されたアンカー部分が更新されなかった
// 例外発行：なし
//
```

これでチャット構成APIとシェルコールバックAPIの設計が完了したので、チャットの初期化に移ろう。

4.3.3　チャット初期化API

機能モジュールを**初期化**するときには、HTMLをレンダリングし、ユーザに機能を提供するように機能モジュールに依頼する。構成とは異なり、ユーザセッション中に機能モジュールが何度も初期化される可能性がある。チャットの場合、引数として1つのjQueryコレクションを送りたい。このjQueryコレクションには1つの要素（チャットスライダーを付加したい要素）が含まれる。**例4-11**に示すようなAPIを設計しよう。JavaScriptエンジンは、このドキュメントを使わない。

例4-11　initModuleのチャットAPI仕様（spa/js/spa.chat.js）

```
// パブリックメソッド/initModule/開始
// 用例：spa.chat.initModule( $('#div_id') );
// 目的：
//    ユーザに機能を提供するようにチャットに指示する
// 引数：
//    * $append_target（例：$('#div_id'))
//    1つのDOMコンテナを表すjQueryコレクション
// 動作：
//    指定されたコンテナにチャットスライダーを付加し、HTMLコンテンツで埋める。
//    そして、要素、イベント、ハンドラを初期化し、ユーザにチャットルームインタフェースを提供する。
// 戻り値：成功時にはtrue。失敗時にはfalse。
// 例外発行：なし
//
```

本章で規定する最後のAPIは、チャットのsetSliderPositionメソッドのAPIである。これはチャットスライダーの開閉に使用する。このAPIには次の節で取り組む。

4.3.4　チャットsetSliderPosition API

シェルがスライダー位置を要求できるようにするパブリックメソッドsetSliderPositionを、チャットで提供することにした。スライダー位置をURIアンカーに結び付けると決めたため、以下のような解決すべき興味深い問題が持ち上がる。

- チャットが必ずしもスライダーを要求された位置に調節できない可能性がある。例えば、ユーザがサインインしていないため、スライダーを開けないと判断する場合がある。setSliderPositionがtrueかfalseを返すようにするので、シェルは要求が成功したかどうかがわかる。
- シェルがsetSliderPositionコールバックを呼び出し、このコールバックが要求を実現できない場合（つまり、falseを返す）、シェルはURIアンカーchatパラメータを要求前の値に戻す必要がある。

例4-12に示すように、上記の要件を満たすAPIを規定しよう。JavaScriptエンジンは、このドキュメントを使わない。

例4-12　setSliderPositionのチャットAPI仕様（spa/js/spa.chat.js）

```
// パブリックメソッド/setSliderPosition/開始
//
// 用例：spa.chat.setSliderPosition( 'closed' );
// 目的：チャットスライダーが要求された状態になるようにする
// 引数：
//   * position_type － enum('closed'、'opened'、または'hidden')
//   * callback －アニメーションの最後のオプションのコールバック。
//     （コールバックは引数としてスライダーDOM要素を受け取る）
// 動作：
//     スライダーが要求に合致している場合は現在の状態のままにする。
//     それ以外の場合はアニメーションを使って要求された状態にする。
// 戻り値：
//   * true －要求された状態を実現した
//   * false －要求された状態を実現していない
// 例外発行：なし
//
```

このAPIを規定したので、コードを記述する準備がほぼ整った。しかし、コードを記述する前に、アプリケーションで構成と初期化がどのような流れになるかを調べよう。

4.3.5　構成と初期化の流れ

上記の構成と初期化は共通のパターンに従う。まず、ブラウザドキュメントのスクリプトタグが**ルート名前空間モジュールspa.js**を構成して初期化する。そして、ルートモジュールがシェルモジュール**spa.shell.js**を構成して初期化する。次に、シェルモジュールが機能モジュール**spa.chat.js**を設定して初期化する。この構成と初期化の流れを図4-11に示す。

```
┌─────────────────────────────────────────────────────────────────────┐
│  ブラウザドキュメント    ルートモジュール      シェル         機能モジュール  │
│   ┌──────────┐  ❶  ┌──────────┐  ❸  ┌──────────┐  ❺  ┌──────────┐  │
│   │ spa.html │ ──→ │  spa.js  │ ──→ │spa.shell.│ ──→ │spa.chat.js│  │
│   │          │ ←── │          │ ←── │    js    │ ←── │           │  │
│   └──────────┘  ❷  └──────────┘  ❹  └──────────┘  ❻  └──────────┘  │
│                                                                     │
│   ❶ ルートモジュールを構成する。                                    │
│   ❷ ルートモジュールを初期化する。                                  │
│                                                                     │
│   ❸ シェルを構成する。                                              │
│   ❹ シェルを初期化する。                                            │
│                                                                     │
│   ❺ 機能モジュールを構成する。                                      │
│   ❻ 機能モジュールを初期化する。                                    │
└─────────────────────────────────────────────────────────────────────┘
```

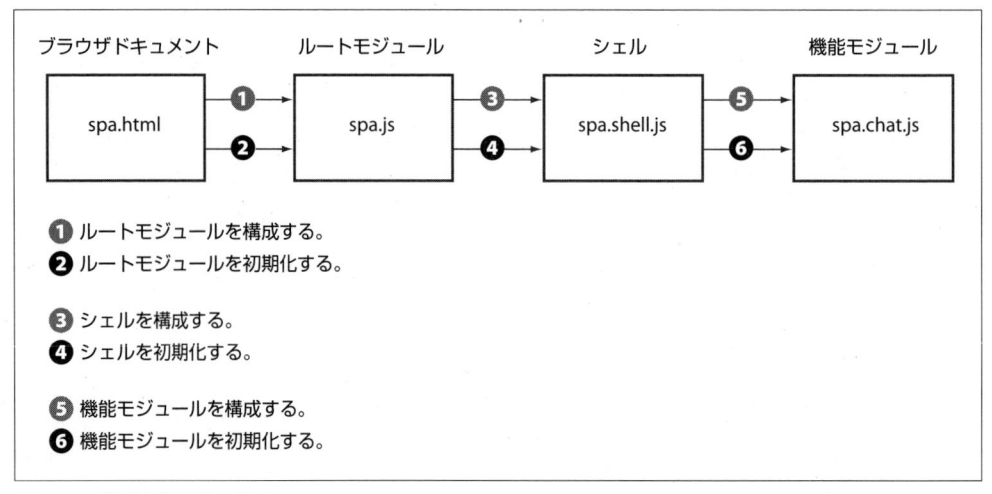

図4-11 構成と初期化の流れ

すべてのモジュールはinitModuleパブリックメソッドを提供する。構成をサポートする必要がある場合のみconfigModuleを提供する。開発の現段階では、チャットだけを設定できる。

ブラウザドキュメント（spa/spa.html）をロードすると、すべてのCSSファイルとJavaScriptファイルをロードする。次に、ページ内のスクリプトが最初のハウスキーピング処理を行ってルート名前空間モジュール（spa/js/spa.js）を初期化し、ページ要素（spa div）を渡して使えるようにする。

```
$(function (){

  // ここでハウスキーピング処理を行う……

  // ルートモジュールを構成する必要があれば、まずspa.configModuleを呼び出す

  spa.initModule( $('#spa' ) );
}());
```

初期化すると、ルート名前空間モジュール（spa/js/spa.js）がルートレベルのハウスキーピング処理を行った後にシェル（spa/js/spa.shell.js）の構成と初期化を行い、ページ要素（$container）を提供して使えるようにする。

```
var initModule = function ( $container ){

  // ここでハウスキーピング処理を行う……

  // シェルを構成する必要があれば、
  // まずspa.shell.configModuleを呼び出す
```

```
    spa.shell.initModule( $container );
  };
```

そして、シェル（spa/js/spa.shell.js）がシェルレベルのハウスキーピング処理を行い、チャット（spa/js/spa.chat.js）などの機能モジュールの構成と初期化を行ってページ要素（jqueryMap.$chat）を提供して使えるようにする。

```
  initModule = function ( $container ) {

    // ここでハウスキーピング処理を行う……

    // 機能モジュールを構成して初期化する
    spa.chat.configModule( {} );
    spa.chat.initModule( jqueryMap.$chat );

    // ...
  };
```

この流れはすべての機能モジュールで同じなので、この流れに満足していることが重要である。例えば、チャット（spa/js/spa.chat.js）の機能を、オンラインユーザリスト（これをロースターと呼ぶ）を処理してそのファイルをspa/js/spa.chat.roster.jsに作成する下位モジュールに分割したいとする。その場合、チャットで spa.chat.roster.configModule メソッドを使ってモジュールを構成し、spa.chat.roster.initModule メソッドで初期化する。チャットはロースターにjQueryコンテナも提供し、そこにユーザのリストを表示する。

構成と初期化の流れをおさらいしたので、設計したAPIにアプリケーションを更新する準備が整った。状況を多少壊すような変更を行うので、実際に取り組んでいる場合にはパニックにならないでほしい。すぐに修正していく。

4.4　機能APIを実装する

この節での主な目的は、定義したAPIの実装である。また、コードを改良していくので、以下のような二次的な目的にも対処したい。

- チャットの構成と実装をそれぞれ独自のモジュールに移行する。シェルが気にかけるべきチャットの機能は、URIアンカー管理だけである。
- チャット機能をもっと**チャット**らしく見えるように改良する。

更新が必要なファイルと変更内容の概要を**例4-13**に示す。

例4-13　API実装で変更するファイル

```
spa
+-- css
|   +-- spa.chat.css   # spa.shell.cssからチャットスタイルを移行して改良する
|   `-- spa.shell.css  # チャットスタイルを削除する
`-- js
    +-- spa.chat.js    # シェルから機能を移行し、APIを実装する
    `-- spa.shell.js   # チャット機能を削除し、
                       # APIでsetSliderPositionコールバックを追加する
```

上記のファイルを上から順に修正していく。

4.4.1　スタイルシート

チャットスタイルシートを独自のスタイルシート（spa/css/spa.chat.css）に移行し、レイアウトを改善したい。地元のCSSレイアウト専門家が、図4-12に示すような素晴らしい案を提示した。

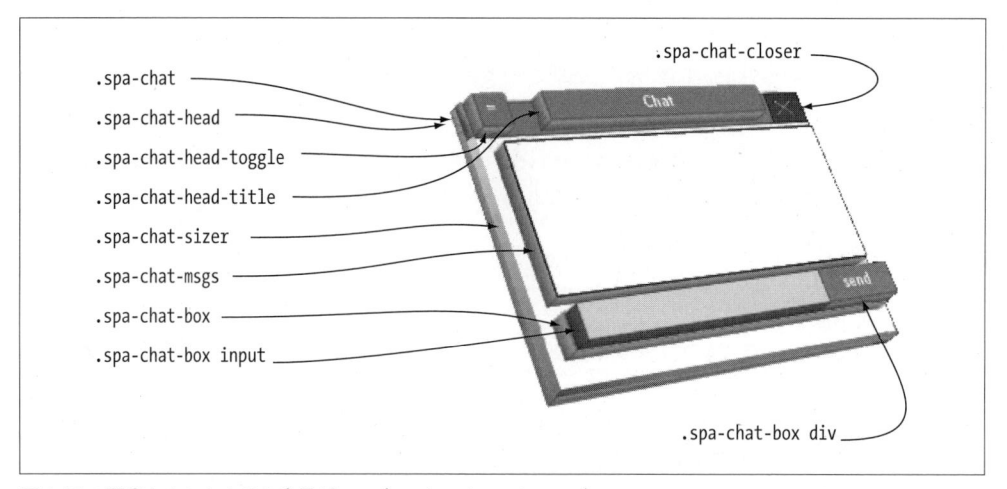

図4-12　要素とセレクタの3次元ビュー（spa/css/spa.chat.css）

CSSにJavaScriptの場合と同様の名前空間を付けたことに着目してほしい。これには以下のような大きなメリットがある。

- すべてのクラス名に一意の接頭辞spa-chatが保証されるので、他のモジュールとの衝突を心配する必要がない。
- サードパーティパッケージとの衝突を大抵避けられる。また、万が一回避できなくても、修正（接頭辞の変更）が簡単である。
- チャットが制御する要素を調べるときに、クラス名が元の機能モジュールspa.chatを指し示し

てくれるので、デバッグに大いに役立つ。
- 何が何を含んでいるか（つまり、制御しているか）を名前が示している。例えば、spa-chat-head-toggleはspa-chat-headに含まれており、spa-chat-headはspa-chatに含まれている。

この方式のほとんどは常套手段である（CSSレイアウト専門家には申し訳ない）。しかし、この作業で特別な点がいくつかある。まず、spa-chat-sizer要素は固定長を持つ必要がある。これにより、スライダーが格納されているときでもチャット領域とメッセージ領域用の空間を提供する。この要素が含まれていないと、スライダーが格納されているときにスライダーコンテンツが「押しつぶされる」。これはユーザを混乱させる。次に、レイアウト専門家は、emやパーセンテージなどの相対尺度を好み、絶対ピクセル数へのすべての参照を削除したいと考えている。これにより、低密度ディスプレイでも高密度ディスプレイでも同等にSPAを表示できる。

ピクセル数と相対単位

多くの場合、HTMLの第一人者はどのサイズのディスプレイでも正しく機能するように、CSSの開発時に相対尺度を使い、px単位の使用を完全に避ける傾向が極端に強い。しかし、このような試みの価値を考え直させる現象に気付いた。ブラウザはピクセルサイズをごまかすのである。

ラップトップ、タブレット、スマートフォンの最新の超高解像度ディスプレイを考えてみよう。これらのデバイスのブラウザでは、ブラウザのpxと利用できる物理的な画面ピクセル数とが直接相関しない。代わりに、ピクセル密度が1インチ当たり96から120ピクセルの従来のデスクトップモニタに近い見え方になるようにpx単位を正規化する。

その結果、スマートフォンブラウザにレンダリングされた10 px四方のボックスは、実際には各側の物理的ピクセルが15または20になる可能性がある。つまり、pxも相対単位になっており、多くの場合、他のすべての単位（%, in, cm, mm, em, ex, pt, pc）と比べて信頼性が高い。さまざまなデバイスの中でもとりわけ、1280×800の全く同じ解像度と同じOSを持つ10.1インチタブレットと7インチタブレットがある。400 px四方のボックスは10.1インチタブレット画面に収まる。しかし、7インチタブレットでは収まらない。なぜだろうか。px単位に使われる物理的なピクセル数が、小さいタブレットの場合の方が大きいからだ。大きいタブレットでのpx単位の倍率は1.5ピクセルで、小さいタブレットでは2ピクセルのようである。

将来はどうなるかわからないが、最近はpx単位を使ってもあまり後ろめたさを感じない。

上記のような案があるため、例4-14に示すような仕様を満たすCSSをspa.chat.cssに追加できる。

例4-14　高度なチャットスタイルの追加（spa/css/spa.chat.css）

```css
/*
 * spa.chat.css
 * チャット機能スタイル
*/

.spa-chat {                              ❶
  position : absolute;
  bottom : 0;
  right : 0;
  width : 25em;
  height : 2em;
  background : #fff;
  border-radius : 0.5em 0 0 0;
  border-style : solid;
  border-width : thin 0 0 thin;
  border-color : #888;
  box-shadow : 0 0 0.75em 0 #888;
  z-index : 1;
}

.spa-chat-head, .spa-chat-closer {       ❷
  position : absolute;
  top : 0;
  height : 2em;
  line-height : 1.8em;
  border-bottom : thin solid #888;
  cursor : pointer;
  background : #888;
  color : white;
  font-family : arial, helvetica, sans-serif;
  font-weight : 800;
  text-align : center;
}

.spa-chat-head {                         ❸
  left : 0;
  right : 2em;
  border-radius : 0.3em 0 0 0;
}

.spa-chat-closer {                       ❹
  right : 0;
  width : 2em;
}
```

❶ チャットスライダーのためのspa-chatクラスを定義する。かすかなドロップシャドウを含める。他のすべてのチャットセレクタと同様に、相対単位に変換している。

❷ spa-chat-headとspa-chat-closerクラスの両方に共通のルールを追加する。このようにすると、DRY（Don't Repeat Yourself：同じことを繰り返さない）原則を活用できる。しかし、この略語を一度使うと、何度も使うことになる。この略語が嫌いである。

❸ spa-chat-headに固有のルールを追加する。このクラスを持つ要素には、spa-chat-head-toggleとspa-chat-head-titleクラス要素が含まれる。

❹ spa-chat-closerクラスを定義し、右上角に小さな[x]を表示する。これはヘッダには含まれない。ヘッダはスライダーを開閉するためのホットスポットにしたく、クローザは機能が異なるからだ。また、ここに派生疑似クラス:hoverを追加し、カーソルが上に来たときにこの要素を強調表示する。

```css
.spa-chat-closer:hover {
  background : #800;
}

.spa-chat-head-toggle { ❺
  position : absolute;
  top : 0;
  left : 0;
  width : 2em;
  bottom : 0;
  border-radius : 0.3em 0 0 0;
}

.spa-chat-head-title { ❻
  position : absolute;
  left : 50%;
  width : 16em;
  margin-left : -8em;
}

.spa-chat-sizer { ❼
  position : absolute;
  top : 2em;
  left : 0;
  right : 0;
}

.spa-chat-msgs { ❽
  position : absolute;
  top : 1em;
  left : 1em;
  right : 1em;
  bottom : 4em;
  padding : 0.5em;
  border : thin solid #888;
  overflow-x : hidden;
  overflow-y : scroll;
}

.spa-chat-box { ❾
  position : absolute;
  height : 2em;
  left : 1em;
  right : 1em;
  bottom : 1em;
  border : thin solid #888;
  background : #888;
```

❺ トグルボタンのための`spa-chat-head-toggle`を作成する。名前が示すように、このスタイルを持つ要素は`spa-chat-head`クラスの要素内に含まれる。

❻ `spa-chat-head-title`クラスを作成する。これも名前が示すように、このスタイルを持つ要素は`spa-chat-head`クラスの要素内に含まれる。標準的な「ネガティブマージン」手法を利用して要素を中央に配置する(詳細はGoogleを参照)。

❼ `spa-chat-sizer`クラスを定義し、スライダーコンテンツを含める固定サイズ要素を提供できるようにする。

❽ チャットメッセージを表示する要素が使う`spa-chat-msgs`クラスを追加する。x軸上へのオーバーフローを隠し、垂直方向のスクロールバーを常に提供する(`overflow-y: auto`も使用できるが、これはスクロールバーが表示されたときにテキストフローがたつく問題を引き起こす)。

❾ 入力フィールドと送信ボタンを含める要素のための`spa-chat-box`クラスを作成する。

```css
  }
  .spa-chat-box input[type=text] {         ❿
    float : left;
    width : 75%;
    height : 100%;
    padding : 0.5em;
    border : 0;
    background : #ddd;
    color : #404040;
  }

    .spa-chat-box input[type=text]:focus {   ⓫
      background : #fff;
    }

  .spa-chat-box div {                      ⓬
    float : left;
    width : 25%;
    height : 2em;
    line-height : 1.9em;
    text-align : center;
    color : #fff;
    font-weight : 800;
    cursor : pointer;
  }

    .spa-chat-box div:hover {              ⓭
      background-color: #444;
      color : #ff0;
    }

  .spa-chat-head:hover .spa-chat-head-toggle {   ⓮
    background : #aaa;
  }
```

> ❿ 「`.spa-chat-box`クラスを持つ要素内のテキスト入力」のスタイルを決めるルールを定義する。これはチャット入力フィールドになる。
> ⓫ 派生疑似クラス`:focus`を作成し、ユーザが入力を選択したときにコントラストが増すようにする。
> ⓬ 「`.spa-chat-box`クラス内の`div`要素」のスタイルを決めるルールを定義する。これは送信ボタンになる。
> ⓭ ユーザが送信ボタンの上にマウスを乗せたときに送信ボタンを強調表示する派生疑似クラス`:hover`を作成する。
> ⓮ `spa-chat-head`クラスの要素の上にカーソルを乗せるたびに`spa-chat-head-toggle`のスタイルを持つ要素を強調表示するセレクタを定義する。

　チャットのスタイルシートができたので、シェルスタイルシート spa/css/spa.shell.cssの以前の定義を削除できる。まず、絶対位置セレクタのリストから`.spa-shell-chat`を削除しよう。この変更は以下のようになるだろう（コメントは削除できる）。

```css
  .spa-shell-head, .spa-shell-head-logo, .spa-shell-head-acct,
  .spa-shell-head-search, .spa-shell-main, .spa-shell-main-nav,
  .spa-shell-main-content, .spa-shell-foot, /* .spa-shell-chat */
  .spa-shell-modal {
    position : absolute;
  }
```

また、spa/css/spa.shell.cssの.spa-shell-chatクラスも削除したい。以下に示すように、削除すべきものが2つある。

```
/* spa/css/spa.shell.cssから以下を削除する
.spa-shell-chat {
  bottom : 0;
  right : 0;
  width : 300px;
  height : 15px;
  cursor : pointer;
  background : red;
  border-radius : 5px 0 0 0;
  z-index : 1;
}
  .spa-shell-chat:hover {
    background : #a00;
  } */
```

最後に、モーダルコンテナを隠し、チャットスライダーの妨げにならないようにしよう。

```
...
.spa-shell-modal {
...
  display: none;
}
...
```

この時点でブラウザドキュメント（spa/spa.html）を開くと、Chromeデベロッパーツールの JavaScriptコンソールにはエラーは表示されないはずだ。しかし、チャットスライダーは見えなくなる。落ち着いて続けてほしい。これは次の節でチャットの変更が終わったら修正する。

4.4.2　チャットを変更する

ここではチャットを変更し、前もって設計したAPIを実装する。以下のような変更を行う。

- より詳細なチャットスライダーのためのHTMLを追加する。
- スライダーの高さや格納時間などの構成を追加できるように構成を拡張する。
- em単位をpx（ピクセル）に変換するgetEmSizeユーティリティを作成する。
- 変更したチャットスライダーの新要素の多くをキャッシュするようにsetJqueryMapを更新する。
- ピクセル単位でスライダーのサイズを設定するsetPxSizesメソッドを追加する。
- APIに合わせたsetSliderPositionパブリックメソッドを実装する。
- URIアンカーを変更してすぐに戻るonClickToggleイベントハンドラを作成する。
- configModuleパブリックメソッドドキュメントをAPIに合致するように更新する。

- `initModule`パブリックメソッドをAPIに合致するように更新する。

例4-15のようにチャットを変更し、上記の変更を実装しよう。以前に設計したAPI仕様をこのファイルにコピーし、実装中の指針として使った。これにより開発が加速し、将来のメンテナンスのための正確なドキュメントを確保した。変更部分はすべて**太字**で示す。

例4-15　API仕様を満たすようにチャットを変更する（spa/js/spa.chat.js）

```
/*
 * spa.chat.js
 * SPAのチャット機能モジュール
 */

/*jslint         browser : true, continue : true,  ❶
  devel  : true, indent  : 2,    maxerr   : 50,
  newcap : true, nomen   : true, plusplus : true,
  regexp : true, sloppy  : true, vars     : false,
  white  : true
*/

/*global $, spa, getComputedStyle */
spa.chat = (function () {
  //--------------- モジュールスコープ変数開始 --------------
  var
    configMap = {
      main_html : String()  ❷
        + '<div class="spa-chat">'
          + '<div class="spa-chat-head">'
            + '<div class="spa-chat-head-toggle">+</div>'
            + '<div class="spa-chat-head-title">'
              + 'Chat'
            + '</div>'
          + '</div>'
          + '<div class="spa-chat-closer">x</div>'
          + '<div class="spa-chat-sizer">'
            + '<div class="spa-chat-msgs"></div>'
            + '<div class="spa-chat-box">'
              + '<input type="text"/>'
              + '<div>send</div>'
            + '</div>'
          + '</div>'
        + '</div>',

      settable_map : {  ❸
        slider_open_time  : true,
        slider_close_time : true,
```

❶ 付録Aの機能モジュールテンプレートを使う。
❷ HTMLテンプレートを使用してチャットスライダーコンテナを埋める。
❸ すべてのチャット構成をこのモジュールに移動する。

```
      slider_opened_em    : true,
      slider_closed_em    : true,
      slider_opened_title : true,
      slider_closed_title : true,

      chat_model       : true,
      people_model     : true,
      set_chat_anchor  : true
    },

    slider_open_time     : 250,
    slider_close_time    : 250,
    slider_opened_em     : 16,
    slider_closed_em     : 2,
    slider_opened_title  : 'Click to close',
    slider_closed_title  : 'Click to open',

    chat_model       : null,
    people_model     : null,
    set_chat_anchor  : null
  },
  stateMap = {
    $append_target   : null,
    position_type    : 'closed',
    px_per_em        : 0,
    slider_hidden_px : 0,
    slider_closed_px : 0,
    slider_opened_px : 0
  },
  jqueryMap = {},

  setJqueryMap, getEmSize, setPxSizes, setSliderPosition,
  onClickToggle, configModule, initModule
  ;

//----------------- モジュールスコープ変数終了 -----------

//----------------- ユーティリティメソッド開始 -----------
getEmSize = function ( elem ) { ❹
  return Number(
    getComputedStyle( elem, '' ).fontSize.match(/\d*\.?\d*/)[0]
  );
};
//----------------- ユーティリティメソッド終了 -----------

//-------------------- DOMメソッド開始 --------------------
// DOMメソッド/setJqueryMap/開始 ❺
```

❹ em表示単位をピクセルに変換するgetEmSizeメソッドを追加するので、jQueryで測定値を使える。

❺ 多くのjQueryコレクションをキャッシュするようにsetJqueryMapを更新する。IDの代わりにクラスを使う方がよい。リファクタリングすることなくページに複数のチャットスライダーを追加できるからだ。

```javascript
setJqueryMap = function () {
var
  $append_target = stateMap.$append_target,
  $slider = $append_target.find( '.spa-chat' );

jqueryMap = {
  $slider : $slider,
  $head   : $slider.find( '.spa-chat-head' ),
  $toggle : $slider.find( '.spa-chat-head-toggle' ),
  $title  : $slider.find( '.spa-chat-head-title' ),
  $sizer  : $slider.find( '.spa-chat-sizer' ),
  $msgs   : $slider.find( '.spa-chat-msgs' ),
  $box    : $slider.find( '.spa-chat-box' ),
  $input  : $slider.find( '.spa-chat-input input[type=text]' ) };
};
// DOMメソッド/setJqueryMap/終了


// DOMメソッド/setPxSizes/開始 ❻
setPxSizes = function () {
  var px_per_em, opened_height_em;
  px_per_em = getEmSize( jqueryMap.$slider.get(0) );

  opened_height_em = configMap.slider_opened_em;

  stateMap.px_per_em = px_per_em;
  stateMap.slider_closed_px = configMap.slider_closed_em * px_per_em;
  stateMap.slider_opened_px = opened_height_em * px_per_em;
  jqueryMap.$sizer.css({
    height : ( opened_height_em - 2 ) * px_per_em
  });
};
// DOMメソッド/setPxSizes/終了


// パブリックメソッド/setSliderPosition/開始 ❼
// 用例：spa.chat.setSliderPosition( 'closed' );
// 目的：チャットスライダーが要求された状態になるようにする
// 引数：
// * position_type － enum('closed'、'opened'、または'hidden')
// * callback －アニメーションの最後のオプションのコールバック。
// このコールバックは単一引数としてスライダー divを表す jQueryコレクションを受け取る。
// 動作：
// このメソッドはスライダーを要求された位置に移動する。
// 要求された位置が現在の位置の場合には、何もせずに trueを返す。
// 戻り値：
// * true －要求された位置に移動した
// * false －要求された位置に移動していない
// 例外発行：なし
```

> ❻ このモジュールが管理する要素のピクセルサイズを計算するsetPxSizeを追加する。
> ❼ 本章で以前に詳しく述べたようにsetSliderPositionを追加する。

```javascript
//
setSliderPosition = function ( position_type, callback ) {
  var
    height_px, animate_time, slider_title, toggle_text;

  // スライダーがすでに要求された位置にある場合はtrueを返す
  if ( stateMap.position_type === position_type ){
    return true;
  }

  // アニメーションパラメータを用意する
  switch ( position_type ){
    case 'opened' :
      height_px = stateMap.slider_opened_px;
      animate_time = configMap.slider_open_time;
      slider_title = configMap.slider_opened_title;
      toggle_text = '=';
    break;

    case 'hidden' :
      height_px = 0;
      animate_time = configMap.slider_open_time;
      slider_title = '';
      toggle_text = '+';
    break;

    case 'closed' :
      height_px = stateMap.slider_closed_px;
      animate_time = configMap.slider_close_time;
      slider_title = configMap.slider_closed_title;
      toggle_text = '+';
    break;
    // 未知のposition_typeに対処する
    default : return false;
  }

  // スライダー位置をアニメーションで変更する
  stateMap.position_type = '';
  jqueryMap.$slider.animate(
    { height : height_px },
    animate_time,
    function () {
      jqueryMap.$toggle.prop( 'title', slider_title );
      jqueryMap.$toggle.text( toggle_text );
      stateMap.position_type = position_type;
      if ( callback ) { callback( jqueryMap.$slider ); }
    }
```

```
    );
    return true;
  };
  // パブリックDOMメソッド/setSliderPosition/終了
  //--------------------- DOMメソッド終了 --------------------

  //------------------ イベントハンドラ開始 ------------------
  onClickToggle = function ( event ){  ❽
    var set_chat_anchor = configMap.set_chat_anchor;
    if ( stateMap.position_type === 'opened' ) {
      set_chat_anchor( 'closed' );
    }
    else if ( stateMap.position_type === 'closed' ){
      set_chat_anchor( 'opened' );
    }return false;
  };
  //------------------- イベントハンドラ終了 -------------------


  //------------------ パブリックメソッド開始 ------------------
  // パブリックメソッド/configModule/開始  ❾
  // 用例：spa.chat.configModule({ slider_open_em : 18 });
  // 目的：初期化前にモジュールを構成する
  // 引数：
  //    * set_chat_anchor－オープンまたはクローズ状態を示すように
  //      URIアンカーを変更するコールバック。このコールバックは要求された状態を
  //      満たせない場合にはfalseを返さなければいけない。
  //    * chat_model－インスタントメッセージングと
  //      やり取りするメソッドを提供するチャットモデルオブジェクト。
  //    * people_model－モデルが保持する人々のリストを管理する
  //      メソッドを提供するピープルモデルオブジェクト。
  //    * slider_*構成。すべてオプションのスカラー。完全なリストはmapConfig.settable_mapを参照。
  //      用例：slider_open_emはem単位のオープン時の高さ
  // 動作：
  //    指定された引数で内部構成データ構造（configMap）を更新する。その他の動作は行わない。
  // 戻り値  : true
  // 例外発行：受け入れられない引数や欠如した引数では
  //          JavaScriptエラーオブジェクトとスタックトレースをスロー
  //
  configModule = function ( input_map ) {
    spa.util.setConfigMap({
      input_map : input_map,
      settable_map : configMap.settable_map,
      config_map : configMap
    });
    return true;
  };
  // パブリックメソッド/configModule/終了
```

❽ URIアンカーを変更してすぐに終了するようにonClickイベントハンドラを更新し、変更への対応はシェルのhashchangeイベントハンドラに任せる。

❾ API仕様を満たすようにconfigModuleメソッドを更新する。構成可能なすべての機能モジュールで実行するので、spa.util.setConfigMapユーティリティを使う。

```
// パブリックメソッド/initModule/開始 ❿
// 用例：spa.chat.initModule( $('#div_id') );
// 目的：ユーザに機能を提供するようにチャットに指示する
// 引数：
//   * $append_target（例：$('#div_id'))
//     1つのDOMコンテナを表すjQueryコレクション
// 動作：
//   指定されたコンテナにチャットスライダーを付加し、HTMLコンテンツで埋める。
//   そして、要素、イベント、ハンドラを初期化し、ユーザにチャットルームインタフェースを提供する。
// 戻り値：成功時にはtrue。失敗時にはfalse。
// 例外発行：なし
//
initModule = function ( $append_target ) {
  $append_target.append( configMap.main_html );
  stateMap.$append_target = $append_target;
  setJqueryMap();
  setPxSizes();

  // チャットスライダーをデフォルトのタイトルと状態で初期化する
  jqueryMap.$toggle.prop( 'title', configMap.slider_closed_title );
  jqueryMap.$head.click( onClickToggle );
  stateMap.position_type = 'closed';

  return true;
};
// パブリックメソッド/initModule/終了

// パブリックメソッドを返す ⓫
return {
  setSliderPosition : setSliderPosition,
  configModule      : configModule,
  initModule        : initModule
};
//------------------ パブリックメソッド終了 --------------------
}());
```

❿ API仕様を満たすようにinitModuleメソッドを更新する。シェルの場合と同様に、一般にこのルーチンは3つの部分からなる。(1) 機能コンテナにHTMLを埋める。(2) jQueryコレクションをキャッシュする。(3)イベントハンドラを初期化する。

⓫ パブリックメソッドconfigModule、initModule、setSliderPositionをきちんとエクスポートする。

この時点でブラウザドキュメント（spa/spa.html）をロードすると、ChromeデベロッパーツールのJavaScriptコンソールにはエラーは表示されないはずだ。チャットスライダーの先頭部分が見えるだろう。しかし、チャットスライダーをクリックすると、コンソールに「set_chat_anchor is not a function」のようなエラーメッセージが表示されるだろう。これは、次の節でシェルを整理するときに修正する。

4.4.3 シェルを整理する

ここではシェルを更新して変更を仕上げる。行いたいことを以下に示す。

- ほとんどのチャットスライダー構成と機能をチャットに移行したので、それらを削除する。
- 要求されたスライダー位置に配置できない場合は有効な位置に戻すように`onHashchange`イベントハンドラを修正する。
- 以前に設計したAPIを満たす`setChatAnchor`メソッドを追加する。
- `initModule`のドキュメントを改良する。
- 以前に設計したAPIを使ってチャットを構成するように`initModule`を更新する。

例4-16に示すようにシェルを修正しよう。以前に開発した新しいAPI仕様をこのファイルに直接格納し、実装中の指針として使っていることに注目してほしい。変更点はすべて**太字**で示している。

例4-16 シェルを整理する（spa/js/spa.shell.js）

```
/*
 * spa.shell.js
 * SPAのシェルモジュール
*/

/*jslint         browser : true, continue : true,
  devel  : true, indent  : 2,    maxerr   : 50,
  newcap : true, nomen   : true, plusplus : true,
  regexp : true, sloppy  : true, vars     : false,
  white  : true
*/
/*global $, spa */

spa.shell = (function () {
  //---------------- モジュールスコープ変数開始 --------------
  var
    configMap = {  ❶
      anchor_schema_map : {
        chat : { opened : true, closed : true }
      },
      main_html : String()
        + '<div class="spa-shell-head">'
          + '<div class="spa-shell-head-logo"></div>'
          + '<div class="spa-shell-head-acct"></div>'
          + '<div class="spa-shell-head-search"></div>'
        + '</div>'
        + '<div class="spa-shell-main">'
          + '<div class="spa-shell-main-nav"></div>'
```

❶ チャットとシェルの両方で一貫して`opened`と`closed`になるようにアンカー状態を変更する。

```
          + '<div class="spa-shell-main-content"></div>'
          + '</div>'
          + '<div class="spa-shell-foot"></div>'
          + '<div class="spa-shell-modal"></div>'    ❷
  },
  stateMap = { anchor_map : {} },
  jqueryMap = {},

  copyAnchorMap,      setJqueryMap,    ❸
  changeAnchorPart,   onHashchange,
  setChatAnchor,      initModule;
//-------------- モジュールスコープ変数終了 -------------

//---------------- ユーティリティメソッド開始 -------------
// 格納したアンカーマップのコピーを返す。オーバーヘッドを最小限にする。  ❹
copyAnchorMap = function () {
  return $.extend( true, {}, stateMap.anchor_map );
};
//----------------- ユーティリティメソッド終了 ------------


//--------------------- DOMメソッド開始 --------------------
// DOMメソッド/setJqueryMap/開始
setJqueryMap = function () {
  var $container = stateMap.$container;
  jqueryMap = { $container : $container };
};
// DOMメソッド/setJqueryMap/終了


// DOMメソッド/changeAnchorPart/開始
// 目的：URIアンカー要素部分を変更する
// 引数：
//   * arg_map－変更したいURIアンカー部分を表すマップ
// 戻り値：
//   * true－URIのアンカー部分が更新された
//   * false－URIのアンカー部分を更新できなかった
// 動作：
//   現在のアンカーをstateMap.anchor_mapに格納する。
//   エンコーディングの説明はuriAnchorを参照。
//   このメソッドは
//     * copyAnchorMap()を使ってこのマップのコピーを作成する。
//     * arg_mapを使ってキーバリューを修正する。
//     * エンコーディングの独立値と従属値の区別を管理する。
//     * uriAnchorを使ってURIの変更を試みる。
//     * 成功時にはtrue、失敗時にはfalseを返す。
//
changeAnchorPart = function ( arg_map ) {
  var
```

❷ チャットスライダーのHTMLと設定を削除する。

❸ モジュールスコープ変数のリストからtoggleChatを削除する。

❹ toggleChatメソッドを削除する。jqueryMapからチャット要素を削除する。

```
      anchor_map_revise = copyAnchorMap(),
      bool_return       = true,
      key_name, key_name_dep;

    // アンカーマップへ変更を統合開始
    KEYVAL:
    for ( key_name in arg_map ) {
      if ( arg_map.hasOwnProperty( key_name ) ) {

        // 反復中に従属キーを飛ばす
        if ( key_name.indexOf( '_' ) === 0 ) { continue KEYVAL; }

        // 独立キー値を更新する
        anchor_map_revise[key_name] = arg_map[key_name];

        // 合致する独立キーを更新する
        key_name_dep = '_' + key_name;
        if ( arg_map[key_name_dep] ) {
          anchor_map_revise[key_name_dep] = arg_map[key_name_dep];
        }
        else {
          delete anchor_map_revise[key_name_dep];
          delete anchor_map_revise['_s' + key_name_dep];
        }
      }
    }
    // アンカーマップへ変更を統合終了

    // URIの更新開始。成功しなければ元に戻す。
    try {
      $.uriAnchor.setAnchor( anchor_map_revise );
    }
    catch ( error ) {
      // URIを既存の状態に置き換える
      $.uriAnchor.setAnchor( stateMap.anchor_map,null,true );
      bool_return = false;
    }
    // URIの更新終了……

    return bool_return;
  };
// DOMメソッド/changeAnchorPart/終了
//-------------------- DOMメソッド終了 ---------------------

//------------------ イベントハンドラ開始 ------------------
// イベントハンドラ/onHashchange/開始
// 目的：hashchangeイベントを処理する
```

```
// 引数 :
//   * event － jQueryイベントオブジェクト
// 設定  :なし
// 戻り値:false
// 動作  :
//   * URIアンカー要素を解析する。
//   * 提示されたアプリケーション状態と現在の状態を比較する。
//   * 提示された状態が既存の状態と異なり、アンカースキーマで
//     許可されている場合のみアプリケーションを調整する
//
onHashchange = function ( event ) {
  var
    _s_chat_previous, _s_chat_proposed, s_chat_proposed,
    anchor_map_proposed,
    is_ok = true,
    anchor_map_previous = copyAnchorMap();

  // アンカーの解析を試みる
  try { anchor_map_proposed = $.uriAnchor.makeAnchorMap(); }
  catch ( error ) {
    $.uriAnchor.setAnchor( anchor_map_previous, null, true );
    return false;
  }
  stateMap.anchor_map = anchor_map_proposed;

  // 便利な変数
  _s_chat_previous = anchor_map_previous._s_chat;
  _s_chat_proposed = anchor_map_proposed._s_chat;

  // 変更されている場合のチャットコンポーネントの調整開始
  if ( ! anchor_map_previous
    || _s_chat_previous !== _s_chat_proposed
  ) {
    s_chat_proposed = anchor_map_proposed.chat;
    switch ( s_chat_proposed ) {
      case 'opened' :
        is_ok = spa.chat.setSliderPosition( 'opened' ); ❺
      break;
      case 'closed' :
        is_ok = spa.chat.setSliderPosition( 'closed' ); ❻
      break;
      default :
        spa.chat.setSliderPosition( 'closed' );
        delete anchor_map_proposed.chat;
        $.uriAnchor.setAnchor( anchor_map_proposed, null, true );
    }
  }
```

❺ チャットパブリックメソッドsetSliderPositionを使う。

❻ 指定された位置がuriAnchor構成で許可されていない場合には、URIアンカーパラメータchatを消去し、デフォルト位置に戻す。これはURIアンカーとして#!chat=fredを入力してテストできる。

```
    // 変更されている場合のチャットコンポーネントの調整終了

    // スライダーの変更が拒否された場合にアンカーを元に戻す処理を開始 ❼
    if ( ! is_ok ){
      if ( anchor_map_previous ){
        $.uriAnchor.setAnchor( anchor_map_previous, null, true );
        stateMap.anchor_map = anchor_map_previous;
      } else {
        delete anchor_map_proposed.chat;
        $.uriAnchor.setAnchor( anchor_map_proposed, null, true );
      }
    }
    // スライダーの変更が拒否された場合にアンカーを元に戻す処理を終了

    return false;
  };
  // イベントハンドラ/onHashchange/終了
  //-------------------- イベントハンドラ終了 -----------------

  //-------------------- コールバック開始 --------------------
  // コールバックメソッド/setChatAnchor/開始 ❽
  // 用例：setChatAnchor( 'closed' );
  // 目的：アンカーのチャットコンポーネントを変更する。
  // 引数：
  //   * position_type－「closed」または「opened」
  // 動作：
  //   可能ならURIアンカーパラメータ「chat」を
  //   要求値に変更する。
  // 戻り値：
  //   * true －要求されたアンカー部分が更新された
  //   * false －要求されたアンカー部分が更新されなかった
  // 例外発行：なし
  //
  setChatAnchor = function ( position_type ){
    return changeAnchorPart({ chat : position_type });
  };
  // コールバックメソッド/setChatAnchor/終了
  //--------------------- コールバック終了 -------------------

  //------------------ パブリックメソッド開始 ----------------
  // パブリックメソッド/initModule/開始
  // 用例：spa.shell.initModule( $('#app_div_id') ); ❾
  // 目的：ユーザに機能を提供するようにチャットに指示する
  // 引数：
  //   * $append_target（例：$('#app_div_id'))
  //     1つのDOMコンテナを表すjQueryコレクション
  // 動作：
```

> ❼ setSliderPositionがfalseを返したとき（つまり、位置の変更要求が拒否された場合）に正しく対処する。以前の位置のアンカー値に戻すか、以前の位置が存在しない場合にはデフォルトを使用する。
>
> ❽ コールバックsetChatAnchorを作成する。これはURI変更を要求する安全な手段としてチャットに提供される。
>
> ❾ initModuleルーチンを文書化する。

```
//     $containerにUIのシェルを含め、機能モジュールを構成して初期化する。
//     シェルはURIアンカーやCookieの管理などのブラウザ全体に及ぶ問題を担当する。
// 戻り値  ：なし
// 例外発行：なし
//
initModule = function ( $container ) {
  // HTMLをロードし、jQueryコレクションをマッピングする
  stateMap.$container = $container;
  $container.html( configMap.main_html );
  setJqueryMap();

  // 我々のスキーマを使うようにuriAnchorを設定する
  $.uriAnchor.configModule({
    schema_map : configMap.anchor_schema_map
  });

  // 機能モジュールを設定して初期化する
  spa.chat.configModule({                ❿
    set_chat_anchor : setChatAnchor,
    chat_model      : spa.model.chat,
    people_model    : spa.model.people
  });
  spa.chat.initModule( jqueryMap.$container );

  // URIアンカー変更イベントを処理する。
  // これはすべての機能モジュールを構成して初期化した後に行う。
  // そうしないと、トリガーイベントを処理できる状態になっていない。
  // トリガーイベントはアンカーがロード状態と見なせることを保証するために使う。
  //
  $(window)
    .bind( 'hashchange', onHashchange )
    .trigger( 'hashchange' );
};
// パブリックメソッド/initModule/終了

return { initModule : initModule };
//------------------ パブリックメソッド終了 --------------------
}());
```

❿ チャットスライダークリックのバインドをチャットの構成と初期化に置き換える。

ブラウザドキュメント（spa/spa.html）を開くと、図4-13のような表示になるだろう。この改良版チャットスライダーの方がはるかに見栄えがよいと思う。まだメッセージは表示しないが、その機能には6章で着手する。

図4-13 見栄えのよいチャットスライダー

このコードはうまく機能しているので、アプリケーションの実行をたどって主な変更点を分析しよう。

4.4.4 実行をたどる

この節では、前の節で行ったアプリケーションへの変更点に焦点を当てる。アプリケーションをどのように構成して初期化するかを調べ、ユーザがチャットスライダーをクリックすると何が起きるかを探る。

ブラウザドキュメント（spa/spa.html）をロードすると、スクリプトはルート名前空間（spa/js/spa.js）を初期化し、ページ要素（#spa div）を渡して使えるようにする。

```
$(function (){ spa.initModule( $('#spa') ); });
```

そして、ルート名前空間モジュール（spa/js/spa.js）がシェル（spa/js/spa.shell.js）を初期化し、ページ要素（$container）を渡して使えるようにする。

```
var initModule = function ( $container ){
  spa.shell.initModule( $container );
};
```

次にシェル（spa/js/spa.shell.js）がチャット（spa/js/spa.chat.js）を構成して初期化する。しかし、今回はどちらの手順も少し異なる。構成は以前に定義したAPIと合致する。set_chat_anchor構成は、以前に作成した仕様に従うコールバックである。

```
...
// 機能モジュールを構成して初期化する
spa.chat.configModule({
  set_chat_anchor : setChatAnchor,
```

```
      chat_model      : spa.model.chat,
      people_model    : spa.model.people
    });
    spa.chat.initModule(jqueryMap.$container);
    ...
```

チャットの初期化も少し異なる。使用するコンテナを提供する代わりに、シェルはチャットがチャットスライダーを**付加**するコンテナを提供する。モジュール作成者を信頼している場合、これは優れた手法である。

```
    ...
    // * set_chat_anchor －オープンまたはクローズ状態を示すように
    //   URIアンカーを変更するメソッド。要求された状態を満たせない場合にはfalseを返す。
    ...
```

ユーザがスライダートグルボタンをクリックすると、チャットはset_chat_anchorコールバックを使ってURIアンカー chatパラメータをopenedまたはclosedに変更するように要求し、戻る。spa/js/spa.shell.jsからわかるように、シェルはhashchangeイベントも処理する。

```
    initModule = function ( $container ){
      ...
      $(window)
        .bind( 'hashchange', onHashchange )
      ...
```

そのため、ユーザがスライダーをクリックすると、シェルがhashchangeイベントを捕捉してonHashchangeイベントハンドラを呼び出す。URIアンカーのチャット要素が変わると、このルーチンはspa.chat.setSliderPositionを呼び出して新しい位置を要求する。

```
    // 変更されている場合のチャットコンポーネントの調整開始
    if ( ! anchor_map_previous
      || _s_chat_previous !== _s_chat_proposed
    ) {
      s_chat_proposed = anchor_map_proposed.chat;
      switch ( s_chat_proposed ) {
        case 'opened' :
          is_ok = spa.chat.setSliderPosition( 'opened' );
        break;
        case 'closed' :
          is_ok = spa.chat.setSliderPosition( 'closed' );
        break;
        ...
      }
    }
    // 変更されている場合のチャットコンポーネントの調整終了
```

位置が有効な場合、スライダーが要求された位置に移動し、URIアンカー chat パラメータを変更する。

ここで行った変更の結果、設計目標を満たした実装が得られる。URIがチャットスライダー状態を制御し、チャットのUIロジックとコードを新しい機能モジュールにすべて移行した。また、スライダーの外観と動作も改善した。次は、多くの機能モジュールに共通して存在するその他のパブリックメソッドを追加しよう。

4.5 頻繁に必要となるメソッドを追加する

機能モジュールで頻繁に必要となり、個別に説明する価値があるパブリックメソッドがいくつかある。1つ目は削除メソッド（removeSlider）で、2つ目はウィンドウリサイズメソッド（handleResize）である。まずは例4-17に示すように、これらのメソッド名をチャットのモジュールスコープ変数セクションの最後で宣言し、モジュールの最後でパブリックメソッドとしてエクスポートしよう。変更点は**太字**で示す。

例4-17　メソッド関数名の宣言（spa/js/spa.chat.js）

```
    ...
      jqueryMap = {},

      setJqueryMap, getEmSize, setPxSizes, setSliderPosition,
      onClickToggle, configModule, initModule,
      removeSlider, handleResize
      ;
    //----------------- モジュールスコープ変数終了 ---------------
    ...

    // パブリックメソッドを返す
    return {
      setSliderPosition : setSliderPosition,
      configModule      : configModule,
      initModule        : initModule,
      removeSlider      : removeSlider,
      handleResize      : handleResize
    };
    //------------------- パブリックメソッド終了 ---------------------
  }());
```

メソッド名を宣言したので、以降の節で実装していく。まずは削除メソッドから取りかかる。

4.5.1 removeSliderメソッド

機能モジュールの多くでremoveメソッドが必要なことに気付く。例えば、認証を実装する場合、ユーザがサインアウトしたらチャットスライダーを完全に削除するとよい。通常は、（removeメソッドが使われていないデータ構造を適切に削除することを前提に）性能改善やセキュリティ向上のためにこのような措置をとる。

本書のメソッドではチャットが付加したDOMコンテナを削除し、初期化と構成をこの順序で**解除**する必要がある。**例4-18**にremoveSliderメソッドのためのコード変更を示す。変更点は**太字**で示す。

例4-18　removeSliderメソッド（spa/js/spa.chat.js）

```
    ...
    // パブリックメソッド/initModule/終了

    // パブリックメソッド/removeSlider/開始
    // 目的：
    //   * DOM要素chatSliderを削除する
    //   * 初期状態に戻す
    //   * コールバックや他のデータへのポインタを削除する
    // 引数      ：なし
    // 戻り値    ：true
    // 例外発行：なし
    //
    removeSlider = function () {
      // 初期化と状態を解除する
      // DOMコンテナを削除する。これはイベントのバインディングも削除する。
      if ( jqueryMap.$slider ) {
        jqueryMap.$slider.remove();
        jqueryMap = {};
      }
      stateMap.$append_target = null;
      stateMap.position_type  = 'closed';

      // 主な構成を解除する
      configMap.chat_model     = null;
      configMap.people_model   = null;
      configMap.set_chat_anchor = null;
      return true;
    };
    // パブリックメソッド/removeSlider/終了

    // パブリックメソッドを返す
    ...
```

removeメソッドを巧妙にしすぎてはいない。要は、以前の構成と初期化を破棄するだけである。注

意してデータポインタを確実に削除する。これでデータ構造への参照カウントを0にでき、ガベージ
コレクションを実行させることができるので重要である。**これがconfigMapとstateMapのキーを常に
モジュールの先頭に列挙した1つの理由である**。このようにすると、何を削除すべきかがわかる。

　Chromeデベロッパーツールの JavaScript コンソールを開いて以下を入力すれば（[Return]を押す
のを忘れないでほしい）、removeSlider メソッドをテストできる。

```
spa.chat.removeSlider();
```

ブラウザウィンドウを調べると、チャットスライダーが削除されているのがわかる。元に戻したけ
れば、JavaScriptコンソールに以下の行を入力する。

```
spa.chat.configModule({ set_chat_anchor: function (){ return true; } });
spa.chat.initModule( $( '#spa') );
```

JavaScriptコンソールで「復元」したチャットスライダーは、set_chat_anchorコールバックにnull
関数を指定しているので完全には機能しない。実際に使用する場合には、必ず必要なコールバックに
アクセスできるシェルからチャットモジュールを再度有効にする。

　このメソッドでは、スライダーを優雅に消すなどさらに多くのことも実行できる。しかし、そ
れは読者の練習に取っておく。次に、機能モジュールで一般的に必要となるもう1つのメソッド
handleResizeを実装しよう。

4.5.2　handleResizeメソッド

　多くの機能モジュールに共通する2つ目のメソッドはhandleResizeである。CSSをうまく使うと、
SPAのほとんどのコンテンツを妥当なサイズのウィンドウ内で動作させることができる。しかし、ほ
とんどが正しく動作せず、再計算が必要な場合もある。まず**例4-19**に示すようなhandleResizeを実
装してから使い方を説明しよう。変更点は**太字**で示す。

例4-19　handleResizeメソッドの追加（spa/js/spa.chat.js）

```
...
    configMap = {
      ...
      slider_opened_em       : 18, ❶
      ...
      slider_opened_min_em : 10, ❷
      window_height_min_em : 20, ❸
      ...
    },
    ...
// DOMメソッド/setPxSizes/開始
setPxSizes = function () {
  var px_per_em, window_height_em, opened_height_em;
```

❶ オープン時のスライダーの高さを少し増やす。
❷ オープン時のスライダーの最小の高さの構成を追加する。
❸ ウィンドウ高さの閾値の構成を追加する。ウィンドウの高さが閾値未満の場合は、スライダーを最小の高さに設定したい。高さが閾値以上の場合は、スライダーを通常の高さに設定したい。

```
      px_per_em = getEmSize( jqueryMap.$slider.get(0) );
      window_height_em = Math.floor(                       ❹
        ( $(window).height() / px_per_em ) + 0.5
      );

      opened_height_em                                     ❺
        = window_height_em > configMap.window_height_min_em
        ? configMap.slider_opened_em
        : configMap.slider_opened_min_em;

      stateMap.px_per_em         = px_per_em;
      stateMap.slider_closed_px = configMap.slider_closed_em * px_per_em;
      stateMap.slider_opened_px = opened_height_em * px_per_em;
      jqueryMap.$sizer.css({
        height : ( opened_height_em - 2 ) * px_per_em
      });
    };
    // DOMメソッド/setPxSizes/終了

    ...

    // パブリックメソッド/handleResize/開始                ❻
    // 目的：
    //   ウィンドウリサイズイベントに対し、必要に応じてこのモジュールが提供する表示を調整する
    // 動作：
    //   ウィンドウの高さや幅が所定の閾値を下回ったら、
    //   縮小したウィンドウサイズに合わせてチャットスライダーのサイズを変更する。
    // 戻り値：ブール値
    //   * false －リサイズを考慮していない
    //   * true  －リサイズを考慮した
    // 例外発行：なし
    //
    handleResize = function () {
      // スライダーコンテナがなければ何もしない
      if ( ! jqueryMap.$slider ) { return false; }

      setPxSizes();                                         ❼
      if ( stateMap.position_type === 'opened' ){           ❽
        jqueryMap.$slider.css({ height : stateMap.slider_opened_px });
      }
      return true;
    };
    // パブリックメソッド/handleResize/終了

    // パブリックメソッドを返す
    ...
```

❹ ウィンドウの高さをem単位で計算する。
❺ これが現在のウィンドウの高さと閾値を比較してスライダーのオープン時の高さを決める「秘伝のコード」。
❻ handleResizeのドキュメントとメソッドを追加する。
❼ handleResizeが呼び出されるたびにピクセルサイズを再計算する。
❽ リサイズ中に拡大された場合に、スライダーの高さをsetPxSizesで計算した値に設定するようにする。

handleResizeイベントがhandleResizeイベント自体を呼び出すことはない。すべての機能モジュールにwindow.resizeを実装したくなるかもしれないが、それは**まずい考え**である。問題は、window.resizeイベントが発行される頻度がブラウザによって大きく異なる点である。例えば、5つの機能モジュールがあり、そのすべてがwindow.resizeイベントハンドラを持ち、ユーザがブラウザのサイズを変更したとしよう。window.resizeイベントは10ミリ秒ごとに発行され、その結果としてグラフィックスの変更が十分に複雑になり、SPA（場合によっては、ブラウザ全体や基盤となるOS）を簡単に破綻させる可能性がある。

もっと優れた方法は、シェルイベントハンドラにリサイズイベントを捕捉させ、下位のすべての機能モジュールのhandleResizeメソッドを呼び出させる方法である。このようにすると、リサイズ処理を調節でき、1つのイベントハンドラから起動できる。**例4-20**に示すように、シェルでこの手法を実装しよう。変更点は**太字**で示す。

例4-20 onResizeイベントハンドラの追加（spa/js/spa.shell.js）

```
...
//---------------- モジュールスコープ変数開始 --------------
var
  configMap = {
    ...
    resize_interval : 200, ❶
    ...
  },
  stateMap = {
    $container   : undefined,
    anchor_map   : {},
    resize_idto  : undefined ❷
  },
  jqueryMap = {},
  copyAnchorMap,      setJqueryMap,
  changeAnchorPart, onHashchange, onResize,
  setChatAnchor,    initModule;
//---------------- モジュールスコープ変数終了 --------------

    ...
//------------------ イベントハンドラ開始 ------------------

    ...
// イベントハンドラ/onResize/開始
onResize = function (){
  if ( stateMap.resize_idto ){ return true; } ❸

  spa.chat.handleResize();
  stateMap.resize_idto = setTimeout( ❹
```

❶ 設定内にリサイズイベントを考慮する200ミリ秒間隔を作成する。

❷ リサイズタイムアウトIDを保持する状態変数を用意する（詳細はこの節の後半を参照）。

❸ 現在リサイズタイマが動作していない場合のみonResizeロジックを実行する。

❹ タイムアウト関数は独自のタイムアウトIDを消去するので、リサイズ中の200ミリ秒ごとにstateMap.resize_idtoが未定義になり、onResizeロジック全体を実行する。

```
            function (){ stateMap.resize_idto = undefined; },
            configMap.resize_interval
        );

        return true;❺
    };
    // イベントハンドラ/onResize/終了
    //-------------------- イベントハンドラ終了 --------------------

    ...

    initModule = function (){
        ...
        $(window)
            .bind( 'resize', onResize ) ❻
            .bind( 'hashchange', onHashchange )
            .trigger( 'hashchange' );
    };
    // パブリックメソッド/initModule/終了
...
```

❺ jQueryがpreventDefault()やstopPropagation()を実行しないようにwindow.resizeイベントハンドラからtrueを返す。
❻ window.resizeイベントをバインドする。

努力の成果をわかりやすくするようにスタイルシートを調整したい。**例4-21**では、spa.cssを調整して最小ウィンドウサイズを小さくして相対単位に変更し、コンテンツの周りの余計な境界線を取り除く。変更点は**太字**で示す。

例4-21　onResizeを際立たせるためのスタイル変更（spa/css/spa.css）

```
...
/** リセット開始 */
  * {
    margin  : 0;
    padding : 0;
    -webkit-box-sizing : border-box;
    -moz-box-sizing    : border-box;
    box-sizing         : border-box;
  }
  h1,h2,h3,h4,h5,h6,p { margin-bottom : 6pt; } ❶
  ol,ul,dl { list-style-position : inside;}
/** リセット終了*/

/** 標準セレクタ開始 */
  body { ❷
    font : 10pt 'Trebuchet MS', Verdana, Helvetica, Arial, sans-serif;
  ...
/** 標準セレクタ終了 */
```

❶ 余白を相対単位（ポイント）に変更する。
❷ フォントサイズを相対単位（ポイント）に変更する。

```css
/** spa名前空間セレクタ開始 */
  #spa {
    position    : absolute; ❸
    top         : 0;
    left        : 0;
    bottom      : 0;
    right       : 0;
    background  : #fff;
    min-height  : 15em; ❹
    min-width   : 35em;
    overflow    : hidden; ❺
  }
/** spa名前空間セレクタ終了 */

/** ユーティリティセレクタ開始 */
...
```

❸ `#spa div`から8ピクセルオフセットを取り除く。これにより、ウィンドウとぴったりと重なる。

❹ `#spa div`の最小幅と最小高さを大幅に減らす。尺度を相対単位（em）に変換する。

❺ もはや必要ないので周辺の境界線を取り除く。

これでブラウザドキュメント（spa/spa.html）を開いてブラウザウィンドウの高さを増減させると、リサイズイベントが機能していることがわかる。図4-14は、閾値に達する前後のスライダーの表示を比較している。

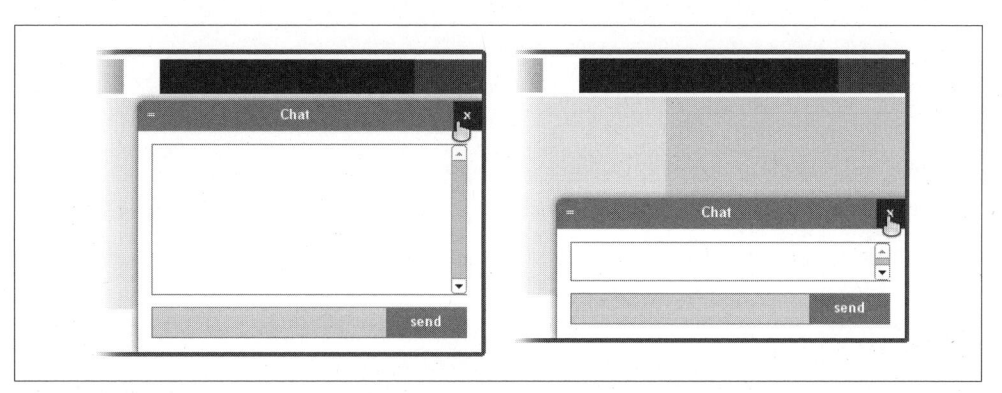

図4-14 閾値前後のチャットスライダーサイズの比較

もちろん、さらに見栄えをよくする余地がまだまだある。スライダーが上端の境界からの最小距離を維持するというのも優れた改善策である。例えば、ウィンドウが閾値より0.5em大きかった場合、スライダーを通常より正確に0.5em短くすることができる。これにより、最適なチャット空間を提供し、リサイズ中の調節が滑らかになり、ユーザエクスペリエンスが向上する。この実装は難しくないので、読者の練習用に残しておく。

4.6 まとめ

　本章では、機能モジュールを採用して、サードパーティモジュールの欠点を排除し優れた面を活用する方法を示した。機能モジュールとは何かを定義してサードパーティモジュールと比較し、本書のアーキテクチャにどのように当てはまるかを説明した。本書のアプリケーション（およびほとんどのWebサイトのアプリケーション）でMVCパターンがどのようにフラクタルに再現されており、これが機能モジュールでどのように現れているかを探った。そして、3章で開発したコードから機能モジュールを作成した。第1弾では、必要なすべてのファイルと基本的な機能を追加した。次に、APIを設計し、第2弾でそのAPIを実装した。最後に、頻繁に必要となる機能モジュールメソッドを追加し、その使い方を詳細に説明した。

　いよいよビジネスロジックをモデルに集中させるときが来た。以降の数章では、モデルを開発し、ユーザ、その他の利用者、チャットのためのビジネスロジックを具体化する方法を示す。脆弱なコールバックに頼る代わりにjQueryイベントを使ってDOM変更を引き起こし、「生の」チャットセッションをシミュレートする。次章からは、SPAを手の込んだデモからほぼ完全なクライアントアプリケーションに変えていく。

5章
モデルの構築

本章で取り上げる内容：
- モデルと、モデルがどのようにアーキテクチャに当てはまるかを定める。
- モデル、データ、フェイクモジュール間の関係。
- モデルのためのファイルを用意する。
- タッチデバイスを有効にする。
- peopleオブジェクトを設計する。
- peopleオブジェクトを生成し、APIをテストする。
- ユーザがサインインとサインアウトをできるようにシェルを更新する。

　本章では、3章と4章で記述したコードを土台とする。4章のプロジェクトファイルに追加していくので、始める前に4章のプロジェクトファイルが必要である。4章で作成したディレクトリ構造全体を新しい「chapter_5」ディレクトリにコピーして、このディレクトリで更新するとよい。

　本章では、モデルのpeopleオブジェクト部分を設計して構築する。モデルは、シェルや機能モジュールにビジネスロジックとデータを提供する。モデルはユーザインタフェース（UI）とは独立しており、ロジックとデータ管理からユーザインタフェースを分離する。モデル自体は、データモジュールを使うことでWebサーバから分離される。

　本書のSPAではpeopleオブジェクトを使用して利用者のリストを管理させたい。このリストには、ユーザ本人に加え、ユーザがチャットしている人々が含まれる。モデルを修正してテストしたら、ユーザがサインインやサインアウトできるようにシェルを更新する。さらに、スマートフォンやタブレットでSPAを使えるようにタッチ制御を追加する。まずは、モデルが何を行い、本書のアーキテクチャにどのように当てはまるかをよく理解することから始めよう。

5.1 モデルを理解する

3章ではシェルモジュールを紹介した。シェルモジュールは、URIアンカー管理やアプリケーションレイアウトなどのアプリケーション全体のタスクを担当する。シェルは、4章で紹介した綿密に分離させた機能モジュールに、機能固有のタスクを発行する。機能モジュールは、シェルと共有する独自のビュー、コントローラ、モデルを持つ。このアーキテクチャの概要を図5-1に示す[*1]。

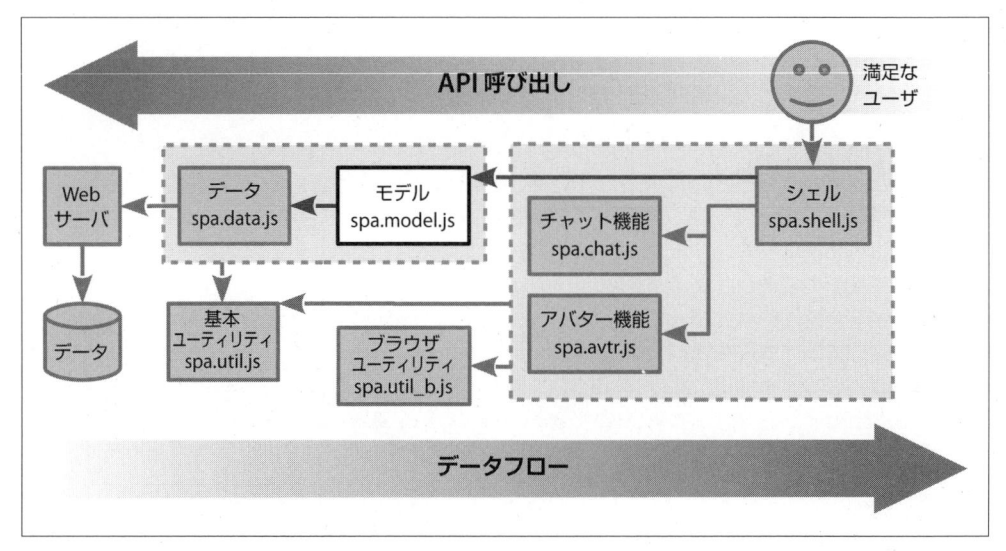

図5-1 SPAアーキテクチャのモデル

モデルは、すべてのビジネスロジックとデータを1つの名前空間に集約する。シェルや機能モジュールはWebサーバと直接やり取りすることは決してなく、代わりにモデルとやり取りする。モデル自体は、データモジュールを使うことでWebサーバから分離されている。この分離は、すぐに後で説明するように迅速な開発と高い品質をもたらす。

本章では、モデルを開発して使う。6章では、この作業を完成させる。この2章で実現するものと、それに対応してモデルに必要な機能を調べてみよう。

5.1.1 何を構築していくか

モデルを説明する前に、サンプルアプリケーションに言及しておこう。図5-2は、6章の終わりまでにSPAに追加する予定の機能を表している。シェルがサインイン処理を管理する。サインインしてい

[*1] 原注：共有ユーティリティを使うモジュールのグループは、点線のボックスで囲んでいる。例えば、チャットモジュール、アバターモジュール、シェルモジュールはすべて「ブラウザユーティリティ」と「基本ユーティリティ」を使うのに対し、データモジュールとモデルモジュールは「基本ユーティリティ」だけを使う。

るユーザが右上に表示される。チャット機能モジュールは、右下に表示されているチャットウィンドウを管理する。そして、**アバター機能モジュール**は左に表示されている人々を表す色付きのボックスを管理する。モジュールごとに必要なビジネスロジックとデータを考えてみよう。

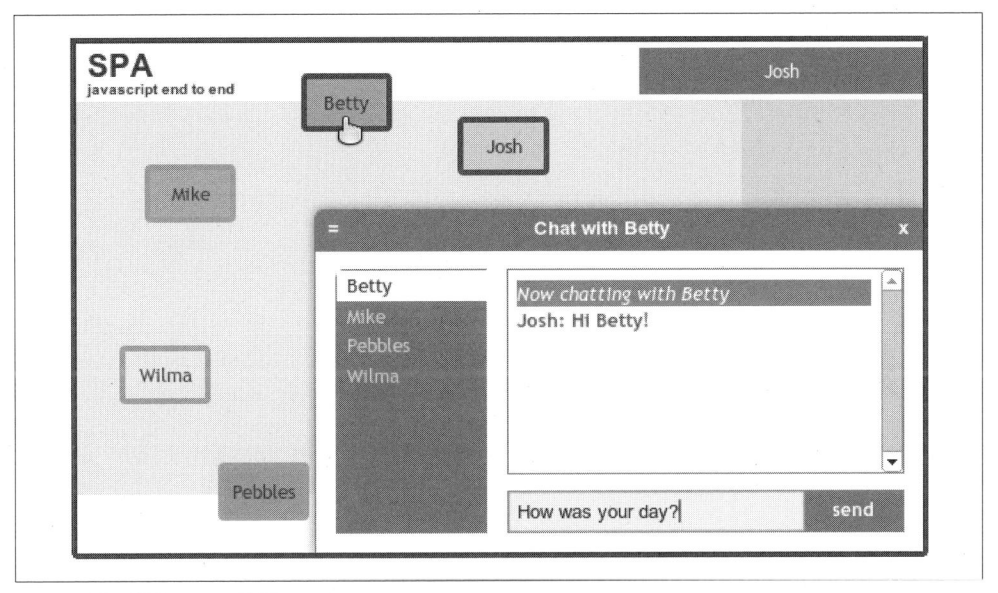

図5-2　近い将来のSPA構想

- シェルでは、サインインとサインアウトの処理を管理するために、現在のユーザの表現が必要である。現在のユーザを判断するメソッドと必要に応じてユーザを変更するメソッドが必要である。
- チャット機能モジュールも、現在のユーザ（この例では「Josh」）を調べ、メッセージを送受信する権限が与えられているかを判断する必要がある。ユーザがチャットしている人がいればその人を特定する必要もある。また、オンラインの人々のリストを問い合わせ、チャットスライダーの左側に表示できるようにする必要がある。最後に、メッセージを送るメソッドとチャットする人を選択するメソッドも必要である。
- アバター機能モジュールも、現在のユーザ（「Josh」）を調べ、アバターの閲覧やアバターとのやり取りの権限が与えられているかどうかを判断する必要がある。また、関連するアバターの輪郭を青で表示できるように現在のユーザIDが必要である。さらに、ユーザがチャットしている人（「Betty」）を特定し、その人のアバターの輪郭を緑で表示する必要がある。最後に、現在オンラインのすべての人々のアバター詳細（色や位置など）の設定や取得を行うメソッドも必要である。

モジュールに必要なビジネスロジックとデータの多くが重複している。例えば、現在のユーザオブジェクトは、シェル、チャット、アバターモジュールで必要となる。また、オンラインユーザのリスト

はチャットとアバターの両方に提供する必要がある。この重複を管理する方法としては、以下のような方式が思い浮かぶ。

- 必要なロジックとデータを、すべての機能モジュールで構築する。
- ロジックとデータの各部分を、異なる機能モジュールで構築する。例えば、チャットがpeopleオブジェクトを所有し、アバターがchatオブジェクトを所有することが考えられる。そして、モジュール間でやり取りして情報を共有する。
- ロジックとデータを集約する中央モデルを構築する。

さまざまなモジュールで並列にデータやメソッドを保持する最初の方法は、驚くほど間違いが起こりやすく、大きな労力を要する。この方式を採用するなら、ハンバーガー店での刺激的なバイトを探した方がマシだ。

2番目の方法の方がうまくいくが、しばらくの間だけである。ロジックとデータの複雑さがある程度のレベルに達すると、モジュール間の依存関係の量が、非常に恐ろしい「SPAゲティ」コードをもたらしてしまう。

経験上、モデルを使う最後の方法が圧倒的に最善の方法であり、一見わからないようなメリットももたらす。適切に記述されたモデルが実行すべきことを調べてみよう。

5.1.2　モデルが実行すること

モデルはこのSPAの中で、シェルとすべての機能モジュールがデータとビジネスロジックにアクセスする場所である。サインインする必要がある場合には、モデルが提供するメソッドを呼び出す。人々のリストが欲しい場合は、モデルから取得する。アバター情報が必要なら……想像できるだろう。機能モジュール間で共有したい（アプリケーションの中心となる）データやロジックは、すべてモデルに入れるべきである。MVC（モデル・ビュー・コントローラ）アーキテクチャに慣れていれば、モデルにも慣れるだろう。

すべてのビジネスロジックとデータにモデルからアクセスするからといって、1つの（巨大になる可能性のある）JavaScriptファイルだけを提供すればよいわけではない。名前空間を使ってモデルを管理しやすい各部分に分割できる。例えば、peopleオブジェクトとchatオブジェクトを持つモデルがある場合、peopleロジックをspa.model.people.jsに、chatロジックをspa.model.chat.jsに配置して、メインのモデルファイルspa.model.jsでそれらを集約できる。このような手法を用いると、モデルで使うファイル数にかかわらず、シェルに提供されるインタフェースは変わらない。

5.1.3　モデルが実行しないこと

モデルはブラウザを必要としない。つまり、モデルはdocumentオブジェクトの存在や、document.locationなどのブラウザ固有のメソッドが利用できることを前提としてはいけない。シェルと（特に）

機能モジュールにモデルデータの表現をレンダリングさせるのが、適切なMVCの活用法である。この分離により、自動の単体テストや回帰テストがかなり簡単になる。ブラウザとのやり取りに足を踏み入れると、実装コストが上がるため自動テストの価値が大幅に減少する。しかし、DOMを回避することで、ブラウザを実行せずにUI以下のすべてをテストできる。

単体テストと回帰テスト

開発チームは、自動テストに投資するタイミングを決めなければいけない。モデルAPIテストの自動化は、それぞれのAPI呼び出しに同じデータを使えるようにテストを分離できるので、大抵有利な投資である。UIテストの自動化は、制御や予測が簡単ではない変数が多いため、かなりコストがかかる。例えば、ユーザがあるボタンから別のボタンをどれほど速くクリックできるかのシミュレーションや、ユーザが関与したときにデータがシステムをどのように伝播するかの予測や、ネットワークの動作速度を知るのは、困難でありコストがかかる可能性がある。このような理由から、Webページのテストは、HTMLバリデータやリンクチェッカーなどのわずかなツールの助けを借りて手動で実行することが多い。

適切に設計されたSPAには、独立したデータ、モデル、機能モジュール（ビュー＋コントローラ）というレイヤーがある。データとモデルが適切に定義されたAPIがあり、機能モジュールから分離されていることを保証するので、これらのレイヤーをテストするのにブラウザを使う必要はない。代わりに、Node.jsやJavaのRhinoなどのJavaScript実行環境を使って自動の単体テストと回帰テストを安価に利用できる。経験上、ビューとコントローラレイヤーはやはり実際の人間が手動でテストするのが最善である。

モデルは汎用ユーティリティを提供しない。その代わりに、DOMを必要としない汎用ユーティリティライブラリ（spa/js/spa.util.js）を使用する。これらのユーティリティは複数のSPAで使用するので、別個にパッケージ化する。一方、多くの場合、モデルは特定のSPAに合わせて構築する。

モデルはサーバと直接やり取りしない。データという別個のモジュールがある。データモジュールは、モデルがサーバから必要とするすべてのデータを取得する役割を持つ。

これで本書のアーキテクチャにおけるモデルの役割がよくわかったので、本章で必要となるファイルを用意しよう。

5.2 モデルとその他のファイルを用意する

モデルの構築をサポートする多数のファイルの追加と修正を行う必要がある。また、アバター機能モジュールファイルもすぐに必要になるので、ここで追加したい。

5.2.1 ファイル構造を考える

4章で作成したディレクトリ構造全体を新しい「chapter_5」ディレクトリにコピーして、このディレクトリで更新できるようにするとよい。**例5-1**に示す4章でのファイル構造をおさらいしよう。

例5-1 4章のファイル構造

```
spa
+-- css
|   +-- spa.chat.css
|   +-- spa.css
|   `-- spa.shell.css
+-- js
|   +-- jq
|   |   +-- jquery-1.9.1.js
|   |   `-- jquery.uriAnchor-1.1.3.js
|   +-- spa.js
|   +-- spa.chat.js
|   +-- spa.model.js
|   +-- spa.shell.js
|   `-- spa.util.js
`-- spa.html
```

予定している修正を以下に示す。

- アバター用の名前空間付きのCSSスタイルシートを**作成する**。
- シェル用の名前空間付きCSSスタイルシートを、ユーザサインインをサポートするように**修正する**。
- 統一されたタッチ入力とマウス入力のためのjQueryプラグインを**含める**。
- グローバルカスタムイベントのためのjQueryプラグインを**含める**。
- ブラウザデータベースのためのJavaScriptライブラリを**含める**。
- 名前空間付きアバターモジュールを**作成する**。これは6章のプレースホルダである。
- 名前空間付きデータモジュールを**作成する**。これはサーバからの「本物」のデータへのインタフェースを提供する。
- 名前空間付きフェイクモジュールを**作成する**。これはテストに使う「偽」のデータへのインタフェースを提供する。

5.2 モデルとその他のファイルを用意する

- 名前空間付きブラウザユーティリティモジュールを**作成**し、ブラウザを必要とする共通ルーチンを共有できるようにする。
- 名前空間付きシェルモジュールで、ユーザサインインをサポートするように**修正する**。
- 新しいCSSとJavaScriptファイルを含めるように、ブラウザドキュメントを**修正する**。

更新したファイルとディレクトリは、**例5-2**のようになるだろう。作成または修正が必要なファイルはすべて**太字**で示す。

例5-2　更新したファイル構造

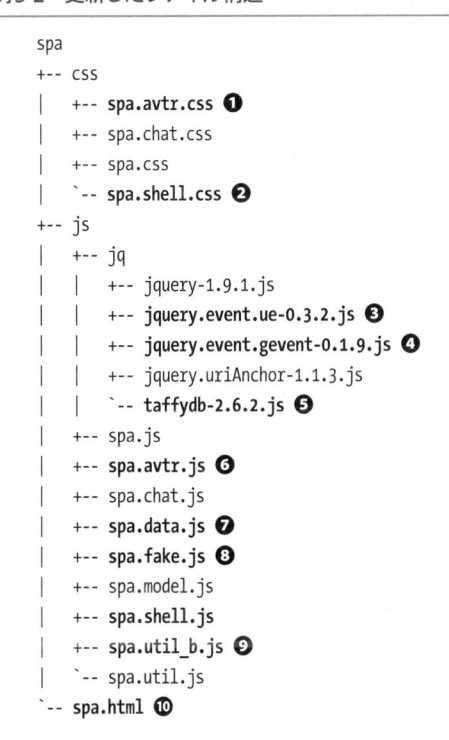

```
spa
+-- css
|   +-- spa.avtr.css  ❶
|   +-- spa.chat.css
|   +-- spa.css
|   `-- spa.shell.css  ❷
+-- js
|   +-- jq
|   |   +-- jquery-1.9.1.js
|   |   +-- jquery.event.ue-0.3.2.js  ❸
|   |   +-- jquery.event.gevent-0.1.9.js  ❹
|   |   +-- jquery.uriAnchor-1.1.3.js
|   |   `-- taffydb-2.6.2.js  ❺
|   +-- spa.js
|   +-- spa.avtr.js  ❻
|   +-- spa.chat.js
|   +-- spa.data.js  ❼
|   +-- spa.fake.js  ❽
|   +-- spa.model.js
|   +-- spa.shell.js
|   +-- spa.util_b.js  ❾
|   `-- spa.util.js
`-- spa.html  ❿
```

❶ アバタースタイルシートを作成する。
❷ サインインのためにシェルスタイルシートを修正する。
❸ 統一されたタッチ入力とマウス入力のためのjQueryプラグインを追加する。
❹ geventプラグインを追加する。これはjQueryグローバルカスタムイベントを使うために必要である。
❺ ブラウザデータベースTaffyDBを追加する。
❻ アバター機能モジュールを作成する。
❼ データモジュールを作成する。
❽ フェイクモジュールを作成する。
❾ ブラウザユーティリティを作成する。
❿ サインインのためにシェルを修正する。

追加または修正したいファイルが特定できたので、信頼できるテキストエディタを起動してやるべきことを行おう。結局、上記に示したとおりの順にファイルを検討するのが最善であることがわかる。実際に試している場合には、本書で示すコードを見ながらファイル構築できる。

5.2.2　ファイルの中身を作成する

最初に検討するファイルはspa/css/spa.avtr.cssである。このファイルを作成し、**例5-3**に示す内容を入れる。これは、最初は**スタブ**になる。

例5-3 アバタースタイルシート（スタブ）（spa/css/spa.avtr.css）

```
/*
 * spa.avtr.css
 * アバター機能スタイル
*/
```

次の3つのファイルはライブラリである。これらを spa/js/jq ディレクトリにダウンロードしよう。

- spa/js/jq/jquery.event.ue-0.3.2.js ファイルは https://github.com/mmikowski/jquery.event.ue で入手できる。これは統一されたタッチ入力とマウス入力を提供する。
- spa/js/jq/jquery.event.gevent-0.1.9.js ファイルは https://github.com/mmikowski/jquery.event.gevent で入手でき、グローバルカスタムイベントを使うために必要である。
- spa/js/jq/taffydb-2.6.2.js ファイルはクライアントデータベースを提供する。これは https://github.com/typicaljoe/taffydb にある。これは jQuery プラグインではなく、もっと大きなプロジェクトを扱っている場合には、別個の spa/js/lib ディレクトリに入れる。

次の3つのJavaScriptファイル（spa/js/spa.avtr.js、spa/js/spa.data.js、spa/js/spa.fake.js）はスタブになる。それぞれの内容を**例5-4**、**5-5**、**5-6**に示す。これらはほとんど同じである。ヘッダの次にJSLintオプションがあり、ファイル名と一致する名前空間宣言が続く。それぞれに固有の部分を**太字**で示す。

例5-4 アバター機能モジュールの作成（spa/js/spa.avtr.js）

```
/*
 * spa.avtr.js
 * アバター機能モジュール
*/
/*jslint         browser : true,  continue : true,
  devel  : true, indent  : 2,     maxerr   : 50,
  newcap : true, nomen   : true,  plusplus : true,
  regexp : true, sloppy  : true,  vars     : false,
  white  : true
*/
/*global $, spa */
spa.avtr = (function () { return {}; }());
```

例5-5 データモジュールの作成（spa/js/spa.data.js）

```
/*
 * spa.data.js
 * データモジュール
```

```
 */
/*jslint         browser : true, continue : true,
  devel  : true, indent  : 2,    maxerr   : 50,
  newcap : true, nomen   : true, plusplus : true,
  regexp : true, sloppy  : true, vars     : false,
  white  : true
*/
/*global $, spa */
spa.data = (function () { return {}; }());
```

例 5-6　フェイクデータモジュールの作成 (spa/js/spa.fake.js)

```
/*
 * spa.fake.js
 * フェイクモジュール
 */

/*jslint         browser : true, continue : true,
  devel  : true, indent  : 2,    maxerr   : 50,
  newcap : true, nomen   : true, plusplus : true,
  regexp : true, sloppy  : true, vars     : false,
  white  : true
*/
/*global $, spa */
spa.fake = (function () { return {}; }());
```

　/*jslint ...*/と/*global ...*/の部分は、JSLintを実行してコードの一般的なエラーを調べるのに使うことを思い出してほしい。/*jslint ...*/の部分は、検証の希望を設定する。例えば、browser : trueは、このJavaScriptをブラウザで実行しているので、（特に）documentオブジェクトがあるとみなすようにJSLintバリデータに指示している。/*global $, spa */の部分は、変数$とspaがこのモジュール外で定義されていることをJSLintバリデータに通知する。この情報がないと、バリデータはこれらの変数が使用前に定義されてないというエラーを表示する。JSLint設定の詳しい説明は付録Aを参照のこと。

　次に、ブラウザユーティリティファイルspa/js/spa.util_b.jsを追加できる。このモジュールは、ブラウザ環境でのみ機能する共通ルーチンを提供する。言い換えると、ブラウザユーティリティは通常はNode.jsとは連係しないのに対し、標準ユーティリティ（spa/js/spa.util.js）は連係する。図5-3に本書のアーキテクチャ内のブラウザユーティリティモジュールを示す。

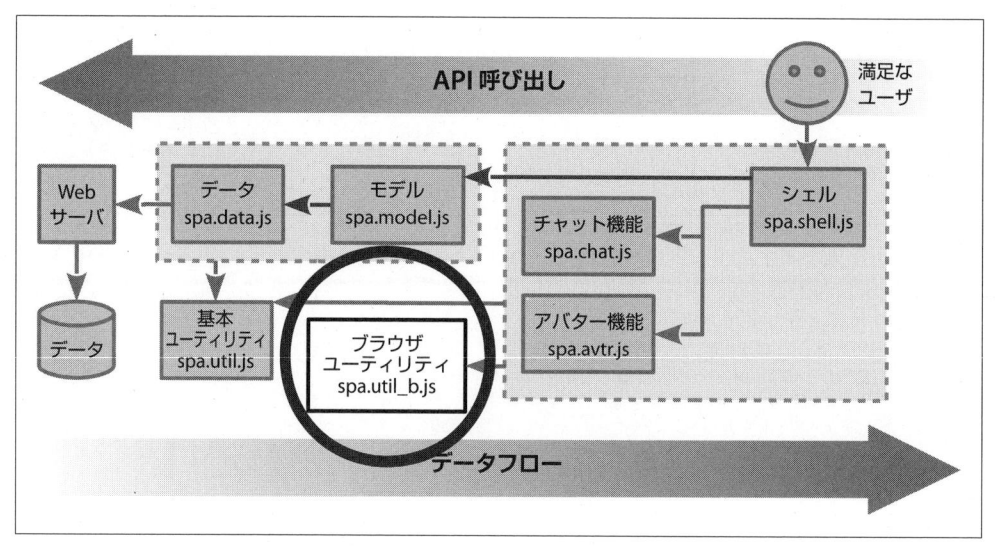

図5-3 ブラウザユーティリティモジュールはブラウザを実行するのに必要なユーティリティを提供する

このブラウザユーティリティはencodeHtmlとdecodeHtmlユーティリティを提供する。当然のことながら、これらのユーティリティを使って&やくなどのHTMLで使用する特殊文字のエンコードやデコードができる[*1]。また、getEmSizeユーティリティも提供し、ブラウザでのem単位のピクセル数を計算できる。このようなユーティリティを共有すると、一貫した実装が保証され、記述すべきコード量も最小になる。テキストエディタを起動し、**例5-7**に示すファイルを作成しよう。これらのメソッドを**太字**で示す。

例5-7 ブラウザユーティリティモジュールの作成（spa/js/spa.util_b.js）

```
/**
 * spa.util_b.js
 * JavaScript ブラウザユーティリティ
 *
 * Michael S. Mikowskiがコンパイル
 * これはWebからひらめきを得て1998年から作成・更新を続けているルーチン。
 * MITライセンス
*/

/*jslint          browser : true, continue : true,
  devel  : true, indent  : 2,    maxerr   : 50,
  newcap : true, nomen   : true, plusplus : true,
  regexp : true, sloppy  : true, vars     : false,
```

[*1] 原注：このメソッドは、ユーザ入力からのデータを表示する際のクロスサイトスクリプティング攻撃を防ぐために重要。

```
      white   : true
*/
/*global $, spa, getComputedStyle */

spa.util_b = (function () {
  'use strict';                                              ❶
  //---------------- モジュールスコープ変数開始 --------------
  var
    configMap = {                                            ❷
      regex_encode_html  : /[&"'><]/g,
      regex_encode_noamp : /["'><]/g,
      html_encode_map : {
        '&' : '&#38;',
        '"' : '&#34;',
        "'" : '&#39;',
        '>' : '&#62;',
        '<' : '&#60;'
      }
    },

    decodeHtml, encodeHtml, getEmSize;

  configMap.encode_noamp_map = $.extend(                     ❸
    {}, configMap.html_encode_map
  );
  delete configMap.encode_noamp_map['&'];                    ❹
  //---------------- モジュールスコープ変数終了 --------------


  //------------------ ユーティリティメソッド開始 ------------------
  // decodeHtml開始 ❺
  // HTMLエンティティをブラウザに適した方法でデコードする
  // http://stackoverflow.com/questions/1912501/\
  //     unescape-html-entities-in-javascriptを参照
  //
  decodeHtml = function ( str ) {
    return $('<div/>').html(str || '').text();
  };
  // decodeHtml終了

  // encodeHtml開始 ❻
  // これはhtmlエンティティのための単一パスエンコーダであり、
  // 任意の数の文字に対応する
  //
  encodeHtml = function ( input_arg_str, exclude_amp ) {
    var
      input_str = String( input_arg_str ),
      regex, lookup_map
```

❶ strictプラグマを使用する（これについてはすぐに取り上げる）。

❷ configMapを使ってモジュール設定を格納する。

❸ エンティティをエンコードするのに使う構成の修正済みコピーを作成する……

❹ ……しかし、アンパサンドを取り除く。

❺ &などのブラウザエンティティを&などの表示文字に変換するdecodeHtmlメソッドを作成する。

❻ &などの特殊文字を&などのHTMLエンコード値に変換するencodeHtmlメソッドを作成する。

```
      ;
      if ( exclude_amp ) {
        lookup_map = configMap.encode_noamp_map;
        regex = configMap.regex_encode_noamp;
      }
      else {
        lookup_map = configMap.html_encode_map;
        regex = configMap.regex_encode_html;
      }
      return input_str.replace(regex,
        function ( match, name ) {
          return lookup_map[ match ] || '';
        }
      );
    };
    // encodeHtml 終了

    // getEmSize 開始 ❼
    // em のサイズをピクセルで返す
    //
    getEmSize = function ( elem ) {
      return Number(
        getComputedStyle( elem, '' ).fontSize.match(/\d*\.?\d*/)[0]
      );
    };
    // getEmSize 終了

    // メソッドのエクスポート
    return { ❽
      decodeHtml : decodeHtml,
      encodeHtml : encodeHtml,
      getEmSize  : getEmSize
    };
    //------------------- パブリックメソッド終了 --------------------
  }());
```

> ❼ em単位のピクセルサイズを計算する getEmSizeメソッドを作成する。
> ❽ すべてのパブリックメソッドをきちんとエクスポートする。

最後に検討すべきファイルはブラウザドキュメントである。**例5-8**に示すように、新しいCSSファイルとJavaScriptファイルをすべて使用するように変更する。4章からの変更点は**太字**で示す。

例5-8　ブラウザドキュメントの更新（spa/spa.html）

```
<!doctype html>
<!--
  spa.html
  spaブラウザドキュメント
-->
```

5.2 モデルとその他のファイルを用意する

```html
<html>
<head>
  <!-- IE9以降のレンダリングで、最新の標準をサポート -->
  <meta http-equiv="Content-Type" content="text/html;
    charset=ISO-8859-1">
  <meta http-equiv="X-UA-Compatible" content="IE=edge"/>
  <title>SPA Chapters 5-6</title> ❶

  <!-- サードパーティスタイルシート -->

  <!-- 本書のスタイルシート -->
  <link rel="stylesheet" href="css/spa.css" type="text/css"/>
  <link rel="stylesheet" href="css/spa.shell.css" type="text/css"/>
  <link rel="stylesheet" href="css/spa.chat.css" type="text/css"/>
  <link rel="stylesheet" href="css/spa.avtr.css" type="text/css"/> ❷

  <!-- サードパーティ javascript -->
  <script src="js/jq/taffydb-2.6.2.js" ></script> ❸
  <script src="js/jq/jquery-1.9.1.js" ></script>
  <script src="js/jq/jquery.uriAnchor-1.1.3.js" ></script>
  <script src="js/jq/jquery.event.gevent-0.1.9.js"></script> ❹
  <script src="js/jq/jquery.event.ue-0.3.2.js" ></script> ❺

  <!-- 本書のjavascript -->
  <script src="js/spa.js" ></script>
  <script src="js/spa.util.js" ></script>
  <script src="js/spa.data.js" ></script> ❻
  <script src="js/spa.fake.js" ></script> ❼
  <script src="js/spa.model.js" ></script>
  <script src="js/spa.util_b.js"></script> ❽
  <script src="js/spa.shell.js" ></script>
  <script src="js/spa.chat.js" ></script>
  <script src="js/spa.avtr.js" ></script> ❾
  <script>
    $(function () { spa.initModule( $('#spa') ); });
  </script>

</head>
<body>
<div id="spa"></div>
</body>
</html>
```

❶ タイトルを変更する。もうカンザスでも4章でもない。
❷ アバタースタイルシートをインクルードする。
❸ クライアント側データベースライブラリをインクルードする。
❹ geventイベントライブラリをインクルードする。これはグローバルカスタムイベントを使用するために必要である。
❺ 統一された入力イベントプラグインをインクルードする。
❻ データモジュールをインクルードする。
❼ フェイクモジュールをインクルードする。
❽ ブラウザユーティリティをインクルードする。
❾ アバター機能モジュールをインクルードする。

これですべての準備が整ったので、SPAへのタッチ制御の追加について説明しよう。

5.2.3　統一されたタッチマウスライブラリ

　現在、スマートフォンとタブレットの世界での販売は従来のラップトップやデスクトップを上回っている。モバイルデバイスの販売は従来のコンピューティングデバイスを上回り続け、SPA対応デバイスの利用割合も増えると予想される。我々のサイトを使いたい潜在的な顧客の大部分は、すぐにタッチデバイスを使うだろう。

　この動向を認識しているので、本章では統一されたタッチマウスインタフェースライブラリ（jquery.event.ue-0.3.2.js）を導入している。このライブラリは完璧ではないが、アプリケーションをタッチインタフェースとポインタインタフェースでシームレスに機能させるための多くの魔法を実行する。このライブラリは、より平凡なイベントに加えて、マルチタッチ、ピンチによるズーム、ドラッグアンドドロップ、長押しに対応している。本章と今後の章でUIを更新するときにこのライブラリの使用法を詳細に説明する。

　変更を適用するためのファイルの準備ができたので、ブラウザドキュメント（spa/spa.html）をロードすると、4章と同じページがエラーなしで表示されるだろう。次にモデルの構築を始めよう。

5.3　peopleオブジェクトを設計する

　この節では、図5-4に示すようなモデルのpeopleオブジェクト部分を構築する。

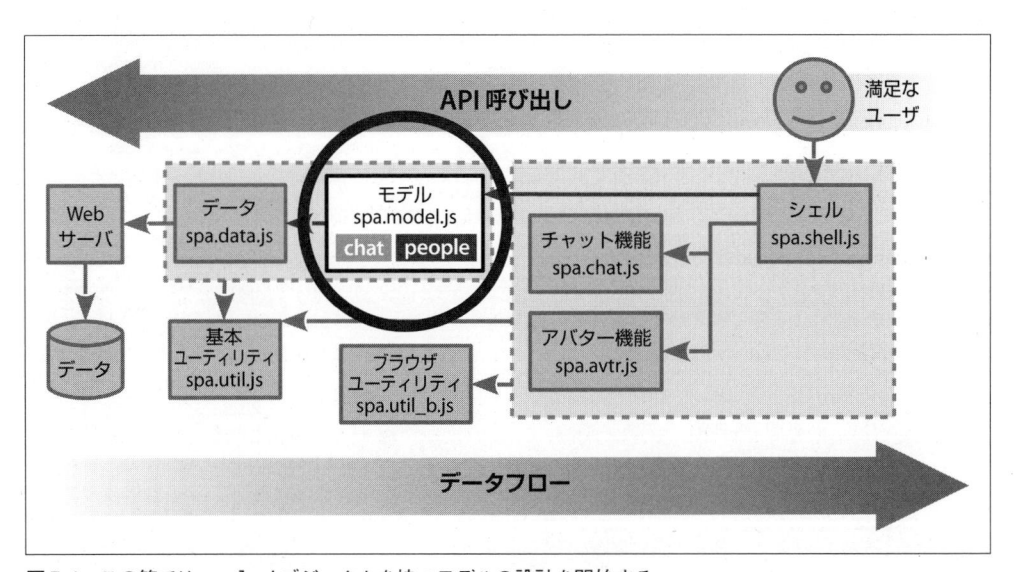

図5-4　この節ではpeopleオブジェクトを持つモデルの設計を開始する

モデルは、chatオブジェクトとpeopleオブジェクトの2つの部分に分かれると考えている。以下は4章で最初に説明した仕様の概要である。

```
...
//   * chat_model－インスタントメッセージングと
//     やり取りするメソッドを提供するチャットモデルオブジェクト。
//   * people_model－モデルが保持する人々のリストとやり取りする
//     メソッドを提供するピープルモデルオブジェクト。
...
```

peopleオブジェクトの説明(「モデルが保持する人々のリストとやり取りするメソッドを提供するオブジェクト」)は第一歩としては適しているが、実装するには詳細が不十分である。リスト内のそれぞれの人を表すのに使うオブジェクトを手始めとして、peopleオブジェクトを設計しよう。

5.3.1　personオブジェクトを設計する

本書ではpeopleオブジェクトが人のリストを管理すべきであると決めた。経験から、人はオブジェクトでうまく表される。そのため、peopleオブジェクトは多数のpersonオブジェクトを管理する。personオブジェクトが持つ必要があると考える最小限のプロパティを以下に示す。

- id：サーバID。バックエンドから送られるすべてのオブジェクトに定義する。
- cid：クライアントID。常に定義すべきであり、通常はIDと同じになる。しかし、クライアントに新しいpersonオブジェクトを作成し、バックエンドがまだ更新されていなければ、サーバIDは未定義になる。
- name：人の名前。
- css_map：表示プロパティのマップ。アバターをサポートするために必要となる。

personオブジェクトのUMLクラス図を**表5-1**に示す。

表5-1　personオブジェクトのUMLクラス図

person	
属性名	属性型
id	string
cid	string
name	string
css_map	map
メソッド名	戻り値の型
get_is_user()	boolean
get_is_anon()	boolean

> **クライアントIDプロパティなしですませる**
>
> 近頃は、クライアントIDに別個のプロパティを使うことはめったにない。その代わりに、1つのIDプロパティを使い、クライアントが生成したIDには一意の接頭辞を適用する。例えば、クライアントIDはx23のようになるのに対し、バックエンドが生成したIDは（特にMongoDBを使用している場合）50a04142c692d1fd18000003のようになる。バックエンドが生成したIDがxから始まることは決してないため、IDが生成された場所が簡単にわかる。アプリケーションロジックのほとんどはIDの生成元を気にする必要がない。IDの生成元が重要になるのは、バックエンドと同期するときだけである。

personオブジェクトが持つべきメソッドを検討する前に、peopleオブジェクトが管理する必要のあるユーザの種類を考えよう。図5-5は、画面のモックアップと人々に関する注記を表している。

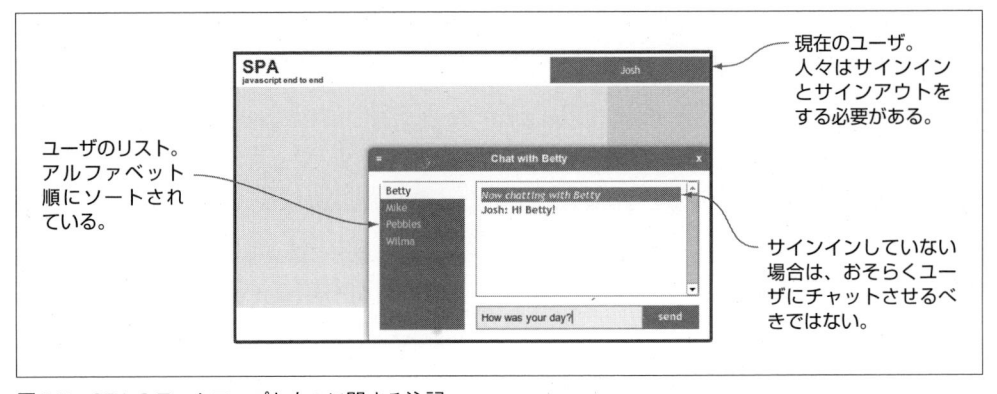

図5-5　SPAのモックアップと人々に関する注記

peopleオブジェクトは4種類の人を識別する必要があると思われる。

1. 現在のユーザ。
2. 匿名のユーザ。
3. ユーザがチャットしている相手。
4. その他のオンラインのユーザ。

現時点では、現在のユーザと匿名のユーザだけに関心がある。オンライン中の人については次の章で検討する。この2種類のユーザを特定するのに役立つメソッドが必要となるだろう。

- get_is_user()：personオブジェクトが現在のユーザである場合にtrueを返す。

- get_is_anon()：personオブジェクトが匿名である場合にtrueを返す。

personオブジェクトの詳細を説明したので、peopleオブジェクトがpersonオブジェクトをどのように管理するかを考えよう。

5.3.2　peopleオブジェクトAPIを設計する

peopleオブジェクトAPIは、メソッドとjQueryグローバルカスタムイベントで構成される。最初にメソッド呼び出しを検討する。

5.3.2.1　peopleメソッド呼び出しを設計する

モデルでは、現在のユーザオブジェクトを常に利用できるようにしたい。ユーザがサインインしていない場合には、そのユーザオブジェクトは**匿名**personオブジェクトにする。もちろん、これはユーザがサインインやサインアウトを行う手段を提供しなければいけないことを意味する。チャットスライダーの左側にある人々のリストは、チャットできるオンラインユーザのリストを保持し、オンラインユーザをアルファベット順に返したいことを示している。このような要件を考えると、メソッドのリストは以下のようになると思われる。

- get_user()：現在のユーザpersonオブジェクトを返す。現在のユーザがサインインしていない場合には、匿名personオブジェクトを返す。
- get_db()：現在のユーザを含むすべてのpersonオブジェクトのリストを取得する。このユーザリストは常にアルファベット順にしたい。
- get_by_cid(\<client_id\>)：一意のクライアントIDに関連するpersonオブジェクトを取得する。personオブジェクトのリストを取得してクライアントIDで検索すれば同じことを実現できるが、専用メソッドはエラーを回避し、最適化の機会を与えるので、この機能が頻繁に使われることが予想できる。
- login(\<user_name\>)：指定のユーザ名のユーザとしてサインインする。サインイン認証は本書の対象範囲外であり、他の書籍などに多くの例があるため、複雑なサインイン認証は回避する。ユーザがサインインしたら、現在のユーザオブジェクトは新しいIDを反映するように変更する。また、現在のユーザオブジェクトをデータとして持つspa-loginというイベントを発行する。
- logout()：現在のユーザオブジェクトを匿名に戻す。以前のユーザオブジェクトをデータとして持つspa-logoutというイベントを発行する。

login()とlogout()の両方のメソッドの説明には、応答の一部としてイベントを発行すると記載している。次の節では、このイベントとは何かについてとこのイベントを使用する理由を説明する。

5.3.2.2 peopleイベントを設計する

イベントは、データを非同期に発行するために使用する。例えば、ユーザリストが変わったら、モデルは更新されたユーザリストを共有するspa-listchangeイベントを発行するとよい[1]。機能モジュールやシェルのこのイベントに関心があるメソッドは、イベントを受け取るようにモデルに登録できる。多くの場合、これは**イベントへの登録**と呼ばれる。spa-listchangeイベントが発生すると、登録メソッドに通知され、モデルが発行するデータを受け取る。例えば、アバターには新しいグラフィカルアバターを追加するメソッドがあり、チャットにはチャットスライダーに表示された人々のリストに追加するメソッドがある。図5-6は、登録した機能モジュールやシェルにどのようにイベントが送信されるかを表している。

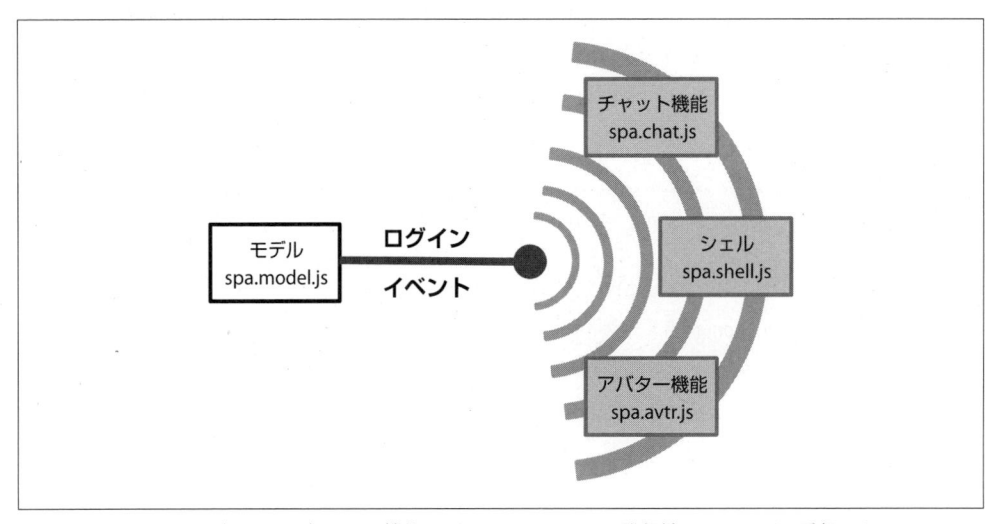

図5-6　イベントはモデルから配信され、機能モジュールやシェルの登録済みメソッドで受信できる

モデルでは、peopleオブジェクトAPIの一部として少なくとも2種類のイベントを発行したい[2]。

- spa-loginは、サインイン処理の完了時に発行する。通常、サイン処理にはバックエンドとのやり取りが必要なので、すぐには発行されない。更新された現在のユーザオブジェクトをイベントデータとして提供する。
- spa-logoutは、サインアウト処理の完了時に発行する。以前のユーザオブジェクトをイベントデータとして提供する。

---

[1] 原注：イベントメカニズムの別名には、プッシュ型通信やpub-sub（パブリッシュ－サブスクライブの略）などがある。
[2] 原注：発行されるすべてのイベント名には、名前空間接頭辞（spa-）を使用する。これによりサードパーティのJavaScriptやライブラリと衝突することがなくなる。

多くの場合、イベントは非同期データを配布するのに望ましい方法である。伝統的なJavaScript実装ではコールバックを使用しているため、コードは混乱しデバッグやモジュール方式の維持が困難となる。イベントにより、モジュールコードの独立性を維持しつつ同じデータを使用できる。このような理由から、モデルから非同期データを配布するときには、断然イベントの方がよい。

すでにjQueryを使っているので、発行メカニズムとしてjQueryグローバルカスタムイベントを使うのが賢明な選択である。この機能を提供するグローバルカスタムイベントプラグインを作成した[*1]。jQueryグローバルカスタムイベントは適切に機能し、その他のjQueryイベントと同じなじみのあるインタフェースを持つ。任意のjQueryコレクションが特定のグローバルカスタムイベントに登録でき、イベント発生時に関数を呼び出せる。多くの場合、イベントは関連するデータを持つ。例えば、spa-loginイベントは新たに更新されたユーザオブジェクトを渡す。ドキュメントから要素を削除すると、その削除された要素に登録された関数は自動的に削除される。例5-9はこの概念の例を表している。ブラウザドキュメント（spa/spa.html）とJavaScriptコンソールを開くとテストできる。

例5-9 jQueryグローバルカスタムイベントの使用

```
$( 'body' ).append( '<div id="spa-chat-list-box"/>' ); ❶

    var $listbox = $( '#spa-chat-list-box' ); ❷
    $listbox.css({
        position: 'absolute', 'z-index' : 3,
        top : 50, left : 50, width : 50, height :50,
        border : '2px solid black', background : '#fff'
    });
    var onListChange = function ( event, update_map ) { ❸
        $( this ).html( update_map.list_text );
        alert( 'onListChange ran' );
    };

    $.gevent.subscribe( ❹
        $listbox,
        'spa-listchange',
        onListChange
    );

    $.gevent.publish( ❺
        'spa-listchange',
        [ { list_text : 'the list is here' } ]
    );
```

❶ ページ本体に`<div>`を付加する。
❷ jQueryコレクション`$listbox`を作成する。これが見えるようにスタイルを決める。
❸ jQueryグローバルカスタムイベントspa-listchangeで使う予定のハンドラを定義する。このメソッドは、引数としてイベントオブジェクトとユーザリスト更新の詳細を示すマップを取る。このハンドラでは、警告ボックスを開き、呼び出し時に検証できるようにする。
❹ jQueryコレクション`$listbox`でspa-listchangeカスタムグローバルイベントにonListChange関数を登録する。spa-listchangeイベントが発生すると、最初の引数としてイベントオブジェクトを持ち、続いてイベントが発行したその他の引数を持つonListChangeが呼び出される。onListChangeの`this`の値は、`$listbox`が使うDOM要素となる。
❺ このイベントにより、jQueryコレクション`$listbox`に登録されたonListChange関数が呼び出される。警告ボックスを表示すべきである。警告ボックスは閉じることができる。

[*1] 原注：バージョン1.9.0以前では、jQueryはこれをネイティブにサポートしていた。もちろん、jQueryは我々の人生をより面白くするためだけに、本書の出版直前にこれを削除した……

```
$listbox.remove();              ❻
$.gevent.publish( 'spa-listchange', [ {} ] );  ❼
```

> ❻ DOMから$listboxコレクション要素を削除すると、登録が有効ではなくなり、onListChangeの登録が削除される。
> ❼ $listboxに結び付けられたonListChangeは呼び出されず、警告ボックスを表示すべきではない。

すでにjQueryイベント処理に慣れていれば、おそらくすべてが古い情報だろうが、よい情報でもある。慣れていなくても、あまり心配しすぎないでほしい。この振る舞いが他のすべてのjQueryイベントと一致していることを喜べばよい。また、これは強力で非常によくテストされており、jQuery内部メソッドと同じコードを活用している。**1つしかイベントを使わないのになぜ2つのイベントメカニズムを学習するのだろうか**。これはjQueryグローバルカスタムイベントを使うことに対する説得力のある根拠である。また、冗長で微妙に異なるイベントメカニズムを導入する「フレームワーク」ライブラリを使うことに対する強い反論でもある。

5.3.3　peopleオブジェクトAPIを文書化する

これまで検討してきたことのすべてを、モデルモジュールに参照用として記述できる比較的簡単なフォーマットにまとめよう。例5-10は、最初の試みとしては優れている。

例5-10　peopleオブジェクトAPI

```
// peopleオブジェクトAPI
// ---------------------
// peopleオブジェクトはspa.model.peopleで利用できる。
// peopleオブジェクトはpersonオブジェクトの集合を管理するためのメソッドと
// イベントを提供する。peopleオブジェクトのパブリックメソッドには以下が含まれる。
//   * get_user()－現在のpersonオブジェクトを返す。
//     現在のユーザがサインインしていない場合には、匿名personオブジェクトを返す。
//   * get_db()－あらかじめソートされたすべてのpersonオブジェクト
//     (現在のユーザを含む)のTaffyDBデータベースを返す。
//   * get_by_cid( <client_id> )－指定された一意のIDを持つpersonオブジェクトを返す。
//   * login( <user_name> )－指定のユーザ名を持つユーザとしてログインする。
//     現在のユーザオブジェクトは新しいIDを反映するように変更される。
//   * logout()－現在のユーザオブジェクトを匿名に戻す。
//
// このオブジェクトが発行するjQueryグローバルイベントには以下が含まれる。
//   * 「spa-login」は、ユーザのログイン処理が完了したときに発行される。
//     更新されたユーザオブジェクトをデータとして提供する。
//   * 「spa-logout」はログアウトの完了時に発行される。
//     以前のユーザオブジェクトをデータとして提供する。
//
// それぞれの人はpersonオブジェクトで表される。
```

```
// personオブジェクトは以下のメソッドを提供する。
//   * get_is_user() －オブジェクトが現在のユーザの場合にtrueを返す。
//   * get_is_anon() －オブジェクトが匿名の場合にtrueを返す。
//
// personオブジェクトの属性には以下が含まれる。
//   * cid－クライアントID文字列。これは常に定義され、
//       クライアントデータがバックエンドと同期していない場合のみid属性と異なる。
//   * id－一意のID。オブジェクトがバックエンドと同期していない場合には未定義になることがある。
//   * name－ユーザの文字列名。
//   * css_map－アバター表現に使う属性のマップ。
//
//
```

peopleオブジェクトの仕様が完成したので、peopleオブジェクトを作成してAPIをテストしよう。その後、シェルでAPIを使うように調整し、ユーザがサインインとサインアウトを実行できるようにする。

5.4 peopleオブジェクトを構築する

peopleオブジェクトを設計したので構築に取りかかれる。フェイクモジュールを使ってモックデータをモデルに提供する。これにより、サーバや機能モジュールを用意しなくても先に進める。フェイクは迅速な開発を可能にする鍵であり、実際に作成するまではフェイクを使うことにする。

アーキテクチャを再検討し、フェイクがどのように開発の改善に役立つかを確認しよう。完全に実装したアーキテクチャを図5-7に示す。

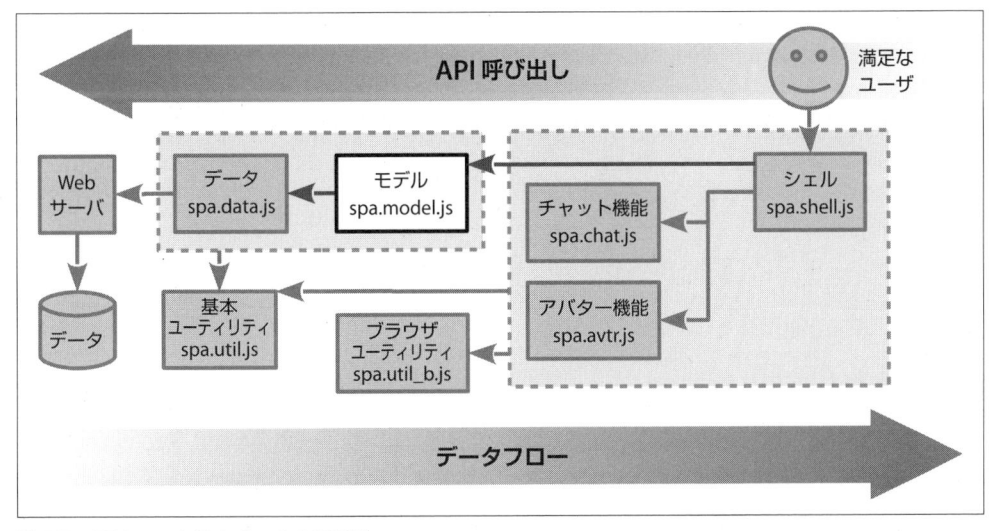

図5-7 SPAアーキテクチャ内のモデル

これは**素晴らしい**が、一気には実現できない。むしろ、WebサーバやUIを必要とせずに開発したい。現段階ではモデルに専念したいので、他のモジュールに気を取られたくない。フェイクモジュールを使ってデータとサーバのやり取りを模倣でき、ブラウザウィンドウの代わりにJavaScriptコンソールでAPIを直接呼び出せる。**図5-8**は、この方法で開発するときに必要なモジュールを示している。

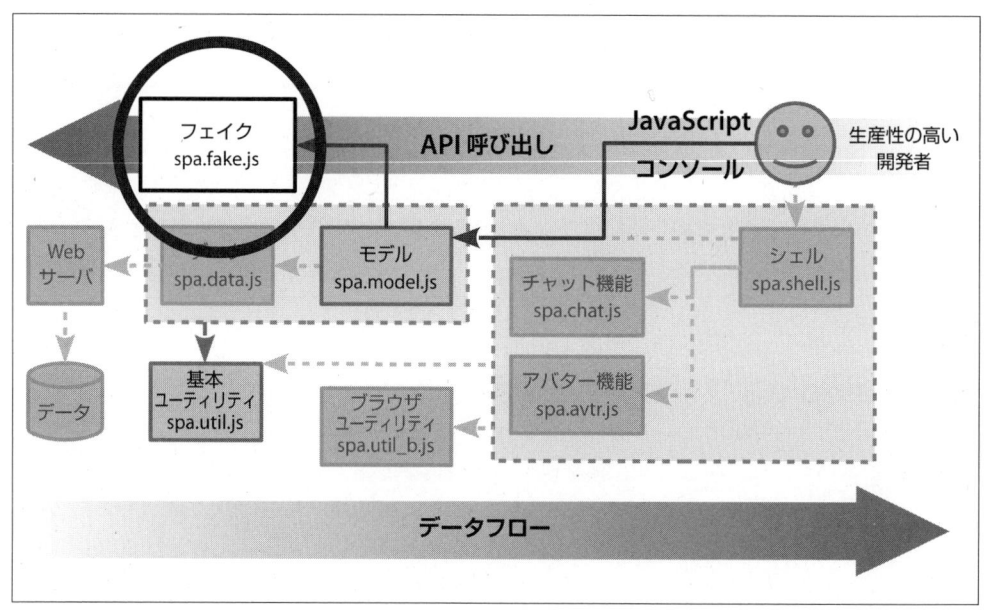

図5-8 開発中にはフェイクというモックデータモジュールを使う

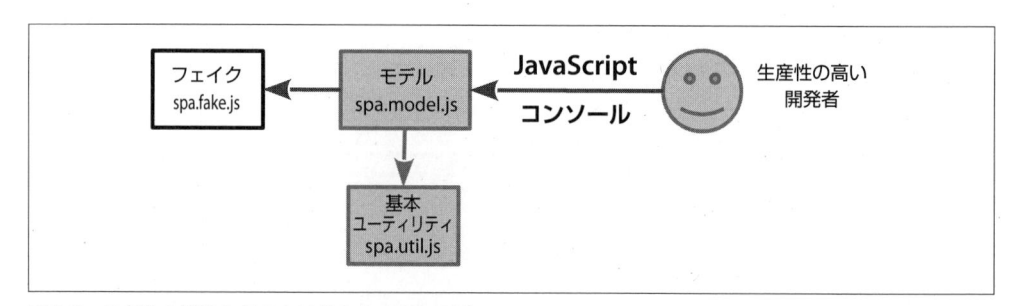

図5-9 モデルの開発とテストに使うすべてのモジュール

図5-9に示すように、使わないコードはすべて取り除き、どのモジュールが残るかを確認しよう。
　フェイクモジュールとJavaScriptコンソールを使うことで、モデルの開発とテストだけに専念できる。これはモデルと同じくらい重要なモジュールで特に有効である。**今後、本章ではフェイクモジュールが「バックエンド」を模倣することを覚えておこう。**開発方式の概要を説明したので、フェイクモ

ジュールに取りかかろう。

5.4.1 偽のユーザリストを作成する

いわゆる「本物」のデータは、通常はWebサーバからブラウザに送られる。しかし、長い仕事の1日で疲れ果て、「本物」のデータを用意するエネルギーがなかったらどうなるだろうか。大丈夫、場合によっては偽物でも問題ない。この節では、データを隠し立てせず正直に偽造する方法を説明する。読者が偽のデータについて知りたいと思っていたが躊躇して尋ねられなかったことを、すべて教えたいと考えている。

開発中には、フェイクというモジュールを使って偽のデータとメソッドをアプリケーションに提供する。モデルにisFakeDataフラグを設定し、「本物」のWebサーバデータやデータモジュールのメソッドの代わりにフェイクモジュールを使うことを通知する。これにより、サーバから独立した迅速で集中的な開発が可能になる。personオブジェクトの振る舞いの概略を適切に示したので、データをかなり簡単に偽造できるだろう。まず、偽のユーザ一覧のデータを返すメソッドを作成したい。テキストエディタを起動し、例5-11に示すようにspa.fake.getPeopleListを作成しよう。

例5-11　偽のユーザリストをフェイクに追加する（spa/js/spa.fake.js）

```
/*
 * spa.fake.js
 * フェイクモジュール
*/

/*jslint          browser : true, continue : true,
  devel  : true, indent  : 2,    maxerr   : 50,
  newcap : true, nomen   : true, plusplus : true,
  regexp : true, sloppy  : true, vars     : false,
  white  : true
*/
/*global $, spa */

spa.fake = (function () {
  'use strict';
  var getPeopleList;

  getPeopleList = function () {
    return [
      { name : 'Betty', _id : 'id_01',
        css_map : { top: 20, left: 20,
          'background-color' : 'rgb( 128, 128, 128)'
        }
      },
      { name : 'Mike', _id : 'id_02',
        css_map : { top: 60, left: 20,
```

```
                'background-color' : 'rgb( 128, 255, 128)'
              }
            },
            { name : 'Pebbles', _id : 'id_03',
              css_map : { top: 100, left: 20,
                'background-color' : 'rgb( 128, 192, 192)'
              }
            },
            { name : 'Wilma', _id : 'id_04',
              css_map : { top: 140, left: 20,
                'background-color' : 'rgb( 192, 128, 128)'
              }
            }
          ];
        };

        return { getPeopleList : getPeopleList };
    }());
```

このモジュールでは、**太字**で示しているように'use strict'プラグマを導入した。大規模JavaScriptプロジェクトに本腰を入れているなら（本腰を入れていることはわかっているが）、**名前空間関数スコープ内**でstrictプラグマの使用を検討するとよい。strictモードでは、JavaScriptは未宣言のグローバル変数を使うなど安全でない動作をしたときに、例外を発行する可能性が高くなる。また、紛らわしい機能や考慮が不十分な機能も無効にする。気をそそられるが、グローバルスコープでstrictプラグマを使ってはいけない。自分ほど正しい知識を持っていない他の劣ったサードパーティ開発者のJavaScriptが動かなくなる可能性があるからだ。この偽のユーザリストをモデルで使用しよう。

5.4.2　peopleオブジェクトを開始する

モデルでpeopleオブジェクトの構築を開始する。（spa.model.initModule()メソッドを使った）初期化時には、まず他のpersonオブジェクトの作成に使ったのと同じmakePersonコンストラクタを使って匿名personオブジェクトを作成する。これにより、コンストラクタが将来変更されても、このオブジェクトが他のpersonオブジェクトと同じメソッドと属性を持つことが保証される。

次に、spa.fake.getPeopleList()が提供する偽のユーザリストを使ってpersonオブジェクトのTaffyDBコレクションを作成する。TaffyDBは、ブラウザで使うために設計されたJavaScriptデータストアである。TaffyDBは、プロパティを照合してオブジェクトの配列を選ぶなど多くのデータベース的な機能を提供する。例えば、people_dbという名前のpersonオブジェクトのTaffyDBコレクションがある場合、以下のようにしてPebblesという名前を持つ人の配列を選択できる。

```
    found_list = people_db({ name : 'Pebbles' }).get();
```

> ### なぜTaffyDBがよいのか
>
> TaffyDBはブラウザに豊富なデータ管理機能を提供することに重点を置いており、それ以外のこと（jQueryと重複する微妙に異なるイベントモデル導入するなど）を行おうとしないため気に入っている。TaffyDBのような集中的で最適なツールを使いたい。何らかの理由で別のデータ管理機能が必要な場合は、アプリケーション全体をリファクタリングしなくても別のツールに交換できる（または独自のツールを記述できる）。この便利なツールに関する詳細なドキュメントは、http://www.taffydb.com を参照してほしい。

最後に、peopleオブジェクトをエクスポートし、APIをテストできるようにする。今回は、personオブジェクトとやり取りする2つのメソッドを提供する。spa.model.people.get_db()はTaffyDBユーザコレクションを返し、spa.model.people.get_cid_map()はキーと同じクライアントIDを持つマップを返す。信頼できるテキストエディタを起動し、**例5-12**に示すようにモデルの作成を始めよう。これは第一弾にすぎないので、すべてを理解しようと思わなくてもよい。

例5-12　モデルの構築を始める（spa/js/spa.model.js）

```
/*
 * spa.model.js
 * モデルモジュール
 */

/*jslint          browser : true, continue : true,
  devel  : true, indent   : 2,    maxerr   : 50,
  newcap : true, nomen    : true, plusplus : true,
  regexp : true, sloppy   : true, vars     : false,
  white  : true
*/
/*global TAFFY, $, spa */

spa.model = (function () {
  'use strict';
  var
    configMap = { anon_id : 'a0' },     ❶
    stateMap = {
      anon_user       : null,           ❷
      people_cid_map  : {},              ❸
      people_db       : TAFFY()          ❹
    },

    isFakeData = true,                  ❺
```

❶ 「匿名」ユーザのための特別なIDを用意する。
❷ 匿名personオブジェクトを格納するanon_userキーを状態マップに用意する。
❸ クライアントIDをキーとしたpersonオブジェクトのマップを格納するpeople_cid_mapキーを状態マップに用意する。
❹ personオブジェクトのTaffyDBコレクションを格納するpeople_dbキーを状態マップに用意する。これは空のコレクションとして初期化する。
❺ isFakeDataをtrueに設定する。このフラグは、データモジュールからの実際のデータの代わりにフェイクモジュールからのサンプルデータ、サンプルオブジェクト、サンプルメソッドを使うようにモデルに指示する。

```
            personProto, makePerson, people, initModule;

personProto = {  ❻
  get_is_user : function () {
    return this.cid === stateMap.user.cid;
  },
  get_is_anon : function () {
    return this.cid === stateMap.anon_user.cid;
  }
};

makePerson = function ( person_map ) {  ❼
  var person,
    cid      = person_map.cid,
    css_map  = person_map.css_map,
    id       = person_map.id,
    name     = person_map.name;

  if ( cid === undefined || ! name ) {
    throw 'client id and name required';
  }

  person           = Object.create( personProto );  ❽
  person.cid       = cid;
  person.name      = name;
  person.css_map   = css_map;

  if ( id ) { person.id = id; }

  stateMap.people_cid_map[ cid ] = person;

  stateMap.people_db.insert( person );
  return person;
};

people = {  ❾
  get_db      : function () { return stateMap.people_db; },  ❿
  get_cid_map : function () { return stateMap.people_cid_map; }  ⓫
};

initModule = function () {
  var i, people_list, person_map;

  // 匿名ユーザを初期化する  ⓬
  stateMap.anon_user = makePerson({
    cid  : configMap.anon_id,
```

❻ personオブジェクトのプロトタイプを作成する。プロトタイプを使うと、通常は必要メモリが減り、オブジェクトの性能が改善する。

❼ personオブジェクトを生成してTaffyDBコレクションに格納するmakePersonメソッドを追加する。また、people_cid_mapのインデックスを必ず更新するようにする。

❽ Object.create(<prototype>)を使ってプロトタイプからオブジェクトを生成し、インスタンス固有のプロパティを追加する。

❾ peopleオブジェクトを定義する。

❿ personオブジェクトのTaffyDBコレクションを返すget_dbメソッドを追加する。

⓫ クライアントIDをキーとしたpersonオブジェクトのマップを返すget_cid_mapメソッドを追加する。

⓬ initModuleで匿名personオブジェクトを生成し、将来の変更にかかわらずpersonオブジェクトと同じメソッドと属性を持つようにする。これは「品質のための設計」の例である。

```
        id   : configMap.anon_id,
        name : 'anonymous'
      });
      stateMap.user = stateMap.anon_user;

      if ( isFakeData ) { ⓬
        people_list = spa.fake.getPeopleList();
        for ( i = 0; i < people_list.length; i++ ) {
          person_map = people_list[ i ];
          makePerson({
            cid     : person_map._id,
            css_map : person_map.css_map,
            id      : person_map._id,
            name    : person_map.name
          });
        }
      }
    };

    return {
      initModule : initModule,
      people     : people
    };
  }());
```

⓬ フェイクモジュールからオンラインユーザのリストを取得し、TaffyDBコレクションpeople_dbに追加する。

もちろん、まだspa.model.initModule()を呼び出していない。例5-13に示すようにルート名前空間モジュールspa/js/spa.jsを更新してこれを修正しよう。

例5-13　ルート名前空間モジュールへのモデル初期化の追加（spa/js/spa.js）

```
...
var spa = (function () {
  'use strict'; ❶
  var initModule = function ( $container ) {
    spa.model.initModule(); ❷
    spa.shell.initModule( $container );
  };

  return { initModule: initModule };
}());
```

❶ use strictプラグマを追加する。
❷ シェルの前にモデルを初期化する。

ブラウザドキュメント（spa/spa.html）をロードして、ページが以前と同様に動作することを確かめよう。同様に動作しないかコンソールにエラーが表示されたら何かを間違えているので、ここまでの手順をたどって調べるべきである。同じように見えるが、水面下ではコードは異なる働きをしている。ChromeデベロッパーツールのJavaScriptコンソールを開き、people APIをテストしよう。例5-14

に示すようにユーザコレクションを取得してTaffyDBのメリットを調べることができる。入力は**太字**、出力は*斜体*で示す。

例5-14　偽のユーザの使用

```javascript
// ユーザコレクションを取得する
var peopleDb = spa.model.people.get_db();  ❶

// すべてのユーザのリストを取得する
var peopleList = peopleDb().get();  ❷

// ユーザのリストを表示する
peopleList;  ❸
>> [ >Object, >Object, >Object, >Object, >Object ]

// リストのすべてのユーザ名を表示する  ❹
peopleDb().each(function(person, idx){console.log(person.name);});
>> anonymous
>> Betty
>> Mike
>> Pebbles
>> Wilma

// 「id_03」のIDを持つユーザを取得する  ❺
var person = peopleDb({ cid : 'id_03' }).first();

// 名前属性を調べる  ❻
person.name;
>> "Pebbles"

// the css_map属性を調べる  ❼
JSON.stringify( person.css_map );
>> "{"top":100,"left":20,"background-color":"rgb( 128, 192, 192)"}"

// 継承されたメソッドを試す
person.get_is_anon();  ❽
>> false

// 匿名ユーザは「a0」のIDを持つはずである  ❾
person = peopleDb({ id : 'a0' }).first();

// 同じメソッドを使用する
person.get_is_anon();  ❿
>> true

person.name;  ⓫
>> "anonymous"
```

❶ personオブジェクトを含むTaffyDBコレクションを取得する。

❷ TaffyDBのget()メソッドを使ってコレクションから配列を抽出する。

❸ ユーザのリストを調べる。>Objectという表示は展開可能である。>記号をクリックするとプロパティを確認できる。

❹ すべてのpersonオブジェクトを反復処理して名前を出力する。TaffyDBコレクションが提供するeachメソッドを使う。このメソッドは引数として関数を取り、その関数は引数としてpersonオブジェクトとインデックス番号を取る。

❺ peopleDb(<match_map>)を使ってTaffyDBコレクションをフィルタリングし、first()メソッドを使って返された配列の最初のオブジェクトを抽出する。

❻ personオブジェクトが期待どおりのnameプロパティを持つことを確認する。

❼ 別のプロパティcss_mapを表示する。

❽ personオブジェクトがget_is_anonメソッドを持ち、正しい結果を返すことを確認する。Pebblesは匿名ユーザではない。

❾ IDで匿名personオブジェクトを取得する。

❿ このpersonオブジェクトがget_is_anonメソッドを持ち、期待どおりに機能することを確認する。

⓫ 匿名personオブジェクトの名前を調べる。

```
// person_cid_mapも調べる……
var personCidMap = spa.model.people.get_cid_map();

personCidMap[ 'a0' ].name; ⑫
>> "anonymous"
```

⑫ クライアントIDでのpersonオブジェクトの取得をテストする。

peopleオブジェクトを完成させる。

5.4.3　peopleオブジェクトを仕上げる

モデルモジュールとフェイクモジュールの両方を更新し、peopleオブジェクトAPIが前述の仕様を満たすようにする必要がある。まず、モデルを更新しよう。

5.4.3.1　モデルを更新する

peopleオブジェクトがuserの概念を完全にサポートするようにしたい。追加する必要のある新しいメソッドを検討しよう。

- login(<user_name>)はサインイン処理を開始する。新しいpersonオブジェクトを生成してユーザリストに追加する必要がある。サインイン処理が完了したら、データとして現在のユーザオブジェクトを持つspa-loginイベントを発行する。
- logout()はログアウト処理を開始する。ユーザがサインアウトしたら、ユーザリストからユーザのpersonオブジェクトを削除する。サインアウト処理が完了したら、データとして以前のユーザオブジェクトを持つspa-logoutイベントを発行する。
- get_user()は現在のユーザpersonオブジェクトを返す。サインインしていない場合、そのユーザオブジェクトは匿名personオブジェクトになる。モジュール状態変数（stateMap.user）を使って現在のユーザpersonオブジェクトを格納する。

上記のメソッドをサポートするためにその他の多くの機能を追加する必要がある。

- Socket.IO接続を使ってフェイクモジュールとのメッセージの送受信を行うので、login(<user_name>)メソッドでモックsioオブジェクトを使用する。
- login(<username>)で新しいpersonオブジェクトを生成するので、makeCid()を使ってサインインしたユーザのクライアントIDを作成する。モジュール状態変数（stateMap.cid_serial）を使ってこのIDの作成に使うシリアル番号を格納する。
- ユーザリストからユーザpersonオブジェクトを削除するので、ユーザを削除するメソッドが必要である。これにはremovePerson(<client_id>)メソッドを使用する。
- サインイン処理は非同期なので（フェイクモジュールがuserupdateメッセージを返したときのみ

完了する)、completeLoginメソッドを使ってサインイン処理を完了する。

例5-15に示すように上記の変更をモデルに加えよう。変更点はすべて**太字**で示す。

例5-15　モデルのpeopleオブジェクトを仕上げる (spa/js/spa.model.js)

```
/*
 * spa.model.js
 * モデルモジュール
 */

/*jslint          browser : true, continue : true,
  devel  : true, indent   : 2,    maxerr   : 50,
  newcap : true, nomen    : true, plusplus : true,
  regexp : true, sloppy   : true, vars     : false,
  white  : true
*/
/*global TAFFY, $, spa */

spa.model = (function () {
  'use strict';
  var
    configMap = { anon_id : 'a0' },
    stateMap = {
      anon_user      : null,
      cid_serial     : 0,
      people_cid_map : {},
      people_db      : TAFFY(),
      user           : null
    },

    isFakeData = true,

    personProto, makeCid, clearPeopleDb, completeLogin,
    makePerson, removePerson, people, initModule;

  // peopleオブジェクトAPI ❶
  // --------------------
  // peopleオブジェクトはspa.model.peopleで利用できる。
  // peopleオブジェクトはpersonオブジェクトの集合を管理するためのメソッドと
  // イベントを提供する。peopleオブジェクトのパブリックメソッドには以下が含まれる。
  //   * get_user()－現在のpersonオブジェクトを返す。
  //     現在のユーザがサインインしていない場合には、匿名personオブジェクトを返す。
  //   * get_db()－あらかじめソートされたすべてのpersonオブジェクト
  //     (現在のユーザを含む)のTaffyDBデータベースを返す。
  //   * get_by_cid( <client_id> )－指定された一意のIDを持つpersonオブジェクトを返す。
  //   * login( <user_name> )－指定のユーザ名を持つユーザとしてログインする。
```

❶ 以前に作成したAPIドキュメントを含める。

```
//      現在のユーザオブジェクトは新しいIDを反映するように変更される。
//      ログインに成功すると「spa-login」グローバルカスタムイベントを発行する。
//   * logout()－現在のユーザオブジェクトを匿名に戻す。
//      このメソッドは「spa-logout」グローバルカスタムイベントを発行する。
//
// このオブジェクトが発行するjQueryグローバルイベントには以下が含まれる。
//   * spa-login－ユーザのログイン処理が完了したときに発行される。
//      更新されたユーザオブジェクトをデータとして提供する。
//   * spa-logout－ログアウトの完了時に発行される。
//      以前のユーザオブジェクトをデータとして提供する。
//
// それぞれの人はpersonオブジェクトで表される。
// personオブジェクトは以下のメソッドを提供する。
//   * get_is_user()－オブジェクトが現在のユーザの場合にtrueを返す。
//   * get_is_anon()－オブジェクトが匿名の場合にtrueを返す。
//
// personオブジェクトの属性には以下が含まれる。
//   * cid－クライアントID文字列。これは常に定義され、
//      クライアントデータがバックエンドと同期していない場合のみid属性と異なる。
//   * id－一意のID。オブジェクトがバックエンドと同期していない場合には未定義になることがある。
//   * name－ユーザの文字列名。
//   * css_map－アバター表現に使う属性のマップ。
//
//
personProto = {
  get_is_user : function () {
    return this.cid === stateMap.user.cid;
  },
  get_is_anon : function () {
    return this.cid === stateMap.anon_user.cid;
  }
};

makeCid = function () {    ❷
  return 'c' + String( stateMap.cid_serial++ );
};

clearPeopleDb = function () {    ❸
  var user = stateMap.user;
  stateMap.people_db      = TAFFY();
  stateMap.people_cid_map = {};
  if ( user ) {
    stateMap.people_db.insert( user );
    stateMap.people_cid_map[ user.cid ] = user;
  }
};
```

❷ クライアントIDジェネレータを追加する。通常、personオブジェクトのクライアントIDはサーバIDと同じ。しかし、クライアントで作成されてバックエンドにまだ保存されていないIDは、サーバIDを持っていない。

❸ 匿名ユーザと、ユーザがサインインしている場合には現在のユーザを除くすべてのpersonオブジェクトを削除するメソッドを追加する。

```javascript
  completeLogin = function ( user_list ) { ❹
    var user_map = user_list[ 0 ];
    delete stateMap.people_cid_map[ user_map.cid ];
    stateMap.user.cid     = user_map._id;
    stateMap.user.id      = user_map._id;
    stateMap.user.css_map = user_map.css_map;
    stateMap.people_cid_map[ user_map._id ] = stateMap.user;

    // チャットを追加するときには、ここで参加すべき
    $.gevent.publish( 'spa-login', [ stateMap.user ] );
  };

  makePerson = function ( person_map ) {
    var person,
      cid     = person_map.cid,
      css_map = person_map.css_map,
      id      = person_map.id,
      name    = person_map.name;

    if ( cid === undefined || ! name ) {
      throw 'client id and name required';
    }

    person          = Object.create( personProto );
    person.cid      = cid;
    person.name     = name;
    person.css_map  = css_map;

    if ( id ) { person.id = id; }

    stateMap.people_cid_map[ cid ] = person;

    stateMap.people_db.insert( person );
    return person;
  };

  removePerson = function ( person ) { ❺
    if ( ! person ) { return false; }
    // 匿名ユーザは削除できない
    if ( person.id === configMap.anon_id ) {
      return false;
    }

    stateMap.people_db({ cid : person.cid }).remove();
    if ( person.cid ) {
      delete stateMap.people_cid_map[ person.cid ];
    }
```

❹ バックエンドがユーザの確認とデータを送信したときに、ユーザサインインを完了するためのメソッドを追加する。このルーチンは、現在のユーザ情報を更新してから、spa-loginイベントを使ってサインインの成功を示す。

❺ ユーザリストからpersonオブジェクトを削除するメソッドを作成する。論理矛盾を避けるためのチェックを加える。例えば、現在のユーザや匿名personオブジェクトは削除しない。

```
    return true;
};

people = (function () {  ❻
  var get_by_cid, get_db, get_user, login, logout;

  get_by_cid = function ( cid ) {  ❼
    return stateMap.people_cid_map[ cid ];
  };

  get_db = function () { return stateMap.people_db; };  ❽

  get_user = function () { return stateMap.user; };  ❾

  login = function ( name ) {  ❿
    var sio = isFakeData ? spa.fake.mockSio : spa.data.getSio();

    stateMap.user = makePerson({
      cid     : makeCid(),
      css_map : {top : 25, left : 25, 'background-color':'#8f8'},
      name    : name
    });

    sio.on( 'userupdate', completeLogin );  ⓫

    sio.emit( 'adduser', {  ⓬
      cid     : stateMap.user.cid,
      css_map : stateMap.user.css_map,
      name    : stateMap.user.name
    });
  };

  logout = function () {  ⓭
    var is_removed, user = stateMap.user;
    // チャットを追加するときには、ここでチャットルームから出るべき

    is_removed     = removePerson( user );
    stateMap.user = stateMap.anon_user;

    $.gevent.publish( 'spa-logout', [ user ] );
    return is_removed;
  };

  return {  ⓮
    get_by_cid : get_by_cid,
    get_db     : get_db,
    get_user   : get_user,
```

❻ peopleクロージャを定義する。これにより、必要なメソッドだけを共有できる。

❼ peopleクロージャでget_by_cidメソッドを定義する。これは実装しやすい便利なメソッドである。

❽ peopleクロージャでget_dbメソッドを定義する。これはpersonオブジェクトのTaffyDBコレクションを返す。

❾ peopleクロージャでget_userメソッドを定義する。これは現在のユーザのpersonオブジェクトを返す。

❿ peopleクロージャでloginメソッドを定義する。ここでは高度な資格情報チェックは行わない。

⓫ バックエンドがuserupdateメッセージを発行したときにサインインを完了するためのコールバックを登録する。

⓬ バックエンドにadduserメッセージとユーザの詳細をすべて送信する。この状況ではユーザの追加とサインインは同じことである。

⓭ peopleクロージャでlogoutメソッドを定義する。これはspa-logoutイベントを発行する。

⓮ すべてのパブリックpeopleメソッドをきちんとエクスポートする。

```
      login    : login,
      logout   : logout
    };
  }());

  initModule = function () {
    var i, people_list, person_map;

    // 匿名ユーザを初期化する
    stateMap.anon_user = makePerson({
      cid  : configMap.anon_id,
      id   : configMap.anon_id,
      name : 'anonymous'
    });
    stateMap.user = stateMap.anon_user;

    if ( isFakeData ) {
      people_list = spa.fake.getPeopleList();
      for ( i = 0; i < people_list.length; i++ ) {
        person_map = people_list[ i ];
        makePerson({
          cid     : person_map._id,
          css_map : person_map.css_map,
          id      : person_map._id,
          name    : person_map.name
        });
      }
    }
  };
  return {
    initModule : initModule,
    people     : people
  };
}());
```

これでモデルを更新したので、フェイクモジュールに進める。

5.4.3.2　フェイクモジュールを更新する

モックSocket.IO接続オブジェクトsioを提供するようにフェイクモジュールを更新する必要がある。このオブジェクトでは、サインインとサインアウトに必要な機能を模倣したい。

- モックsioオブジェクトは、メッセージのためのコールバックを登録する機能を提供する必要がある。サインインとサインアウトをテストする1つのメッセージuserupdateのためのコールバックをサポートするだけでよい。モデルでは、このメッセージのためのcompleteLoginメソッドを

登録する。
- ユーザがサインインすると、モックsioオブジェクトはモデルからadduserメッセージと引数としてユーザデータのマップを受信する。3秒間待機してからuserupdateコールバックを実行することでサーバ応答を模倣する。この応答を意図的に遅らせるので、サインイン処理での競合状態を見つけられる。
- 現在はモデルでサインアウトに対応しているので、モックsioオブジェクトではまだサインアウトを気にする必要はない。

例5-16に示すように上記の変更をモデルに加えよう。変更点はすべて**太字**で示す。

例5-16　遅延を伴うモックソケットオブジェクトをフェイクに追加する（spa/js/spa.fake.js）

```
...

spa.fake = (function () {
  'use strict';
  var getPeopleList, fakeIdSerial, makeFakeId, mockSio;  ❶

  fakeIdSerial = 5;  ❷

  makeFakeId = function () {  ❸
    return 'id_' + String( fakeIdSerial++ );
  };

  getPeopleList = function () {
    return [
      { name : 'Betty', _id : 'id_01',
        css_map : { top: 20, left: 20,
          'background-color' : 'rgb( 128, 128, 128)'
        }
      },
      { name : 'Mike', _id : 'id_02',
        css_map : { top: 60, left: 20,
          'background-color' : 'rgb( 128, 255, 128)'
        }
      },
      { name : 'Pebbles', _id : 'id_03',
        css_map : { top: 100, left: 20,
          'background-color' : 'rgb( 128, 192, 192)'
        }
      },
      { name : 'Wilma', _id : 'id_04',
        css_map : { top: 140, left: 20,
          'background-color' : 'rgb( 192, 128, 128)'
        }
      }
```

❶ 新しいモジュールスコープ変数を追加する。
❷ モックサーバID文字列を作成するメソッドを追加する。
❸ モックサーバIDシリアル番号カウンタを追加する。

```
          }
        ];
      };

      mockSio = (function () {  ❹
        var on_sio, emit_sio, callback_map = {};

        on_sio = function ( msg_type, callback ) {  ❺
          callback_map[ msg_type ] = callback;
        };

        emit_sio = function ( msg_type, data ) {  ❻

          // 3秒間の遅延後に「userupdate」コールバックで
          // 「adduser」イベントに応答する
          //
          if ( msg_type === 'adduser' && callback_map.userupdate ) {
            setTimeout( function () {
              callback_map.userupdate(
                [{ _id     : makeFakeId(),
                   name    : data.name,
                   css_map : data.css_map
                }]
              );
            }, 3000 );
          }
        };

        return { emit : emit_sio, on : on_sio };  ❼
      }());

      return {
        getPeopleList : getPeopleList,
        mockSio : mockSio  ❽
      };
    }());
```

> ❹ mockSioオブジェクトクロージャを定義する。これはonとemitの2つのパブリックメソッドを持つ。
> ❺ mockSioクロージャのon_sioメソッドを作成する。このメソッドは各メッセージ型のコールバックを登録する。例えば、on_sio('updateuser,' onUpdateuser);は、メッセージ型updateuserのコールバックとしてonUpdateuserを登録する。このコールバックは引数としてメッセージデータを取る。
> ❻ mockSioクロージャのemit_sioメソッドを作成する。このメソッドは、サーバへのメッセージの送信を模倣する。この第一弾では、メッセージ型adduserだけに対処する。受信すると、3秒間待機してネットワーク遅延をシミュレートしてからupdateuserコールバックを呼び出す。
> ❼ モックmockSioオブジェクトのパブリックメソッドをエクスポートする。onとしてon_sio、emitとしてemit_sioをエクスポートするので、本物のSocket.IOオブジェクトを模倣できる。
> ❽ パブリックフェイクAPIにmockSioオブジェクトを追加する。

　これでモデルとフェイクの更新が完了したので、サインインとサインアウトをテストできる。

5.4.4　peopleオブジェクトAPIをテストする

　思惑どおり、モデルを分離したためにサーバやUIの準備に時間や費用を費やすことなくサインインとサインアウト処理をテストできる。テスト結果がインタフェースやデータのバグで歪められることがなく、既知のデータセットをテストしているので、これは費用の節約以上に品質の向上を保証する。また、この方法では他の開発グループがコンポーネントを完成させなくても先に進める。

ブラウザドキュメント（spa/spa.html）をロードしてアプリケーションが以前と同様に動作することを確かめよう。そして、JavaScriptコンソールを開き、**例5-17**に示すようにlogin、logout、その他のメソッドをテストできる。入力は**太字**、出力は*斜体*で示す。

例5-17 JavaScriptコンソールを使ったサインインとサインアウトのテスト

```
// jQueryコレクションを作成する
$t = $('<div/>'); ❶

// $tでグローバルカスタムイベントにテスト関数を登録する
$.gevent.subscribe( $t, 'spa-login', function () { ❷
  console.log( 'Hello!', arguments ); });

$.gevent.subscribe( $t, 'spa-logout', function () { ❸
  console.log('!Goodbye', arguments ); });

// 現在のユーザオブジェクトを取得する
var currentUser = spa.model.people.get_user();

// 匿名であることを確認する ❹
currentUser.get_is_anon();
>> true

// peopleコレクションを取得する
var peopleDb = spa.model.people.get_db();

// リスト内の全員の名前を表示する ❺
peopleDb().each(function(person, idx){console.log(person.name);});
>> anonymous
>> Betty
>> Mike
>> Pebbles
>> Wilma

// 「Alfred」でサインインする。3秒以内に現在のユーザを取得する。
spa.model.people.login( 'Alfred' ); ❻
currentUser = spa.model.people.get_user();

// 現在のユーザが匿名ではなくなっていることを確認する
currentUser.get_is_anon(); ❼
>> false

// 現在のユーザIDとcidを調べる
currentUser.id; ❽
>> undefined
```

❶ ブラウザドキュメントに添付されていないjQueryコレクション（$t）を作成する。これをイベントのテストに使う。

❷ jQueryコレクション$tで「Hello!」と引数のリストをコンソールに出力する関数をspa-loginイベントに登録する。

❸ jQueryコレクション$tで「!Goodbye」と引数のリストをコンソールに出力する関数をspa-logoutイベントに登録する。

❹ ユーザオブジェクトが匿名personオブジェクトであることを確認する。

❺ ユーザリストが期待どおりであることを確認する。

❻ Alfredでログインする。

❼ ユーザオブジェクトが匿名personオブジェクトではなくなっていることを確認する。バックエンドがまだ応答していなくても、ユーザは設定されているのでget_is_anon()はfalseを返す。

❽ ユーザオブジェクトidを調べる。Alfredがクライアントに追加されているが、idは未定義であることがわかる。これは、モデルがログイン要求にまだ応答していないことを意味する。

```
currentUser.cid;
>> "c0"

// 3秒待つ……
>> Hello! > [jQuery.Event, Object]  ❾

// peopleコレクションを再び表示する
peopleDb().each(function(person, idx){console.log(person.name);});  ❿
>> anonymous
>> Betty
>> Mike
>> Pebbles
>> Wilma
>> Alfred

// サインアウトしてイベントを待つ
spa.model.people.logout();  ⓫
>> !Goodbye [jQuery.Event, Object]

// peopleコレクションと現在のユーザを調べる
peopleDb().each(function(person, idx){console.log(person.name);});  ⓬
>> anonymous
>> Betty
>> Mike
>> Pebbles
>> Wilma

currentUser = spa.model.people.get_user();
currentUser.get_is_anon();  ⓭
>> true
```

> ❾ 3秒待つとspa-loginイベントが発行される。このイベントはjQueryコレクション$tでspa-loginイベントに登録した関数を呼び出すので、「Hello!」メッセージと引数のリストが表示される。
> ❿ peopleコレクション内のユーザを列挙し、「Alfred」が存在することを確認する。
> ⓫ logout()メソッドを呼び出す。これは多少のハウスクリーニングを行い、ほぼ即座にspa-logoutイベントを発行する。spa-logoutイベントは、jQueryコレクション$tでspa-logoutイベントに登録した関数を呼び出すので、「!Goodbye」メッセージと引数のリストが表示される。
> ⓬ ユーザリストにもはやAlfredが含まれていないことを確認する。
> ⓭ 現在のユーザオブジェクトが匿名personオブジェクトであることを確認する。

このテストで安心できる。peopleオブジェクトがうまく目的を達成していることを示している。サインインとサインアウトを実行でき、モデルは定義どおりに動作する。また、モデルはUIやサーバを必要としないので、すべてのメソッドが設計仕様を満たしていることを保証するテストスイートを簡単に作成できる。このテストスイートは、jQueryとNode.jsを使うとブラウザなしで実行できる。実現方法の説明は付録Bを参照のこと。

5.5 シェルでサインインとサインアウトを可能にする

ここは一休みするのにちょうどよいタイミングだろう。次の節では、ユーザがサインインとサインアウトを行えるようにインタフェースを更新する。

5.5 シェルでサインインとサインアウトを可能にする

ここまでは、図5-10に示すようにモデル開発をUIから分離してきた。

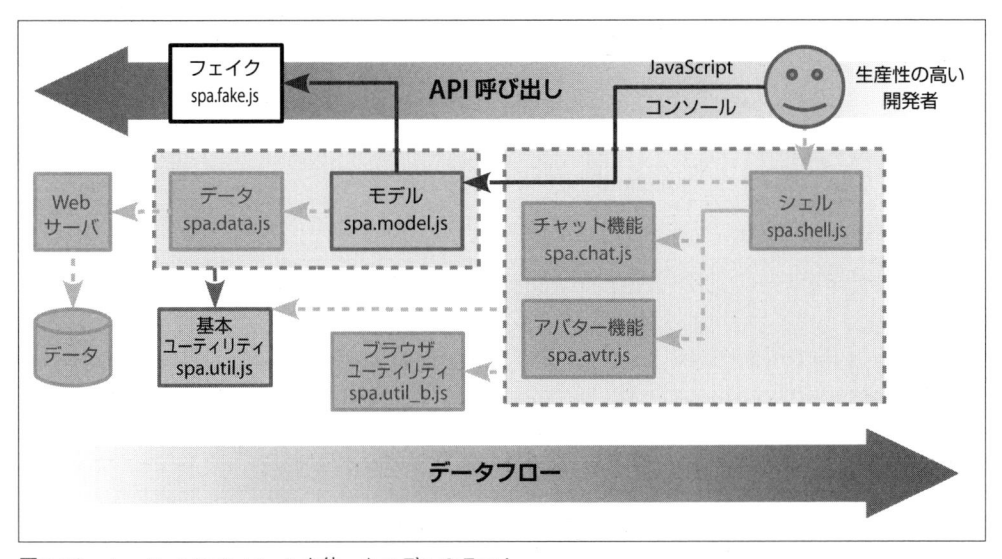

図5-10　JavaScriptコンソールを使ったモデルのテスト

モデルを徹底的にテストしたので、JavaScriptコンソールの代わりにUIを使ってユーザにサインインとサインアウトを行わせたい。ここでは、図5-11に示すようにシェルを使ってサインインとサインアウトだけを実行する。

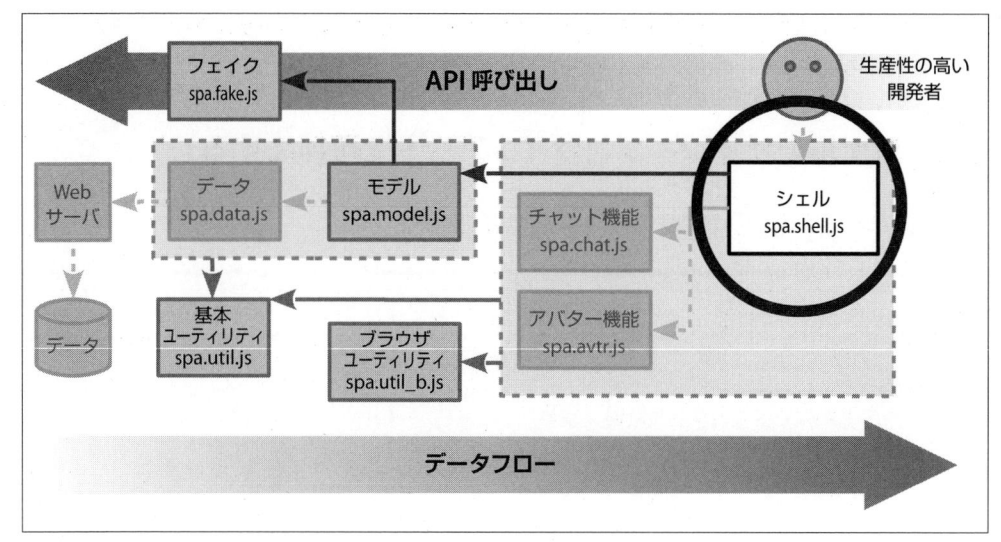

図5-11　この節ではシェルにグラフィカルなサインイン機能を追加する

もちろん、UIを構築するには、UIの振る舞いを決めなければいけない。次にUIの振る舞いを定める。

5.5.1　サインインのユーザエクスペリエンスを設計する

ユーザエクスペリエンス（UX）を簡潔でなじみのあるものにしたい。一般的な慣例と同様に、ユーザがページの右上をクリックしてサインイン処理を開始するようにしたい。思い描いている手順を図5-12に示す。

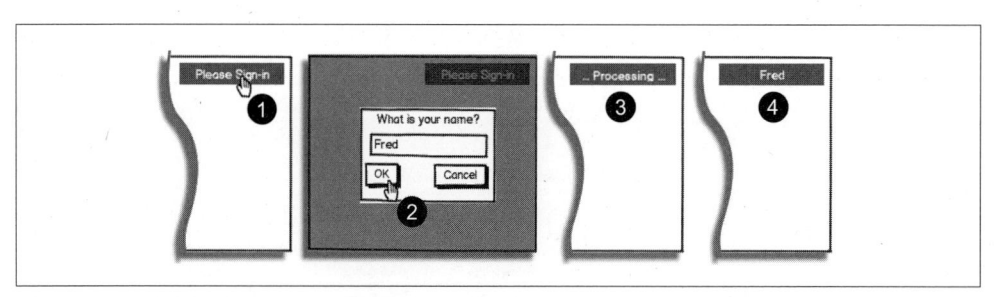

図5-12　ユーザが目にするサインイン処理

1. ユーザがサインインしていない場合、右上の領域（「ユーザ領域」）で「Please Sign-in」と促される。ユーザがこのテキストをクリックすると、サインインダイアログが表示される。
2. ユーザがダイアログフォームに入力して［OK］ボタンをクリックすると、サインイン処理が開始

する。
3. サインインダイアログが消え、サインイン処理中にはユーザ領域に「... processing ...」と表示される（フェイクモジュールではこの処理に必ず3秒かかる）。
4. サイン処理が完了すると、ユーザ領域にサインイン済みのユーザ名が表示される。

サインイン済みのユーザは、ユーザ領域をクリックしてサインアウトできる。サインアウトすると、テキストが「Please Sign-in」に戻る。

UXを設計したので、設計どおりに動作するようにシェルを更新できる。

5.5.2 シェルJavaScriptを更新する

データ処理とロジックをすべてモデルに入れているので、シェルにはビューとコントロールの役割だけに対処させることができる。また、内部ではタッチデバイス（タブレットや携帯電話など）のサポートも簡単に追加できる。**例5-18**に示すようにシェルを変更しよう。変更点は**太字**で示す。

例5-18　シェルを更新してサインインを追加する（spa/js/spa.shell.js）

```
...
spa.shell = (function () {
  'use strict';  ❶
  //--------------- モジュールスコープ変数開始 --------------
  var
    configMap = {
      anchor_schema_map : {
        chat : { opened : true, closed : true }
      },
      resize_interval : 200,
      main_html : String()
        + '<div class="spa-shell-head">'
          + '<div class="spa-shell-head-logo">'  ❷
            + '<h1>SPA</h1>'
            + '<p>javascript end to end</p>'
          + '</div>'
          + '<div class="spa-shell-head-acct"></div>'
        + '</div>'
        + '<div class="spa-shell-main">'
          + '<div class="spa-shell-main-nav"></div>'
          + '<div class="spa-shell-main-content"></div>'
        + '</div>'
        + '<div class="spa-shell-foot"></div>'
        + '<div class="spa-shell-modal"></div>'
    },
    ...
    copyAnchorMap, setJqueryMap, changeAnchorPart,
```

❶ strictプラグマを使用する。
❷ ヘッダを見栄えよくし、アカウント名の要素を提供する。

```
      onResize,       onHashchange,
    onTapAcct,      onLogin,      onLogout, ❸
    setChatAnchor, initModule;
...
// DOMメソッド/setJqueryMap/開始
setJqueryMap = function () {
  var $container = stateMap.$container;

  jqueryMap = {
    $container : $container,
    $acct      : $container.find('.spa-shell-head-acct'), ❹
    $nav       : $container.find('.spa-shell-main-nav')
  };
};
// DOMメソッド/setJqueryMap/終了

...
onTapAcct = function ( event ) { ❺
  var acct_text, user_name, user = spa.model.people.get_user();
  if ( user.get_is_anon() ) {
    user_name = prompt( 'Please sign-in' );
    spa.model.people.login( user_name );
    jqueryMap.$acct.text( '... processing ...' );
  }
  else {
    spa.model.people.logout();
  }
  return false;
};

onLogin = function ( event, login_user ) { ❻
  jqueryMap.$acct.text( login_user.name );
};

onLogout = function ( event, logout_user ) { ❼
  jqueryMap.$acct.text( 'Please sign-in' );
};
//-------------------- イベントハンドラ終了 --------------------

...
initModule = function ( $container ) {

...
$.gevent.subscribe( $container, 'spa-login',  onLogin  ); ❽
$.gevent.subscribe( $container, 'spa-logout', onLogout );

jqueryMap.$acct ❾
```

❸ onTapAcct、onLogin、onLogoutイベントハンドラを宣言する。
❹ jQueryキャッシュマップに追加する。

❺ onTapAcctメソッドを追加する。アカウント要素をタップしたときにユーザが匿名の場合は（言い換えると、ログインしていない場合）、ユーザ名の入力を促してspa.model.people.login(<user_name>)を呼び出す。ユーザがすでにログインしている場合は、spa.model.people.logout()メソッドを呼び出す。
❻ onLoginイベントハンドラを作成する。このハンドラは「Please Sign-in」テキストをユーザ名に置き換えて（右上角の）ユーザ領域を更新する。このハンドラは、spa-loginイベントが配布するlogin_userオブジェクトが提供する。
❼ onLogoutイベントハンドラを作成する。このハンドラは、ユーザ領域テキストを「Please Sign-in」に戻す。

❽ jQueryコレクション$containerで、spa-loginとspa-logoutイベントにそれぞれonLoginとonLogoutイベントハンドラを登録する。
❾ ユーザ領域テキストを初期化する。ユーザ領域でのタッチやマウスクリックをonTapAcctイベントハンドラにバインドする。

```
      .text( 'Please sign-in' )
      .bind( 'utap', onTapAcct );
  };
  // パブリックメソッド/initModule/終了

  return { initModule : initModule };
  //------------------ パブリックメソッド終了 --------------------
}());
```

jQueryグローバルカスタムイベントのパブリッシュ−サブスクライブ特性に慣れれば、ここで行った変更は簡単に理解できる。次に、ユーザ領域を正しく表示するようにCSSを微調整しよう。

5.5.3 シェルスタイルシートを更新する

スタイルシートの変更には手の込んだ部分はない。一部のセレクタを追加または変更してユーザ領域を見栄えよくし、ついでに不適当な部分を整理する。**例5-19**では、必要な変更点を**太字**で示している。

例5-19 シェルスタイルシートにユーザ領域のスタイルを追加する（spa/css/spa.shell.css）

```
...
.spa-shell-head-logo {
  top    : 4px;
  left   : 8px;   ❶
  height : 32px;
  width  : 128px;
}

  .spa-shell-head-logo h1 {   ❷
    font : 800 22px/22px Arial, Helvetica, sans-serif;
    margin : 0;
  }
  .spa-shell-head-logo p {   ❸❹
    font : 800 10px/10px Arial, Helvetica, sans-serif;
    margin : 0;
  }

.spa-shell-head-acct {   ❺
  top         : 4px;
  right       : 0;
  width       : 210px;
  height      : 32px;
  line-height : 32px;
  background  : #888;
  color       : #fff;
  text-align  : center;
```

❶ ロゴ領域を端から少し離すように`spa-shell-head-logo`クラスを更新する。

❷ 派生セレクタ`.spa-shell-head-logo h1`を作成してインデントする。これはロゴ`div`内のヘッダ1（`h1`）スタイルを変更する。

❸ 派生セレクタ`.spa-shell-head-logo p`を作成してインデントする。これはロゴ`div`内の段落（`p`）を変更する。

❹ `.spa-shell-head-search`セレクタを削除する。

❺ ユーザ領域テキストがもっと読みやすくなるように`.spa-shell-head-acct`を変更する。

```
    cursor      : pointer;
    overflow    : hidden;
    text-overflow : ellipsis;
  }
  ...
  .spa-shell-main-nav {   ❻
    width      : 400px;
    background : #eee;
    z-index    : 1;
  }
  ...
  .spa-shell-main-content {   ❼
    left       : 400px;
    right      : 0;
    background : #ddd;
  }
  ...
```

> ❻ `.spa-shell-main-nav`を広くし、zインデックスが`spa-shell-main-content`クラスコンテナの「上」になるように変更する。
> ❼ 隣接する`spa-shell-main-nav`クラスコンテナの幅の増加に対応するように`.spa-shell-main-content`を変更する。

これでCSSの準備が整ったので、変更をテストしよう。

5.5.4　UIを使用してサインインとサインアウトをテストする

ブラウザドキュメント（spa/spa.html）をロードすると、ウィンドウの右上のユーザ領域に「Please sign in」と書かれたページが表示される。このテキストをクリックすると、図5-13に示すようなダイアログが表示されるだろう。

図5-13　サインインダイアログのスクリーンショット

ユーザ名を入力して［OK］をクリックすると、ダイアログが閉じてユーザ領域に3秒間「...
processing ...」[*1]と表示された後、spa-loginイベントが発行される。すると、このイベントに登録さ
れたシェルのハンドラが、図5-14に示すようにウィンドウの右上のユーザ名を更新する。

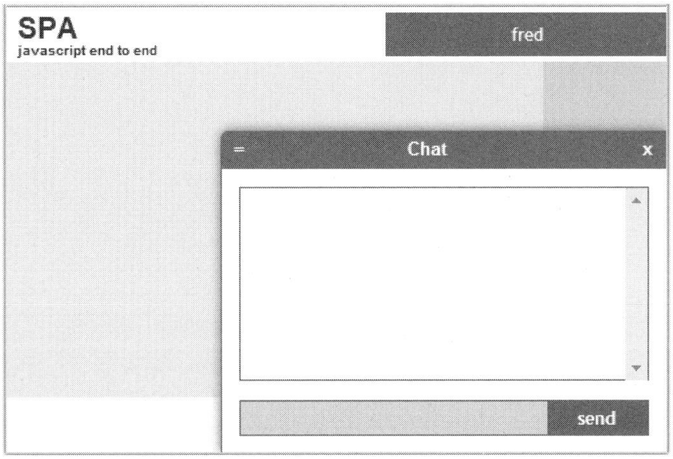

図5-14　サインイン完了後のスクリーンショット

　処理中に何が起こっているかを常にユーザに知らせることで、望ましいユーザエクスペリエンスを
保証している。これは優れた設計の証である。常にフィードバックを即座に提示すると、比較的遅い
アプリケーションでもきびきびして応答が早く見えるようにすることができる。

5.6　まとめ

　本章ではモデルを紹介し、モデルがアーキテクチャにどのように当てはまるかを説明した。モデル
が実行すべきことと実行すべきで**ない**ことの概要を説明した。そして、モデルの構築とテストに必要
なファイルを用意した。
　モデルの一部分であるpeopleオブジェクトの設計、仕様の作成、開発、テストを行った。フェイ
クモジュールを使って制御されたデータセットをモデルに提供し、JavaScriptコンソールを使って
peopleオブジェクトAPIをテストした。このようにモデルを分離することで、開発の高速化と高度に
制御されたテストを実現した。また、マウスタッチプラグインを使うようにSPAを修正し、モバイル
ユーザが使えるようにした。

[*1]　原注：このサイトを公開する前に、おそらくテキストの代わりに立派な「処理中」アニメーショングラフィックスを
　　　使うだろう。多くのWebサイトが高品質な独自の処理中グラフィックスを無料で提供している。

最後の節では、サインインとサインアウト機能をユーザに提供するようにシェルを変更した。peopleオブジェクトが提供するAPIを使ってこの機能を提供した。また、SPAでユーザ入力後にすぐにフィードバックを提示し、優れたユーザエクスペリエンスを保証した。

次の章では、モデルにchatオブジェクトを追加する。これにより、チャット機能モジュールを完成し、アバター機能モジュールを作成できる。そして、クライアントが実際のWebサーバを使うための準備を行う。

6章
モデルとデータモジュールの完成

本章で取り上げる内容：
- モデルのchatオブジェクト部分を設計する。
- chatオブジェクトを実装し、APIをテストする。
- チャット機能モジュールを完成させる
- 新しいアバター機能モジュールを作成する。
- データのバインドにjQueryを使う。
- データモジュールを使ってサーバとやり取りする。

本章では、5章で始めたモデルと機能モジュールの作業を完成させる。5章のプロジェクトファイルに追加していくので、5章のプロジェクトファイルが必要である。5章で作成したディレクトリ構造全体を「chapter_6」ディレクトリにコピーして、このディレクトリで更新するとよい。

本章では、モデルのchatオブジェクト部分の設計と構築を行う。そして、チャットスライダーUIでchatオブジェクトAPIを使って応答するようにし、チャットスライダーUIを完成させる。また、アバター機能モジュールも追加する。アバター機能モジュールもchatオブジェクトAPIを使ってオンラインユーザの画面上での表現を表示する。そして、jQueryを使ったデータバインドの実現方法を説明する。最後に、データモジュールを追加してSPAのクライアント部分を完成させる。

まずは、chatオブジェクトの設計から始めよう。

6.1 chatオブジェクトを設計する

本章では、図6-1に示すようにモデルのchatオブジェクト部分を構築する。

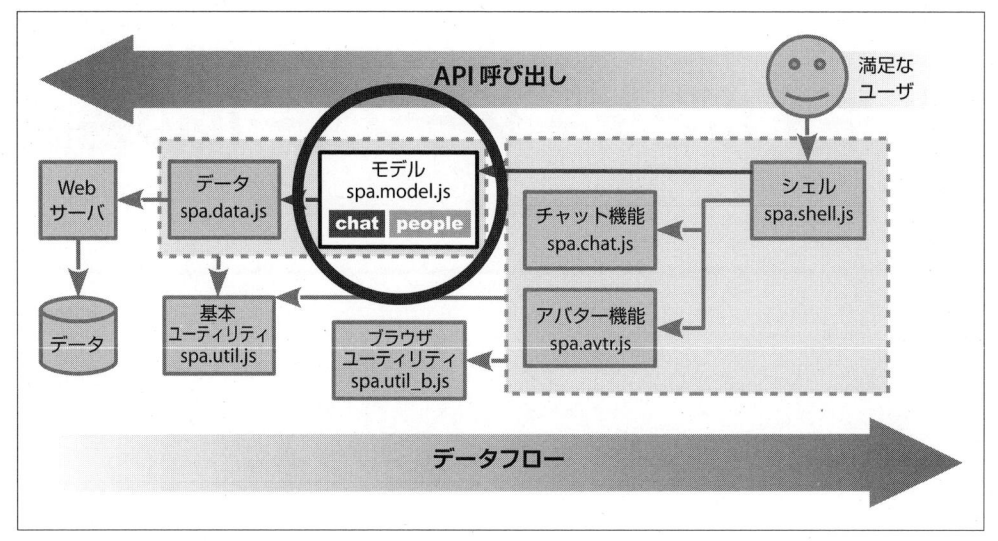

図6-1 本章ではモデルのchatオブジェクトに取り組む

　前章では、モデルのpeopleオブジェクト部分の設計、構築、テストを行った。本章では、chatオブジェクトの設計、構築、テストを行う。4章で最初に示したAPI仕様を再確認しよう。

```
  ...
  //  * chat_model－インスタントメッセージングと
  //    やり取りするメソッドを提供するチャットモデルオブジェクト。
  //  * people_model－モデルが保持する人々のリストを管理する
  //    メソッドを提供するピープルモデルオブジェクト。
  ...
```

　chatオブジェクトの説明（「インスタントメッセージングとやり取りするメソッドを提供するオブジェクト」）は手始めとしては十分であるが、実装するには大まかすぎる。まずはchatオブジェクトで実現したいことを分析してこのオブジェクトを設計していこう。

6.1.1　メソッドとイベントを設計する

　chatオブジェクトではインスタントメッセージング機能を提供したいことはわかっているが、その機能の詳細を決めなければいけない。図6-2を検討しよう。この図は、SPAのモックアップとチャットインタフェースに関する注記を示している。

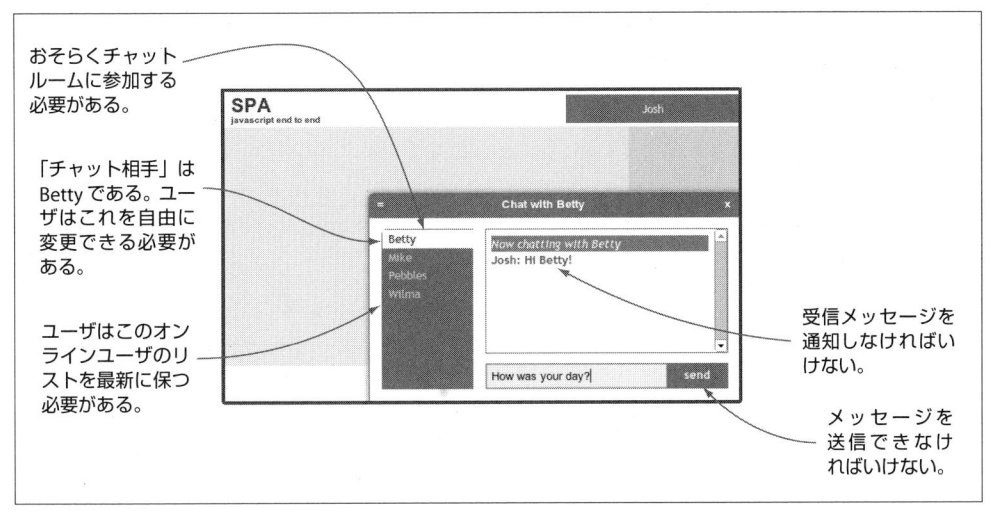

図6-2 SPAのモックアップ（チャット中心）

　経験から、たぶんチャットルームを初期化する必要があるだろう。また、ユーザが**チャット相手**（チャットしている相手のユーザ）を変更でき、そのユーザにメッセージを送信できる必要もある。また、アバターに関する議論から、ユーザはアバター情報を更新できることがわかっている。この分析に基づくと、chatオブジェクトAPIで公開すべき機能を列挙できる。

- チャットルームへの入退室を行うメソッドを提供する。
- チャット相手を変更するメソッドを提供する。
- 他のユーザにメッセージを送信するメソッドを提供する。
- ユーザがアバターを更新したことをサーバに通知するメソッドを提供する。
- 何らかの理由でチャット相手が変わったらイベントを発行する。例えば、チャット相手がオフラインになった場合や、ユーザが新たなチャット相手を選んだ場合など。
- 何らかの理由でメッセージペインを変更する必要があるときにイベントを発行する。例えば、ユーザがメッセージの送受信を行った場合など。
- 何らかの理由でオンラインユーザのリストが変わった場合にイベントを発行する。例えば、あるユーザがチャットルームから入退出した場合や、ユーザがアバターを移動した場合など。

　chatオブジェクトAPIは、2つの通信チャネルを使用する。1つは昔ながらのメソッド戻り値メカニズムである。このチャネルは**同期型**である。データ転送は既知の順序で発生する。chatオブジェクトは外部メソッドを呼び出し、戻り値として情報を受け取ることができる。また、他のコードがchatオブジェクトのパブリックメソッドを呼び出し、その戻り値から情報を受け取ることもできる。

　chatオブジェクトが使うもう1つの通信チャネルは、イベントメカニズムである。このチャネルは

非同期型である。イベントは、chatオブジェクトの動作にかかわらずいつでも発行できる。chatオブジェクトはイベント（サーバからのメッセージなど）を受信し、UIで使用するためにイベントを発行する。

まず提供すべき同期メソッドを検討することからchatオブジェクトの設計を始めよう。

6.1.1.1 チャットメソッドを設計する

5章で述べたように、メソッドはspa.model.chat.get_chateeなどのような一般に公開された関数であり、この関数を使って処理を実行してデータを同期的に返すことができる。要件を考慮すると、メソッドのリストは以下のようになる。

- join()：チャットに参加する。ユーザが匿名の場合、このメソッドは中断してfalseを返す。
- get_chatee()：チャットしている相手のユーザのpersonオブジェクトを返す。チャット相手がいない場合はnullを返す。
- set_chatee(<person_id>)：チャット相手をperson_idで一意に特定されるpersonオブジェクトに設定する。このメソッドは、データとしてチャット相手情報を含むspa-setchateeイベントを発行する。対応するpersonオブジェクトがオンラインユーザのリストで見つからない場合は、チャット相手をnullに設定する。指定されたユーザがすでにチャット相手の場合はfalseを返す。
- send_message(<msg_text>)：チャット相手にメッセージを送信する。データとしてメッセージ情報を提供するspa-updatechatイベントを発行する。ユーザが匿名またはチャット相手がnullの場合は、このメソッドは何も行わずにfalseを返す。
- update_avatar(<update_avatar_map>)：personオブジェクトのアバター情報を調整する。引数（update_avatar_map）には、person_idプロパティとcss_mapプロパティが含まれる。

上記のメソッドは要件を満たすと思われる。次に、chatオブジェクトが発行すべきイベントを詳しく検討しよう。

6.1.1.2 チャットイベントを設計する

以前に説明したように、イベントを使うとデータを非同期に発行できる。例えば、メッセージを受信したら、chatオブジェクトは登録されたjQueryコレクションに変更を通知し、表示を更新するために必要なデータを提供する必要がある。

オンラインユーザのリストとチャット相手は頻繁に変わると考えられる。この変更は必ずしもユーザの動作によるものではない。例えば、チャット相手はいつでもメッセージを送信できる。このような変更を機能モジュールに伝えるイベントを以下に示す。

- spa-listchangeは、オンラインユーザのリストが変わったら発行する。更新されたユーザリストをデータとして提供する。
- spa-setchateeは、チャット相手が変わったら発行する。古いチャット相手と新しいチャット相手のマップをデータとして提供する。
- spa-updatechatは、新しいメッセージを送受信したときに発行する。メッセージ情報のマップをデータとして提供する。

5章の場合と同様に、発行メカニズムとしてjQueryグローバルイベントを使用する。必要なメソッドとイベントを熟考したので、ドキュメントと実装に進もう。

6.1.2　chatオブジェクトAPIを文書化する

これまでの考えをAPI仕様にまとめ、参照のためにモデルコードに入れておく。

例6-1　chatオブジェクトAPI (spa/js/spa.model.js)

```
// chatオブジェクトAPI
// -------------------
// chatオブジェクトはspa.model.chatで利用できる。
// chatオブジェクトはチャットメッセージングを管理するためのメソッドとイベントを
// 提供する。chatオブジェクトのパブリックメソッドには以下が含まれる。
//   * join() - チャットルームに参加する。このルーチンは、
//     「spa-listchange」と「spa-updatechat」グローバルカスタムイベント
//     のためのパブリッシャを含むバックエンドとのチャットプロトコルを確立する。
//     現在のユーザが匿名の場合、join()は中断してfalseを返す。
//   * get_chatee() - ユーザがチャットしている相手のpersonオブジェクトを返す。
//     チャット相手がいない場合はnullを返す。
//   * set_chatee( <person_id> ) - チャット相手をperson_idで特定されるユーザに
//     設定する。person_idがユーザリストに存在しない場合は、チャット相手をnullに設定する。
//     指定されたユーザがすでにチャット相手の場合はfalseを返す。
//     「spa-setchatee」グローバルカスタムイベントを発行する。
//   * send_msg( <msg_text> ) - チャット相手にメッセージを送信する。
//     「spa-updatechat」グローバルカスタムイベントを発行する。
//     ユーザが匿名またはチャット相手がnullの場合は、中断してfalseを返す。
//   * update_avatar( <update_avtr_map> ) - バックエンドに
//     update_avtr_mapを送信する。これにより、更新されたユーザリストと
//     アバター情報（personオブジェクトのcss_map）を含む「spa-listchange」イベントが発行される。
//     update_avtr_mapは以下のような形式でなければいけない
//     { person_id : person_id, css_map : css_map }.
//
// このオブジェクトが発行するjQueryグローバルカスタムイベントには以下が含まれる。
//   * spa-setchatee - これは新しいチャット相手が設定されたときに発行される。
//     以下の形式のマップをデータとして提供する。
//       { old_chatee : <old_chatee_person_object>,
//         new_chatee : <new_chatee_person_object>
```

```
//        }
//   * spa-listchange－これはオンラインユーザのリスト長が変わったとき
//      （ユーザがチャットに参加または退出したとき）、
//      または内容が変わったとき（ユーザのアバター詳細が変わったとき）に発行される。
//      このイベントへの登録者は、更新データとしてpeopleモデルからpeople_dbを取得すべき。
//   * spa-updatechat－これは新しいメッセージを送受信したときに発行される。
//      以下の形式のマップをデータとして提供する。
//        { dest_id   : <chatee_id>,
//          dest_name : <chatee_name>,
//          sender_id : <sender_id>,
//          msg_text  : <message_content>
//        }
//
```

これでchatオブジェクトの仕様が完成したので、このオブジェクトを実装し、APIをテストしよう。その後、chatオブジェクトAPIを使って新しい機能を提供するようにシェルと機能モジュールを調整する。

6.2 chatオブジェクトを構築する

chatオブジェクトAPIを設計したので構築に取りかかる。5章と同様に、フェイクモジュールとJavaScriptコンソールを使ってWebサーバやUIを使わないようにする。今後、本章ではフェイクモジュールが「バックエンド」を模倣することを覚えておこう。

6.2.1 joinメソッドを持つchatオブジェクトから始める

この節では、以下を実行できるようにモデルのchatオブジェクトを作成する。

- spa.model.people.login(<username>)を使ってサインインする。
- spa.model.chat.join()メソッドを使ってチャットルームに参加する。
- モデルがバックエンドからlistchangeメッセージを受信するたびにspa-listchangeイベントを発行するコールバックを登録する。これはユーザリストが変わったことを表す。

chatオブジェクトは、peopleオブジェクトを頼りにしてサインインに対処し、オンラインユーザのリストを管理する。匿名ユーザはチャットルームにjoinできない。例6-2に示すように、モデルのchatオブジェクトの構築を始めよう。変更点は**太字**で示す。

例6-2 chatオブジェクトを始める (spa/js/spa.model.js)

```
spa.model = (function () {
  ...
  stateMap = {
```

```
      ...
      is_connected : false, ❶
      ...
    },
  ...
  personProto, makeCid, clearPeopleDb, completeLogin,
  makePerson, removePerson, people, chat, initModule;
  ...
  // chat オブジェクト API
  // ------------------
  // chat オブジェクトは spa.model.chat で利用できる。
  // chat オブジェクトはチャットメッセージングを管理するためのメソッドとイベントを
  // 提供する。chat オブジェクトのパブリックメソッドには以下が含まれる。
  // * join()－チャットルームに参加する。このルーチンは、
  //   「spa-listchange」と「spa-updatechat」グローバルカスタムイベント
  //   のためのパブリッシャを含むバックエンドとのチャットプロトコルを確立する。
  //   現在のユーザが匿名の場合、join()は中断してfalseを返す。
  // ...
  //
  // このオブジェクトが発行するjQueryグローバルカスタムイベントには以下が含まれる。
  // ...
  // * spa-listchange－これはオンラインユーザのリスト長が変わったとき
  //   (ユーザがチャットに参加または退出したとき)、
  //   または内容が変わったとき(ユーザのアバター詳細が変わったとき)に発行される。
  //   このイベントへの登録者は、更新データとしてpeopleモデルからpeople_dbを取得すべき。
  // ...
  //
  chat = (function () { ❷
    var
      _publish_listchange,
      _update_list, _leave_chat, join_chat;

    // 内部メソッド開始
    _update_list = function( arg_list ) { ❸
      var i, person_map, make_person_map,
        people_list = arg_list[ 0 ];

      clearPeopleDb();

      PERSON:
      for ( i = 0; i < people_list.length; i++ ) {
        person_map = people_list[ i ];

        if ( ! person_map.name ) { continue PERSON; }

        // ユーザを特定したら、css_mapを更新して残りを飛ばす
        if ( stateMap.user && stateMap.user.id === person_map._id ) {
```

❶ ユーザが現在チャットルームにいるかどうかを示す stateMap.is_connected フラグを作成する。

❷ chat名前空間を作成する。

❸ 新しいユーザリストを受け取ったらpeopleオブジェクトを更新する_update_listメソッドを作成する。

```
        stateMap.user.css_map = person_map.css_map;
        continue PERSON;
      }

      make_person_map = {
        cid     : person_map._id,
        css_map : person_map.css_map,
        id      : person_map._id,
        name    : person_map.name
      };

      makePerson( make_person_map );
    }

    stateMap.people_db.sort( 'name' );
  };

  _publish_listchange = function ( arg_list ) { ❹
    _update_list( arg_list );
    $.gevent.publish( 'spa-listchange', [ arg_list ] );
  };
  // 内部メソッド終了

  _leave_chat = function () { ❺
    var sio = isFakeData ? spa.fake.mockSio : spa.data.getSio();
    stateMap.is_connected = false;
    if ( sio ) { sio.emit( 'leavechat' ); }
  };

  join_chat = function () { ❻
    var sio;

    if ( stateMap.is_connected ) { return false; }

    if ( stateMap.user.get_is_anon() ) {
      console.warn( 'User must be defined before joining chat');
      return false;
    }

    sio = isFakeData ? spa.fake.mockSio : spa.data.getSio();
    sio.on( 'listchange', _publish_listchange );
    stateMap.is_connected = true;
    return true;
  };

  return { ❼
    _leave : _leave_chat,
```

> ❹ データとして更新されたユーザリストを持つグローバルjQueryイベントspa-listchangeを発行する_publish_listchangeメソッドを作成する。バックエンドからlistchangeメッセージを受信するたびにこのメソッドを使うつもりである。
> ❺ _leave_chatメソッドを作成する。このメソッドは、バックエンドにleavechatメッセージを送信し、状態変数を消去する。
> ❻ join_chatメソッドを作成してチャットルームに参加できるようにする。このメソッドは、ユーザがすでにチャットに参加しているかどうかを調べ (stateMap.is_connected)、listchangeコールバックに何度も登録しないようにする。

```
      join : join_chat
    };
  }());

  initModule = function () {
    // 匿名ユーザを初期化する
    stateMap.anon_user = makePerson({
      cid  : configMap.anon_id,
      id   : configMap.anon_id,
      name : 'anonymous'
    });
    stateMap.user = stateMap.anon_user; ❽
  };

  return {
    initModule : initModule,
    chat       : chat, ❾
    people     : people
  };
}());
```

> ❼ すべてのパブリックメソッドをきちんとエクスポートする。
> ❽ ユーザリストはユーザがチャットに参加したときに提供されるようになったため、peopleオブジェクトにモックユーザリストを挿入するコードを削除する。
> ❾ パブリックオブジェクトとしてchatを追加する。

これはchatオブジェクト実装の第一弾である。さらにメソッドを追加する代わりに、これまでに作成したオブジェクトをテストしたい。次の節では、テストに必要なサーバとのやり取りを模倣するようにフェイクモジュールを更新する。

6.2.2　chat.joinに応答するようにフェイクを更新する

joinメソッドをテストするのに必要なサーバ応答を模倣できるようにフェイクモジュールを更新する。必要となる変更点を以下に示す。

- モックユーザリストにサインイン済みユーザを含める。
- サーバからのlistchangeメッセージの受信を模倣する。

第一段階は簡単である。ユーザマップを作成し、フェイクが管理するユーザリストに入れる。第二段階の方が厄介なのでついてきてほしい。chatオブジェクトは、ユーザがサインインしてチャットに参加した後にだけ、バックエンドからのlistchangeメッセージのハンドラを登録する。そのため、このハンドラが登録されたときだけにモックユーザリストを送信するプライベート関数send_listchangeを追加できる。**例6-3**に示すようにこの変更を加えよう。変更点は**太字**で示す。

例6-3　参加サーバメッセージを模倣するようにフェイクを更新する（spa/js/spa.fake.js）

```
...
spa.fake = (function () {
  'use strict';
```

```
var peopleList, fakeIdSerial, makeFakeId, mockSio;

fakeIdSerial = 5;

makeFakeId = function () {
  return 'id_' + String( fakeIdSerial++ );
};

peopleList = [ ❶
  { name : 'Betty', _id : 'id_01',
    css_map : { top: 20, left: 20,
      'background-color' : 'rgb( 128, 128, 128)'
    }
  },
  { name : 'Mike', _id : 'id_02',
    css_map : { top: 60, left: 20,
      'background-color' : 'rgb( 128, 255, 128)'
    }
  },
  { name : 'Pebbles', _id : 'id_03',
    css_map : { top: 100, left: 20,
      'background-color' : 'rgb( 128, 192, 192)'
    }
  },
  { name : 'Wilma', _id : 'id_04',
    css_map : { top: 140, left: 20,
      'background-color' : 'rgb( 192, 128, 128)'
    }
  }
];

mockSio = (function () {
  var
    on_sio, emit_sio,
    send_listchange, listchange_idto,
    callback_map = {};

  on_sio = function ( msg_type, callback ) {
    callback_map[ msg_type ] = callback;
  };

  emit_sio = function ( msg_type, data ) {
    var person_map;

    // 3秒間の遅延後に「userupdate」コールバックで「adduser」イベントに応答する。
    if ( msg_type === 'adduser' && callback_map.userupdate ) {
      setTimeout( function () { ❷
```

> ❶ マップの配列としてモックユーザリストを格納するpeopleListを作成する。
> ❷ (ユーザがサインインしたときに生じる) adduserメッセージへの応答を変更し、ユーザ定義をモックユーザリストに入れる。

```
          person_map = {
            _id     : makeFakeId(),
            name    : data.name,
            css_map : data.css_map
          };
          peopleList.push( person_map );
          callback_map.userupdate([ person_map ]);
        }, 3000 );
      }
    };

    // 1秒に1回listchangeコールバックを使うようにする。❸
    // 一度成功したら止める。
    send_listchange = function () {
      listchange_idto = setTimeout( function () {
        if ( callback_map.listchange ) {
          callback_map.listchange([ peopleList ]);
          listchange_idto = undefined;
        }
        else { send_listchange(); }
      }, 1000 );
    };

    // 処理を開始する必要がある…… ❹
    send_listchange();

    return { emit : emit_sio, on : on_sio };
  }());

  return { mockSio : mockSio }; ❺
}());
```

❸ バックエンドからのlistchangeメッセージの受信を模倣するsend_listchange関数を追加する。このメソッドは、1秒に1回listchangeコールバックを探す（listchangeコールバックは、ユーザがサインインしてチャットルームに参加した後だけchatオブジェクトが登録する）。listchangeコールバックが見つかったら、引数としてモックpeopleListを使ってlistchangeコールバックを実行し、send_listchangeはポーリングを止める。
❹ この行を追加し、send_listchange関数を開始する。
❺ 目的のデータはlistchangeハンドラが提供するようになるので、getPeopleListメソッドを削除する。

chatオブジェクト部分が完成したので、5章のpeopleオブジェクトの場合と同様にchatオブジェクトをテストしよう。

6.2.3　chat.joinメソッドをテストする

　chatオブジェクトの構築を続ける前に、これまでに実装した機能が期待どおりに動作することを確認する。まず、ブラウザドキュメント（spa/spa.html）をロードしてJavaScriptコンソールを開き、SPAがJavaScriptエラーを表示しないことを確認しよう。そして、コンソールを使い、**例6-4**に示すようにメソッドをテストできる。入力は**太字**、出力は*斜体*で示す。

例6-4　UIやサーバなしで spa.model.chat.join() をテストする

```
// jQueryコレクションを作成する ❶
var $t = $('<div/>');

// $tでグローバルカスタムイベントにテスト関数を登録する ❷
$.gevent.subscribe( $t, 'spa-login', function () {
  console.log( 'Hello!', arguments ); });

$.gevent.subscribe( $t, 'spa-listchange', function () { ❸
  console.log( '*Listchange', arguments ); });

// 現在のユーザオブジェクトを取得する ❹
var currentUser = spa.model.people.get_user();

// まだサインインしていないことを確認する ❺
currentUser.get_is_anon();
>> true

// サインインしないでチャットに参加しようとする ❻
spa.model.chat.join();
>> User must be defined before joining chat

// サインインして3秒待つ。UIも更新される。❼
spa.model.people.login( 'Fred' );
>> Hello! > [jQuery.Event, Object]

// peopleコレクションを取得する ❽
var peopleDb = spa.model.people.get_db();

// コレクション内の全員の名前を表示する ❾
peopleDb().each(function(person, idx){console.log(person.name);});
>> anonymous
>> Fred

// チャットに参加する ❿
spa.model.chat.join();
>> true

// ほぼ即座にspa-listchangeイベントが発行されるだろう ⓫
>> *Listchange > [jQuery.Event, Array[1]] ⓬

// ユーザリストを再度調べる。ユーザリストが更新され、
// すべてのオンラインユーザが表示されるのがわかる。
var peopleDb = spa.model.people.get_db(); ⓭
peopleDb().each(function(person, idx){console.log(person.name);});
>> Betty
```

❶ ブラウザドキュメントに添付されていないjQueryコレクション ($t) を作成する。これをイベントのテストに使う。

❷ jQueryコレクション$tで「Hello!」と引数のリストをコンソールに出力する関数をspa-loginイベントに登録する。

❸ jQueryコレクション$tで「*Listchange」と引数のリストをコンソールに出力する関数をspa-listchangeイベントに登録する。

❹ peopleオブジェクトから現在のユーザオブジェクトを取得する。

❺ get_is_anon()メソッドを使い、ユーザがまだサインインしていないことを確認する。

❻ サインインしないでチャットに参加しようとする。API仕様により拒否される。

❼ Fredとしてサインインする。ブラウザの右上角のユーザ領域では、テキストが「Please signin」から「... processing ...」、そして「Fred」へと変化する。サインインの最後では、spa-loginイベントが発行される。これにより、jQueryコレクション$tでspa-loginイベントに登録した関数が呼び出されるので、「Hello!」メッセージと引数のリストが表示される。

❽ peopleオブジェクトからTaffyDB peopleコレクションを取得する。

❾ peopleコレクションにはFredと匿名ユーザだけがいることを確認する。まだチャットにログインしていないため、当然である。

❿ チャットに参加する。

⓫ join()後の1秒以内に、spa-listchangeが発行されるだろう。これにより、jQueryコレクション$tでspa-listchangeイベントに登録した関数が呼び出されるので、「*Listchange」メッセージと引数のリストが表示される。

⓬ Socket.IO形式の引数配列が返されることを確認する。更新されたユーザリストは引数配列の最初にある。

⓭ 更新されたユーザリストを取得する。

>> Fred ⓮
>> Mike
>> Pebbles
>> Wilma

⓮ ユーザリストにモックチャットパーティとユーザFredが含まれていることを確認する。

サインイン、チャットへの参加、ユーザリストの確認を実行できるchatオブジェクトの第一弾を完成させテストした。次は、chatオブジェクトをメッセージの送受信に対応させたい。

6.2.4 chatオブジェクトにメッセージングを追加する

メッセージの送受信は思っているほど簡単ではない。FedExと同様に、**手配**（メッセージの伝達と受領の管理）に対処する必要がある。必要となる処理を以下に示す。

- チャット相手（ユーザがチャットしている相手）の記録を管理する。
- メッセージと一緒に送信者ID、名前、受信者IDなどのメタデータを送信する。
- 遅延接続のためユーザがオフラインユーザにメッセージを送信した場合に適切に対応する。
- バックエンドからメッセージを受信したときにjQueryカスタムグローバルイベントを発行し、jQueryコレクションがイベントに登録することでイベントに関数で対処できるようにする。

まず、**例6-5**に示すようにモデルを更新しよう。変更点は**太字**で示す。

例6-5　モデルにメッセージングを追加する（spa/js/spa.model.js）

```
...
completeLogin = function ( user_list ) {
  ...
  stateMap.people_cid_map[ user_map._id ] = stateMap.user;
  chat.join(); ❶
  $.gevent.publish( 'spa-login', [ stateMap.user ] );
};
...

people = (function () {
  ...
  logout = function () {
    var is_removed, user = stateMap.user;

    chat._leave(); ❷
    is_removed = removePerson( user );
    stateMap.user = stateMap.anon_user;

    $.gevent.publish( 'spa-logout', [ user ] );
    return is_removed;
  };
```

❶ completeLoginメソッドでchat.join()を呼び出し、サインインが完了したらユーザが自動的にチャットルームに参加するようにする。

❷ people.logoutメソッドでchat._leave()を呼び出し、サインアウトが完了したらユーザが自動的にチャットルームを退出するようにする。

```
    ...
}());

// chatオブジェクトAPI
// ------------------
// chatオブジェクトはspa.model.chatで利用できる。
// chatオブジェクトはチャットメッセージングを管理するためのメソッドとイベントを
// 提供する。chatオブジェクトのパブリックメソッドには以下が含まれる。
//   * join()－チャットルームに参加する。このルーチンは、
//     「spa-listchange」と「spa-updatechat」グローバルカスタムイベント
//     のためのパブリッシャを含むバックエンドとのチャットプロトコルを確立する。
//     現在のユーザが匿名の場合、join()は中断してfalseを返す。
//   * get_chatee()－ユーザがチャットしている相手のpersonオブジェクトを返す。 ❸
//     チャット相手がいない場合はnullを返す。
//   * set_chatee( <person_id> )－チャット相手をperson_idで特定されるユーザに
//     設定する。person_idがユーザリストに存在しない場合は、チャット相手をnullに設定する。
//     指定されたユーザがすでにチャット相手の場合はfalseを返す。
//     「spa-setchatee」グローバルカスタムイベントを発行する。
//   * send_msg( <msg_text> )－チャット相手にメッセージを送信する。
//     「spa-updatechat」グローバルカスタムイベントを発行する。
//     ユーザが匿名またはチャット相手がnullの場合は、中断してfalseを返す。
// ...
//
// このオブジェクトが発行するjQueryグローバルカスタムイベントには以下が含まれる。 ❹
//   * spa-setchatee －これは新しいチャット相手が設定されたときに発行される。
//     以下の形式のマップをデータとして提供する。
//        { old_chatee : <old_chatee_person_object>,
//          new_chatee : <new_chatee_person_object>
//        }
//   * spa-listchange －これはオンラインユーザのリスト長が変わったとき
//     (ユーザがチャットに参加または退出したとき)、
//     または内容が変わったとき (ユーザのアバター詳細が変わったとき)に発行される。
//     このイベントへの登録者は、更新データとしてpeopleモデルからpeople_dbを取得すべき。
//   * spa-updatechat －これは新しいメッセージを送受信したときに発行される。
//     以下の形式のマップをデータとして提供する。
//        { dest_id   : <chatee_id>,
//          dest_name : <chatee_name>,
//          sender_id : <sender_id>,
//          msg_text  : <message_content>
//        }
//
chat = (function () {
  var
    _publish_listchange, _publish_updatechat,
    _update_list, _leave_chat,

    get_chatee, join_chat, send_msg, set_chatee,
```

❸ get_chatee()、set_chatee()、send_msg()のAPIドキュメントを追加する。

❹ spasetchateeとspaupdatechatイベントのAPIドキュメントを追加する。

```
    chatee = null;

  // 内部メソッド開始
  _update_list = function( arg_list ) {
    var i, person_map, make_person_map,
      people_list = arg_list[ 0 ],
      is_chatee_online = false;  ❺

    clearPeopleDb();

    PERSON:
    for ( i = 0; i < people_list.length; i++ ) {
      person_map = people_list[ i ];

      if ( ! person_map.name ) { continue PERSON; }

      // ユーザを特定したら、css_mapを更新して残りを飛ばす
      if ( stateMap.user && stateMap.user.id === person_map._id ) {
        stateMap.user.css_map = person_map.css_map;
        continue PERSON;
      }

      make_person_map = {
        cid     : person_map._id,
        css_map : person_map.css_map,
        id      : person_map._id,
        name    : person_map.name
      };

      if ( chatee && chatee.id === make_person_map.id ) {  ❻
        is_chatee_online = true;
      }
      makePerson( make_person_map );
    }

    stateMap.people_db.sort( 'name' );
    // チャット相手がオンラインでなくなっている場合は、チャット相手を解除する。 ❼
    // その結果、「spa-setchatee」グローバルイベントが発行される。
    if ( chatee && ! is_chatee_online ) { set_chatee(''); }
  };

  _publish_listchange = function ( arg_list ) {
    _update_list( arg_list );
    $.gevent.publish( 'spa-listchange', [ arg_list ] );
  };
```

❺ is_chatee_onlineフラグを追加する。
❻ personオブジェクトchateeが更新された
ユーザリストに見つかったらis_chatee_
onlineフラグをtrueに設定するコードを追
加する。
❼ 更新されたユーザリストにチャット相手が
見つからなかったら、personオブジェクト
chateeをnullに設定するコードを追加する。

```javascript
  _publish_updatechat = function ( arg_list ) { ❽
    var msg_map = arg_list[ 0 ];

    if ( ! chatee ) { set_chatee( msg_map.sender_id ); }
    else if ( msg_map.sender_id !== stateMap.user.id
      && msg_map.sender_id !== chatee.id
    ) { set_chatee( msg_map.sender_id ); }

    $.gevent.publish( 'spa-updatechat', [ msg_map ] );
  };
  // 内部メソッド終了

  _leave_chat = function () {
    var sio = isFakeData ? spa.fake.mockSio : spa.data.getSio();
    chatee = null;
    stateMap.is_connected = false;
    if ( sio ) { sio.emit( 'leavechat' ); }
  };

  get_chatee = function () { return chatee; }; ❾

  join_chat = function () {
    var sio;

    if ( stateMap.is_connected ) { return false; }

    if ( stateMap.user.get_is_anon() ) {
      console.warn( 'User must be defined before joining chat');
      return false;
    }

    sio = isFakeData ? spa.fake.mockSio : spa.data.getSio();
    sio.on( 'listchange', _publish_listchange );
    sio.on( 'updatechat', _publish_updatechat ); ❿
    stateMap.is_connected = true;
    return true;
  };
  send_msg = function ( msg_text ) {
    var msg_map, ⓫
      sio = isFakeData ? spa.fake.mockSio : spa.data.getSio();

    if ( ! sio ) { return false; } ⓬
    if ( ! ( stateMap.user && chatee ) ) { return false; }

    msg_map = { ⓭
      dest_id   : chatee.id,
      dest_name : chatee.name,
```

❽ 便利なメソッド `_publish_updatechat` を作成する。このメソッドは、データとしてメッセージ詳細のマップを持つ spa-updatechat イベントを発行する。

❾ person オブジェクト chatee を返す get_chatee メソッドを作成する。

❿ バックエンドから受信した updatechat メッセージに対応するように `_publish_updatechat` をバインドする。その結果、メッセージを受信するたびに spa-updatechat イベントが発行される。

⓫ テキストメッセージと関連する詳細を送信する send_msg メソッドを作成する。

⓬ 接続がない場合にはメッセージの送信を中止するコードを追加する。また、このロジックはユーザかチャット相手が設定されていない場合にも停止する。

⓭ メッセージと関連する詳細のマップを作成するコードを追加する。

```
      sender_id : stateMap.user.id,
      msg_text  : msg_text
    };

    // updatechatを発行したので、送信メッセージを表示できる ❶❹
    _publish_updatechat( [ msg_map ] );
    sio.emit( 'updatechat', msg_map );
    return true;
  };

  set_chatee = function ( person_id ) { ❶❺
    var new_chatee;
    new_chatee = stateMap.people_cid_map[ person_id ];
    if ( new_chatee ) {
      if ( chatee && chatee.id === new_chatee.id ) {
        return false;
      }
    }
    else {
      new_chatee = null;
    }

    $.gevent.publish( 'spa-setchatee', ❶❻
      { old_chatee : chatee, new_chatee : new_chatee }
    );
    chatee = new_chatee;
    return true;
  };

  return { ❶❼
    _leave     : _leave_chat,
    get_chatee : get_chatee,
    join       : join_chat,
    send_msg   : send_msg,
    set_chatee : set_chatee
  };
}());

initModule = function () { ... 
};

return {
  initModule : initModule,
  chat       : chat,
  people     : people
};
}());
```

❶❹ spa-updatechatを発行し、ユーザがチャットウィンドウでメッセージを見られるようにするコードを追加する。

❶❺ chateeオブジェクトを指定のオブジェクトに変更するset_chateeメソッドを作成する。指定されたchateeが現在のオブジェクトと同じ場合、このコードは何も行わずにfalseを返す。

❶❻ データとしてold_chateeとnew_chateeのマップを持つspa-setchatteeイベントを発行するコードを追加する。

❶❼ すべての新しいパブリックメソッド (get_chatee、send_msg、set_chatee) をきちんとエクスポートする。

メッセージ機能を追加したchatオブジェクトの第二弾が完成した。以前と同様に、さらに機能を追加する前にこれまでの作業をチェックしたい。次の節では、必要となるサーバとのやり取りを模倣するようにフェイクモジュールを更新する。

6.2.5　メッセージングを模倣するようにフェイクを更新する

ここでは、メッセージングメソッドをテストするのに必要なサーバ応答を模倣できるようにフェイクモジュールを更新する。必要となる変更点を以下に示す。

- 現在のチャット相手からの受信`updatechat`メッセージに応答することで、送信`updatechat`メッセージへの応答を模倣する。
- Wilmaからの未承諾受信`updatechat`メッセージを模倣する。
- 送信`leavechat`メッセージへの応答を模倣する。このメッセージは、ユーザがサインアウトしたときに送信される。この時点でチャットメッセージコールバックを解除できる。

例6-6に示すようにフェイクに上記の変更を加えよう。変更点は**太字**で示す。

例6-6　フェイクにモックメッセージを追加する（spa/js/spa.fake.js）

```
...
mockSio = (function () {
  var
    on_sio, emit_sio, emit_mock_msg, ❶
    send_listchange, listchange_idto,
    callback_map = {};

  on_sio = function ( msg_type, callback ) {
    callback_map[ msg_type ] = callback;
  };

  emit_sio = function ( msg_type, data ) {
    var person_map;

    // 3秒間の遅延後に「userupdate」コールバックで
    // 「adduser」イベントに応答する。
    if ( msg_type === 'adduser' && callback_map.userupdate ) {
      setTimeout( function () {
        person_map = {
          _id     : makeFakeId(),
          name    : data.name,
          css_map : data.css_map
        };
        peopleList.push( person_map );
        callback_map.userupdate([ person_map ]);
```

❶ モックメッセージ関数`emit_mock_msg`の宣言を追加する。

```
    }, 3000 );
  }

  // 2秒間の遅延後に「updatechat」コールバックで ❷
  // 「updatechat」イベントに応答する。ユーザ情報を送り返す。
  if ( msg_type === 'updatechat' && callback_map.updatechat ) {
    setTimeout( function () {
      var user = spa.model.people.get_user();
      callback_map.updatechat([{
        dest_id   : user.id,
        dest_name : user.name,
        sender_id : data.dest_id,
        msg_text  : 'Thanks for the note, ' + user.name
      }]);
    }, 2000);
  }

  if ( msg_type === 'leavechat' ) { ❸
    // ログイン状態をリセットする
    delete callback_map.listchange;
    delete callback_map.updatechat;

    if ( listchange_idto ) {
      clearTimeout( listchange_idto );
      listchange_idto = undefined;
    }
    send_listchange();
  }
};

emit_mock_msg = function () { ❹
  setTimeout( function () {
    var user = spa.model.people.get_user();
    if ( callback_map.updatechat ) {
      callback_map.updatechat([{
        dest_id : user.id,
        dest_name : user.name,
        sender_id : 'id_04',
        msg_text : 'Hi there ' + user.name + '! Wilma here.'
      }]);
    }
    else { emit_mock_msg(); }
  }, 8000 );
};

// 1秒に1回listchangeコールバックを使うようにする。一度成功したら止める。
send_listchange = function () {
```

❷ 2秒間の遅延後に送信メッセージにモック応答で応答するコードを作成する。

❸ leavechatメッセージを受信したら、チャットが使うコールバックを解除するコードを作成する。これはユーザがサインアウトしたことを意味する。

❹ 8秒ごとにサインイン済みユーザにモックメッセージを送信しようとするコードを追加する。これは、updatechatコールバックが設定されているときにユーザがサインインした後だけ成功する。成功するとこのルーチンが再びこのルーチン自体を呼び出すことはないので、さらにモックメッセージを送信しようとすることはない。

```
      listchange_idto = setTimeout( function () {
        if ( callback_map.listchange ) {
          callback_map.listchange([ peopleList ]);
          emit_mock_msg(); ❺
          listchange_idto = undefined;
        }
        else { send_listchange(); }
      }, 1000 );
    };

    // 処理を開始する必要がある……
    send_listchange();

    return { emit : emit_sio, on : on_sio };
  }());

  return { mockSio : mockSio };
}());
```

❺ ユーザのサインイン後にモックメッセージを送信するコードを追加する。

chatオブジェクトとフェイクを更新したので、メッセージングをテストできる。

6.2.6 チャットメッセージングをテストする

ここではチャット相手の設定とメッセージの送受信をテストできる。ブラウザドキュメント（spa/spa.html）をロードしてJavaScriptコンソールを開き、エラーがないことを確認する。そして、**例6-7**に示すようにテストできる。入力は**太字**、出力は*斜体*で示す。

例6-7　メッセージ交換のテスト

```
// jQueryコレクションを作成する ❶
var $t = $('<div/>');

// グローバルイベントをテストするために関数をバインドする ❷
$.gevent.subscribe( $t, 'spa-login', function( event, user ) {
  console.log('Hello!', user.name); });

$.gevent.subscribe( $t, 'spa-updatechat', function( event, chat_map ) { ❸
  console.log( 'Chat message:', chat_map);
});

$.gevent.subscribe( $t, 'spa-setchatee',
  function( event, chatee_map ) { ❹
  console.log( 'Chatee change:', chatee_map);
});

$.gevent.subscribe( $t, 'spa-listchange',
```

❶ ブラウザドキュメントに添付されていないjQueryコレクション（$t）を作成する。これをイベントのテストに使う。

❷ jQueryコレクション$tで「Hello!」とユーザ名をコンソールに出力する関数をspa-loginイベントに登録する。

❸ jQueryコレクション$tで「Chat message:」とchat_mapを出力する関数をspa-updatechatイベントに登録する。

❹ jQueryコレクション$tで「Chatee change:」とchatee_mapを出力する関数をspa-setchateeイベントに登録する。

```
function( event, changed_list ) { ❺
  console.log( '*Listchange:', changed_list );
});
```

// サインインして3秒待つ ❻
```
spa.model.people.login( 'Fanny' );
>> Hello! Fanny ❼
>> *Listchange: [Array[5]] ❽
```

// チャット相手を設定せずにメッセージを送信しようとする
```
spa.model.chat.send_msg( 'Hi Pebbles!' ); ❾
>> false ❿
```

// テストメッセージを受信するために約8秒待つ
```
>> Chatee change: Object {old_chatee: null, new_chatee: Object} ⓫
>> Chat message: Object {dest_id: "id_5", dest_name: "Fanny",
>> sender_id: "id_04", msg_text: "Hi there Fanny! Wilma here."}
```

// メッセージの受信でチャット相手を設定する
```
spa.model.chat.send_msg( 'What is up, tricks?' );
>> Chat message: Object {dest_id: "id_04", dest_name: "Wilma", ⓬
>> sender_id: "id_5", msg_text: "What is up tricks?"} ⓭
>> true ⓮

>> Chat message: Object {dest_id: "id_5", dest_name: "Fanny", ⓯
>> sender_id: "id_04", msg_text: "Thanks for the note, Fanny"}
```

// チャット相手をPebblesに設定する
```
spa.model.chat.set_chatee( 'id_03' ); ⓰
>> Chatee change: Object {old_chatee: Object, new_chatee: Object} ⓱
>> true ⓲
```

// メッセージを送信する
```
spa.model.chat.send_msg( 'Hi Pebbles!' ) ⓳
>> Chat message: Object {dest_id: "id_03", dest_name: "Pebbles", ⓴
>> sender_id: "id_5", msg_text: "Hi Pebbles!"}
>> true ㉑
>> Chat message: Object {dest_id: "id_5", dest_nam: "Fanny", ㉒
>> sender_id: "id_03", msg_text: "Thanks for the note, Fanny"}
```

❺ jQueryコレクション$tで「*Listchange:」とchanged_listを出力する関数をspa-listchangeイベントに登録する。
❻ Fannyとしてサインインする。
❼ 3秒後にspa-loginイベントが発行され、$tでこのイベントに登録した関数を呼び出す。
❽ spa-listchangeイベントも発行され、$tでこのイベントに登録された関数を呼び出す。
❾ chateeを設定せずにメッセージを送信しようとする。Wilmaからメッセージを受信する前(8秒以内)にこれを行う。
❿ 受信者をまだ設定していないので、このメソッドはfalseを返す。
⓫ 数秒後にspa-setchateeイベントが発行され、$tでこのイベントに登録された関数を呼び出す。
⓬ spa-updatechatイベントが発行され、$tでこのイベントに登録された関数を呼び出す。
⓭ チャット相手に「What is up, tricks?」メッセージを送信する。これがユーザに送信した最後の人。
⓮ このメソッドは成功時にtrueを返す。
⓯ メッセージへの応答が表示され、spa-updatechatイベントが発行される。このイベントは$tでこのイベントに登録された関数を呼び出す。
⓱ spa-setchateeイベントが発行される。
⓰ チャット相手をID id_03を持つ人に設定する。
⓲ set_chateeメソッドが成功時にtrueを返すことを確認する。
⓴ spa-updatechatメッセージが発行され、$tで登録された関数を呼び出す。
⓳ 現在のチャット相手Pebblesに「Hi Pebbles!」メッセージを送信する。
㉑ このメソッドは成功時にtrueを返す。
㉒ 別の自動応答を受信する。

これでchatオブジェクトはほぼ完成である。あとはアバターサポートを追加するだけである。それが完了したら、ユーザインタフェースを更新する。

6.3 モデルにアバターサポートを追加する

アバター機能は、chatオブジェクトのメッセージング基盤を土台に構築できるので、追加が比較的容易である。この機能を提供する主な理由は、準リアルタイムメッセージングの他の用途を示すためである。会議でうまく示せても、それは飾りにすぎない。まず、モデルを更新する。

6.3.1 chatオブジェクトにアバターサポートを追加する

アバターをサポートするためにchatオブジェクトに必要な変更は、比較的少ない。update_avatarメソッドを追加するだけでよく、このメソッドは変更されたアバターとどのように変更されたかを表すマップを備えたupdateavatarメッセージをバックエンドに送信する。アバターが更新されると、バックエンドがlistchangeメッセージを送信し、listchangeメッセージに対処するコードはすでに記述しており、テスト済みである。

例6-8に示すようにモデルを更新しよう。変更点は**太字**で示す。

例6-8 アバターをサポートするようにモデルを更新する（spa/js/spa.model.js）

```
...
//      ユーザが匿名またはチャット相手がnullの場合は、中断してfalseを返す。
//    * update_avatar( <update_avtr_map> ) ーバックエンドに ❶
//      update_avtr_mapを送信する。これにより、更新されたユーザリストと
//      アバター情報（personオブジェクトのcss_map）を含む「spa-listchange」イベントが発行される。
//      update_avtr_mapは以下のような形式でなければいけない
//      { person_id : person_id, css_map : css_map .}
//
// このオブジェクトが発行するjQueryグローバルカスタムイベントには以下が含まれる。
...
chat = (function () {
  var
    _publish_listchange, _publish_updatechat,
    _update_list, _leave_chat,

    get_chatee, join_chat, send_msg,
    set_chatee, update_avatar, ❷

    chatee = null;
  ...

  // avatar_update_mapは以下の形式を持つべき。 ❸
```

❶ API仕様のドキュメントを追加する。
❷ update_avatarメソッド変数を宣言する。
❸ update_avatarメソッドを作成する。データとしてマップを持つupdateavatarメッセージをバックエンドに送信する。

```
    // { person_id : <string>, css_map : {
    //   top : <int>, left : <int>,
    //   'background-color' : <string>
    // }};
    //
    update_avatar = function ( avatar_update_map ) {
      var sio = isFakeData ? spa.fake.mockSio : spa.data.getSio();
      if ( sio ) {
        sio.emit( 'updateavatar', avatar_update_map );
      }
    };

        return {
          _leave        : _leave_chat,
          get_chatee    : get_chatee,
          join          : join_chat,
          send_msg      : send_msg,
          set_chatee    : set_chatee,
          update_avatar : update_avatar   ❹
        };
      }());
    ...
```

❹ エクスポートするパブリックメソッドのリストに update_avatar を追加する。

chatオブジェクトのために設計したすべてのメソッドとイベントの追加が完了した。次の節では、フェイクモジュールを更新し、アバターをサポートするためのサーバとのやり取りを模倣する。

6.3.2 アバターを模倣するようにフェイクを修正する

次に、ユーザがアバターを新しい位置に配置したりアバターをクリックして色を変えたりするたびに、バックエンドにupdateavatarメッセージを送信するようにフェイクモジュールを修正する。フェイクがこのメッセージを受信したら、以下を実行すべきである。

- サーバへのupdateavatarの送信をシミュレートする。
- サーバからの更新されたユーザリストを含むlistchangeメッセージの受信をシミュレートする。
- listchangeメッセージに登録されたコールバックを、更新されたユーザリストを指定して実行する。

上記の3つの処理は、**例6-9**に示すようにして実現できる。変更点は**太字**で示す。

例6-9 アバターをサポートするようにフェイクを修正する (spa/js/spa.fake.js)

```
    ...
        emit_sio = function ( msg_type, data ) {   ❶
          var person_map, i;
```

❶ ループ変数iを宣言する。

```
    ...
      if ( msg_type === 'leavechat' ) {
        // ログイン状態をリセットする
        delete callback_map.listchange;
        delete callback_map.updatechat;

        if ( listchange_idto ) {
          clearTimeout( listchange_idto );
          listchange_idto = undefined;
        }
        send_listchange();
      }

      // サーバへの「updateavatar」メッセージとデータの送信をシミュレートする ❷
      if ( msg_type === 'updateavatar' && callback_map.listchange ) {
        // 「listchange」メッセージの受信をシミュレートする
        for ( i = 0; i < peopleList.length; i++ ) { ❸
          if ( peopleList[ i ]._id === data.person_id ) {
            peopleList[ i ].css_map = data.css_map;
            break;
          }
        }
        // 「listchange」メッセージ用のコールバックを実行する
        callback_map.listchange([ peopleList ]); ❹
      }
    };
    ...
```

❷ updateavatarメッセージ受信のハンドラを作成する。
❸ updateavatarメッセージからのデータで指定されたpersonオブジェクトを見つけ、css_mapプロパティを変更する。
❹ listchangeメッセージに登録されたコールバックを実行する。

chatオブジェクトとフェイクを更新したので、アバターをテストできる。

6.3.3 アバターサポートをテストする

これがモデルの最後のテストである。今回もブラウザドキュメント（spa/spa.html）をロードし、SPAが以前と同様に機能することを確認する。JavaScriptコンソールを開き、**例6-10**に示すようにupdate_avatarメソッドをテストする。入力は**太字**、出力は*斜体*で示す。

例6-10 update_avatarメソッドのテスト

```
// jQueryコレクションを作成する ❶
var $t = $('<div/>');
```

❶ ブラウザドキュメントに添付されていないjQueryコレクション（$t）を作成する。これをイベントのテストに使う。

```
// グローバルイベントをテストするために関数をバインドする ❷
$.gevent.subscribe( $t, 'spa-login', function( event, user ) {
  console.log('Hello!', user.name); });

$.gevent.subscribe( $t, 'spa-listchange',
```

```
    function( event, changed_list ) { ❸
      console.log( '*Listchange:', changed_list );
  });

  // サインインして3秒待つ ❹
  spa.model.people.login( 'Jessy' );
  >> Hello! Jessy ❺
  >> *Listchange: [Array[5]] ❻

  // Pebblesを取得する ❼
  var person = spa.model.people.get_by_cid( 'id_03' );

  // アバター情報を調べる ❽
  JSON.stringify( person.css_map );
  >> "{"top":100,"left":20,
  >> "background-color":"rgb( 128, 192, 192)"}"

  // アバター情報を更新する ❾
  spa.model.chat.update_avatar({
    person_id : 'id_03', css_map : {} });
  >> *Listchange: [Array[5]] ❿

  // 再度Pebblesを取得する
  person = spa.model.people.get_by_cid( 'id_03' );

  // 再度調べる ⓫
  JSON.stringify( person.css_map );
  >> {}
```

❷ jQueryコレクション$tでコンソールに出力する関数をspa-loginイベントに登録する。
❸ jQueryコレクション$tで「*Listchange:」とchanged_listを出力する関数をspa-listchangeイベントに登録する。
❹ Jessyとしてサインインする。
❺ 3秒後にspa-loginイベントが発行され、$tでこのイベントに登録した関数を呼び出す。
❻ spa-listchangeイベントも発行され、$tでこのイベントに登録された関数を呼び出す。
❼ ID id_03 (Pebbles)のpersonオブジェクトを取得する。
❽ Pebblesのアバター情報を調べる。
❾ update_avatarメソッドを使ってPebblesのpersonオブジェクトのcss_mapを変更する。
❿ update_avatarメソッドがspa-listchangeイベントを発行し、$tでこのイベントに登録された関数を呼び出すことを確認する。
⓫ Pebblesのpersonオブジェクトの更新されたcss_map。

　chatオブジェクトが完成した。5章のpeopleオブジェクトの場合と同様に、このテストは安心感を与え、サーバやブラウザなしで使えるテストスイートに追加できる。

6.3.4　テスト駆動開発

　テスト駆動開発（TDD：Test-Driven Development）愛好者は皆、おそらくこのような手動のテストを見て「なぜ自動実行できるテストスイートに入れないのか」と考えるだろう。我々自身もテスト駆動開発愛好者を目指しており、自動化できるし、実際に行っている。付録Bを調べ、Node.jsを使って自動化する方法を確認してほしい。

　テストスイートの結果、実際にいくつかの問題が見つかった。ほとんどはテスト固有の問題であったので、それらは付録に収録する。しかし、修正すべき2つの本物のバグがあった。サインアウトメカニズムが適切ではなかったのである。ユーザリストを正しく削除しておらず、**spa.model.chat.update_avatar**メソッド呼び出し後にchateeオブジェクトを適切に更新していなかった。**例6-11**に示すように、この両方の問題点を修正しよう。変更点は**太字**で示す。

例6-11 サインアウトとchateeオブジェクトの更新を修正する（spa/js/spa.model.js）

```
...
  people = (function () {
    ...
    logout = function () {
      var user = stateMap.user;  ❶

      chat._leave();
      stateMap.user = stateMap.anon_user;
      clearPeopleDb();  ❷

      $.gevent.publish( 'spa-logout', [ user ] );
    };
    ...
  }());

  chat = (function () {
    ...
    // 内部メソッド開始
    _update_list = function( arg_list ) {
      var i, person_map, make_person_map, person,  ❸
        people_list = arg_list[ 0 ],
        is_chatee_online = false;

      clearPeopleDb();

      PERSON:
      for ( i = 0; i < people_list.length; i++ ) {
        person_map = people_list[ i ];

        if ( ! person_map.name ) { continue PERSON; }

        // ユーザを特定したら、css_mapを更新して残りを飛ばす
        if ( stateMap.user && stateMap.user.id === person_map._id ) {
          stateMap.user.css_map = person_map.css_map;
          continue PERSON;
        }

        make_person_map = {
          cid     : person_map._id,
          css_map : person_map.css_map,
          id      : person_map._id,
          name    : person_map.name
        };
        person = makePerson( make_person_map );  ❹

        if ( chatee && chatee.id === make_person_map.id ) {
          is_chatee_online = true;
          chatee = person;  ❺
```

❶ is_removed変数を削除する。
❷ ログアウト時にpeopleのTaffyコレクションを削除する。
❸ personオブジェクトを宣言する。
❹ makePersonの結果をpersonオブジェクトに割り当てる。
❺ チャット相手が見つかったら、それを新しいpersonオブジェクトに更新する。

```
        }
      }
      stateMap.people_db.sort( 'name' );

      // チャット相手がオフラインになった場合は、チャット相手を解除する。
      // その結果、「spa-setchatee」グローバルイベントが発行される。
      if ( chatee && ! is_chatee_online ) { set_chatee(''); }
    };
    ...
  }());
...
```

ここは一息入れるのにちょうどよいタイミングである。本章の残りの部分では、UIに戻り、モデルが提供するchatオブジェクトとpeopleオブジェクトのAPIを使ってチャット機能を仕上げる。また、アバター機能モジュールも作成する。

6.4　チャット機能モジュールを完成させる

この節では、図6-3に示すチャット機能モジュールを更新する。ここでは、モデルのchatオブジェクトとpeopleオブジェクトを活用してチャット体験をシミュレートする。以前にモックアップを作成したチャットUIを再検討し、chatオブジェクトと連係するためにどのように変更すべきかを決めよう。図6-4に実現したいUIを示す。このモックアップから、チャット機能モジュールに追加したい機能のリストを抽出できる。その機能を以下に示す。

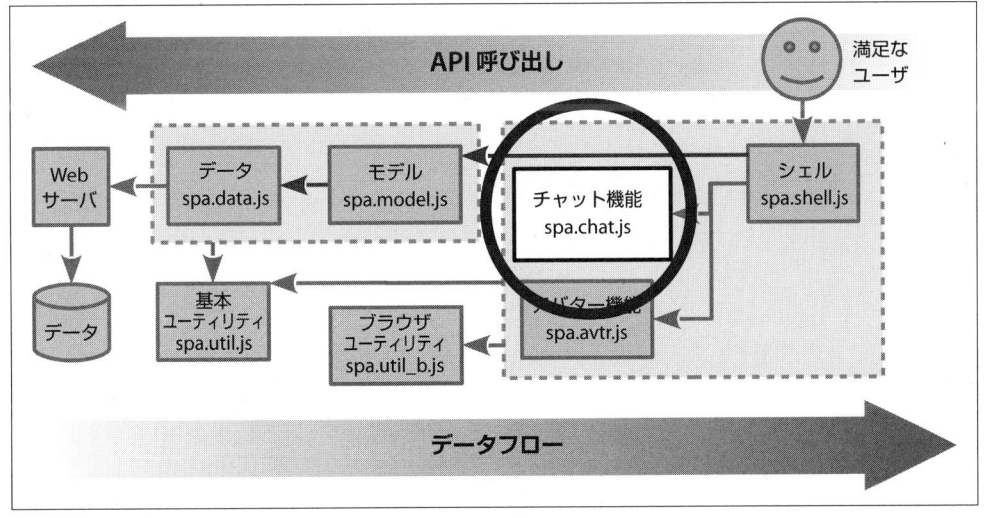

図6-3　SPAアーキテクチャ内のチャット機能モジュール

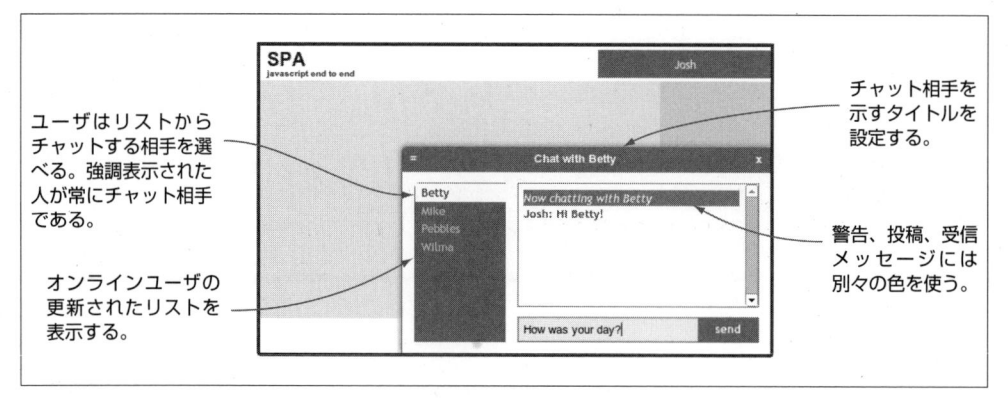

図6-4 希望のチャットUI

- ユーザリストを含むようにチャットスライダーのデザインを変更する。
- ユーザがサインインしたら、チャットへの参加、チャットスライダーのオープン、チャットスライダータイトルの変更、オンラインユーザリストの表示を実行する。
- 変更があるたびにオンラインユーザリストを更新する。
- オンラインユーザリストのチャット相手を強調表示し、リストが変わったら必ず表示を更新する。
- ユーザがメッセージを送信し、オンラインユーザリストからチャット相手を選べるようにする。
- ユーザ、他のユーザ、メッセージログ内のシステムからのメッセージを表示する。このメッセージはすべて異なる見え方をすべきであり、メッセージログは滑らかにスクロールすべき。
- タッチ制御をサポートするようにインタフェースを修正する。
- ユーザがサインアウトしたら、次の動作を実行する。チャットスライダータイトルの変更、メッセージログの削除、スライダーの格納。

まずはJavaScriptの更新から始めよう。

6.4.1 チャットJavaScriptを更新する

チャットJavaScriptを更新し、前述した機能を追加する必要がある。主な変更点を以下に示す。

- ユーザリストを含めるようにHTMLテンプレートを修正する。
- メッセージログを管理するための scrollChat、writeChat、writeAlert、clearChat メソッドを作成する。
- ユーザ入力イベントハンドラ onTapList と onSubmitMsg を作成し、ユーザがユーザリストからチャット相手を選び、メッセージを送信できるようにする。タッチイベントもサポートする。
- モデルが発行する spa-setchatee イベントに対処する onSetchatee メソッドを作成する。このメ

ソッドはチャット相手の表示やチャットスライダータイトルを変更し、メッセージウィンドウにシステム警告を提示する。
- モデルが発行する spa-listchange イベントに対処する onListchange メソッドを作成する。このメソッドは、チャット相手を強調表示したユーザリストを表示する。
- モデルが発行する spa-updatechat イベントに対処する onUpdatechat メソッドを作成する。このメソッドは、ユーザ、サーバ、その他のユーザが送信した新しいメッセージを表示する。
- モデルが発行する spa-login イベントと spa-logout イベントに対処する onLogin メソッドと onLogout メソッドを作成する。onLogin ハンドラは、ユーザがログインしたときにチャットスライダーを開く。onLogout ハンドラはメッセージログを削除し、タイトルをリセットし、チャットスライダーを閉じる。
- モデルが発行するすべてのイベントに登録し、すべてのユーザ入力イベントをバインドする。

イベントハンドラ名について

「メソッド名 onSetchatee を onSetChatee にしない理由はあるのか」と考える読者もいるだろう。これには理由がある。

本書でのイベントハンドラの命名規則は on<Event>[<Modifier>] であり、Modifier はオプションである。ほとんどのイベントは一音節なので、この命名規則は通常は適切に機能する。例えば、onTap や onTapAvatar などである。この規則は便利なので、ハンドラから対処するイベントを正確に突き止められる。

他の規則と同様に、混乱を招きかねない場合がある。例えば、onListchange の場合は、本書の規則に従っている。イベント名は listChange ではなく listchange である。したがって、onListchange は正しいが、onListChange は正しくない。onSetchatee と onUpdatechat でも同じである。

例6-12 に示すように JavaScript ファイルを更新しよう。変更点は**太字**で示す。

例6-12　チャット JavaScript ファイルの更新 (spa/js/spa.chat.js)

```
...
/*global $, spa */ ❶

spa.chat = (function () {
  'use strict'; ❷
  //--------------- モジュールスコープ変数開始 --------------
  var
```

❶ グローバルシンボルリストから getComputedStyle を削除する。これは getEmSize で使っていたが、getEmSize はブラウザユーティリティモジュールに移行した。
❷ use strict プラグマを追加する。

238 | 6章 モデルとデータモジュールの完成

```javascript
    configMap = {
      main_html : String()
        + '<div class="spa-chat">'
          + '<div class="spa-chat-head">'
            + '<div class="spa-chat-head-toggle">+</div>'
            + '<div class="spa-chat-head-title">'
              + 'Chat'
            + '</div>'
          + '</div>'
          + '<div class="spa-chat-closer">x</div>'
          + '<div class="spa-chat-sizer">'
            + '<div class="spa-chat-list">'
              + '<div class="spa-chat-list-box"></div>' ❸
            + '</div>'
            + '<div class="spa-chat-msg">'
              + '<div class="spa-chat-msg-log"></div>'
              + '<div class="spa-chat-msg-in">'
                + '<form class="spa-chat-msg-form">'
                  + '<input type="text"/>'
                  + '<input type="submit" style="display:none"/>'
                  + '<div class="spa-chat-msg-send">'
                    + 'send'
                  + '</div>'
                + '</form>'
              + '</div>'
            + '</div>'
          + '</div>'
        + '</div>',
      ...
      slider_closed_em      : 2,
      slider_opened_title   : 'Tap to close', ❹
      slider_closed_title   : 'Tap to open',
      slider_opened_min_em  : 10,
      ...
    },
    ...
    setJqueryMap, setPxSizes, scrollChat, ❺
    writeChat,    writeAlert,  clearChat,
    setSliderPosition,
    onTapToggle,  onSubmitMsg, onTapList,
    onSetchatee,  onUpdatechat, onListchange,
    onLogin,      onLogout,
    configModule, initModule,
    removeSlider, handleResize;
//---------------- モジュールスコープ変数終了 ---------------

//------------------ ユーティリティメソッド開始 -----------------
```

> ❸ ユーザリストとその他の改良を含めるようにスライダーテンプレートを更新する。
> ❹ タッチデバイスを持つ人が理解できるようにclickをtapに変更する。
> ❺ ユーザイベントとモデルイベントに対処する新たなメソッドを宣言する。

```javascript
//-------------------- ユーティリティメソッド終了 -------------------- ❻

//-------------------- DOMメソッド開始 --------------------
// DOMメソッド/setJqueryMap/開始
setJqueryMap = function () {
  var
    $append_target = stateMap.$append_target,
    $slider = $append_target.find( '.spa-chat' );

  jqueryMap = { ❼
    $slider   : $slider,
    $head     : $slider.find( '.spa-chat-head' ),
    $toggle   : $slider.find( '.spa-chat-head-toggle' ),
    $title    : $slider.find( '.spa-chat-head-title' ),
    $sizer    : $slider.find( '.spa-chat-sizer' ),
    $list_box : $slider.find( '.spa-chat-list-box' ),
    $msg_log  : $slider.find( '.spa-chat-msg-log' ),
    $msg_in   : $slider.find( '.spa-chat-msg-in' ),
    $input    : $slider.find( '.spa-chat-msg-in input[type=text]'),
    $send     : $slider.find( '.spa-chat-msg-send' ),
    $form     : $slider.find( '.spa-chat-msg-form' ),
    $window   : $(window)
  };
};
// DOMメソッド/setJqueryMap/終了

// DOMメソッド/setPxSizes/開始
setPxSizes = function () {
  var px_per_em, window_height_em, opened_height_em;

  px_per_em = spa.util_b.getEmSize( jqueryMap.$slider.get(0) ); ❽
  window_height_em = Math.floor(
    ( jqueryMap.$window.height() / px_per_em ) + 0.5 ❾
  );
  ...
}
...
// パブリックメソッド/setSliderPosition/開始
...
setSliderPosition = function ( position_type, callback ) {
  var
    height_px, animate_time, slider_title, toggle_text;

  // 位置タイプ「opened」は匿名ユーザには使えない。❿
  // そのため、単にfalseを返す。
  // シェルはuriを修正して再び試す。
  if ( position_type === 'opened'
```

❻ ブラウザユーティリティ（spa.util_b.js）から利用できるので、getEmSizeメソッドを削除する。
❼ 修正したチャットスライダーのためにjQueryコレクションキャッシュを更新する。
❽ ブラウザユーティリティのgetEmSizeを使う。
❾ jqueryMapキャッシュからwindowのjQueryコレクションを取得する。
❿ ユーザが匿名の場合にはスライダーのオープンを拒否するコードを追加する。シェルコールバックが状況に応じてURIを調節する。

```
      && configMap.people_model.get_user().get_is_anon()
  ){ return false; }

  // スライダーがすでに指定の位置にある場合はtrueを返す
  if ( stateMap.position_type === position_type ){ ⓫
    if ( position_type === 'opened' ) {
      jqueryMap.$input.focus();
    }
    return true;
  }

  // アニメーションパラメータを用意する
  switch ( position_type ){
    case 'opened' :
      ...
      jqueryMap.$input.focus();
    break;
    ...
  }
  ...
};
// パブリックDOMメソッド/setSliderPosition/終了

// チャットメッセージを管理するプライベートDOMメソッド開始 ⓬
scrollChat = function() { ⓭
  var $msg_log = jqueryMap.$msg_log;
  $msg_log.animate(
    { scrollTop : $msg_log.prop( 'scrollHeight' )
      - $msg_log.height()
    },
    150
  );
};

writeChat = function ( person_name, text, is_user ) { ⓮
  var msg_class = is_user
    ? 'spa-chat-msg-log-me' : 'spa-chat-msg-log-msg';

  jqueryMap.$msg_log.append(
    '<div class="' + msg_class + '">'
    + spa.util_b.encodeHtml(person_name) + ': '
    + spa.util_b.encodeHtml(text) + '</div>'
  );

  scrollChat();

};
```

⓫ スライダーを開いたときに入力ボックスにフォーカスを合わせるコードを追加する。

⓬ メッセージログを操作するのに使うDOMメソッドのためのセクションを開始する。

⓭ テキストの表示時にメッセージログを滑らかにスクロールするscrollChatメソッドを作成する。

⓮ メッセージログに付加するwriteChatメソッドを作成する。発信者がユーザの場合、別のスタイルを使う。必ずHTML出力をエンコードする。

```
writeAlert = function ( alert_text ) { ⓯
  jqueryMap.$msg_log.append(
    '<div class="spa-chat-msg-log-alert">'
      + spa.util_b.encodeHtml(alert_text)
    + '</div>'
  );
  scrollChat();
};

clearChat = function () { jqueryMap.$msg_log.empty(); }; ⓰
// チャットメッセージを管理するプライベートDOMメソッド終了 ⓱
//---------------------- DOMメソッド終了 ----------------------

//------------------- イベントハンドラ開始 ------------------- ⓲
onTapToggle = function ( event ) { ⓳
  ...
};

onSubmitMsg = function ( event ) { ⓴
  var msg_text = jqueryMap.$input.val();
  if ( msg_text.trim() === '' ) { return false; }
  configMap.chat_model.send_msg( msg_text );
  jqueryMap.$input.focus();
  jqueryMap.$send.addClass( 'spa-x-select' );
  setTimeout(
    function () { jqueryMap.$send.removeClass( 'spa-x-select' ); },
    250
  );
  return false;
};

onTapList = function ( event ) { ㉑
  var $tapped = $( event.elem_target ), chatee_id;
  if ( ! $tapped.hasClass('spa-chat-list-name') ) { return false; }

  chatee_id = $tapped.attr( 'data-id' );
  if ( ! chatee_id ) { return false; }

  configMap.chat_model.set_chatee( chatee_id );
  return false;
};

onSetchatee = function ( event, arg_map ) { ㉒
  var
    new_chatee = arg_map.new_chatee,
    old_chatee = arg_map.old_chatee;
```

⓯ メッセージログにシステム警告を付加するwriteAlertメソッドを作成する。必ずHTML出力をエンコードする。

⓰ メッセージログを削除するclearChatメソッドを作成する。

⓱ メッセージログを操作するのに使うDOMメソッドのためのセクションを終了する。

⓲ このセクションの先頭にユーザイベントハンドラを配置し、最後にモデルイベントハンドラを配置する。

⓳ onClickToggleイベントハンドラの名前をonTapToggleに変更する。

⓴ 送信メッセージを投稿したときのユーザ生成イベントに対処するonSubmitMsgイベントハンドラを作成する。model.chat.send_msgメソッドを使ってメッセージを送信する。

㉑ ユーザがユーザ名をクリックまたはタップしたときのユーザ生成イベントに対処するonTapListハンドラを作成する。model.chat.set_chateeメソッドを使ってチャット相手を設定する。

㉒ モデルが発行するイベントspa-setchateeに対するonSetchateeイベントハンドラを作成する。このハンドラは新しいチャット相手を選択し、古い相手の選択を解除する。また、チャットスライダータイトルを変更し、チャット相手が変わったことをユーザに通知する。

```
      jqueryMap.$input.focus();
      if ( ! new_chatee ) {
        if ( old_chatee ) {
          writeAlert( old_chatee.name + ' has left the chat' );
        }
        else {
          writeAlert( 'Your friend has left the chat' );
        }
        jqueryMap.$title.text( 'Chat' );
        return false;
      }

      jqueryMap.$list_box
        .find( '.spa-chat-list-name' )
        .removeClass( 'spa-x-select' )
        .end()
        .find( '[data-id=' + arg_map.new_chatee.id + ']' )
        .addClass( 'spa-x-select' );

      writeAlert( 'Now chatting with ' + arg_map.new_chatee.name );
      jqueryMap.$title.text( 'Chat with ' + arg_map.new_chatee.name );
      return true;
    };

    onListchange = function ( event ) { ㉓
      var
        vlist_html = String(),
        people_db  = configMap.people_model.get_db(),
        chatee     = configMap.chat_model.get_chatee();

      people_db().each( function ( person, idx ) {
        var select_class = '';

        if ( person.get_is_anon() || person.get_is_user()
        ) { return true;}

        if ( chatee && chatee.id === person.id ) {
          select_class=' spa-x-select';
        }
        list_html
          += '<div class="spa-chat-list-name'
          + select_class + '" data-id="' + person.id + '">'
          + spa.util_b.encodeHtml( person.name ) + '</div>';
      });

      if ( ! list_html ) {
```

㉓ モデルが発行するイベント spa-listchange に対する onListchange イベントハンドラを作成する。このハンドラは現在の people コレクションを取得し、ユーザリストを表示する。チャット相手が定められている場合には必ずチャット相手を強調表示する。

```
      list_html = String()
        + '<div class="spa-chat-list-note">'
        + 'To chat alone is the fate of all great souls...<br><br>'
        + 'No one is online'
        + '</div>';
      clearChat();
    }
    // jqueryMap.$list_box.html( list_html );
    jqueryMap.$list_box.html( list_html );
  };

  onUpdatechat = function ( event, msg_map ) { ㉔
    var
      is_user,
      sender_id = msg_map.sender_id,
      msg_text  = msg_map.msg_text,
      chatee    = configMap.chat_model.get_chatee() || {},
      sender    = configMap.people_model.get_by_cid( sender_id );

    if ( ! sender ) {
      writeAlert( msg_text );
      return false;
    }

    is_user = sender.get_is_user();

    if ( ! ( is_user || sender_id === chatee.id ) ) {
      configMap.chat_model.set_chatee( sender_id );
    }

    writeChat( sender.name, msg_text, is_user );

    if ( is_user ) {
      jqueryMap.$input.val( '' );
      jqueryMap.$input.focus();
    }
  };

  onLogin = function ( event, login_user ) { ㉕
    configMap.set_chat_anchor( 'opened' );
  };

  onLogout = function ( event, logout_user ) { ㉖
    configMap.set_chat_anchor( 'closed' );
    jqueryMap.$title.text( 'Chat' );
    clearChat();
  };
```

㉔ モデルが発行するイベントspa-updatechatに対するonUpdatechatイベントハンドラを作成する。このハンドラはメッセージログの表示を更新する。メッセージの発信者がユーザの場合、入力領域を削除し、再びフォーカスを合わせる。また、チャット相手をメッセージの送信者に設定する。

㉕ モデルが発行するイベントspa-loginに対するonLoginイベントハンドラを作成する。このハンドラはチャットスライダーを開く。

㉖ モデルが発行するイベントspa-logoutに対するonLogoutイベントハンドラを作成する。このハンドラはチャットスライダーメッセージログを削除し、チャットスライダータイトルをリセットし、チャットスライダーを閉じる。

```
//-------------------- イベントハンドラ終了 --------------------
...
  initModule = function ( $append_target ) {
    var $list_box;

    // チャットスライダー HTML と jQuery キャッシュをロードする
    stateMap.$append_target = $append_target;
    $append_target.append( configMap.main_html );  ㉗
    setJqueryMap();
    setPxSizes();

    // チャットスライダーをデフォルトのタイトルと状態で初期化する
    jqueryMap.$toggle.prop( 'title', configMap.slider_closed_title );
    stateMap.position_type = 'closed';

    // $list_boxでjQueryグローバルイベントに登録する ㉘
    $list_box = jqueryMap.$list_box;
    $.gevent.subscribe( $list_box, 'spa-listchange', onListchange );
    $.gevent.subscribe( $list_box, 'spa-setchatee',  onSetchatee );
    $.gevent.subscribe( $list_box, 'spa-updatechat', onUpdatechat );
    $.gevent.subscribe( $list_box, 'spa-login',      onLogin );
    $.gevent.subscribe( $list_box, 'spa-logout',     onLogout );

    // ユーザ入力イベントをバインドする ㉙
    jqueryMap.$head.bind(     'utap',   onTapToggle );
    jqueryMap.$list_box.bind( 'utap',   onTapList );
    jqueryMap.$send.bind(     'utap',   onSubmitMsg );
    jqueryMap.$form.bind(     'submit', onSubmitMsg );
  };
  // パブリックメソッド/initModule/終了
...
```

> ㉗ initModuleを修正し、呼び出し側が指定したコンテナに更新されたスライダーテンプレートを付加する。
> ㉘ まず、モデルが発行するすべてのイベントに登録する。
> ㉙ 次に、すべてのユーザ入力イベントをバインドする。登録の前にバインドすると、競合状態になる可能性がある。

> **テンプレートシステム**
>
> 　本書のSPAでは簡単な文字列連結を使ってHTMLを生成しており、これは本書の目的を完全に満たしている。しかし、いつかもっと高度なHTML生成が必要な時期が来る。その時がテンプレートシステムを検討すべき時である。
>
> 　テンプレートシステムはデータを表示要素に変換する。テンプレートシステムは、開発者が要素生成を指示するのに使う言語で大きく分類できる。**埋め込みスタイル**は、ホスト言語（本書の場合はJavaScript）を直接テンプレートに埋め込める。**ツールキットスタイル**は、ホスト言語とは独立したドメイン固有テンプレート言語（DSL：Domain-Specific Language）を提供する。
>
> 　埋め込みスタイルシステムでは、ビジネスロジックと表示ロジックがあまりにも簡単に混ざってしまうので、埋め込みスタイルシステムの使用はお勧めしない。最も人気のあるJavaScript埋め込みスタイルシステムは、おそらくunderscore.jsのテンプレート方式が提供するものだが、他にもたくさん存在する。
>
> 　時間と共に他の言語のツールキットスタイルシステムが使われる傾向があることに気付いた。これはおそらく、ツールキットスタイルシステムが表示ロジックとビジネスロジックの明確な分離を促す傾向があるためである。SPAでは多くの優れたツールキットスタイルテンプレートシステムが利用できる。本書の執筆時点で十分にテストされた人気のツールキットスタイルテンプレートシステムには、Handlebars、Dust、Mustacheなどがある。これらはどれも検討に値すると感じている。

　JavaScriptが準備できたので、これに対応するようにスタイルシートを修正しよう。

6.4.2　スタイルシートを更新する

　改良したインタフェースに合わせてスタイルシートを更新する。まず、ルートスタイルシートを更新してほとんどの要素でのテキストを選択できないようにしたい。これにより、特にタッチデバイスで目立つ厄介なUXを排除する。この更新を**例6-13**に示す。変更点は**太字**で示す。

例6-13　ルートスタイルシートの更新（spa/css/spa.css）

```
...
/** リセット開始 */
  ...
  h1,h2,h3,h4,h5,h6,p { margin-bottom : 6pt; }
  ol,ul,dl { list-style-position : inside;}
```

```css
* {                                       ❶
    -webkit-user-select : none;
    -khtml-user-select  : none;
    -moz-user-select    : -moz-none;

    -o-user-select      : none;
    -ms-user-select     : none;
    user-select         : none;

    -webkit-user-drag   : none;
    -moz-user-drag      : none;
    user-drag           : none;

    -webkit-tap-highlight-color : transparent;
    -webkit-touch-callout       : none;
}

input, textarea, .spa-x-user-select {     ❷
    -webkit-user-select : text;
    -khtml-user-select  : text;
    -moz-user-select    : text;
    -o-user-select      : text;
    -ms-user-select     : text;
    user-select         : text;
}

/** リセット終了 */
...
```

> ❶ すべての要素のテキスト選択を防ぐセレクタを追加する。-moz、-ms、-webkitなどのベンダ頭字語をすべて取り除ける日が来るのを本当に楽しみにしている。これが実現すれば、サイズが6分の1になる。
> ❷ 入力フィールド、テキスト領域、spa-x-user-selectクラスを持つ要素を例外とするセレクタを追加する。

次にチャットスタイルシートを更新する。主な変更点を以下に示す。

- オンラインユーザリストをスライドバーの左側に表示するようなスタイルにする。
- ユーザリストに合わせてスライダーを広げる。
- メッセージウィンドウのスタイルを定める。
- spa-chat-box*セレクタとspa-chat-msgs*セレクタをすべて削除する。
- ユーザ、チャット相手、システムから受信したメッセージのスタイルを追加する。

上記の変更を**例6-14**に示す。変更点は**太字**で示す。

例6-14 チャットスタイルシートの更新（spa/css/spa.chat.css）

```css
...
.spa-chat {
  ...
  right : 0;
```

```css
    width      : 32em; ❶
    height     : 2em;
    ...
}
...
.spa-chat-sizer {
  position : absolute;
  top      : 2em;
  left     : 0;
  right    : 0;
}
.spa-chat-list { ❷
  position : absolute;
  top      : 0;
  left     : 0;
  bottom   : 0;
  width    : 10em;
}

.spa-chat-msg {
  position : absolute; ❸
  top      : 0;
  left     : 10em;
  bottom   : 0;
  right    : 0;
}

.spa-chat-msg-log, ❹
.spa-chat-list-box {
  position   : absolute;
  top        : 1em;
  overflow-x : hidden;
}

.spa-chat-msg-log { ❺
  left       : 0em;
  right      : 1em;
  bottom     : 4em;
  padding    : 0.5em;
  border     : thin solid #888;
  overflow-y : scroll;
}

.spa-chat-msg-log-msg { ❻
  background-color : #eee;
}
```

❶ ユーザリストに合わせてチャットスライダークラスを10em広げる。
❷ ユーザリストコンテナのスタイルをチャットスライダーの左3分の1にするクラスを作成する。
❸ メッセージコンテナのスタイルをチャットスライダーの右3分の2にするクラスを作成する。
❹ メッセージログコンテナとユーザリストコンテナの両方のスタイルを定める共通ルールを作成する。
❺ メッセージログコンテナのスタイルを定めるルールを追加する。
❻ 通常メッセージのスタイルを定めるクラスを作成する。

```css
.spa-chat-msg-log-me { ❼
  font-weight : 800;
  color       : #484;
}

.spa-chat-msg-log-alert { ❽
  font-style : italic;
  background : #a88;
  color      : #fff;
}

.spa-chat-list-box { ❾
  left             : 1em;
  right            : 1em;
  bottom           : 1em;
  overflow-y       : auto;
  border-width     : thin 0 thin thin;
  border-style     : solid;
  border-color     : #888;
  background-color : #888;
  color            : #ddd;
  border-radius    : 0.5em 0 0 0;
}

.spa-chat-list-name, .spa-chat-list-note { ❿
  width   : 100%;
  padding : 0.1em 0.5em;
}

.spa-chat-list-name { ⓫
  cursor : pointer;
}

  .spa-chat-list-name:hover {
    background-color : #aaa;
    color            : #888;
  }

  .spa-chat-list-name.spa-x-select {
    background-color : #fff;
    color            : #444;
  }

.spa-chat-msg-in { ⓬
  position : absolute;
  height   : 2em;
  left     : 0em;
```

❼ ユーザが送信したメッセージのスタイルを定めるクラスを作成する。
❽ システム警告メッセージのスタイルを定めるクラスを作成する。
❾ ユーザリストコンテナのスタイルを定めるクラスを作成する。
❿ ユーザリストに表示するユーザ名と単一の通知の両方のスタイルを定める共通ルールを作成する。
⓫ ユーザリストに表示するユーザ名のスタイルを定めるルールを作成する。
⓬ ユーザ入力領域のスタイルを定めるクラスを作成する。

```css
      right      : 1em;
      bottom     : 1em;
      border     : thin solid #888;
      background : #888;
    }

    .spa-chat-msg-in input[type=text] {     ⑬
      position    : absolute;
      width       : 75%;
      height      : 100%;
      line-height : 100%;
      padding     : 0 0.5em;
      border      : 0;
      background  : #ddd;
      color       : #666;
    }

      .spa-chat-msg-in input[type=text]:focus {     ⑭
        background : #ff8;
        color      : #222;
      }

    .spa-chat-msg-send {     ⑮
      position    : absolute;
      top         : 0;
      right       : 0;
      width       : 25%;
      height      : 100%;
      line-height : 1.9em;
      text-align  : center;
      color       : #fff;
      font-weight : 800;
      cursor      : pointer;
    }

      .spa-chat-msg-send:hover,
      .spa-chat-msg-send.spa-x-select {
        background : #444;
        color      : #ff0;
      }

    .spa-chat-head:hover .spa-chat-head-toggle {
      background : #aaa;
    }
```

⑬ ユーザ入力領域内の入力フィールドのスタイルを定めるセレクタを作成する。
⑭ 入力フィールドにフォーカスがある場合に背景を黄色にする従属セレクタを作成する。
⑮ 送信ボタンのスタイルを定めるクラスを作成する。

スタイルシートを準備したので、更新したチャットUIが適切に機能することを確認しよう。

6.4.3 チャットUIをテストする

　ブラウザドキュメント（spa/spa.html）をロードすると、右上のユーザ領域に「Please sign in」と表示されたページが現れるはずだ。これをクリックすると、以前と同様にサインインできる。ユーザ領域に「... processing ...」が3秒間表示された後、ユーザ領域にユーザ名が表示される。この時点で、チャットスライダーが開き、インタフェースは図6-5に示すようになっているだろう。

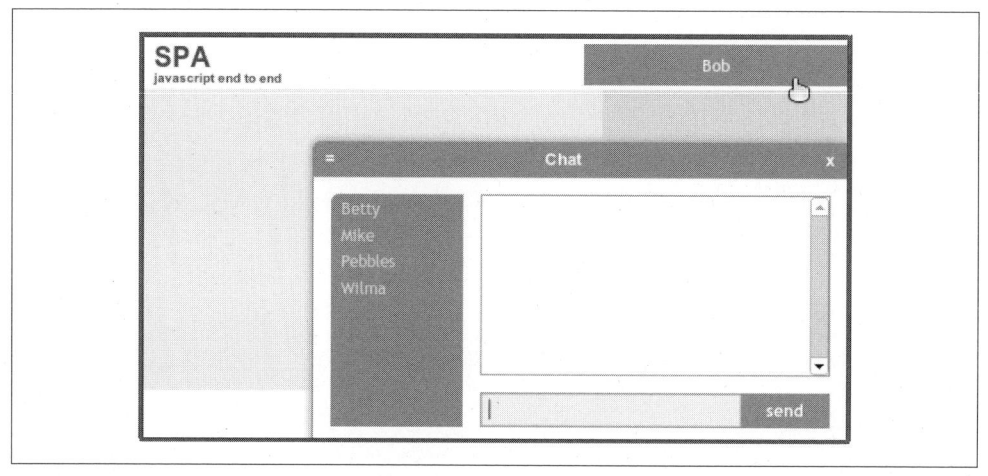

図6-5　更新したチャットインタフェース（サインイン後）

　数秒後、Wilmaから最初のメッセージを受信する。返信してから、Pebblesを選んでメッセージを送信できる。チャットインタフェースは図6-6のようになるだろう。

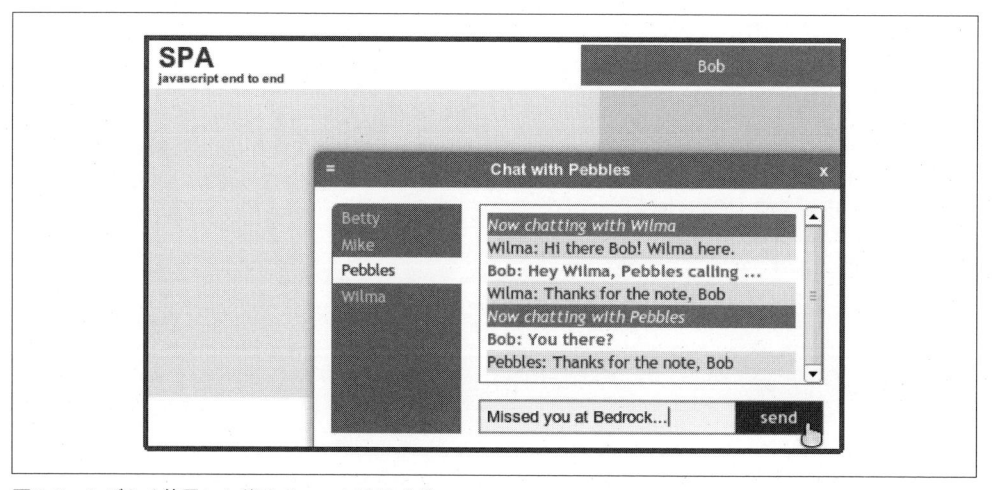

図6-6　しばらく使用した後のチャットスライダー

これで、モデルのchatとpeopleのAPIを使ってチャット機能モジュールに必要なすべての機能を提供した。次にアバター機能モジュールを追加したい。

6.5　アバター機能モジュールを作成する

この節では、図6-7に示すようなアバター機能モジュールを作成する。

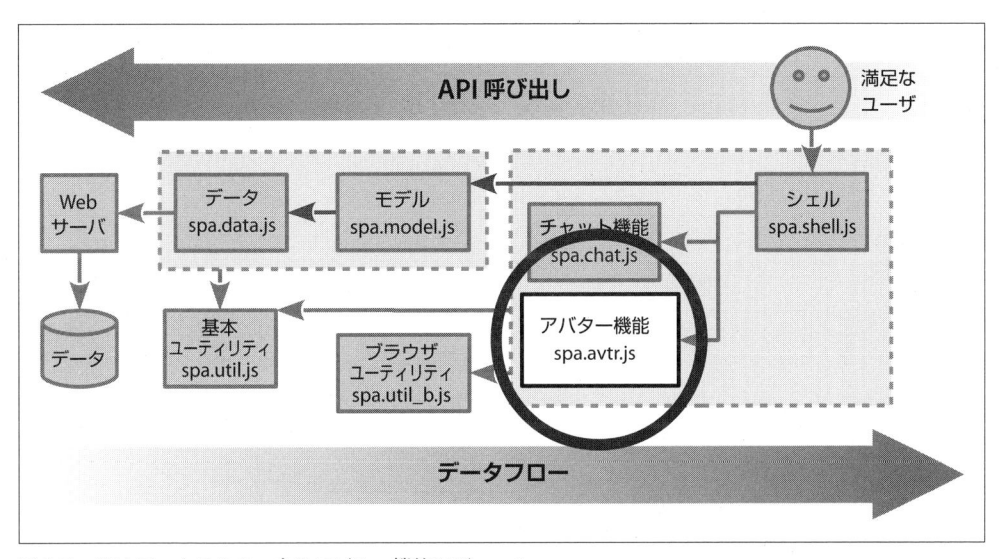

図6-7　SPAアーキテクチャ内のアバター機能モジュール

chatオブジェクトはすでにアバター情報の管理に備えている。詳細を決める必要があるだけである。図6-8に示すようなアバターUIを再検討しよう。

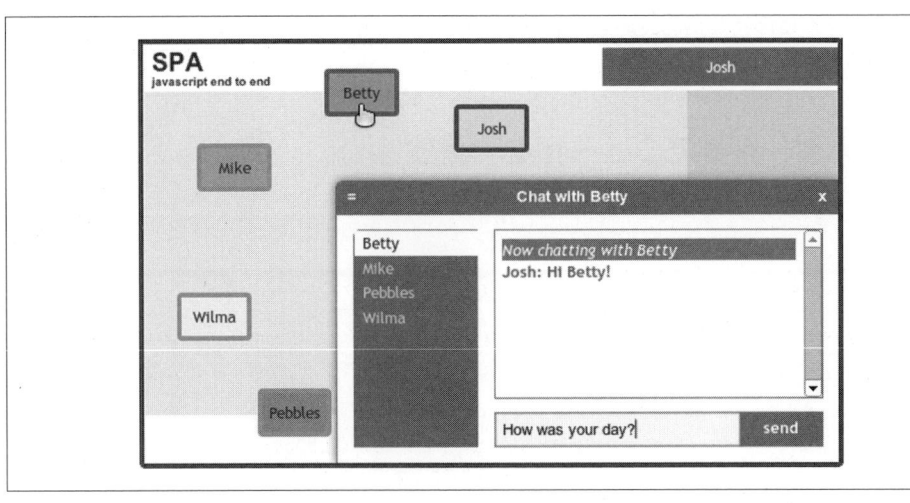

図6-8 表示したいアバター

オンラインユーザはそれぞれ、枠線が太く、中央に名前が表示された箱のような形状のアバターを備える。本人ユーザを表すアバターの枠線は青でなければいけない。チャット相手のアバターの枠線は緑にする。アバターをタップまたはクリックすると、色が変わる。アバターを長押しまたは長くタップすると、外観が変わり、新たな位置にドラッグできる。

アバターモジュールは、以下のような機能モジュールでの代表的な手順で開発する。

- 分離された名前空間を使って、機能モジュールのためのJavaScriptファイルを作成する。
- 名前空間の接頭辞が付いたクラスを持つ、機能モジュールのためのスタイルシートファイルを作成する。
- ブラウザドキュメントを更新し、新しいJavaScriptとスタイルシートファイルを含める。
- シェルを調整し、新しいモジュールの設定と初期化を行う。

以降の節では、上記の手順に従って進める。

6.5.1　アバターJavaScriptを作成する

アバター機能モジュールを追加するための最初の作業は、JavaScriptファイルの作成である。アバター機能モジュールはチャットモジュールと同じイベントをたくさん使うので、spa/js/spa.chat.jsをspa/js/spa.avtr.jsにコピーし、必要に応じて修正できる。**例6-15**は新たに作成した機能モジュールファイルである。これはチャットと似ているので、詳しい説明はしない。しかし、興味深い部分には注釈を付けている。

例6-15　アバター JavaScriptの作成（spa/js/spa.avtr.js）

```
/*
 * spa.avtr.js
 * アバター機能モジュール
*/

/*jslint          browser : true, continue : true,
  devel  : true, indent  : 2,    maxerr   : 50,
  newcap : true, nomen   : true, plusplus : true,
  regexp : true, sloppy  : true, vars     : false,
  white  : true
*/
/*global $, spa */

spa.avtr = (function () {
  'use strict';                           ❶
  //--------------- モジュールスコープ変数開始 --------------
  var
    configMap = {
      chat_model : null,                  ❷
      people_model : null,

      settable_map : {
        chat_model : true,
        people_model : true
      }
    },

    stateMap = {                          ❸
      drag_map : null,
      $drag_target : null,
      drag_bg_color: undefined
    },

    jqueryMap = {},

    getRandRgb,
    setJqueryMap,
    updateAvatar,
    onTapNav,       onHeldstartNav,
    onHeldmoveNav,  onHeldendNav,
    onSetchatee,    onListchange,
    onLogout,
    configModule, initModule;
  //--------------- モジュールスコープ変数終了 --------------
```

❶ use strictプラグマを使う。
❷ peopleオブジェクトとchatオブジェクトの構成プロパティを宣言する。
❸ 状態プロパティを宣言し、イベントハンドラ間でドラッグされたアバターを管理できるようにする。

```javascript
//---------------- ユーティリティメソッド開始 ---------------
getRandRgb = function (){ ❹
  var i, rgb_list = [];
  for ( i = 0; i < 3; i++ ){
    rgb_list.push( Math.floor( Math.random() * 128 ) + 128 );
  }
  return 'rgb(' + rgb_list.join(',') + ')';
};
//--------------- ユーティリティメソッド終了 ----------------

//--------------------- DOMメソッド開始 ---------------------
setJqueryMap = function ( $container ) {
  jqueryMap = { $container : $container };
};

updateAvatar = function ( $target ){ ❺
  var css_map, person_id;

  css_map = {
    top  : parseInt( $target.css( 'top' ), 10 ),
    left : parseInt( $target.css( 'left' ), 10 ),
    'background-color' : $target.css('background-color')
  };
  person_id = $target.attr( 'data-id' );

  configMap.chat_model.update_avatar({
    person_id : person_id, css_map : css_map
  });
};
//---------------------- DOMメソッド終了 --------------------
//------------------- イベントハンドラ開始 ------------------
onTapNav = function ( event ){ ❻
  var css_map,
    $target = $( event.elem_target ).closest('.spa-avtr-box');

  if ( $target.length === 0 ){ return false; }
  $target.css({ 'background-color' : getRandRgb() });
  updateAvatar( $target );
};

onHeldstartNav = function ( event ){ ❼
  var offset_target_map, offset_nav_map,
    $target = $( event.elem_target ).closest('.spa-avtr-box');
    if ( $target.length === 0 ){ return false; }

    stateMap.$drag_target = $target;
    offset_target_map = $target.offset();
```

❹ ランダムなRGB色文字列を生成するユーティリティを作成する。

❺ 指定された$targetアバターからcss値を読み取り、model.chat.update_avatarメソッドを呼び出すupdateAvatarメソッドを作成する。

❻ onTapNavイベントハンドラを作成する。このハンドラは、ユーザがナビゲーション領域をクリックまたはタップしたときに呼び出される。このハンドラはタップ対象下の要素がアバターの場合にだけ対処するので、イベント委譲を使う。それ以外の場合は、イベントを無視する。

❼ OnHeldstartNavイベントハンドラを作成する。このハンドラは、ユーザがナビゲーション領域でドラッグ動作を開始したときに呼び出される。

```
      offset_nav_map    = jqueryMap.$container.offset();

      offset_target_map.top  -= offset_nav_map.top;
      offset_target_map.left -= offset_nav_map.left;

      stateMap.drag_map      = offset_target_map;
      stateMap.drag_bg_color = $target.css('background-color');

      $target
        .addClass('spa-x-is-drag')
        .css('background-color','');
    };

    onHeldmoveNav = function ( event ){ ❽
      var drag_map = stateMap.drag_map;
      if ( ! drag_map ){ return false; }

      drag_map.top  += event.px_delta_y;
      drag_map.left += event.px_delta_x;

      stateMap.$drag_target.css({
        top : drag_map.top, left : drag_map.left
      });
    };

    onHeldendNav = function ( event ) { ❾
      var $drag_target = stateMap.$drag_target;
      if ( ! $drag_target ){ return false; }

      $drag_target
        .removeClass('spa-x-is-drag')
        .css('background-color',stateMap.drag_bg_color);

      stateMap.drag_bg_color= undefined;
      stateMap.$drag_target = null;
      stateMap.drag_map     = null;
      updateAvatar( $drag_target );
    };

    onSetchatee = function ( event, arg_map ) { ❿
      var
        $nav       = $(this),
        new_chatee = arg_map.new_chatee,
        old_chatee = arg_map.old_chatee;

      // これを使ってナビゲーション領域のユーザのアバターを強調表示する。
      // new_chatee.name、old_chatee.nameなどを参照。
```

> ❽ onHeldmoveNavイベントハンドラを作成する。このハンドラは、ユーザがアバターをドラッグ中に起動される。これは頻繁に実行されるので、計算を最小限に抑える。
> ❾ onHeldendNavイベントハンドラを作成する。このハンドラは、ユーザがドラッグ後にアバターを離したときに呼び出される。このハンドラは、ドラッグしたアバターを元の色に戻す。そして、updateAvatarメソッドを呼び出し、アバターの詳細を読み取ってmodel.chat.update_avatar(<update_map>)メソッドを呼び出す。
> ❿ onSetchateeイベントハンドラを作成する。このハンドラは、モデルがspa-setchateeイベントを発行したときに呼び出される。このモジュールでは、チャット相手のアバターの輪郭を緑に設定する。

```
      // old_chateeアバターから強調表示を削除する
      if ( old_chatee ){
        $nav
          .find( '.spa-avtr-box[data-id=' + old_chatee.cid + ']' )
          .removeClass( 'spa-x-is-chatee' );
      }

      // new_chateeアバターに強調表示を追加する
      if ( new_chatee ){
        $nav
          .find( '.spa-avtr-box[data-id=' + new_chatee.cid + ']' )
          .addClass('spa-x-is-chatee');
      }
    };

    onListchange = function ( event ){ ⓫
      var
        $nav      = $(this),
        people_db = configMap.people_model.get_db(),
        user      = configMap.people_model.get_user(),
        chatee    = configMap.chat_model.get_chatee() || {},
        $box;

      $nav.empty();
      // ユーザがログアウトしていたら描画しない
      if ( user.get_is_anon() ){ return false;}

      people_db().each( function ( person, idx ){
        var class_list;
        if ( person.get_is_anon() ){ return true; }
        class_list = [ 'spa-avtr-box' ];

        if ( person.id === chatee.id ){
          class_list.push( 'spa-x-is-chatee' );
        }
        if ( person.get_is_user() ){
          class_list.push( 'spa-x-is-user' );
        }

        $box = $('<div/>')
          .addClass( class_list.join(' '))
          .css( person.css_map )
          .attr( 'data-id', String( person.id ) )
          .prop( 'title', spa.util_b.encodeHtml( person.name ))
          .text( person.name )
          .appendTo( $nav );
```

⓫ onListchangeイベントハンドラを作成する。このハンドラは、モデルがspa-listchangeイベントを発行したときに呼び出される。このモジュールでは、アバターを再描画する。

```
    });
  };

  onLogout = function (){ ⓬
    jqueryMap.$container.empty();
  };
  //-------------------- イベントハンドラ終了 --------------------

  //------------------ パブリックメソッド開始 ------------------
  // パブリックメソッド/configModule/開始
  // 用例：spa.avtr.configModule({...});
  // 目的：初期化前にモジュール（ユーザセッション中に変更されるはずのない値）を設定する。
  // 動作：
  //   内部構成データ構造（configMap）を指定の引数で更新する。その他の処理は行わない。
  // 戻り値   ：なし
  // 例外発行：受け取れない引数または欠如した引数のJavaScriptエラーオブジェクトとスタックトレース
  //
  configModule = function ( input_map ) {
    spa.util.setConfigMap({
      input_map : input_map,
      settable_map : configMap.settable_map,
      config_map : configMap
    });
    return true;
  };
  // パブリックメソッド/configModule/終了

  // パブリックメソッド/initModule/開始
  // 用例：spa.avtr.initModule( $container );
  // 目的：機能を提供するようにモジュールに指示する
  // 引数：$container－使用するコンテナ
  // 動作：チャットユーザにアバターインタフェースを提供する
  // 戻り値   ：なし
  // 例外発行：なし
  //
  initModule = function ( $container ) {
    setJqueryMap( $container );

    // モデルグローバルイベントをバインドする ⓭
    $.gevent.subscribe( $container, 'spa-setchatee', onSetchatee );
    $.gevent.subscribe( $container, 'spa-listchange', onListchange );
    $.gevent.subscribe( $container, 'spa-logout', onLogout );

    // 処理をバインドする ⓮
    $container
      .bind( 'utap',      onTapNav )
      .bind( 'uheldstart', onHeldstartNav )
```

⓬ onLogoutイベントハンドラを作成する。このハンドラは、モデルがspa-logoutイベントを発行したときに呼び出される。このモジュールでは、すべてのアバターを削除する。

⓭ まず、モデルが発行するイベントをバインドするコードを作成する。

⓮ 次に、ブラウザイベントをバインドするコードを作成する。モデルイベントの前にブラウザイベントをバインドすると、競合状態をもたらす可能性がある。

```
      .bind( 'uheldmove', onHeldmoveNav )
      .bind( 'uheldend',  onHeldendNav );

    return true;
  };
  // パブリックメソッド/initModule/終了

  // パブリックメソッドを返す
  return {
    configModule : configModule,
    initModule   : initModule
  };
  //------------------ パブリックメソッド終了 --------------------
}());
```

モジュールのJavaScript部分が完成したので、関連するスタイルシートを作成する。

6.5.2　アバタースタイルシートを作成する

アバターモジュールは、ユーザをグラフィカルに表す箱を描画する。箱のスタイルを定める1つのクラス（spa-avtr-box）を定義する。そして、このクラスを修正し、ユーザの強調表示（spa-x-is-user）、チャット相手の強調表示（spa-x-is-chatee）、ドラッグ中の箱の強調表示（spa-x-is-drag）を実行できる。これらのセレクタを**例6-16**に示す。

例6-16 アバタースタイルシートの作成（spa/css/spa.avtr.css）

```
/*
 * spa.avtr.css
 * アバター機能スタイル
*/

.spa-avtr-box {  ❶
  position      : absolute;
  width         : 62px;
  padding       : 0 4px;
  height        : 40px;
  line-height   : 32px;
  border        : 4px solid #aaa;
  cursor        : pointer;
  overflow      : hidden;
  text-overflow : ellipsis;  ❷
  border-radius : 4px;
  text-align    : center;
}

  .spa-avtr-box.spa-x-is-user {  ❸
```

❶ アバターのスタイルを定めるクラスを作成する。

❷ 長いテキストをすっきりと切り詰めるtext-overflow:ellipsisルールを追加する。overflow:hiddenルールも設定する必要がある。text-overflow:ellipsisルールは、overflow:hiddenルールを設定しないと正しく機能しない。

❸ 本人ユーザを表すアバターのスタイルを定める派生セレクタを作成する。

```
      border-color : #44f;
    }

    .spa-avtr-box.spa-x-is-chatee { ❹
      border-color : #080;
    }

    .spa-avtr-box.spa-x-is-drag { ❺
      cursor           : move;
      color            : #fff;
      background-color : #000;
      border-color     : #800;
    }
```

❹ チャット相手を表すアバターのスタイルを定める派生セレクタを作成する。
❺ ユーザが移動中のアバターのスタイルを定める派生セレクタを作成する。

モジュールファイルが完成したので、さらにシェルとブラウザドキュメントの2つのファイルを調整する必要がある。

6.5.3 シェルとブラウザドキュメントを更新する

新たに作成した機能モジュールを使いたければ、**例6-17**に示すようにシェルを更新して機能モジュールの構成と初期化を行わなければいけない。

例6-17 シェルを更新してアバターの設定と初期化を行う（spa/js/spa.shell.js）

```
...
  initModule = function ( $container ) {
...
    // 機能モジュールの設定と初期化を行う
    spa.chat.configModule({
      set_chat_anchor : setChatAnchor,
      chat_model      : spa.model.chat,
      people_model    : spa.model.people
    });
    spa.chat.initModule( jqueryMap.$container );

    spa.avtr.configModule({ ❶
      chat_model   : spa.model.chat,
      people_model : spa.model.people
    });
    spa.avtr.initModule( jqueryMap.$nav ); ❷

    // URIアンカー変更イベントに対処する
    ...
  };
...
```

❶ まず、機能モジュールを構成する……
❷ ……次に初期化する。

機能モジュールを作成するための最後の作業では、ブラウザドキュメントを更新してJavaScript

ファイルとスタイルシートを含める。この作業は5章ですでに実施しているが、完全を期すために、**例6-18**で再度変更点を示す。

例6-18　アバターのためのブラウザドキュメントの更新（spa/spa.html）

```
...
<!-- スタイルシート -->
<link rel="stylesheet" href="css/spa.css" type="text/css"/>
<link rel="stylesheet" href="css/spa.shell.css" type="text/css"/>
<link rel="stylesheet" href="css/spa.chat.css" type="text/css"/>
<link rel="stylesheet" href="css/spa.avtr.css" type="text/css"/>
...
<!-- javapcript -->
...
<script src="js/spa.shell.js" ></script>
<script src="js/spa.chat.js" ></script>
<script src="js/spa.avtr.js" ></script>
...
```

　これでアバター機能モジュールの作成と統合が完了した。そこで、アバター機能モジュールをテストしよう。

6.5.4　アバター機能モジュールをテストする

　ブラウザドキュメント（spa/spa.html）をロードすると、右上のユーザ領域に「Please sign in」と表示されたページが現れるはずだ。これをクリックすると、以前と同様にサインインできる。チャットスライダーが開いたら、**図6-9**のようなインタフェースが表示されるだろう。

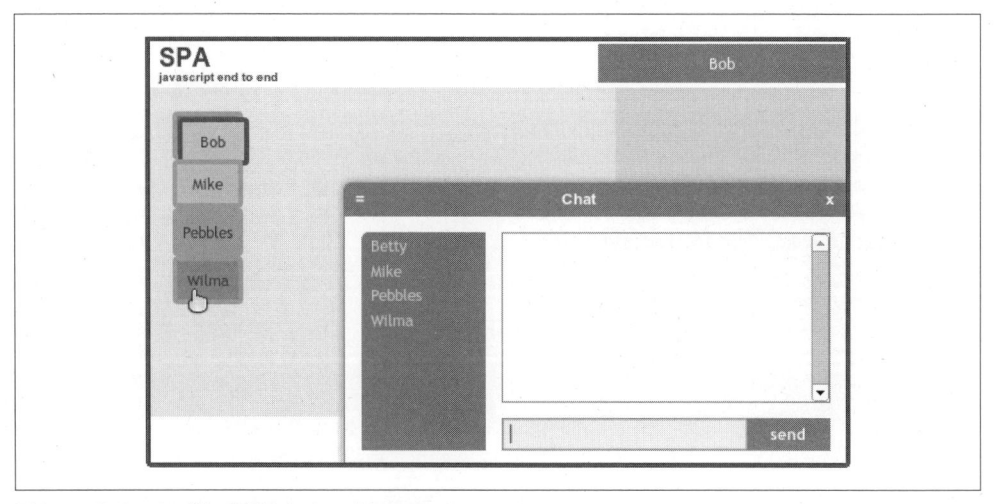

図6-9　サインイン後に表示されるアバター

ここでアバターをつかめばドラッグできる（最初はすべて左上角にある）。アバターをタップすると色が変わる。しばらくタップとドラッグを繰り返すと、図6-10のようなインタフェースになるだろう。ユーザのアバターの枠線は青、チャット相手は緑、ドラッグ中のアバターの色は黒、白、赤の組み合わせになる。

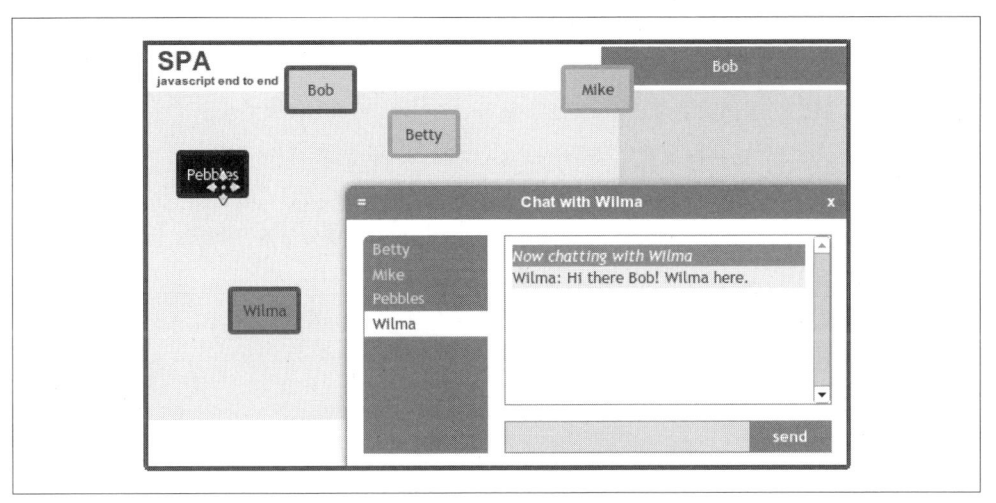

図6-10　アバターの動作

本章の最初に述べたすべての機能を実装した。次に、この作業の一部で最近人気のあるトピックであるデータバインディングをどのように実現したかを調べてみよう。

6.6　データバインディングとjQuery

データバインディングは、モデルデータが変わったときに、その変更を反映するようにインタフェースを変更し、逆にユーザがインタフェースを変更したら、それに応じてモデルデータを更新するメカニズムである。これは何も新しいことではない。UIを開発していれば、当然ながらデータバインディングを実装している。

本章では、jQueryメソッドを使ってデータバインディングを実装した。本書のSPAでモデルデータが変わると、jQueryグローバルカスタムイベントを発行する。jQueryコレクションは特定のカスタムグローバルイベントに登録しており、イベントの発生時に関数を呼び出して表示を更新する。また、ユーザが画面上でデータを変更すると、モデルを更新するメソッドを呼び出すイベントハンドラが起動される。これはシンプルであり、データと表示を更新する方法とタイミングに大幅な柔軟性をもたらす。jQueryを使ったデータバインディングは難しくはなく、不思議な魔法でもない。優れた手法である。

> ### SPA「フレームワーク」ライブラリがもたらすものに注意する
>
> SPA「フレームワーク」ライブラリの中には、確かに聞こえのよい「自動双方向データバインディング」を保証するものがある。しかし、これには素晴らしいデモがあらかじめ準備されているにもかかわらず、いくつかの注意点がある。
>
> - ライブラリの言語を学習する必要がある。十分に訓練されたプレゼンタと同じことをするには、APIと専門用語を学習する必要がある。これはかなりの投資である。
> - 多くの場合、ライブラリの作成者はSPAに期待される構造に対する構想を持っている。SPAがその構想を満たしていないと、改造に費用がかかる可能性がある。
> - ライブラリは巨大でバグが多く、間違いを起こしかねない別の階層の複雑さをもたらす場合がある。
> - ライブラリのデータバインディングがSPA要件を満たさない場合も多い。
>
> 最後の点に着目しよう。おそらく、ユーザが表の行を編集できるようにし、編集が終わったら、行全体を受け入れるかまたは取り消したい（取り消す場合は、行を以前の値に戻すべき）。また、ユーザが行の編集を終えたら、ユーザに編集した表全体を受け入れさせるかまたは取り消しさせたい。その後初めてバックエンドへの表の保存を検討する。
>
> フレームワークライブラリがこのような合理的なやり取りを追加設定なしでサポートする可能性は低い。そこで、ライブラリを使う場合は、デフォルトの振る舞いを回避するカスタムオーバーライドメソッドを作成する必要がある。これがたった何度か必要なだけでも、最初から自分で記述する場合よりもコード、階層、ファイル、複雑さが増すことになる。
>
> よかれと思って何度か試した後、フレームワークライブラリは注意して扱うことを学んだ。フレームワークライブラリは、開発の理解を深め、速め、容易にするよりもSPAを複雑にする可能性があることがわかった。これはフレームワークライブラリを決して使うべきではないという意味ではない。フレームワークライブラリにはそれなりにふさわしい場面がある。しかし、本書のSPAの例（およびかなりの本番環境のSPA）では、jQuery、プラグイン、TaffyDBなどの専用ツールでうまくいく。多くの場合、簡潔な方が優れている。

次に、データモジュールを追加し、多少の微調整を行ってSPAのクライアント部分を完成させよう。

6.7　データモジュールを作成する

この節では、図6-11に示すようなデータモジュールを作成する。

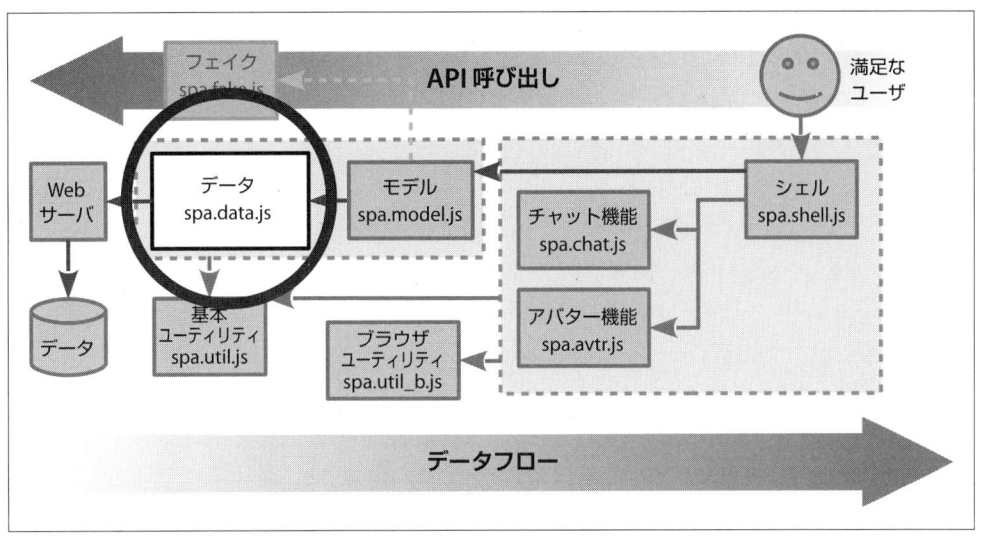

図6-11　SPAアーキテクチャ内のデータモデル

　これで、クライアントがフェイクモジュールの代わりに、サーバからの「本物」のデータとサービスを使える準備をする。この節が完了しても、必要なサーバ機能がまだ整っていないのでアプリケーションは正しく機能しない。サーバ機能は7章と8章で登場する。
　ロードするライブラリリストにSocket.IOライブラリを追加する必要がある。Socket.IOライブラリはメッセージ転送メカニズムになるからだ。これは**例6-19**に示すようにして実現する。変更点は**太字**で示す。

例6-19　ブラウザドキュメントにSocket.IOライブラリを含める（spa/spa.html）

```
...
  <!-- サードパーティ javascript -->
  <script src="socket.io/socket.io.js" ></script>
  <script src="js/jq/taffydb-2.6.2.js" ></script>
...
```

　例6-20に示すように、モデルやシェルの前にデータモジュールを初期化するようにしたい。変更点は**太字**で示す。

例6-20　ルート名前空間モジュールでデータを初期化する（spa/js/spa.js）

```
...
var spa = (function () {
  'use strict';
  var initModule = function ( $container ) {
    spa.data.initModule(); ❶
```

❶ モデルやシェルの前にデータを初期化する。

```
      spa.model.initModule();
      spa.shell.initModule( $container );
    };

    return { initModule: initModule };
  }());
```

次に、**例6-21**に示すようにデータモジュールを更新する。このモジュールは、このアーキテクチャでサーバとの**すべての接続**と、このモジュールを介してクライアントとサーバでやり取りされた**すべてのデータを管理する**。現時点ではこのモジュールが行う処理のすべてはわからないかもしれないが、心配しなくてもよい。Socket.IOについては次の章で詳しく取り上げる。変更点は**太字**で示す。

例6-21　データモジュールの更新（spa/js/spa.data.js）

```
...
/*global $, io, spa */

spa.data = (function () {
  'use strict';
  var
    stateMap = { sio : null },
    makeSio, getSio, initModule;

  makeSio = function (){
    var socket = io.connect( '/chat' ); ❶

    return { ❷
      emit : function ( event_name, data ) { ❸
        socket.emit( event_name, data );
      },
      on : function ( event_name, callback ) { ❹
        socket.on( event_name, function (){
          callback( arguments );
        });
      }
    };
  };

  getSio = function (){ ❺
    if ( ! stateMap.sio ) { stateMap.sio = makeSio(); }
    return stateMap.sio;
  };

  initModule = function (){}; ❻

  return { ❼
```

❶ /chat名前空間を使ってソケット接続を作成する。
❷ sioオブジェクトのためのメソッドを返すコードを記述する。
❸ emitメソッドが指定されたイベント名に関連するデータをサーバに送信するようにする。
❹ onメソッドが指定のイベント名にコールバックを登録するようにする。サーバから受信したイベントデータはコールバックに渡される。
❺ getSioメソッドを作成する。このメソッドは常に有効なsioオブジェクトを返そうとする。
❻ initModuleメソッドを作成する。このメソッドはまだ何も行わないが、常に利用できるようにし、ルート名前空間モジュール（spa/js/spa.js）がモデルやシェルを初期化する前にこのメソッドを呼び出せるようにしたい。
❼ すべてのパブリックデータメソッドをきちんとエクスポートする。

```
      getSio     : getSio,
      initModule : initModule
    };
  }());
```

サーバデータを使うための最後の準備作業は、**例6-22**に示すようにフェイクデータの使用を止めるようにモデルに指示することである。変更点は**太字**で示す。

例6-22 「本物」のデータを使うようにモデルを更新する（spa/js/spa.model.js）

```
...
spa.model = (function () {
  'use strict';
  var
    configMap = { anon_id : 'a0' },
    stateMap = {
      ...
    },
    isFakeData = false,
    ...
```

上記の最後の変更後、ブラウザドキュメント（spa/spa.html）をロードすると、SPAが以前のようには機能せず、コンソールにエラーが表示される。サーバなしで開発を進めたければ、簡単に「スイッチを切り替え」て、isFakeDataをtrueに戻せる[*1]。これでSPAにサーバを追加する準備が整った。

6.8　まとめ

本章では、モデルでの作業を完了した。chatオブジェクトの系統的な設計、定義、開発、テストを行った。5章と同様、フェイクモジュールからのモックデータを使って開発速度を速めた。そして、モデルが提供するchatオブジェクトとpeopleオブジェクトのAPIを使うようにチャット機能モジュールを更新した。また、アバター機能モジュールも作成し、このモジュールでも同じAPIを使った。その後、jQueryを使ったデータバインディングを取り上げた。最後に、Socket.IOを使ってNode.jsサーバとやり取りするデータモジュールを追加した。8章では、データモジュールと連係するサーバを用意する。次の章では、Node.jsに慣れていく。

[*1] 原注：ブラウザがSocket.IOライブラリが見つからないというエラーを表示するかもしれないが、これは害がない。

III部
SPAサーバ

ユーザが従来のWebサイト内を移動すると、サーバはかなりの処理能力を消費して次々にページ内容を生成し、ブラウザに送信する。SPAサーバは大きく異なる。ビジネスロジックの大部分（およびすべてのHTMLテンプレートと表示ロジック）がクライアントに移行している。サーバは依然として重要であるが、より簡素になっており、永続データストレージ、データ、ユーザ認証、データ同期などのサービスに専念している。

歴史的に、Web開発者はあるデータフォーマットを別のデータフォーマットに変換するロジックの開発に多くの時間を費やす必要があった（あるかび臭い巨大な泥山から別の泥山に効率的に泥をかき集めるようなものである）。また、Web開発者はさまざまな言語やツールキットも習得しなければいけなかった。従来のWebサイトスタックには、SQL、Apache2、mod_rewrite、mod_perl2、Perl、DBI、HTML、CSS、JavaScriptの詳細な知識が必要であった。これらの言語をすべて学習し、相互に切り替えるのはコストがかかり厄介である。さらに悪いことに、アプリケーションの一部のあるロジックを別の部分に移動するには、全く別の言語で書き直さなければいけない。第3部では以下のことを学ぶ。

- Node.jsとMongoDBの基本
- データ変換でのサーバサイクルの浪費を止め、代わりにSPAスタック全体にJSONデータフォーマットを使う方法。
- HTTPサーバアプリケーションを構築し、1つの言語（JavaScript）だけを使ってデータベースとやり取りする方法。
- SPAデプロイの課題とその解決方法。

本書のスタックではJSONとJavaScriptをエンドツーエンドで使用する。これはデータ変換のオーバーヘッドを**取り除く**。また、修得すべき言語と開発環境の数を**大幅に削減す**る。その結果、開発、納品、保守のコストが大幅に減った優れた製品となる。

7章
Webサーバ

本章で取り上げる内容：
- SPAをサポートする際のWebサーバの役割。
- Node.jsを利用してWebサーバ言語としてJavaScriptを使う。
- Connectミドルウェアを使う。
- Expressフレームワークを使う。
- SPAアーキテクチャをサポートするようにExpressを構成する。
- ルーティングとCRUD。
- Socket.IOを使ったメッセージングとSocket.IOを使う理由。

本章では、SPAをサポートするのにサーバで必要なロジックとコードを取り上げる。また、Node.jsも十分に紹介する。本章を読み終えた後にとても興奮し、Node.jsを使って完全な本番アプリケーションを構築したければ、『Node.js in Action』（Manning 2013）を参照するとよい。

7.1 サーバの役割

SPAでは、従来のWebサイトではサーバにあるビジネスロジックを、ブラウザに移行している。しかし、やはりブラウザクライアントに対応するサーバが必要である。求められる効果を実現するためにWebサーバが関与しなければならない部分（セキュリティなど）や、クライアントよりサーバの方が適しているタスクがある。SPA Webサーバの最も一般的な責務には、**認証と認可**、**データ検証**、**データストレージと同期**などがある。

7.1.1 認証と認可

認証は、ある人が名乗っている本人であることを確認するプロセスである。クライアントが提供したデータだけに頼るべきではないので、サーバが必要になる。クライアント側だけで認証に対処すると、悪意のあるハッカーが認証メカニズムをリバースエンジニアリングし、必要な資格情報を作成し

てユーザになりすまし、アカウントを盗むことができる。多くの場合、ユーザがユーザ名とパスワードを入力すると認証が始まる。

　開発者は、FacebookやYahoo!などが提供するサードパーティ認証サービスにますます頼るようになっている。サードパーティで認証するときには、ユーザはサードパーティサービス用の資格情報（通常はユーザ名とパスワード）を提供する必要がある。例えば、Facebookの認証を使う場合、ユーザはFacebookアカウントのユーザ名とパスワードをFacebookサーバに提供することが求められる。そして、サードパーティサーバが我々のサーバとやり取りしてユーザを認証する。ユーザにとってのメリットは、すでに覚えているユーザ名とパスワードを再利用できる点である。開発者にとってのメリットは、実装の面倒な詳細のほとんどをアウトソースでき、サードパーティの利用者を取り込める点である。

　認可は、データへのアクセス権を持った人やシステムだけがデータを受信できるようにするプロセスである。これは、権限をユーザに付与し、ユーザがログインしたときに閲覧を許可されたものの記録を残すことで実現できる。認可はサーバで処理し、未認可のデータが決してクライアントに送信されないようにすることが重要である。そうしないと、悪意のあるハッカーが再びアプリケーションをリバースエンジニアリングし、閲覧できるはずのない機密情報にアクセスできてしまう。認可の副次効果として、ユーザが閲覧を許されたデータだけを送信するため、クライアントに送信するデータ量を最小限にし、トランザクションがかなり高速になる可能性がある。

7.1.2　検証

　検証は品質制御プロセスであり、正確で妥当なデータだけを保存できるようにする。検証は、エラーを他のユーザやシステムに保存したり伝播したりしないようにするのに役立つ。例えば、航空会社はユーザが航空券を購入するためにフライトの日付を選ぶときに、空席のある将来の日付を選んでいることを確認する。この確認を行わないと、航空会社はフライトのオーバーブッキング、存在しないフライトの席の予約、出発済みのフライトの席の予約を行う可能性がある。

　検証はクライアントとサーバの両側で発生することが重要である。迅速に応答するためにクライアントで実装すべきであり、クライアントのコードが有効であるとは決して信用すべきではないので、サーバで検証を行うべきである。どのような問題も、サーバで無効なデータを受信することにつながる。

- プログラミングエラーによって、クライアント検証が損なわれたり、SPAからクライアント検証が削除されたりする可能性がある。
- 別のクライアントで検証が欠けている場合がある。Webサーバアプリケーションは、同じサーバにアクセスする複数のクライアントを持つことが多い。
- 一旦有効だった選択肢が、データの送信時には無効になっている場合がある（例えば、ユーザが送信をクリックした直後に他の誰かが席を予約した）。

- 悪意のあるハッカーが再び現れ、データストアに間違ったデータを格納してサイトを乗っ取ったり破壊したりしようとする可能性がある。

不適切なサーバ検証の古典的な例は、多くの有名な組織を困らせてきたSQLインジェクション攻撃である。組織は、本当にはSQLインジェクション攻撃のことをもっとよく知っておくべきであった。そのような組織への仲間入りは避けたいだろう。

7.1.3　データの保存と同期

SPAはクライアントにデータを保存できるが、そのデータは一時的であり、SPAの管理外で簡単に修正や削除ができる。ほとんどの場合、クライアントは一時ストレージとしてのみ使用すべきであり、サーバが長期のストレージを担うべきである。

また、ある人のオンライン状態をその人のホームページを見ている全員と共有する必要がある場合など、データを複数クライアント間で同期しなければいけない場合もある。これを実現するための最も簡単な方法は、クライアントがサーバに状態を送ってサーバで保存し、その状態を認証済みのすべてのクライアントに送信する方法である。一時データを同期することもできる。例えば、チャットサーバを使ってメッセージを認証済みクライアントに送信するときなどである。サーバはデータを保存しないが、メッセージを正しい認証済みクライアントに送るという重要な役割がある。

7.2　Node.js

Node.jsは、制御言語としてJavaScriptを使うプラットフォームである。Node.jsをHTTPサーバとして使うときには、哲学的にはTwisted、Tornado、mod_perlと同様である。一方、その他の多くの人気のあるWebサーバプラットフォームは、HTTPサーバとアプリケーションプロセスコンテナの2つのコンポーネントに分割される。例えば、Apache/PHP、Passenger/Ruby、Tomcat/Javaなどである。

HTTPサーバとアプリケーションを一緒に記述すると、HTTPとアプリケーションを別々のコンポーネントとして持つプラットフォームでは困難なタスクを簡単に完成できる。例えば、ログをインメモリデータベースに書き込みたい場合、どこでHTTPサーバが停止し、アプリケーションサーバが開始するかを気にせずに実現できる。

7.2.1　なぜNode.jsなのか

サーバプラットフォームとしてNode.jsを選んだのは、現代のSPAにとって優れた選択肢となる機能を持っているからだ。

- サーバがアプリケーションである。その結果、別個のアプリケーションサーバを用意し、インタ

フェースを取ることを気にする必要がない。すべてを1か所で1つのプロセスで制御する。
- サーバアプリケーション言語がJavaScriptなので、サーバアプリケーションをある言語で記述し、SPAを別の言語で記述するという言語認識上の負荷を取り除ける。また、クライアントとサーバでコードを共有でき、これには多くの利点がある。例えば、SPAとサーバの両方で同じデータ検証ライブラリを使える。
- Node.jsはノンブロッキングでイベント駆動である。一言で言えば、平均的なハードウェアの1つのNode.jsインスタンスで、リアルタイムメッセージングで使うような大量の並列オープン接続を扱える。多くの場合、これは現代のSPAに大変望ましい機能である。
- Node.jsは高速で十分に信頼でき、モジュールや開発者の数が急速に増えている。

Node.jsは、他のほとんどのサーバプラットフォームと異なる方法で、ネットワークリクエストに対処する。ほとんどのHTTPサーバは、受信リクエストへの対応に備えたプロセスやスレッドのプールを保持する。一方、Node.jsは、1つのイベントキューだけを持つ。そのキューが、リクエスト受信時に各リクエスト処理し、受信リクエストの一部の処理を、メインイベントキューの別のイベントに分割することすらある。つまり、実際にはNode.jsは、長いイベントが完了するのを待ってから他のイベントを処理するという形式ではないのである。特定のデータベースクエリに長い時間がかかっている場合、Node.jsはすぐに他のイベントの処理に向かう。データベースクエリが完了したらイベントをキューに入れ、制御ルーチンがその結果を使えるようにする。

難しい話はこのくらいにして、Node.jsに取りかかり、Node.jsを使ってWebサーバアプリケーションを作成する方法を見てみよう。

7.2.2 Node.jsを使って「Hello World」を作成する

Node.jsのサイト（http://nodejs.org/）に行き、Node.jsをダウンロードしてインストールしよう。Node.jsのダウンロードとインストールには多くの方法がある。コマンドラインに慣れていない場合に最も簡単な方法は、おそらく各自のOS用のインストーラを使う方法である。

Node.jsと一緒にノードパッケージマネージャ（npm）がインストールされる。これは、PerlのCPAN、Rubyのgem、Pythonのpipと同様である。これは指示に従ってパッケージをダウンロードしてインストールし、その過程で依存関係を解決する。自ら手動で行うよりはるかに簡単である。Node.jsとnpmをインストールしたので、最初のサーバを構築しよう。Node.jsのWebサイト（http://nodejs.org）には、簡単なNode.js Webサーバの例があるのでそれを使う。webappというディレクトリを作成して作業ディレクトリとしよう。このディレクトリに**例7-1**のコードを含むapp.jsというファイルを作成する。

例7-1　簡単なNode.jsサーバアプリケーションの作成（webapp/app.js）

```
/*
 * app.js - Hello World
```

```
 */
/*jslint         node   : true, continue : true,
  devel  : true, indent : 2,    maxerr   : 50,
  newcap : true, nomen  : true, plusplus : true,
  regexp : true, sloppy : true, vars     : false,
  white  : true
*/
/*global */

var http, server;

http   = require( 'http' );
server = http.createServer( function ( request, response ) {
  response.writeHead( 200, { 'Content-Type': 'text/plain' } );
  response.end( 'Hello World' );
}).listen( 3000 );

console.log( 'Listening on port %d', server.address().port );
```

端末を開いてapp.jsファイルを保存したディレクトリに移動し、以下のコマンドでサーバを起動する。

```
node app.js
```

Listening on port 3000と表示されるだろう。(同じコンピュータで) Webブラウザを開いてhttp://localhost:3000にアクセスすると、ブラウザにHello Worldと表示されるだろう。簡単である。たった7行のコードのサーバである。読者がどのように感じたかわからないが、Webサーバアプリケーションを数分で記述して実行できたことに喜んでいる。では、コードの意味を調べていこう。

最初の部分は、JSLint設定を含む標準的なヘッダである。これで、クライアントの場合と同様にサーバJavaScriptを検証できる。

```
/*
 * app.js - Hello World
 */
/*jslint         node   : true, continue : true,
  devel  : true, indent : 2,    maxerr   : 50,
  newcap : true, nomen  : true, plusplus : true,
  regexp : true, sloppy : true, vars     : false,
  white  : true
*/
/*global */
```

次の行は使用するモジュールスコープ変数を宣言する。

```
    var http, server;
```

次の行は、このサーバアプリケーションで使うためのhttpモジュールを含めるように、Node.jsに指示する。これは、HTMLのscriptタグを使ってブラウザが使うためのJavaScriptファイルを含めるのと同様である。httpモジュールは、HTTPサーバを作成するために使う主要なNode.jsモジュールであり、このモジュールを変数httpに格納する。

```
    http = require( 'http' );
```

次に、http.createServerメソッドを使ってHTTPサーバを作成する。このメソッドには、Node.jsサーバがリクエストイベントを受信するたびに呼び出される無名関数を指定する。この関数は、引数としてrequestオブジェクトとresponseオブジェクトを取る。requestオブジェクトは、クライアントが送信したHTTPリクエストである。

```
    server = http.createServer( function ( request, response ) {
```

無名関数内では、まずHTTPリクエストへのレスポンスを定義する。次の行は、response引数を使ってHTTPヘッダを作成する。成功を表すHTTPレスポンスコード200と、プロパティContent-Typeと値text/plainを持つ無名オブジェクトを提供する。これは、メッセージにどのような種類のコンテンツが含まれるかをブラウザに通知する。

```
    response.writeHead( 200, { 'Content-Type': 'text/plain' } );
```

次の行では、response.endメソッドを使って文字列'Hello World'をクライアントに送り、Node.jsにこのレスポンスが完了したことを知らせる。

```
    response.end( 'Hello World' );
```

これで、無名関数とcreateServerメソッドの呼び出しを閉じる。そして、このコードは続いてhttpオブジェクトのlistenメソッドを呼び出す。listenメソッドは、httpオブジェクトにポート3000を待ち受けするように指示する。

```
    }).listen( 3000 );
```

最後の行は、このサーバアプリケーションが開始したときにコンソールに出力する。以前に作成したserverオブジェクトの属性を使って使用中のポートを報告できる。

```
    console.log( 'Listening on port %d', server.address().port );
```

Node.jsを使って非常に基本的なサーバを作成した。ある程度の時間を費やして、http.createServerメソッドで無名関数に渡すrequest引数とresponse引数を使っていろいろ試してみる価値がある。まず、**例7-2**のrequest引数をロギングしてみよう。新しい行は**太字**で示す。

例7-2　Node.jsサーバアプリケーションに簡単なロギングを追加する（webapp/app.js）

```
/*
 * app.js - 基本的なロギング
 */
...
var http, server;

http   = require( 'http' );
server = http.createServer( function ( request, response ) {
  console.log( request );
  response.writeHead( 200, { 'Content-Type': 'text/plain' } );
  response.end( 'Hello World' );
}).listen( 3000 );

console.log( 'Listening on port %d', server.address().port );
```

Webアプリケーションを再起動すると、例7-3に示すように、Node.jsアプリケーションが動作している端末にオブジェクトがロギングされているのがわかる。今はこのオブジェクトの構造についてはあまり心配しなくてもよい。後で知っておく必要のある部分を調べていく。

例7-3　リクエストオブジェクト

```
{ output: [],
  outputEncodings: [],
  writable: true,
  _last: false,
  chunkedEncoding: false,
  shouldKeepAlive: true,
  useChunkedEncodingByDefault: true,
  sendDate: true,
  _hasBody: true,
  _trailer: '',
  finished: false,

... // さらに100行程度のコードが続く
```

requestオブジェクトの重要なプロパティを以下に示す。

- ondata：サーバがクライアントからデータを受信するとき（例えば、POST変数が設定されているとき）に呼び出されるメソッド。これは、ほとんどのフレームワークでクライアントから引数を取得するメソッドとは大幅に異なる。パラメータの完全なリストを変数で入手できるようにこのメソッドを除外する。
- headers：リクエストのヘッダすべて。

- url：要求されたページ（ホストを除く）。例えば、http://www.singlepagewebapp.com/test の url は /test となる。
- method：リクエストに使う方法。GET または POST。

これで属性についてわかったので、**例7-4**の初歩的なルータを記述できる。変更点は**太字**で示す。

例7-4 Node.jsサーバアプリケーションに簡単なルーティングを追加する（webapp/app.js）

```
/*
 * app.js - 基本的なルーティング
*/
...
var http, server;

http   = require( 'http' );
server = http.createServer( function ( request, response ) {
  var response_text = request.url === '/test'  ❶
    ? 'you have hit the test page'
    : 'Hello World';
  response.writeHead( 200, { 'Content-Type': 'text/plain' } );
  response.end( response_text );
}).listen( 3000 );

console.log( 'Listening on port %d', server.address().port );
```

❶ リクエストオブジェクトでリクエストしたページのURLを調べる。

引き続き独自のルータを記述でき、簡単なアプリケーションではこれは妥当な選択肢である。しかし、本書のサーバアプリケーションにはもっと大きな野心があり、Node.jsコミュニティが開発してテストしたフレームワークを使いたい。最初に検討するフレームワークはConnectである。

7.2.3　Connectをインストールして使う

Connectは、基本的な認証、セッション管理、静的ファイル提供、フォーム処理などの機能をNode.js Webサーバに追加する拡張可能な**ミドルウェア**フレームワークである。利用可能なフレームワークはConnectだけではないが、Connectはシンプルで比較的標準的である。Connectでは、リクエストの受信と最終的なレスポンスの間に**ミドルウェア関数**を挿入できる。一般に、ミドルウェア関数は受信リクエストを取り、受信リクエストに何らかの処理を行ってから次のミドルウェア関数にリクエストを渡すか、または response.end メソッドでレスポンスを終了する。

Connectとミドルウェアパターンに慣れるためには、まずは使ってみる。作業ディレクトリがwebappであることを確認し、Connectをインストールする。コマンドラインで以下のコマンドを入力する。

```
npm install connect
```

すると、node_modulesというフォルダが作成され、その中にConnectフレームワークがインストールされる。node_modulesディレクトリは、Node.jsアプリケーションのすべてのモジュールが入るフォルダで、npmはこのディレクトリにモジュールをインストールし、独自のモジュールを記述するとこのディレクトリに入り、**例7-5**に示すようにサーバアプリケーションを修正できる。変更点は**太字**で示す。

例7-5　Connectを使うようにNode.jsサーバアプリケーションを修正する（webapp/app.js）

```
/*
 * app.js - 簡単なConnectサーバ
 */
...
var
  connectHello, server,
  http        = require( 'http' ),
  connect     = require( 'connect' ),
  app         = connect(),
  bodyText = 'Hello Connect';

connectHello = function ( request, response, next ) {
  response.setHeader( 'content-length', bodyText.length );
  response.end( bodyText );
};

app.use( connectHello );
server = http.createServer( app );

server.listen( 3000 );
console.log( 'Listening on port %d', server.address().port );
```

このConnectサーバは、前節の最初のNode.jsサーバと非常に似た振る舞いをする。最初のミドルウェア関数connectHelloを定義し、Connectオブジェクトappにこのメソッドを唯一のミドルウェア関数として使うように指示する。connectHello関数はresponse.endメソッドを呼び出すので、サーバレスポンスを完了させる。これを足場にさらにミドルウェアを追加していこう。

7.2.4　Connectミドルウェアを追加する

誰かがページにアクセスするたびにログを取りたいとしよう。これは、Connectが提供する組み込みミドルウェア関数を使って実現する。**例7-6**は、connect.logger()ミドルウェア関数の追加を示している。変更点は**太字**で示す。

例7-6　Connectを使ってNode.jsサーバアプリケーションにロギングを追加する（webapp/app.js）

```
/*
 * app.js - ロギングを備えた簡単なConnectサーバ
 */
```

```
...
var
  connectHello, server,
  http      = require( 'http'    ),
  connect   = require( 'connect' ),

  app       = connect(),
  bodyText = 'Hello Connect';

connectHello = function ( request, response, next ) {
  response.setHeader( 'content-length', bodyText.length );
  response.end( bodyText );
};

app
  .use( connect.logger() )
  .use( connectHello     );
server = http.createServer( app );

server.listen( 3000 );
console.log( 'Listening on port %d', server.address().port );
```

connectHelloミドルウェアの前にミドルウェアとしてconnect.logger()を追加しただけである。これでクライアントがサーバアプリケーションにHTTPリクエストを発行するたびに最初に呼び出されるミドルウェア関数がconnect.logger()となり、コンソールにログ情報を出力する。**次**に呼び出されるミドルウェア関数は先ほど定義したconnectHelloであり、以前と同様にHello Connectをクライアントに送信してレスポンスを完了する。ブラウザにhttp://localhost:3000を指定すると、Node.jsコンソールログに以下のように表示されるだろう。

```
Listening on port 3000
127.0.0.1 - - [Wed, 01 May 2013 19:27:12 GMT] "GET / HTTP/1.1" 200 \
13 "-" "Mozilla/5.0 (X11; Linux x86_64) AppleWebKit/537.31 \
(KHTML, like Gecko) Chrome/26.0.1410.63 Safari/537.31"
```

ConnectはNode.jsよりも高度に抽象化されているが、さらに多くの機能が欲しい。そこで、Expressにアップグレードする。

7.2.5 Expressをインストールして使う

Expressは、軽量Ruby WebフレームワークSinatraを目指して設計された軽量Webフレームワークである。SPAではExpressが提供する全機能を最大限に活用する必要はないが、Connectよりも豊富な機能を提供する。実際には、ExpressはConnectをベースに構築されている。

作業ディレクトリがwebappであることを確認し、Expressをインストールしよう。Connectのとき

のようにコマンドラインを使う代わりに、package.jsonというマニフェストファイルを使って、アプリケーションを正しく動作させるために必要なモジュールとバージョンをnpmに通知する。これは、リモートサーバにアプリケーションをインストールするときや、誰かが自分のマシンにアプリケーションをダウンロードしてインストールするときに役立つ。Expressをインストールするために、**例7-7**に示すようなpackage.jsonを作成しよう。

例7-7 npmインストールのためのマニュフェストを作成する（webapp/package.json）

```
{
  "name"    : "SPA",
  "version" : "0.0.3",
  "private" : true,
  "dependencies" : {
    "express" : "3.2.x"
  }
}
```

name属性はアプリケーションの名前で、好きな名前にできる。version属性はアプリケーションのバージョンであり、メジャー、マイナー、パッチバージョン方式（<major>.<minor>.<patch>）を使うようにする。private属性をtrueに設定すると、アプリケーションを公開しないようにnpmに指示する。最後に、dependencies属性はnpmでインストールしたいモジュールとバージョンを表す。この例の場合は、1つのモジュールexpressだけを持つ。まず既存のwebapp/node_modulesディレクトリを削除してからnpmを使ってExpressをインストールしよう。

```
npm install
```

npmコマンドで新しいモジュールを追加するときには、--saveオプションを使ってpackage.jsonを自動的に更新し、新しいモジュールを追加できる。これは開発中に便利である。また、Expressに必要なバージョンを"3.2.x"と指定しており、これは最新パッチのExpressバージョン3.2が必要であることを意味する。パッチがAPIを破壊することはめったになく、バグを修正し下位互換性の保証に役立つため、このようなバージョン宣言を推奨する。

次にapp.jsを編集してExpressを使ってみよう。**例7-8**に示すように、この実装では、'use strict'プラグマを使い、セクション区切りを配置して少し厳格にする。変更点は**太字**で示す。

例7-8 Expressを使ってNode.jsサーバアプリケーションを作成する（webapp/app.js）

```
/*
 * app.js - 簡単なExpressサーバ
 */
...
// ----------- モジュールスコープ変数開始 -------------
'use strict';
```

```
  var
    http    = require( 'http'    ),
    express = require( 'express' ),

    app     = express(),
    server  = http.createServer( app );
  // ------------ モジュールスコープ変数終了 ------------

  // ---------------- サーバ構成開始 ------------------
  app.get( '/', function ( request, response ) {
    response.send( 'Hello Express' );
  });
  // ---------------- サーバ構成終了 ------------------

  // ---------------- サーバ起動開始 ------------------
  server.listen( 3000 );
  console.log(
    'Express server listening on port %d in %s mode',
    server.address().port, app.settings.env
  );
  // ---------------- サーバ起動終了 ------------------
```

この小さな例を見ても、Expressが使いやすい理由はすぐには明らかにならないかもしれないので、行を追って確認してみよう。まず、expressとhttpモジュールをロードする（**太字**で示す）。

```
  // ------------ モジュールスコープ変数開始 ------------
  'use strict';
  var
    http    = require( 'http'    ),
    express = require( 'express' ),

    app     = express(),
    server  = http.createServer( app );
  // ------------ モジュールスコープ変数終了 ------------
```

そして、expressを使ってappオブジェクトを生成する。このオブジェクトは、アプリケーションのルートと他の属性を設定するメソッドを持つ。また、HTTP serverオブジェクトも作成する。このオブジェクトは後で使う（**太字**で示す）。

```
  // ------------ モジュールスコープ変数開始 ------------
  'use strict';
  var
    http    = require( 'http' ),
    express = require( 'express' ),
    app = express(),
    server = http.createServer( app );
  // ------------ モジュールスコープ変数終了 ------------
```

次に、`app.get`メソッドを使ってアプリケーションのルーティングを定義する。

```
// ------------- サーバ構成開始 ---------------
app.get( '/', function ( request, response ) {
  response.send( 'Hello Express' );
});
// ------------- サーバ構成終了 ---------------
```

Expressでは、`get`などの豊富なメソッド群のおかげで、Node.jsのルーティングが簡単になる。`app.get`の最初の引数は、リクエストURLと比較するパターンである。例えば、開発マシンのブラウザでhttp://localhost:3000やhttp://localhost:3000/へのリクエストを行うと、GETリクエスト文字列は'/'になり、パターンと一致する。

第2引数は、一致したときに実行するコールバック関数である。`request`オブジェクトと`response`オブジェクトはコールバック関数に渡す引数である。クエリ文字列パラメータは、`request.params`で見つけることができる。

最後の3つ目のセクションは、サーバを開始してコンソールへログを出力する。

```
// ---------------- サーバ起動開始 ------------------
server.listen( 3000 );
console.log(
  'Express server listening on port %d in %s mode',
  server.address().port, app.settings.env
);
```

これで正しく機能するExpressアプリケーションができたので、ミドルウェアを追加しよう。

7.2.6 Expressミドルウェアを追加する

Connectをベースに構築されているExpressは、同様の構文でミドルウェアを呼び出せる。例7-9に示すように、アプリケーションにロギングミドルウェアを追加しよう。変更点は**太字**で示す。

例7-9 アプリケーションにロギングミドルウェアを追加する（webapp/app.js）

```
/*
 * app.js - ロギングを備えた簡単なExpressサーバ
 */
...
// ------------- サーバ構成開始 ---------------
app.use( express.logger() );
app.get( '/', function ( request, response ) {
  response.send( 'Hello Express' );
});
// ------------- サーバ構成終了 ---------------
```

ExpressはすべてのConnectミドルウェアメソッドを提供するため、ページではConnectを要求す

る必要がない。上記のコードを実行すると、前節でconnect.loggerが行ったようにコンソールへアプリケーションログを要求する。

例7-10に示すように、app.configureメソッドを使ってミドルウェアをまとめることができる。変更点は**太字**で示す。

例7-10　configureを使ってExpressミドルウェアをまとめる（webapp/app.js）

```
/*
 * app.js - ミドルウェアを備えたExpressサーバ
 */
...
// ------------- サーバ構成開始 ---------------
app.configure( function () {
  app.use( express.logger() );
  app.use( express.bodyParser() );
  app.use( express.methodOverride() );
});
app.get( '/', function ( request, response ) {
  response.send( 'Hello Express' );
});
// ------------- サーバ構成終了 ---------------
...
```

この構成はbodyParserとmethodOverrideという2つの新しいミドルウェアメソッドを追加する。bodyParserはフォームをデコードし、後で大々的に使用する。methodOverrideはRESTfulサービスを作成するために使う。また、configureメソッドでは、アプリケーションが動作しているNode.js環境に応じて構成を変更することもできる。

7.2.7　Expressで環境を使う

Expressは、環境設定を基に構成を切り替えるという概念をサポートしている。環境の例には、development、testing、staging、productionなどがある。ExpressはNODE_ENV環境変数を読み取って使用している環境を判断し、それに応じて設定する。Windowsの場合には、サーバアプリケーションを以下のように開始する。

```
SET NODE_ENV=production node app.js
```

MacやLinuxの場合には、以下のように設定する。

```
NODE_ENV=production node app.js
```

その他のOSの場合には、各自で解決できるだろう。

Expressサーバアプリケーションを実行しているときには、環境に任意の文字列を使える。NODE_ENV変数を設定していない場合には、デフォルトでdevelopmentを使用する。

指定された環境に適応するようにアプリケーションを調整しよう。すべての環境で bodyParser と methodOverride ミドルウェアを使いたい。development 環境では、アプリケーションで HTTP リクエストとエラー詳細のログを取りたい。production 環境では、**例7-11** に示すようにエラーの要約だけをロギングしたい。変更点は**太字**で示す。

例7-11　Expressでさまざまな環境をサポートする（webapp/app.js）

```
...
// -------------- サーバ構成開始 ---------------
app.configure( function () { ❶
  app.use( express.bodyParser() );
  app.use( express.methodOverride() );
});

app.configure( 'development', function () { ❷
  app.use( express.logger() );
  app.use( express.errorHandler({
    dumpExceptions : true,
    showStack : true
  }) );
});

app.configure( 'production', function () { ❸
  app.use( express.errorHandler() );
});

app.get( '/', function ( request, response ) {
  response.send( 'Hello Express' );
});
// -------------- サーバ構成終了 ---------------
...
```

❶ すべての環境に bodyParser と methodOverride ミドルウェアを追加する。
❷ 開発環境では、ロガーを追加し、errorHandler メソッドで例外をダンプしてスタックトレースを表示するように構成する。
❸ 本番環境では、デフォルトオプションを使って errorHandler ミドルウェアを追加する。

上記の構成は、アプリケーションを開発モードで実行して（`node app.js`）ブラウザでページをロードするとテストできる。Node.js コンソールにログが出力されるだろう。次に、サーバを停止して本番モードで実行する（`NODE_ENV=production node app.js`）。ブラウザでページをリロードすると、ログにはエントリがないはずだ。

Node.js、Connect、Express の基本を十分に理解できたので、もっと高度なルーティング方法に移ろう。

7.2.8　Expressで静的ファイルを提供する

ご推察のとおり、Express で静的ファイルを提供するには多少のミドルウェアとリダイレクトを追加する必要がある。**例7-12** に示すように、6章の spa ディレクトリの中身を public ディレクトリにコピーしよう。

例7-12　静的ファイルのためのpublicディレクトリを追加する

```
webapp
  +-- app.js
  +-- node_modules/...
  +-- package.json
  `-- public # 「spa」の中身をここにコピーする
       +-- css/...
       +-- js/...
       `-- spa.html
```

これで、**例7-13**に示すように静的ファイルを提供するようにアプリケーションを調整できる。変更点は**太字**で示す。

例7-13　Expressで静的ファイルを提供する（webapp/app.js）

```
/*
 * app.js - Expressサーバ静的ファイル
 */
...
// ------------- サーバ構成開始 ---------------
app.configure( function () {
  app.use( express.bodyParser() );
  app.use( express.methodOverride() );
  app.use( express.static( __dirname + '/public' ) ); ❶
  app.use( app.router ); ❷
});

app.configure( 'development', function () {
  app.use( express.logger() );
  app.use( express.errorHandler({
    dumpExceptions : true,
    showStack : true
  }) );
});

app.configure( 'production', function () {
  app.use( express.errorHandler() );
});

app.get( '/', function ( request, response ) { ❸
  response.redirect( '/spa.html' );
});
// ------------- サーバ構成終了 ---------------
...
```

❶ 静的ファイルのルートディレクトリを<current_directory>/publicと定義する。

❷ 静的ファイルの後にルータミドルウェアを追加する。

❸ ルートディレクトリへのリクエストをブラウザドキュメント/spa.htmlにリダイレクトする。

これでアプリケーションを実行して（`node app.js`）ブラウザにhttp://localhost:3000を指定すると、6章のようなSPAが表示されるが、バックエンドを準備してないのでまだサインインできない。

Expressミドルウェアの様子がよくわかったので、Webデータサービスで必要となる高度なルーティングを調べてみよう。

7.3 高度なルーティング

ここまでは、アプリケーションではWebアプリケーションのルートへの経路を提供し、ブラウザにテキストを返しただけである。この節では以下を実行する。

- Expressフレームワークを使って、userオブジェクト管理用のCRUDルートを提供する。
- CRUDに使うすべてのルートのレスポンスプロパティ（コンテンツタイプなど）を設定する。
- すべてのCRUDルートで使えるようにコードを汎用化する。
- ルーティングロジックを別個のモジュールに配置する。

7.3.1 ユーザCRUDルート

CRUD操作（Create、Read、Update、Delete：作成、読み取り、更新、削除）は、データの永続ストレージに要求されることが多い主な操作である。CRUD操作を再確認したい場合や初めて耳にした場合には、Wikipediaで詳しく説明されている。WebアプリケーションでCRUDを実装するのに使う一般的なデザインパターンには、REST (Representational State Transfer) と呼ばれているものがある。RESTは厳格で明確に定義されたセマンティクスを使って、GET、POST、PUT、PATCH、DELETEの動作を定義する。RESTを知っていて気に入っているなら、ぜひとも自由に実装してほしい。RESTは分散システム間でデータを交換するための極めて有効な手法であり、Node.jsはRESTに役立つ多くのモジュールも備えている。

いくつかの理由から、この例ではユーザオブジェクトのための基本的なCRUDルートを実装し、RESTを実装しないことにした。多くのブラウザがまだネイティブなREST動作を実装していないという課題があるため、PUT、PATCH、DELETEはPOSTに追加フォームパラメータやヘッダを渡して実装することが多い。つまり、開発者はリクエストで使われている動作が簡単にはわからず、送信されたデータのヘッダを隅々まで探さなければいけない。また、RESTの動作はCRUD操作に似ているにもかかわらず、RESTはCRUDへの完璧なマッピングではない。最後に、状態コードの処理時にWebブラウザが妨げとなる場合がある。例えば、302状態コードをクライアントSPAに渡す代わりに、ブラウザはコードを傍受し、「正しい処理」を行おうとして別のリソースにリダイレクトできる。これは必ずしも望んでいる振る舞いではない場合もある。

まずは、すべてのユーザの列挙から始める。

7.3.1.1 ユーザリストを取得するルートを作成する

ユーザリストを提供する簡単なルートを作成できる。レスポンスオブジェクトのcontentTypeをjsonに設定していることに注目してほしい。**例7-14**に示すように、これはレスポンスがJSONフォーマットであることをブラウザに知らせるようにHTTPヘッダを設定する。変更点は**太字**で示す。

例7-14　ユーザリストを取得するルートを作成する（webapp/app.js）

```
/*
 * app.js - 高度なルーティングを備えたExpressサーバ
 */
...
// ------------- サーバ構成開始 ---------------
...
// 以下の設定はすべてルート用
app.get( '/', function ( request, response ) {
  response.redirect( '/spa.html' );
});

app.get( '/user/list', function ( request, response ) {
  response.contentType( 'json' );
  response.send({ title: 'user list' });
});
// ------------- サーバ構成終了 ---------------
...
```

ユーザリストルートはHTTP GETリクエストを要求する。これはデータを取得している場合には問題ない。次のルートでは、大量のデータをサーバに送信できるようにPOSTを使う。

7.3.1.2 ユーザオブジェクトを生成するルートを作成する

ユーザオブジェクトを生成するルートを作成するには、クライアントからのPOSTデータを処理する必要がある。Expressは、指定されたパターンと一致するPOSTリクエストに対処する簡易メソッドapp.postを提供している。**例7-15**に示すように、サーバアプリケーションに以下のコードを追加する。変更点は**太字**で示す。

例7-15　ユーザオブジェクトを生成するルートを作成する（webapp/app.js）

```
/*
 * app.js - 高度なルーティングを備えたExpressサーバ
 */
...
// ------------- サーバ構成開始 ---------------
...

app.get( '/user/list', function ( request, response ) {
```

```
    response.contentType( 'json' );
    response.send({ title: 'user list' });
  });

  app.post( '/user/create', function ( request, response ) {
    response.contentType( 'json' );
    response.send({ title: 'user created' });
  });
  // ------------- サーバ構成終了 ---------------
  ...
```

まだPOSTされたデータで何も行っていない。これは次の章で取り上げる。ブラウザでhttp://localhost:3000/user/createに移動すると、404エラーとメッセージCannot GET /user/createが表示される。これはブラウザがGETリクエストを送信しており、このルートがPOSTだけに対処するからだ。その代わりに、コマンドラインを使ってユーザを作成できる。

```
curl http://localhost:3000/user/create -d {}
```

サーバは以下のように応答するだろう。

```
{"title":"User created"}
```

CURLとWGET

MacやLinuxのマシンの場合には、curlを使ってAPIを試し、ブラウザを回避できる。以下のようにすると、user/createにPOSTを実行して作成したURLをテストできる。

```
curl http://localhost:3000/user/create -d {}
{"title":"User created"}
```

-dはデータを送信するために使い、空のオブジェクトリテラルはデータを送信しない。ブラウザを開いてルートをテストする代わりに、curlを使って開発時間を劇的に速めることができる。curlの機能をもっと知りたければ、コマンドプロンプトでcurl -hを入力する。

また、wgetでも同様の結果が得られる。

```
wget http://localhost:3000/user/create --post-data='{}' -O -
```

wgetの機能をもっと知りたければ、コマンドプロンプトでwget -hを入力する。

ユーザオブジェクトを生成するルートを作成したので、ユーザオブジェクトを読み取るルートを作成したい。

7.3.1.3 ユーザオブジェクトを読み取るルートを作成する

ユーザオブジェクトを読み取るルートは作成ルートと似ているが、GETメソッドを使い、URLで追加の引数（ユーザのID）を渡す。このルートは、**例7-16**に示すようにルートパスでコロンを使ってパラメータを定義して作成する。変更点は**太字**で示す。

例7-16　ユーザオブジェクトを読み取るルートを作成する（webapp/app.js）

```
/*
 * app.js - 高度なルーティングを備えたExpressサーバ
 */
...
// ------------- サーバ構成開始 ---------------
...

app.post( '/user/create', function ( request, response ) {
  response.contentType( 'json' );
  response.send({ title: 'user created' });
});

app.get( '/user/read/:id', function ( request, response ) {
  response.contentType( 'json' );
  response.send({
    title: 'user with id ' + request.params.id + ' found'
  });
});
// ------------- サーバ構成終了 ---------------
...
```

ルートの最後のユーザ:idパラメータは、request.paramsオブジェクトで入手できる。/user/read/:idのルートは、ユーザIDをrequest.params['id']かrequest.params.idで入手できるようにする。リクエストされたURLがhttp://localhost:3000/user/read/12の場合、request.params.idの値は12になる。試してみると、このルートはidの値が何だろうと機能することがわかる。有効な値であればほとんど何でも受け付ける。**表7-1**にその他の例を示す。

表7-1　ルートとその結果

ブラウザで以下を試す	Node.js端末での出力
/user/read/19	{"title":"User with id 19 found"}
/user/read/spa	{"title":"User with id spa found"}
/user/read/	Cannot GET /user/read/
/user/read/?	Cannot GET /user/read/?

あらゆるルートを取得するのは好ましいが、IDが必ずしも数値でなかったらどうなるだろうか。ルータには、IDとして数値を持たないパスを傍受してもらいたくない。Expressは、**例7-17**に示すよ

うにルート定義に正規表現パターン[(0-9)]+を追加して数値を含むルートだけを受け付ける機能を提供している。変更点は**太字**で示す。

例7-17　数値IDだけにルートを制限する（webapp/app.js）

```
/*
 * app.js - 高度なルーティングを備えたExpressサーバ
*/
...
// ------------- サーバ構成開始 ---------------
...

app.get( '/user/read/:id([0-9]+)', function ( request, response ) {
  response.contentType( 'json' );
  response.send({
    title: 'user with id ' + request.params.id + ' found'
  });
});
// ------------- サーバ構成終了 ----------------
...
```

表7-2は、ルータが数値のIDだけを受け付けることを示す。

表7-2　ルートとその結果

ブラウザで以下を試す	結果
/user/read/19	{"title":"User with id 19 found"}
/user/read/spa	Cannot GET /user/read/spa

7.3.1.4　ユーザの更新や削除を行うルートを作成する

　ユーザの更新と削除のためのルートは現時点ではユーザを読み取るルートとほとんど同じであるが、次の章ではユーザオブジェクトへの対処がかなり異なる。**例7-18**では、ユーザの更新と削除のためのルートを追加する。変更点は**太字**で示す。

例7-18　CRUDのためのルートを定義する（webapp/app.js）

```
/*
 * app.js - 高度なルーティングを備えたExpressサーバ
*/
...
// ------------- サーバ構成開始 ---------------
...

app.get( '/user/read/:id([0-9]+)', function ( request, response ) {
  response.contentType( 'json' );
```

```
      response.send({
        title: 'user with id ' + request.params.id + ' found'
      });
    });

    app.post( '/user/update/:id([0-9]+)',
      function ( request, response ) {
        response.contentType( 'json' );
        response.send({
          title: 'user with id ' + request.params.id + ' updated'
        });
      }
    );

    app.get( '/user/delete/:id([0-9]+)',
      function ( request, response ) {
        response.contentType( 'json' );
        response.send({
          title: 'user with id ' + request.params.id + ' deleted'
        });
      }
    );
    // -------------- サーバ構成終了 ----------------
    ...
```

このような基本的なルートの作成は簡単であるが、すべてのレスポンスにcontentTypeを設定する必要があるいことに気付いただろう。これはエラーを起こしやすく非効率である。このようなユーザのCRUD操作へのすべてのレスポンスにcontentTypeを設定できる方法があればよいだろう。理想的には、すべての受信ユーザルートを傍受し、レスポンスのcontentTypeをjsonに設定するルートを作成したい。この方法には事態を複雑にする2つの要因がある。

1. GETメソッドを使うリクエストもあれば、POSTメソッドを使うものもある。
2. レスポンスのcontentTypeを設定した後に、ルータを以前と同様に機能させたい。

幸い、Expressはこれにも対応している。app.getメソッドとapp.postメソッドに加え、メソッドタイプにかかわらずルートを傍受するapp.allメソッドがある。また、Expressでは、ルータに制御を戻し、ルータコールバックメソッドの第3引数を設定して呼び出すことで他のルートがリクエストに一致するかどうかを確認できる。第3引数は慣例によりnextと呼ばれ、すぐに制御を次のミドルウェアかルートに渡す。**例7-19**では、app.allメソッドを追加する。変更点は**太字**で示す。

例7-19 app.allを使って共通属性を設定する（webapp/app.js）

```
/*
 * app.js - 高度なルーティングを備えたExpressサーバ
```

```
*/
...
// ------------ サーバ構成開始 ---------------
...
// 以下の設定はすべてルート用である
app.get( '/', function ( request, response ) {
  response.redirect( '/spa.html' );
});

app.all( '/user/*?', function ( request, response, next ) {
  response.contentType( 'json' );
  next();
});

app.get( '/user/list', function ( request, response ) {
  // response.contentType( 'json' );を削除する
  response.send({ title: 'user list' });
});

app.post( '/user/create', function ( request, response ) {
  // response.contentType( 'json' );を削除する
  response.send({ title: 'user created' });
});

app.get( '/user/read/:id([0-9]+)',
  function ( request, response ) {
    // response.contentType( 'json' );を削除する
    response.send({
      title: 'user with id ' + request.params.id + ' found'
    });
  }
);

app.post( '/user/update/:id([0-9]+)',
  function ( request, response ) {
    // response.contentType( 'json' );を削除する
    response.send({
      title: 'user with id ' + request.params.id + ' updated'
    });
  }
);

app.get( '/user/delete/:id([0-9]+)',
  function ( request, response ) {
    // response.contentType( 'json' );を削除する
    response.send({
      title: 'user with id ' + request.params.id + ' deleted'
    });
  }
);
```

```
// --------------- サーバ構成終了 ---------------
...
```

ルートパターン/user/*?では、*は任意の文字に一致し、?はオプションであることを表す。/user/*?は以下のどのルートにも一致する。

- /user
- /user/
- /user/12
- /user/spa
- /user/create
- /user/delete/12

ユーザルーティングの準備が整ったので、オブジェクト型を追加するにつれてルート数が急増することが簡単に想像できる。すべてのオブジェクト型に対して5つの新しいルートを定義する必要が本当にあるだろうか。幸運なことにその必要はない。このルートを汎用化し、それぞれのモジュールに配置できる。

7.3.2　汎用CRUDルーティング

ルートパラメータを使ってクライアントから引数を受け取れることがすでにわかっているが、ルートパラメータを使ってルートを汎用化できる。これには、URIの一部をパラメータとして使うようにExpressに指示するだけである。以下のようにすればよい。

```
app.get( '/:obj_type/read/:id([0-9]+)',
  function ( request, response ) {
    response.send({
      title: request.params.obj_type + ' with id '
        + request.params.id + ' found'
    });
  }
);
```

これで/horse/read/12をリクエストすると、リクエストパラメータrequest.params.obj_typeでオブジェクト型（horse）が得られ、レスポンスJSONは{ title: "horse with id 12 found" }となる。このロジックを残りのメソッドに適用すると、**例7-20**のようなコードになる。変更点は**太字**で示す。

例7-20　汎用CRUDルートを完成させる（webapp/app.js）

```
/*
 * app.js - 汎用ルーティングを備えたExpressサーバ
 */
```

```javascript
...
// ------------- サーバ構成開始 ---------------
...
// 以下の設定はすべてルート用である
app.get( '/', function ( request, response ) {
  response.redirect( '/spa.html' );
});

app.all( '/:obj_type/*?', function ( request, response, next ) {
  response.contentType( 'json' );
next();
});

app.get( '/:obj_type/list', function ( request, response ) {
  response.send({ title: request.params.obj_type + ' list' });
});

app.post( '/:obj_type/create', function ( request, response ) {
  response.send({ title: request.params.obj_type + ' created' });
});

app.get( '/:obj_type/read/:id([0-9]+)',
  function ( request, response ) {
    response.send({
      title: request.params.obj_type
        + ' with id ' + request.params.id + ' found'
    });
  }
);

app.post( '/:obj_type/update/:id([0-9]+)',
  function ( request, response ) {
    response.send({
      title: request.params.obj_type
        + ' with id ' + request.params.id + ' updated'
    });
  }
);

app.get( '/:obj_type/delete/:id([0-9]+)',
  function ( request, response ) {
    response.send({
      title: request.params.obj_type
        + ' with id ' + request.params.id + ' deleted'
    });
  }
);
// ------------- サーバ構成終了 ---------------
...
```

アプリケーションを起動して（`node app.js`）ブラウザに http://localhost:3000 を指定すると、**図7-1**に示すような見慣れたSPAが表示される。

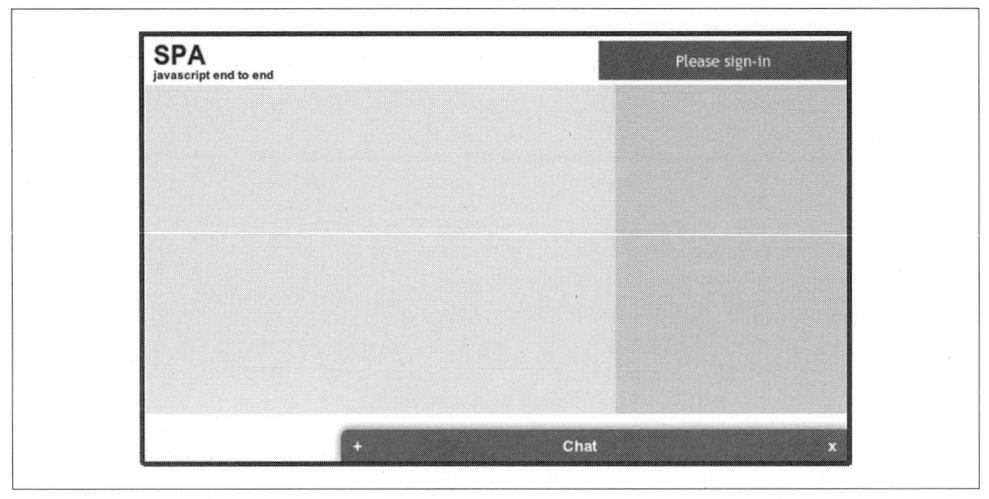

図7-1 ブラウザでのSPA (http://localhost:3000)

この図は、この静的ファイル設定でブラウザがHTML、JavaScript、CSSファイルをすべて読み取れたことを表している。しかし、引き続きCRUD APIにもアクセスできる。ブラウザに http://localhost:3000/user/read/12 を指定すると、以下のように表示されるだろう。

```
{
  title: "user with id 12 found"
}
```

<root_directory>/user/read/12 にファイルがあったらどうなるだろうか（笑わないでほしい。読者はこのような事態が生じることがわかっている）。この例では、CRUDレスポンスの代わりにファイルが返される。以下に示すように、`express.static`ミドルウェアがルータの前に追加されているからだ。

```
...
app.configure( function () {
  app.use( express.bodyParser() );
  app.use( express.methodOverride() );
  app.use( express.static( __dirname + '/public' ) );
  app.use( app.router );
});
...
```

しかし、順序を逆にしてルータを先に置けば、静的ファイルの代わりにCRUDレスポンスが返される。この配置には、CRUDリクエストに対するレスポンスが速くなるというメリットがある。しかし、

ファイルアクセスが遅くなり、複雑になるという欠点がある。**賢い方法は、すべてのCRUDリクエストを/api/1.0.0/などの1つのルート名の配下に配置し、動的コンテンツと静的コンテンツをきちんと分離することである。**

これで任意のオブジェクト型を管理する巧みな汎用ルータの基本ができた。明らかにこれは認可の問題を考慮していないが、このロジックにはすぐに取りかかる。まず、すべてのルーティングロジックを別個のモジュールに移動しよう。

7.3.3 ルーティングを別個のNode.jsモジュールに配置する

定義したルートをすべてメインのapp.jsファイルに保持するのは、HTMLページにクライアント側のJavaScriptを記述するのに似ている。アプリケーションが雑然とし、責務の明確な分離を維持できない。まずはNode.jsモジュールシステムをもう少し詳しく調べることから始めよう。これはNode.jsでモジュールコードを含める方法である。

7.3.3.1 Nodeモジュール

Nodeモジュールは関数requireでロードする。

```
var spa = require( './routes' );
```

requireに渡す文字列には、ロードするファイルへのパスを指定する。覚えておくべき構文ルールがいくつかあるので我慢してほしい。参考までに、構文ルールを**表7-3**に示す。

表7-3　requireのためのNode検索パスロジック

構文	検索パス（優先順）
`require( './routes.js' );`	app/routes.js
`require( './routes' );`	app/routes.js app/routes.json app/routes.node
`require( '../routes.js' );`	../routes.js
`require( 'routes' );`	app/node_modules/routes.js app/node_modules/routes/index.js \<system_install\>/node_modules/routes.js \<system_install\>/node_modules/routes/index.js この構文は、httpモジュールなどの主要なNode.jsモジュールを参照するためにも使える。

Nodeモジュール内では、varでスコーピングされた変数はそのモジュールに制限され、クライアント側で必要だったように変数をグローバルスコープにしないために自己実行型無名関数が必要ない。その代わりに、moduleオブジェクトがある。module.exports属性に割り当てられた値は、requireメソッドの戻り値として提供される。例7-21に示すようにルートモジュールを作成しよう。

例7-21　ルートモジュールの作成 (webapp/routes.js)

```
module.exports = function () {
  console.log( 'You have included the routes module.' );
};
```

module.exports値は、関数、オブジェクト、配列、文字列、数値、ブール値などの任意のデータ型になりえる。この例の場合、routes.jsではmodule.exportsの値を無名関数に設定する。app.jsでroutes.jsをrequireし、戻り値をroutes変数に格納しよう。すると、例7-22に示すように返された関数を呼び出せる。変更点は**太字**で示す。

例7-22　モジュールを含め、戻り値を使う (webapp/app.js)

```
/*
 * app.js - 簡単なモジュールを備えたExpressサーバ
 */
...
// ------------ モジュールスコープ変数開始 --------------
'use strict';
var
  http    = require( 'http' ),
  express = require( 'express' ),
  routes  = require( './routes' ),
  app     = express(),
  server  = http.createServer( app );

routes();
// ------------ モジュールスコープ変数終了 --------------
...
```

コマンドプロンプトで`node app.js`と入力すると、以下が表示されるだろう。

```
You have included the routes module.
  Express server listening on port 3000 in development mode
```

ルートモジュールを追加したので、ルータ構成をルートモジュールに移行しよう。

7.3.3.2 ルーティングをモジュールに移行する

重要なアプリケーションを作成するときには、メインアプリケーションフォルダの1つのファイルにルーティングを定義したい。たくさんのルートを持つ大規模アプリケーションでは、必要な数のファイルを持つルートフォルダでルートを定義できる。

次のアプリケーションは重要なものになるので、ルートspaディレクトリにroutes.jsというファイルを作成し、既存のルートをmodule.exports関数にコピーしよう。routes.jsは**例7-23**のようになるだろう。

例7-23 別個のモジュールにルートを配置する（webapp/routes.js）

```
/*
 * routes.js - ルーティングを提供するモジュール
*/
/*jslint          node   : true, continue : true,
  devel  : true, indent  : 2,    maxerr   : 50,
  newcap : true, nomen   : true, plusplus : true,
  regexp : true, sloppy  : true, vars     : false,
  white  : true
*/
/*global */

// ------------- モジュールスコープ変数開始 ---------------
'use strict';
var configRoutes;
// ------------- モジュールスコープ変数終了 ---------------

// -------------- パブリックメソッド開始 -----------------
configRoutes = function ( app, server ) { ❶
  app.get( '/', function ( request, response ) {
    response.redirect( '/spa.html' );
  });

  app.all( '/:obj_type/*?', function ( request, response, next ) {
    response.contentType( 'json' ); ❷
    next();
  });

  app.get( '/:obj_type/list', function ( request, response ) {
    response.send({ title: request.params.obj_type + ' list' });
  });

  app.post( '/:obj_type/create', function ( request, response ) {
    response.send({ title: request.params.obj_type + ' created' });
  });
```

❶ app変数とserver変数はグローバルではないので、関数に渡さなければいけない。Node.jsは、1つのモジュールやメインアプリケーションで定義された変数が他のモジュールの変数に影響を与えないようにするための労をいとわない。

❷ コンテンツタイプをjsonに設定する。

```
    app.get( '/:obj_type/read/:id([0-9]+)',
      function ( request, response ) {
        response.send({
          title: request.params.obj_type
            + ' with id ' + request.params.id + ' found'
        });
      }
    );

    app.post( '/:obj_type/update/:id([0-9]+)',
      function ( request, response ) {
        response.send({
          title: request.params.obj_type
            + ' with id ' + request.params.id + ' updated'
        });
      }
    );

    app.get( '/:obj_type/delete/:id([0-9]+)',
      function ( request, response ) {
        response.send({
          title: request.params.obj_type
            + ' with id ' + request.params.id + ' deleted'
        });
      }
    );
  };
  module.exports = { configRoutes : configRoutes };  ❸
  // ---------------- パブリックメソッド終了 -------------------
```

❸ webapp/app.jsを読み込んで使用するときに呼び出せるメソッドをエクスポートする。

これで、例7-24に示すようにwebapp/app.jsでルーティングモジュールを使うように調整できる。変更点は**太字**で示す。

例7-24　外部ルートを使うようにサーバアプリケーションを更新する（webapp/app.js）

```
/*
 * app.js - ルートモジュールを備えたExpressサーバ
 */
...
// ------------ モジュールスコープ変数開始 --------------
'use strict';
var
  http    = require( 'http' ),
  express = require( 'express' ),
  routes  = require( './routes' ),  ❶

  app     = express(),
```

❶ ルートモジュールをロードする。

```
  server = http.createServer( app );
  // ------------ モジュールスコープ変数終了 --------------

  // ----------------- サーバ構成開始 -------------------
  app.configure( function () {
    app.use( express.bodyParser() );
    app.use( express.methodOverride() );
    app.use( express.static( __dirname + '/public' ) );
    app.use( app.router );
  });

  app.configure( 'development', function () {
    app.use( express.logger() );
    app.use( express.errorHandler({
      dumpExceptions : true,
      showStack : true
    }) );
  });

  app.configure( 'production', function () {
    app.use( express.errorHandler() );
  });

  routes.configRoutes( app, server );   ❷
  // ----------------- サーバ構成終了 --------------------

  // ----------------- サーバ起動開始 -------------------
  server.listen( 3000 );
  console.log(
    'Express server listening on port %d in %s mode',
    server.address().port, app.settings.env
  );
  // ----------------- サーバ起動終了 --------------------
```

❷ configRoutesメソッドを使ってルートを設定する。

　これで非常に簡潔なapp.jsが得られる。必要なライブラリモジュールをロードし、Expressアプリケーションを作成し、ミドルウェアを設定し、ルートを追加し、サーバを起動する。app.jsが実行しないことは、要求された動作を実際に実行してデータをデータベースに永続化することである。これは、次の章でMongoDBを用意してNode.jsアプリケーションに接続した後に行う。その前に、まず必要となる別の処理を調べてみよう。

7.4　認証と認可を追加する

オブジェクトにCRUD動作を実行するためのルートを作成したので、認証を追加すべきである。これには自分でコーディングするという難しい方法と、別のExpressミドルウェアを活用する簡単な方法がある。どちらを選ぶべきだろうか。

7.4.1　ベーシック認証

ベーシック認証は、リクエスト時にクライアントがユーザ名とパスワードを提供する方法に関するHTTP/1.0および1.1標準である。これは一般に**ベーシック認証**と呼ばれる。ミドルウェアはアプリケーションに追加された順に呼び出されるので、アプリケーションでルートへのアクセス権を与えられるようにしたければ、ミドルウェアをルータミドルウェアの前に追加する必要がある。これは**例7-25**に示すように簡単である。変更点は**太字**で示す。

例7-25　サーバアプリケーションにベーシック認証を追加する（webapp/app.js）

```
/*
 * app.js - ベーシック認証を備えたExpressサーバ
 */
...
// ------------- サーバ構成開始 ---------------
app.configure( function () {
  app.use( express.bodyParser() );
  app.use( express.methodOverride() );
  app.use( express.basicAuth( 'user', 'spa' ) );
  app.use( express.static( __dirname + '/public' ) );
  app.use( app.router );
});
...
```

この例では、ユーザが`user`でパスワードが`spa`であることを要求するようにアプリケーションをハードコーディングしている。`basicAuth`は第3引数として関数を取ることもでき、この関数を使ってデータベースからユーザ詳細を調べるなどの高度なメカニズムを提供できる。この関数は、ユーザが有効な場合は`true`、無効な場合は`false`を返すべきである。サーバを再起動してブラウザをリロードすると、アクセスを許可する前に**図7-2**のように有効なユーザ名とパスワードを要求する警告ダイアログが表示されるだろう。

間違ったパスワードを入力すると、正しく入力するまで入力を促され続ける。［キャンセル］ボタンを押すと、`Unauthorized`と示されたページが表示される。

図7-2　Chromeの認証ダイアログ

ベーシック認証を本番アプリケーションで使用するのはお勧めしない。ベーシック認証では、すべてのリクエストに対する資格情報をプレーンテキストで送信する。セキュリティ専門家はこれを**大きな攻撃ベクトル**[*1]と呼ぶ。SSL（HTTPS）を使って送信メッセージを暗号化していても、クライアントとサーバとの間にはセキュリティレイヤーが1つしかない。

近頃では、独自の認証メカニズムを使うのは時代遅れになりつつある。多くの新興企業や大規模な大手企業でさえも、FacebookやGoogleなどのサードパーティ認証を使っている。このようなサービスとの統合方法を示すオンラインチュートリアルがたくさんある。これはNode.jsミドルウェアPassportで開始できる。

7.5　WebSocketとSocket.IO

WebSocketは、幅広いブラウザのサポートを得ている既存技術である。WebSocketでは、クライアントとサーバが1つのTCP接続上に永続的で軽量な双方向通信チャネルを維持できる。WebSocketにより、クライアントやサーバは、HTTPリクエスト－レスポンスサイクルのオーバーヘッドや遅延なしにリアルタイムにメッセージを送信できる。WebSocket以前では、開発者は別の（効率のよくない）手法を使って同様の機能を提供していた。その手法には、Flashソケット、ロングポーリングを使う手法がある。その手法では、ブラウザがサーバへのリクエストを開始してレスポンス時やリクエストのタイムアウト時にリクエストを再度初期化し、サーバは短い間隔（例えば、1秒に1回）でポーリングを行う。

WebSocketには、仕様がまだ確定しておらず、古いブラウザでは決してサポートされないという問題がある。Socket.IOはWebSocketが使える場合はWebSocketでブラウザとサーバとの間のメッセージングを提供し、ソケットが使えない場合には他の手法を使うように機能を低下させるため、後者の問題を適切に解決するNode.jsモジュールである。

[*1] 監訳者注：「攻撃ベクトル」は、システムへの侵入に使用される方法や経路を指す。

7.5.1 簡単なSocket.IO

サーバのカウンタを毎秒更新し、接続されているクライアントに現在のカウントを送信する簡単なSocket.IOアプリケーションを作成しよう。例7-26に示すようにpackage.jsonを更新するとSocket.IOをインストールできる。変更点は**太字**で示す。

例7-26　Socket.IOのインストール（webapp/package.json）

```
{
  "name"    : "SPA",
  "version" : "0.0.3",
  "private" : true,
  "dependencies" : {
    "express"  : "3.2.x",
    "socket.io" : "0.9.x"
  }
}
```

これでnpm installを実行すると、ExpressとSocket.IOの両方をインストールできる。

webapp/socket.jsという名前のサーバアプリケーションとwebapp/socket.htmlという名前のブラウザドキュメントの2つのファイルを追加しよう。まず、静的ファイルを提供でき、1秒に1回カウンタを増やすタイマを持つサーバアプリケーションを構築しよう。Socket.IOを使うことがわかっているので、このライブラリも含める。例7-27に新しいsocket.jsサーバアプリケーションを示す。

例7-27　サーバアプリケーションに着手する（webapp/socket.js）

```
/*
 * socket.js - 簡単なsocket.ioの例
*/

/*jslint         node   : true, continue : true,
  devel  : true, indent : 2,    maxerr   : 50,
  newcap : true, nomen  : true, plusplus : true,
  regexp : true, sloppy : true, vars     : false,
  white  : true
*/
/*global */
// ------------ モジュールスコープ変数開始 --------------
'use strict';
var
  countUp,

  http     = require( 'http' ),
  express  = require( 'express' ),
  socketIo = require( 'socket.io' ),
```

```
    app      = express(),
    server   = http.createServer( app ),
    countIdx = 0   ❶
    ;
// ------------ モジュールスコープ変数終了 --------------

// ------------ ユーティリティメソッド開始 --------------
countUp = function () {
  countIdx++;
  console.log( countIdx );
};
// ------------ ユーティリティメソッド終了 --------------

// ---------------- サーバ構成開始 --------------------
app.configure( function () {   ❷
  app.use( express.static( __dirname + '/' ) );   ❸
});

app.get( '/', function ( request, response ) {
  response.redirect( '/socket.html' );
});
// ---------------- サーバ構成終了 --------------------

// ---------------- サーバ起動開始 --------------------
server.listen( 3000 );
console.log(
  'Express server listening on port %d in %s mode',
  server.address().port, app.settings.env
);

setInterval( countUp, 1000 );   ❹
// ---------------- サーバ起動終了 --------------------
```

❶ モジュールスコープのカウント変数を作成する。
❷ カウントを増やしてロギングするユーティリティを作成する。
❸ 現在の作業ディレクトリから静的ファイルを提供するようにアプリケーションに指示する。
❹ JavaScriptのsetInterval関数を使って1000ミリ秒ごとにcountUp関数を呼び出す。

サーバを起動すると（node socket.js）、端末に絶えず増加する数値がロギングされるのがわかる。次は、例7-28に示すwebapp/socket.htmlを作成し、この数値を表示しよう。jQueryを含めているのは、bodyタグの取得が簡単になるからだ。

例7-28 ブラウザドキュメントの作成（webapp/socket.html）

```
<!doctype html>
<!-- socket.html - 簡単なソケットの例 -->
<html>
<head>
  <script type="text/javascript"
src="http://ajax.googleapis.com/ajax/libs/jquery/1.9.1/jquery.min.js"></script>
```

```
    ></script>
  </head>
  <body>
    Loading...
  </body>
</html>
```

これで http://localhost:3000 をロードでき、ほぼ空白のページが表示されるだろう。Socket.IO でこの情報をクライアントに送信するには、**例7-29**に示すようにサーバアプリケーションに2行追加するだけである。変更点は**太字**で示す。

例7-29　サーバアプリケーションにWebSocketを追加する（webapp/socket.js）

```
...
  server   = http.createServer( app ),
  io       = socketIo.listen( server ), ❶
  countIdx = 0
  ;
// ------------- モジュールスコープ変数開始 ----------------

// ------------- ユーティリティメソッド開始 ----------------
countUp = function () {
  countIdx++;
  console.log( countIdx );
  io.sockets.send( countIdx ); ❷
};
// -------------- ユーティリティメソッド終了 ---------------
// ------------------- サーバ構成開始 ----------------------
...
```

❶ HTTPサーバを使って待ち受けするようにSocket.IOに指示する。
❷ 待ち受けしているすべてのソケットにカウントを送信する。

Socket.IOを有効にするには、**例7-30**に示すようにブラウザドキュメントに6行を追加するだけでよい。変更点は**太字**で示す。

例7-30　ブラウザドキュメントにWebSocketを追加する（webapp/socket.html）

```
<!doctype html>
<!-- socket.html - 簡単なソケットの例 -->
<html>
<head>
  <script type="text/javascript"
src="http://ajax.googleapis.com/ajax/libs/jquery/1.9.1/jquery.min.js"
  ></script>
  <script src="/socket.io/socket.io.js"></script>
  <script>
    io.connect().on('message', function ( count ) {
      $('body').html( count );
```

```
    });
  </script>
</head>
<body>
  Loading...
</body>
</html>
```

　JavaScriptファイル/socket.io/socket.io.jsはSocket.IOインストールで提供されているので作成する必要はない。これも実際にはサーバに存在しない「魔法」のファイルなので、探しに行かないでほしい。`io.connect()`はSocket.IO接続を返す。また、`on`メソッドはjQueryの`bind`メソッドに似ており、ある特定の種類のSocket.IOイベントを監視するように指示する。この例では、探しているイベントは接続を介して受信したメッセージである。そして、jQueryを使ってボディを新しいカウントに更新する。サーバにsocket.io.jsファイルを探しに行ったのではないだろうか。

　ブラウザで`http://localhost:3000/`を開くと、カウンタが増えているのがわかるはずだ。別のタブで同じ場所を開くと、別のカウンタが同じ数値と割合で増えているのがわかるだろう。これは、`countIdx`がサーバアプリケーションのモジュールスコープ変数だからだ。

7.5.2　Socket.IOとメッセージングサーバ

　Socket.IOを使ってクライアントとサーバとの間でメッセージをやり取りするときには、メッセージングサーバを作成している。別のメッセージングサーバの例はOpenfireであり、これはGoogle ChatやJabberで使用されているプロトコルXMPPを使ってメッセージを提供する。メッセージングサーバはすべてのクライアントへの接続を保持する必要があるので、メッセージの送信や応答を迅速に行える。また、不要なデータを避けてメッセージサイズを最小限にすべきである。

　Apache2などの従来のWebサーバでは、接続ごとにプロセス（またはスレッド）を作成して割り当て、**各プロセスは接続が続く限り存在していなければいけないので**、あまり優れたメッセージングサーバではない。ご想像のとおり、数百または数千の接続を行うと、Webサーバは接続を提供するのに使うプロセスに全リソースを消費されてしまう。Apache2はこのような状況に合わせて設計されていなかった。コンテンツサーバとして記述され、リクエストに応えてできるだけ早くデータを送り、できるだけ早く接続を閉じるという発想に基づいている。このような用途にはApache2は適切な選択肢である（YouTubeで調べてほしい）。

　それに比べ、Node.jsは優れたメッセージングサーバである。イベントモデルのおかげで、接続ごとにプロセスを作成しない。その代わりに、接続の開閉時に記録を取り、接続中に維持管理を行う。そのため、平均的なハードウェアで何万、何十万もの同時接続に対処できる。Node.jsは、1つ以上の開かれた接続上でメッセージングイベント（リクエストやレスポンスなど）が発生するまでは何も重要な仕事は行わない。

Node.jsが対応できるメッセージングクライアント数は、サーバにかかる実際の作業負荷に左右される。クライアントが比較的落ち着いておりサーバタスクが軽量であれば、サーバは**多く**のクライアントに対応できる。クライアントが活発でサーバタスクが重い場合には、サーバが対応できるクライアントは**かなり少なくなる**。大規模環境では、ロードバランサがメッセージングを提供するNode.jsサーバのクラスタ、動的Webコンテンツを提供するNode.jsサーバの別のクラスタ、静的コンテンツを提供するApache2サーバのクラスタにトラフィックを割り振ることが考えられる。

XMPPなどの他のメッセージングプロトコルではなくNode.jsを使うことには、たくさんのメリットがある。以下のそのメリットの一部を示す。

- Socket.IOにより、Webアプリケーションでの特定のブラウザに依存しないメッセージングがかなり容易になる。以前は本番アプリケーションにはXMPPを使っていた。XMPPだけで**かなり多くの作業になる**。
- 別個のサーバと構成を保持しなくてすむ。これも大きなメリットである。
- 別の言語ではなくネイティブなJSONプロトコルで作業できる。XMPPはXMLであり、エンコードやデコードに高度なソフトウェアが必要である。
- 他のメッセージングプラットフォームを悩ます非常に恐ろしい「同一生成元」ポリシーを（少なくとも最初は）心配しなくてよい。このブラウザポリシーは、コンテンツを使っているJavaScriptと同じサーバからのコンテンツでない場合には、そのコンテンツをブラウザにロードさせない。

次に、感心するに違いないSocket.IOの使い方である、SPAの動的な更新を見てみよう。

7.5.3 Socket.IOを使ってJavaScriptを更新する

SPAには、クライアントソフトウェアとサーバアプリケーションを必ず対応させるという課題がある。BobbieがSPAをブラウザにロードし、その5分後にサーバアプリケーションを更新したとしよう。すると、更新したサーバは新しいデータフォーマットでやり取りするが、BobbieのSPAは依然として古いフォーマットを期待しているので問題が生じる。このような状況を解決する1つの方法は、SPAが最新でないとわかったときに（例えば、サーバが更新されたことを告げるメッセージの送信後）BobbieにSPA全体をリロードさせる方法である。しかし、もっと優れた方法がある。アプリケーション全体をリロードさせることなく、SPA内の変更されたJavaScriptだけを選択的に更新できる。

この魔法のような更新はどのように行うのだろうか。以下の3つの部分を検討すべきである。

1. JavaScriptファイルを監視し、修正されたことを検出する。
2. ファイルが更新されていることをクライアントに通知する。
3. 変更が通知されたときにクライアント側のJavaScriptを更新する。

最初の部分のファイル修正の検出は、ネイティブのNodeファイルシステムモジュール**fs**を使って

7.5 WebSocketとSocket.IO | **307**

実現できる。2つ目は、前節で説明したブラウザへのSocket.IO通知の送信の問題である。クライアントの更新は、通知の受信時に新しいスクリプトタグを挿入すると実現できる。最後に示したサーバアプリケーションを**例7-31**に示すように更新する。変更点は**太字**で示す。

例7-31　ファイルを監視するようにサーバアプリケーションを更新する（webapp/socket.js）

```
/*
 * socket.js - 動的JSローディングの例
*/

/*jslint          node   : true, continue : true,
  devel  : true, indent  : 2,    maxerr   : 50,
  newcap : true, nomen   : true, plusplus : true,
  regexp : true, sloppy  : true, vars     : false,
  white  : true
*/
/*global */

// ------------- モジュールスコープ変数開始 ---------------
'use strict';
var
  setWatch,

  http    = require( 'http' ),
  express = require( 'express' ),
  socketIo = require( 'socket.io' ),
  fsHandle = require( 'fs' ), ❶

  app     = express(),
  server  = http.createServer( app ),
  io      = socketIo.listen( server ),
  watchMap = {}
  ;
// ------------- モジュールスコープ変数終了 ---------------

// ------------- ユーティリティメソッド開始 ---------------
setWatch = function ( url_path, file_type ) {
  console.log( 'setWatch called on ' + url_path );

  if ( ! watchMap[ url_path ] ) {
    console.log( 'setting watch on ' + url_path );

    fsHandle.watchFile( ❷

      url_path.slice(1), ❸
      function ( current, previous ) {
```

❶ ファイルシステムモジュールを**fsHandle**にロードする。
❷ ファイルの変更を監視するようにファイルシステムモジュールに指示する。
❸ ファイルシステムモジュールは現在のディレクトリからの相対パスが必要なので、**url_path**から/を取り除く。

```
          console.log( 'file accessed' );
          if ( current.mtime !== previous.mtime ) { ❹
            console.log( 'file changed' );
            io.sockets.emit( file_type, url_path ); ❺
          }
        }
      }
    );
    watchMap[ url_path ] = true;
  }
};
// ------------ ユーティリティメソッド終了 ----------------


// ------------------ サーバ構成開始 --------------------
app.configure( function () {
  app.use( function ( request, response, next ) { ❻
    if ( request.url.indexOf( '/js/' ) >= 0 ) { ❼
      setWatch( request.url, 'script' );
    }
    else if ( request.url.indexOf( '/css/' ) >= 0 ) { ❽
      setWatch( request.url, 'stylesheet' );
    }
    next();
  });
  app.use( express.static( __dirname + '/' ) );
});

app.get( '/', function ( request, response ) {
  response.redirect( '/socket.html' );
});
// ------------------ サーバ構成終了 --------------------


// ------------------ サーバ起動開始 --------------------
server.listen( 3000 );
console.log(
  'Express server listening on port %d in %s mode',
  server.address().port, app.settings.env
);
// ------------------ サーバ起動終了 --------------------
```

❹ ファイルの現在の状態と以前の状態の変更タイムスタンプ（mtime）を比較し、変更されているかどうかを確認する。

❺ 変更されたファイルのパスを含むscriptやstylesheetイベントをクライアントに送信する。

❻ カスタムミドルウェアを使って静的に提供されたファイルを監視する。

❼ 要求されたファイルがjsフォルダにある場合は、scriptファイルと見なす。

❽ 要求されたファイルがcssフォルダにある場合は、stylesheetファイルと見なす。

これでサーバアプリケーションの用意ができたので、クライアントに目を向けよう。まずは、更新するJavaScriptファイルに着手し、次にインデックスページを検討する。データファイルwebapp/js/data.jsは、例7-32に示すようにテキストを変数に割り当てる1行で構成される。

例7-32 データファイルの作成（webapp/js/data.js）

```
var b = 'SPA';
```

例7-33に示すように、ブラウザドキュメントにはもう少し多くの変更が必要である。変更点は**太字**で示す。

例7-33 ブラウザドキュメントの更新（webapp/socket.html）

```html
<!doctype html>
<!-- socket.html - 動的JSローディングの例 -->
<html>
<head>
  <script type="text/javascript"
src="http://ajax.googleapis.com/ajax/libs/jquery/1.9.1/jquery.min.js"
  ></script>
  <script src="/socket.io/socket.io.js"></script>
  <script id="script_a" src="/js/data.js"></script> ❶
  <script>
    $(function () {
      $( 'body' ).html( b ); ❷
    });
    io.connect('http://localhost').on( 'script', function ( path ) { ❸
      $( '#script_a' ).remove(); ❹
      $( 'head' ).append(
        '<script id="script_a" src="'
        + path +
        '"></scr' + 'ipt>'
      );
      $( 'body' ).html( b ); ❺
    });
  </script>
</head>
<body>
  Loading...
</body>
</html>
```

❶ 更新するJavaScriptファイルを埋め込む。
❷ ページの最初のロード時に、HTMLボディをdata.jsファイルのb変数の値に設定する。
❸ サーバから発行されたscriptイベントを受信したら、この関数を実行する。
❹ 古いスクリプトタグを削除し、更新されたJavaScriptファイルを指す新しいスクリプトタグを挿入する。これはそのファイルのJavaScriptを実行し、webapp/js/data.jsの場合はb変数をリロードする。
❺ HTMLボディをb変数の更新値に置き換える。

これで魔法を起こせる。まず、サーバアプリケーションを起動しよう（コマンドラインでnode socket.jsと入力する）。次に、ブラウザドキュメント（webapp/socket.html）を開く。ブラウザにSPAが表示されるだろう。そして、webapp/js/data.jsファイルを編集し、SPAの値をthe meaning of life is a rutabagaなどの簡潔なコメントに変更しよう。ブラウザに戻ると、（ブラウザをリロードしなくても）表示がSPAから前述の簡潔なコメントに変わっているだろう。watchFileコマンドがファ

イルの変更に気付くのに数秒かかるため[*1]、多少の遅延があるかもしれない。

7.6 まとめ

本章では、SPAの多くのロジックはクライアントに移行しているが、依然としてサーバは認証、データ検証、データストレージの役割を担っていることを確認した。Node.jsサーバを用意し、ConnectとExpressミドルウェアを使ってルーティング、ロギング、認証を容易にした。

ルーティングと構成ロジックを別のファイルに分離すると理解しやすくなり、Expressはさまざまな環境のためのさまざまな設定を定義する機能を提供した。Expressは、あらゆるオブジェクト型で使えるCRUDルートを簡単に構成するツールを提供した。

データの検証と格納方法にはまだ取り組んでいない。これは次の章でアプリケーションとデータを結び付けるときに取り上げる。

[*1] 原注：本番設定では、一般にファイルのポーリング（fstat）を最小にしたい。ポーリングは性能の大きな妨げになることがあるからだ。fileWatchメソッドでは、ファイルのポーリング頻度を下げるオプションを設定できる。例えば、デフォルトの0（これは「極めて頻繁に調べる」という意味だと思われる）の代わりに、30,000ミリ秒（30秒）ごとにポーリングできる。

8章
サーバデータベース

本章で取り上げる内容：

- SPAにおけるデータベースの役割。
- MongoDBのデータベース言語としてJavaScriptを使う。
- Node.jsのMongoDBドライバを理解する。
- CRUD操作を実装する。
- データ検証にJSVを使う。
- Socket.IOを使ってクライアントにデータ変更を通知する。

　本章では、7章で記述したコードを土台とする。7章のディレクトリ構造全体を新しい「chapter_8」ディレクトリにコピーして、このディレクトリでファイルを更新するとよい。

　本章では、永続データストレージとしてデータベースをSPAに追加する。これによって、データベース、サーバ、ブラウザの間でエンドツーエンドにJavaScriptを使うという本書のビジョンが達成される。これが完成したら、Node.jsサーバアプリケーションを起動し、友達にコンピュータやタッチデバイスからサインインしてもらうように頼むことができる。彼らは互いにチャットをしたり、ほぼリアルタイムに全員に表示されるアバターを変化させたりすることができる。データベースの役割についてもっと詳しく見ることから始めるとしよう。

8.1　データベースの役割

　データベースサーバを使って、信頼できるデータの永続ストレージを提供する。この役割のためにサーバが必要となるわけだが、それはクライアントに格納されたデータは一時的であり、アプリケーションによるエラー、ユーザによるエラー、ユーザによる改ざんが起こりやすいからだ。また、クライアントデータはピアツーピアでの共有も困難であり、クライアントがオンラインのときだけしか利用できない。

8.1.1　データストアの選択

サーバストレージのソリューションを選ぶとき、考慮すべき選択肢が多数ある。2、3例を挙げると、リレーショナルデータベース、キーバリューストア、NoSQLデータベースがある。しかし、どれがベストな選択だろう？人生における多くの質問と同様、答えは「状況次第」である。本書で取り組んできたWebアプリケーションでは、これらのソリューションの多くをさまざまな目的で併用してきた。多くの人々が、リレーショナルデータベース（MySQLなど）、キーバリューストア（memcachedなど）、グラフデータベース（Neo4jなど）、ドキュメントデータベース（Cassandra、MongoDBなど）など、さまざまなデータストアのメリットについて分厚い本を書いている。これらのソリューションの相対的メリットに関する議論は、本書の範囲ではない。ただし、著者は不可知論者であり、これらのそれぞれに然るべき適用対象があると考える。

SPAでワードプロセッサを開発したと想定してみよう。膨れ上がるファイルのデータストアにラウンドロビン方式のファイルシステムを使うが、インデックス付けにはMySQLデータベースを使うかもしれない。それに加えて、認証オブジェクトをMongoDBに格納するかもしれない。いずれにせよ、ほぼ例外なくユーザはドキュメントを長期的に格納するためにサーバに保存できることを期待する。ユーザはローカルディスクでのファイルの読み取りやファイルの保存を求めることもあるので、必ずと言ってよいほどその選択肢を提供すべきだろう。しかし、ネットワーク、リモートストレージ、そしてアクセス性の価値と信頼性が向上するほどに、ローカルストレージのユースケースは少なくなる。

本書では、多くの理由からデータストアとしてMongoDBを選択した。信頼性、スケーラビリティ、高性能が保証されているし、他のNoSQLデータベースと異なり、汎用データベースに位置づけられる。MongoDBを導入すれば、SPAの一方のエンドから他方のエンドに対してJavaScriptとJSONを使うことができるので、SPAに最適であることがわかった。コマンドラインインタフェースではクエリ言語としてJavaScriptを使うので、データベースを探索しながら簡単にJavaScriptのコードをテストしたり、サーバ環境やブラウザ環境で行う場合とまったく同じ式を使ってデータを操作したりすることができる。ストレージのフォーマットにJSONが使われており、データ管理ツールはJSON専用になっている。

8.1.2　データ変換をなくす

MySQL/Ruby on Rails（あるいはmod_perl、PHP、ASP、Java、Python）とJavaScriptで書かれた従来のWebサーバアプリケーションを想定してみよう。開発者は、クライアントに対してはSQL→Active Record→JSONに変換し、サーバに対してはJSON→Active Record→SQLに変換するコードを書く必要がある（図8-1）。3つの言語（SQL、Ruby、JavaScript）、3つのデータフォーマット（SQL、Active Record、JSON）、4つの変換処理があることになる。これはどう見ても他の用途に使った方がいいサーバ能力をかなり浪費している。最悪の場合、これらの変換処理ごとにバグが生じ

る可能性があり、実装とメンテナンスに大きな苦労が伴うはずだ。

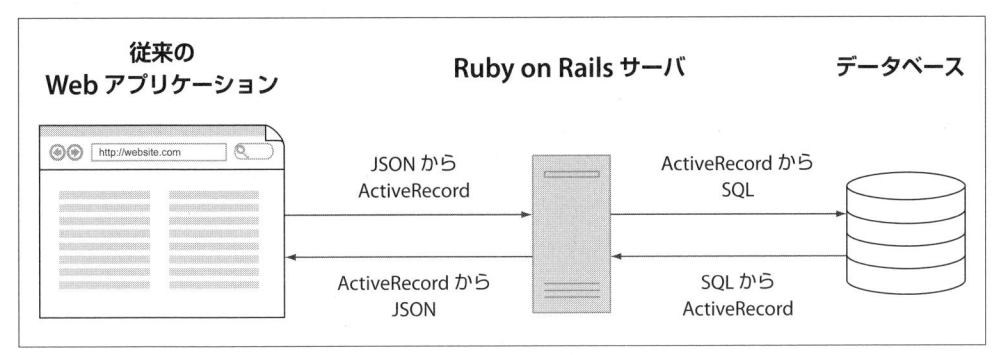

図8-1 Webアプリケーションでのデータ変換

　本書では、MongoDB、Node.js、ネイティブのJavaScriptによるSPAを使うので、データマッピングは、クライアントに対してJSON→JSON→JSON、サーバに対してJSON→JSON→JSONになる（図8-2）。1つの言語（JavaScript）、1つのデータフォーマット（JSON）で済み、データ変換は発生しない。これによって従来の複雑なシステムが強力で簡潔なものになる。

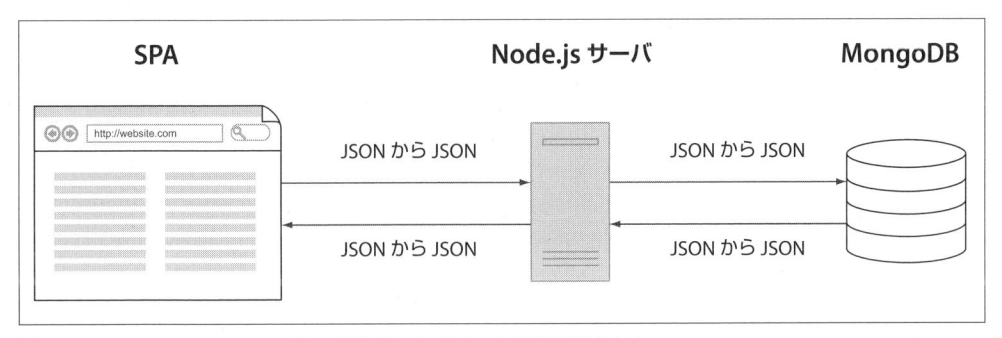

図8-2 MongoDB、Node.js、SPAを使うことでデータ変換が発生しない

　構成を簡潔にしたことで、アプリケーションロジックをどこに置くか決める際にも柔軟な選択が可能になる。

8.1.3　必要な場所にロジックを移す

　従来のWebアプリケーションの例で、アプリケーションロジックをどこに置くべきか考えてみよう。SQLプロシージャの中に置くべきだろうか。あるいはサーバアプリケーションのロジックに組み込むべきか。または、クライアントのロジックに置くべきかもしれない。あるレイヤーから別のレイヤーにロジックを移す必要がある場合、レイヤーごとに異なる言語とデータフォーマットが使われている

ので、その作業は通常大きな苦労が伴う。言い換えれば、あまりに間違うコストが莫大になることが多かった（例えば、ロジックをJavaからJavaScriptに書き換えるのを想像してみよう）。すると、アプリケーションの能力を制限する「無難な」選択で妥協することになる。

使う言語を1つ、データフォーマットを1つにすれば、思考を切り替える余分なコストを大幅に減らせる。間違うコストが最小になるので、開発中ずっと独創的な試みが可能になる。いくつかロジックをサーバからクライアントに移す必要があるときでも、変更なしか最小限の変更で同じJavaScriptを使うことができる。

本書で選んだデータベースMongoDBについて詳しく見ていこう。

8.2　MongoDBとは

MongoDBのWebサイトによれば、MongoDBは「スケーラブルで高性能なオープンソースのNoSQLデータベース」であり、動的スキーマを持つドキュメント指向ストレージを使って「簡潔さとパワー」をもたらすものである。これの意味するところを順に見ていこう。

- **スケーラブルで高性能**。MongoDBは、あまり高価でないサーバを使って、水平にスケールするように設計されている。リレーショナルデータベースの場合、データベースを簡単にスケールさせるには、より高価なハードウェアを購入するしかない[*1]。MongoDBの場合、サーバを追加することで簡単に能力と性能を強化できる。
- **ドキュメント指向ストレージ**。MongoDBは、列と行で構成される表ではなく、JSONドキュメントフォーマットでデータを格納する。ドキュメントは、SQLにおける行とほぼ等価であり、コレクションに格納される。コレクションはSQL表に似ている。
- **動的スキーマ**。リレーショナルデータベースの場合、どんなデータが表に格納可能かを定義するためにスキーマが必要になるが、MongoDBではスキーマは必要ない。コレクションには任意のJSONドキュメントを格納できる。同一のコレクションの中にある個々のドキュメントには全く異なる構造を持たせることができ、ドキュメント構造はドキュメントの更新の際に完全に変更しても構わない。

1点目の性能に関しては全員に関心があり、とりわけ運用管理者にアピールするだろう。残りの2点は、SPAの開発者が特に関心があり、詳細を調べるに値する。すでにMongoDBになじみがあれば、Node.jsアプリケーションに接続する8.3まで読み飛ばして構わない。

[*1] 原注：リレーショナルデータベースのクラスタやレプリカを作ることはできるが、通常は構成とメンテナンスにかなりの専門知識が必要となる。高速なサーバを購入する方がかなり簡単である。

8.2.1 ドキュメント指向ストレージ

MongoDBはデータをJSONドキュメントで格納するので、ほとんどのSPAにとって最適なものになる。本書のSPAのJSONドキュメントを変換なしに格納と参照ができる[*1]。データをネイティブなフォーマットとの間で変換することに開発時間も処理時間もかけたくないので、これは非常に魅力的だ。クライアント側でデータに問題が見つかったときでも、フォーマットが同一なので、データベースの中を探して確認するのも非常に簡単だ。

開発が簡単になり、アプリケーションが簡潔になるだけでなく、性能面でも利点がある。サーバがさまざまなフォーマットのデータを操作する代わりに、データを渡すだけですむ。サーバの仕事が減る分、ホスティングのコストとアプリケーションのスケーリングにも良い影響を与える。この場合、その仕事はクライアントに押し付けられるのではなく、データフォーマットを1つにしたおかげで仕事そのものがなくなる。これは必ずしもNode.js + MongoDBがJava + PostgreSQLよりも高速であることを意味するわけではない。アプリケーションの全体としての速度に影響する要因は他にも多数ある。しかし、その他の要因がすべて等しければ、単一のデータフォーマットはより良い性能をもたらすだろう。

8.2.2 動的ドキュメント構造

MongoDBにはドキュメントの構造に制約がない。構造を定義する代わりに、コレクションにドキュメントを追加するだけでいい。最初にコレクションを用意しておく必要もない。存在しないコレクションにデータを挿入すると、コレクションが作成される。リレーショナルデータベースと比較すれば、リレーショナルデータベースでは表とスキーマを明示的に定義しなければならないし、データ構造を変更するにはスキーマの変更が必要である。スキーマを必要としないデータベースには、いくつかの興味深い利点がある。

- ドキュメント構造が柔軟である。MongoDBは構造に関係なくドキュメントを格納する。ドキュメント構造が頻繁に変更される場合や構造化されていない場合、MongoDBでは調整の必要なしにドキュメントを格納できる。
- 多くの場合、アプリケーションを変更してもデータベースを変更する必要がない。ドキュメントに新しい属性や異なる属性を持たせたとき、簡単にアプリケーションをデプロイすることができ、即座に新しいドキュメント構造に格納できる。他方、属性を追加する前に保存したドキュメントにはそのドキュメント属性が存在しないことを考慮して、コードを調整する必要があるかもしれない。
- スキーマを変更してもダウンタイムや遅延が生じない。ドキュメント構造を変更する際にデータ

[*1] 原注：これをリレーショナルデータベースと比較してみよう。リレーショナルデータベースでは、まずドキュメントを格納する際にはSQLに変換し、次に参照の際にはJSONに変換しなければならない。

ベースサーバを停止する必要がない。ただし、この場合も以前と同様にアプリケーションの調整が必要かもしれない。
- **スキーマ設計の専門知識が必要ない**。スキーマレスにすることは、アプリケーションを構築するために習得すべき知識がないことを意味する。専門家でなくてもアプリケーションを容易に構築でき、稼働に必要な計画も減らせるかもしれない。

とはいえ、スキーマを持たないことによる欠点もある。

- **ドキュメントの構造を強制できない**。ドキュメント構造がデータベースのレベルで強制されないし、構造を変更してもそれが既存のドキュメントに自動的には伝搬しない。複数のアプリケーションで同一のコレクションを使っているときには、特にこれが苦痛になるはずだ。
- **ドキュメント構造の定義がない**。データベースエンジニアやアプリケーションから見て、データの持つべき構造を定義する場所がデータベースにない。コレクションの各ドキュメントの構造が同一である保証がないので、ドキュメントを検査してコレクションの目的を判断するのがより困難になる。
- **十分な定義がない**。ドキュメントデータベースは数学的に十分に定義されていない。リレーショナルデータベースにデータを格納するときには、できるだけ柔軟で高速なデータアクセスが実現できる数学的に証明されたベストプラクティスがある。MongoDBでは、インデックスの作成などいくつかの伝統的な手法はサポートしているが、最適化については十分に定義されていない。

MongoDBがデータを格納する方法について感触がつかめたので、いよいよ使ってみよう。

8.2.3　MongoDBを始めよう

MongoDBを始めるには、まずインストールして、次にMongoDBシェルを使ってコレクションとドキュメントを操作すると良い。最初に、MongoDBのWebサイトhttp://www.mongodb.org/downloadsからMongoDBをインストールし、次にmongodbサーバプロセスを起動する。起動の手順はOSごとに異なるので、詳細はドキュメントを参照してほしい（http://docs.mongodb.org/manual/tutorial/manage-mongodb-processes/）。データベースが起動したら、端末を開いて、mongo（Windowsの場合mongo.exe）と入力してシェルを起動する。以下のように表示されるだろう。

```
MongoDB shell version: 2.4.3
connecting to: test
>
```

MongoDBを扱うときに考慮すべき重要な概念は、データベースやコレクションを手動で作成しないことである。データベースやコレクションは必要なときに作成される。データベースを新規作成するには、そのデータベースを使うコマンドを発行すればいい。コレクションを作成するには、コレ

ションにドキュメントを挿入すればいい。存在しないコレクションをクエリ内で参照しても、そのクエリは失敗しない。そのコレクションが存在するかのように振る舞うが、ドキュメントを挿入するまで実際には作成されない。

表8-1にいくつかの定番操作を示す。database_nameとしてspaを使い、順に試してみるとよい。

表8-1　基本的なMongoDBシェルコマンド

コマンド	説明
show dbs	このMongoDBインスタンスにあるデータベースをすべて一覧表示する。
use database_name	現在のデータベースをdatabase_nameに切り替える。データベースが存在しない場合、そのデータベースのコレクションに最初にドキュメントが挿入されたタイミングで作成される。
db	現在のデータベース。
help	通常のヘルプを表示する。db.help()はdbメソッドのヘルプを提供する。
db.getCollectionNames()	現在のデータベースで利用できるすべてのコレクションのリストを取得する。
db.collection_name	現在のデータベースにあるコレクション。
db.collection_name.insert({ 'name': 'Josh Powell' })	フィールドnameの値が「Josh Powell」であるドキュメントをcollection_nameコレクションに挿入する。
db.collection_name.find()	collection_nameコレクションにあるドキュメントをすべて返す。
db.collection_name.find({ 'name' : 'Josh Powell' })	collection_nameコレクションにあるドキュメントのうち、フィールドnameの値が「Josh Powell」であるものをすべて返す。
db.collection_name.update({ 'name': 'Josh Powell'}, {'name': 'Mr. Joshua C. Powell'})	nameがJosh Powellであるドキュメントをすべて探し、{'name': 'Mr. Joshua C. Powell'}のドキュメントに置き換える。
db.collection_name.update({ 'name': 'Mr. Joshua C. Powell'}, {$set: {'job': 'Author'} })	フィールドnameの値が「Mr. Joshua C. Powell」であるドキュメントを探し、$set属性で提供された属性を追加するか、あるいは更新する。
db.collection_name.remove({ 'name': 'Mr. Joshua C. Powell'})	collection_nameコレクションからフィールドnameの値が「Mr. Joshua C. Powell」であるドキュメントをすべて削除する。
exit	MongoDBシェルを終了する。

　もちろん、MongoDBにはこの表で示した機能以外にも多くの機能がある。たとえば、ソート、既存フィールドのサブセットを返す、ドキュメントのアップサート（レコードが存在すれば更新、存在しなければ挿入）、属性のインクリメントや変更、配列の操作、インデックスの追加などのメソッド

がある。MongoDBが提供する全機能をもっと詳しく調べるには、『MongoDB in Action』(Manning 2011年、日本語版『MongoDBイン・アクション』、オライリー・ジャパン)、オンラインのMongoDB マニュアル (http://docs.mongodb.org/manual)、『Little Mongodb Book』(http://openmymind.net/mongodb.pdf) を参照してほしい。MongoDBの基本コマンドを一通り紹介したので、アプリケーションからMongoDBが使えるようにしてみよう。まずプロジェクトファイルを用意する必要がある。

8.3　MongoDBドライバを使う

　ある言語で書かれたアプリケーションがMongoDBと効率的にやり取りするには、データベースドライバが必要である。ドライバがなければ、MongoDBとやり取りする方法はシェル経由だけになるだろう。MongoDBドライバはさまざまな言語で書かれており、Node.jsのJavaScriptで使えるドライバもある。優れたドライバは、開発者を悩ませることなく、データベースとやり取りする多くの低水準タスクを処理する。いくつか例を挙げると、接続が失われた場合のデータベースへの再接続、レプリカセットへの接続の管理、バッファのプール、カーソルのサポートなどがある。

8.3.1　プロジェクトファイルを準備する

　本章では、7章で記述したコードを土台とする。7章のファイル構造全体を新しい「chapter_8」ディレクトリにコピーし、そこで作業を行う。例8-1はコピーが完了した後のファイル構造を示す。削除するファイルとディレクトリを**太字**で示す。

例8-1　7章からファイルをコピーする

```
chapter_8
`-- webapp
    |-- app.js
    |-- js
    |   `-- data.js
    |-- node_modules
    |-- package.json
    |-- public
    |   |-- css/
    |   |-- js/
    |   `-- spa.html
    |-- routes.js
    |-- socket.html
    `-- socket.js
```

　jsディレクトリ、socket.htmlファイル、socket.jsファイルを削除しよう。node_modulesディレクトリはモジュールのインストールで再作成されるので、node_modulesディレクトリも削除する。更新

した後の構造は**例8-2**のようになる。

例8-2　必要なくなったファイルとディレクトリを削除する

```
chapter_8
`-- webapp
    |-- app.js
    |-- package.json
    |-- public
    |   |-- css/
    |   |-- js/
    |   `-- spa.html
    `-- routes.js
```

ディレクトリをコピーして整理したので、MongoDBをアプリケーションに接続する準備が整った。まずはMongoDBドライバをインストールする。

8.3.2　MongoDBをインストールして接続する

　MongoDBドライバは、多くのアプリケーションに適したソリューションである。簡潔で、高速で、簡単に理解できる。さらに機能が必要な場合は、**ODM**（Object Document Mapper）の使用を検討するといい。ODMは、リレーショナルデータベースでよく使われる**ORM**（Object Relational Mapper）に相当する。Mongoskin、Mongoose、Mongoliaなどのいくつかの選択肢がある。

　本書のアプリケーションでは基本的なMongoDBドライバを使うことにする。本書のアプリケーションでは、関連と高水準データモデリングのほとんどがクライアントで処理されるからだ。汎用JSONスキーマバリデータを使ってドキュメント構造の検証を行うので、ODMの検証機能は必要ない。この選択を下した理由は、JSONスキーマバリデータは標準準拠であり、クライアントとサーバの両方で動作するが、本書の執筆時点ではODMの検証はサーバでしか動作しないからだ。

　`package.json`を使ってMongoDBドライバをインストールできる。以前と同様に、モジュールのメジャーバージョンとマイナーバージョンを指定するが、最新のパッチバージョンを要求している（**例8-3**）。変更点は**太字**で示す。

例8-3　npm installのマニフェストを更新する（webapp/package.json）

```
{ "name"     : "SPA",
  "version"  : "0.0.3",
  "private"  : true,
  "dependencies" : {
    "express"   : "3.2.x",
    "mongodb"   : "1.3.x",
    "socket.io" : "0.9.x"
```

}
    }

npm installを実行すると、MongoDBドライバを含むマニフェストにあるモジュールがすべてインストールされる。**例8-4**に示すように、routes.jsファイルを編集してmongodbを追加し、接続を開始しよう。変更点は**太字**で示す。

例8-4 MongoDB接続を開く（webapp/routes.js）

```
/*
 * routes.js - ルーティングを提供するモジュール
 */
...
// ------------ モジュールスコープ変数開始 --------------
'use strict';
var
  configRoutes,
  mongodb     = require( 'mongodb' ),        ❶

  mongoServer = new mongodb.Server(           ❷
    'localhost',
    mongodb.Connection.DEFAULT_PORT
  ),
  dbHandle    = new mongodb.Db(               ❸
    'spa', mongoServer, { safe : true }
  );

dbHandle.open( function () {                  ❹
  console.log( '** Connected to MongoDB **' );
});
// ------------ モジュールスコープ変数終了 ---------------
...
```

❶ MongoDBコネクタを取り込む。
❷ URL（localhost）とポートを渡して、MongoDBサーバ接続オブジェクトを設定する。
❸ サーバ接続オブジェクトと一連のオプションを渡して、MongoDBデータベースハンドルを作成する。1.3.6のドライバでは、safe設定が非推奨になった。{ w : 1 }を設定すると、MongoDBの単独サーバで同様の結果となる。
❹ データベース接続を開く。接続が完了したときに実行するコールバック関数を追加する。

例8-5に示すように、サーバアプリケーションからベーシック認証を削除することもできる。

例8-5 サーバアプリケーションからベーシック認証を削除（webapp/app.js）

```
/*
 * app.js - ルーティングを備えたExpressサーバ
 */
...
// ------------ サーバ構成開始 ---------------
app.configure( function () {
  app.use( express.bodyParser() );
  app.use( express.methodOverride() );    1) ❶
  app.use( express.static( __dirname + '/public' ) );
```

❶ app.use(express.basicAuth('user', 'spa'));の行が削除されている。

```
        app.use( app.router );
    });
    ...
```

サーバアプリケーションを開始すると(コマンドプロンプトでnode app.js)、以下の出力が表示される。

```
Express server listening on port 3000 in development mode
** Connected to MongoDB **
```

これでサーバアプリケーションをMongoDBに接続できたので、基本的なCRUD(Create-Read-Update-Delete)操作を詳しく見ていこう。

8.3.3　MongoDBのCRUDメソッドを使う

サーバアプリケーションをさらに更新する前に、MongoDBのCRUDメソッドに慣れておきたい。端末を開き、mongoと入力してMongoDBシェルを起動する。すると、**例8-6**に示すように(insertメソッドを使って)コレクションにドキュメントを追加できる。入力は**太字**で示す。

例8-6　MongoDBにドキュメントを作成する

```
> use spa;
switched to db spa
> db.user.insert({
  "name" : "Mike Mikowski",
  "is_online" : false,
  "css_map":{"top":100,"left":120,
    "background-color":"rgb(136, 255, 136)"
  }
});

> db.user.insert({
  "name" : "Mr. Joshua C. Powell, humble humanitarian",
  "is_online": false,
  "css_map":{"top":150,"left":120,
    "background-color":"rgb(136, 255, 136)"
  }
});

> db.user.insert({
  "name": "Your name here",
  "is_online": false,
  "css_map":{"top":50,"left":120,
    "background-color":"rgb(136, 255, 136)"
  }
});
```

```
> db.user.insert({
  "name": "Hapless interloper",
  "is_online": false,
  "css_map":{"top":0,"left":120,
    "background-color":"rgb(136, 255, 136)"
  }
});
```

例8-7に示すように、(findメソッドを使って)ドキュメントを読み取り、正しく挿入されていることを確認できる。入力は**太字**で示す。

例8-7　MongoDBからドキュメントを読む

```
> db.user.find()
{ "_id" : ObjectId("5186aae56f0001debc935c33"),
  "name" : "Mike Mikowski",
  "is_online" : false,
  "css_map" : {
    "top" : 100, "left" : 120,
    "background-color" : "rgb(136, 255, 136)"
  }
},
{ "_id" : ObjectId("5186aaed6f0001debc935c34"),
  "name" : "Mr. Josh C. Powell, humble humanitarian",
  "is_online" : false,
  "css_map" : {
    "top" : 150, "left" : 120,
    "background-color" : "rgb(136, 255, 136)"
  }
}
{ "_id" : ObjectId("5186aaf76f0001debc935c35"),
  "name" : "Your name here",
  "is_online" : false,
  "css_map" : {
    "top" : 50, "left" : 120,
    "background-color" : "rgb(136, 255, 136)"
  }
}
{ "_id" : ObjectId("5186aaff6f0001debc935c36"),
  "name" : "Hapless interloper",
  "is_online" : false,
  "css_map" : {
    "top" : 0, "left" : 120,
    "background-color" : "rgb(136, 255, 136)"
  }
}
```

MongoDBは挿入されたドキュメントに_idという名前の一意の識別子フィールドを自動的に追加する点に注意しよう。著者の一人のnameフィールドは（おそらく控えめではあるけれども）間違いなく正しいが、堅苦しすぎる。**例8-8**に示すように、堅苦しさをなくし、（updateメソッドを使って）ドキュメントを更新してみよう。入力は**太字**で示す。

例8-8　MongoDBのドキュメントを更新する

```
> db.user.update(
  { "_id"  : ObjectId("5186aaed6f0001debc935c34") },
  { $set : { "name" : "Josh Powell"  }}
);

db.user.find({
  "_id"  : ObjectId("5186aaed6f0001debc935c34")
});

{ "_id" : ObjectId("5186aaed6f0001debc935c34"),
  "name" : "Josh Powell",
  "is_online" : false,
  "css_map" : {
    "top" : 150, "left" : 120,
    "background-color" : "rgb(136, 255, 136)"
  }
}
```

不運な不法侵入者（hapless interloper）がデータベースに紛れ込んでいるのに気付かざるをえない。スタートレック乗組員の赤シャツのクルーメンバーのように、不運な不法侵入者がラストシーンにたどり着くべきではない。伝統を破るのは嫌なので、この不法侵入者を即座に検出し、**例8-9**に示すように（removeメソッドを使って）ドキュメントから削除しよう。入力は**太字**で示す。

例8-9　MongoDBからドキュメントを削除する

```
> db.user.remove(
  { "_id"  : ObjectId("5186aaff6f0001debc935c36") }
);

> db.user.find()
{ "_id" : ObjectId("5186aae56f0001debc935c33"),
  "name" : "Mike Mikowski",
  "is_online" : false,
  "css_map" : {
    "top" : 100, "left" : 120,
    "background-color" : "rgb(136, 255, 136)"
  }
}
```

```
{ "_id" : ObjectId("5186aaed6f0001debc935c34"),
  "name" : "Josh Powell",
  "is_online" : false,
  "css_map" : {
    "top" : 150, "left" : 120,
    "background-color" : "rgb(136, 255, 136)"
  }
}
{ "_id" : ObjectId("5186aaf76f0001debc935c35"),
  "name" : "Your name here",
  "is_online" : false,
  "css_map" : {
    "top" : 50, "left" : 120,
    "background-color" : "rgb(136, 255, 136)"
  }
}
```

以上でMongoDBコンソールを使ったCRUD操作が完了した。次に、CRUD操作をサポートするようにサーバアプリケーションを更新してみよう。

8.3.4　サーバアプリケーションにCRUDを追加する

本書ではNode.jsを使っており、JavaScriptはイベントベースであるため、MongoDBとのやり取りは他の大部分の言語とは違ってくる。データベースにはあれこれ操作できるドキュメントがすでにいくつか含まれているので、**例8-10**に示すように、MongoDBを使ってユーザオブジェクトのリストを取得するようにルータを更新してみよう。変更点は**太字**で示す。

例8-10　ユーザリストを取得するようにルータを更新する（webapp/routes.js）

```
/*
 * routes.js - ルーティングを提供するモジュール
 */
...
// --------------- パブリックメソッド開始 ------------------
configRoutes = function ( app, server ) {
  ...
  app.get( '/:obj_type/list', function ( request, response ) { ❶
    dbHandle.collection(
      request.params.obj_type,
      function ( outer_error, collection ) {
        collection.find().toArray( ❷
          function ( inner_error, map_list ) { ❸
            response.send( map_list );
          }
```

❶ dbHandleオブジェクトを使ってURLの:obj_typeで指定されたコレクションを取得し、実行するコールバックに渡す。

❷ (dbHandle.collection)コレクションにあるドキュメントをすべて探し、結果を配列に変換する。

❸ JSONオブジェクトのリストをクライアントに返信する。

```
          );
        }
      );
    });
    ...
  };

  module.exports = { configRoutes : configRoutes };
  // ----------------- パブリックメソッド終了 ------------------
  ...
```

ブラウザで結果を見る前に、JSONを人間が読みやすくするために、ブラウザ拡張やアドオンを用意するとよい。本書ではChromeでJSONView 0.0.32、FirefoxでJSONovich 1.9.5を使う。どちらも各ベンダーのアドオンサイトから入手できる。

端末で`node app.js`と入力するとアプリケーションを開始できる。ブラウザでhttp://localhost:3000/users/listを開くと、図8-3に示すようなJSONドキュメントが表示されるだろう。

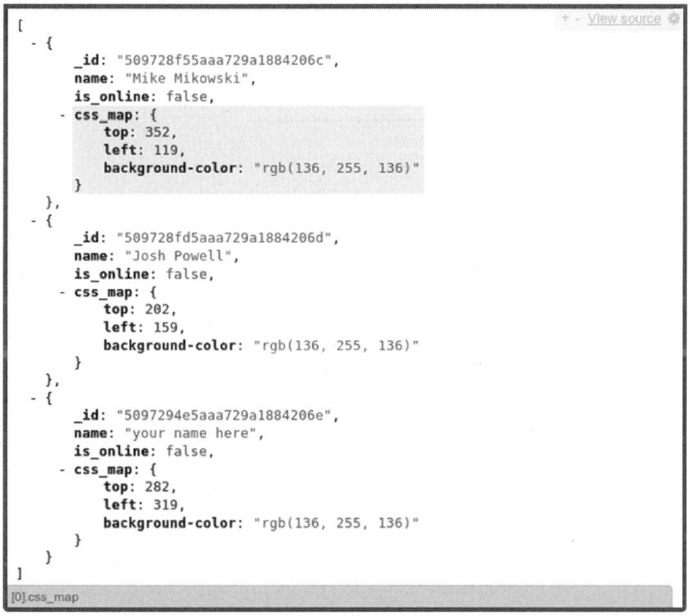

図8-3　Node.jsを経由したMongoDBからクライアントへのレスポンス

そして、**例8-11**に示すように残りのCRUD操作を追加できる。変更点は**太字**で示す。

例8-11　MongoDBドライバとCRUDをルータに追加する（routes.js）

```
/*
 * routes.js - ルーティングを提供するモジュール
*/
...
// ------------ モジュールスコープ変数開始 --------------
'use strict';
var
  configRoutes,
  mongodb     = require( 'mongodb' ),

  mongoServer = new mongodb.Server(
    'localhost',
    mongodb.Connection.DEFAULT_PORT
  ),
  dbHandle    = new mongodb.Db(
    'spa', mongoServer, { safe : true }
  ),

  makeMongoId = mongodb.ObjectID; ❶
// ------------ モジュールスコープ変数終了 --------------

// -------------- パブリックメソッド開始 -----------------
configRoutes = function ( app, server ) {
  app.get( '/', function ( request, response ) {
    response.redirect( '/spa.html' );
  });

  app.all( '/:obj_type/*?', function ( request, response, next ) {
    response.contentType( 'json' );
    next();
  });

  app.get( '/:obj_type/list', function ( request, response ) {
    dbHandle.collection( ❷
      request.params.obj_type,
      function ( outer_error, collection ) {
        collection.find().toArray(
          function ( inner_error, map_list ) {
            response.send( map_list );
          }
        );
      }
    );
  });
```

❶ ObjectID関数をモジュールスコープ変数 makeMongoIdにコピーする。これは便利。このモジュールの最後でデータベース接続が開いている点に注意。

❷ 全ユーザを列挙する機能を追加する。これはこの節で以前に示した。重複して追加しないでほしい。

8.3 MongoDBドライバを使う | 327

```javascript
app.post( '/:obj_type/create', function ( request, response ) {
  dbHandle.collection(
    request.params.obj_type,
    function ( outer_error, collection ) {
      var
        options_map = { safe: true },
        obj_map     = request.body;

      collection.insert( ❸
        obj_map,
        options_map,
        function ( inner_error, result_map ) {
          response.send( result_map );
        }
      );
    }
  );
});
```

❸ MongoDBにドキュメントを挿入する。safeオプションは、ドキュメントがMongoDBに正常に挿入されるまでコールバックが実行されないように指定する。これがないと、コールバックは成功のレスポンスを待たずに即座に実行されてしまう。性能と安全のどちらを選ぶかはあなた次第だ。データベースハンドルを設定したときにデフォルトのsafeオプションを設定しているので、ここで絶対に必要というわけではない。以前に説明したように、safeオプションは非推奨になり、新たにwオプションがある。

```javascript
app.get( '/:obj_type/read/:id', function ( request, response ) {
  var find_map = { _id: makeMongoId( request.params.id ) };
  dbHandle.collection(
    request.params.obj_typee,
    function ( outer_error, collection ) {
      collection.findOne( ❹
        find_map,
        function ( inner_error, result_map ) {
          response.send( result_map );
        }
      );
    }
  );
});
```

❹ Node.js MongoDBドライバが提供するfindOneメソッドを使って、検索パラメータに合致する最初のドキュメントを探して返す。特定のIDを持つオブジェクトは1つだけなので、返す必要があるのは1つだけである。

```javascript
app.post( '/:obj_type/update/:id', function ( request, response ) {
  var
    find_map = { _id: makeMongoId( request.params.id ) },
    obj_map  = request.body;

  dbHandle.collection(
    request.params.obj_type,
    function ( outer_error, collection ) {
      var
        sort_order = [],
        options_map = {
          'new' : true, upsert: false, safe: true
        };
```

```
      collection.findAndModify( ❺
        find_map,
        sort_order,
        obj_map,
        options_map,
        function ( inner_error, updated_map ) {
          response.send( updated_map );
        }
      );
    }
  );
});

app.get( '/:obj_type/delete/:id', function ( request, response ) {
  var find_map = { _id: makeMongoId( request.params.id })};

  dbHandle.collection(
    request.params.obj_type,
    function ( outer_error, collection ) {
      var options_map = { safe: true, single: true };

      collection.remove( ❻
        find_map,
        options_map,
        function ( inner_error, delete_count ) {
          response.send({ delete_count: delete_count });
        }
      );
    }
  );
});

module.exports = { configRoutes : configRoutes };
// --------------- パブリックメソッド終了 ------------------

// ------------- モジュール初期化開始 --------------- ❼
dbHandle.open( function () {
  console.log( '** Connected to MongoDB **' );
});
// ------------- モジュール初期化終了 ---------------
```

❺ Node.js MongoDB ドライバが提供する findAndModify メソッドを使う。このメソッドは検索条件に合致するドキュメントをすべて探し、obj_map にあるオブジェクトで置き換える。確かに誤解しそうな名前ではあるが、我々が MongoDB ドライバを書いたわけではない。

❻ remove メソッドを使って、オブジェクトマップの属性に合致するドキュメントをすべて削除する。最大で1つのドキュメントしか削除しないように、オプションで single: true を渡す。

❼ モジュール初期化セクションを追加する。

クライアントからNode.jsサーバを経由してMongoDBに行き、その逆方向でクライアントに戻るCRUD操作を実装した。次は、クライアントから受信したデータをアプリケーションで検証できるようにしたい。

8.4 クライアントデータを検証する

MongoDBには、コレクションに追加できるものとできないものを定義するメカニズムがない。クライアントデータを保存する前に自分自身でクライアントデータを検証する必要がある。**図**8-4に示すようにデータを転送できるようにしたい。

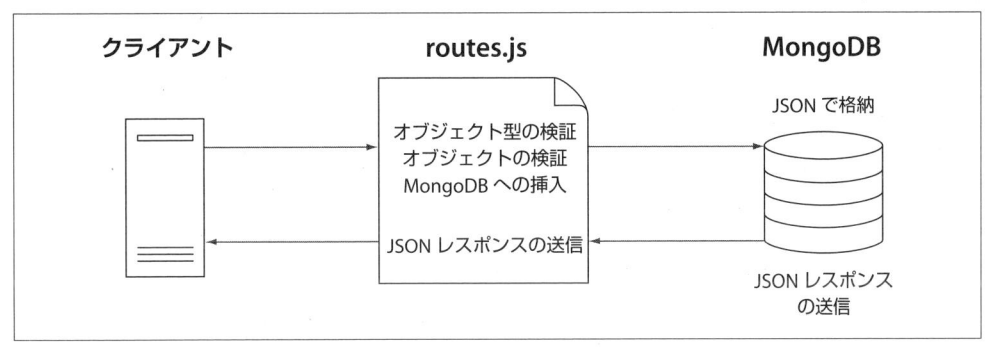

図8-4 クライアントデータの検証（コードでのパス）

まずは、有効なオブジェクトの型を定義する。

8.4.1 オブジェクト型を検証する

ここまでは、オブジェクトが許可された型かどうかを検証することなく、任意のパスでオブジェクトを受け取ってMongoDBに渡している。例えば、馬（horse）を作成するPOSTであっても動いてしまう。以下の例ではwgetを使っている。入力は**太字**で示す。

```
# 馬を示すMongoDBのコレクションを新規作成する
wget http://localhost:3000/horse/create \
  --header='content-type: application/json' \
  --post-data='{"css_map":{"color":"#ddd","name":"Ed"}}'\
  -O -

# 馬を追加する
wget http://localhost:3000/horse/create \
  --header='content-type: application/json' \
  --post-data='{"css_map":{"color":"#2e0","name":"Winney"}}'\
  -O -

# 馬の群れを確認する
wget http://localhost:3000/horse/list -O -
[ {
    "css_map": {
```

```
      "color": "#ddd"
    },
    "name": "Ed",
    "_id": "51886ac7e7f0be8d20000001"
  },
  {
    "css_map": {
      "color": "#2e0"
    },
    "name": "Winney",
    "_id": "51886adae7f0be8d20000002"
  }]
```

事態は思っている以上に悪い。(この例が示すように) MongoDBはドキュメントを格納するだけでなく、全く新しいコレクションを作成してしまい、かなりの量のリソースを消費する。幾千ものMongoDBコレクションを新規作成するスクリプトを実行すれば、初心者のスクリプト小僧ですら数分でサーバを簡単に陥落させることができてしまうので、このままでは本番リリースできない[*1]。図8-5に示すように、承認されたオブジェクト型だけにアクセスを許可すべきである。

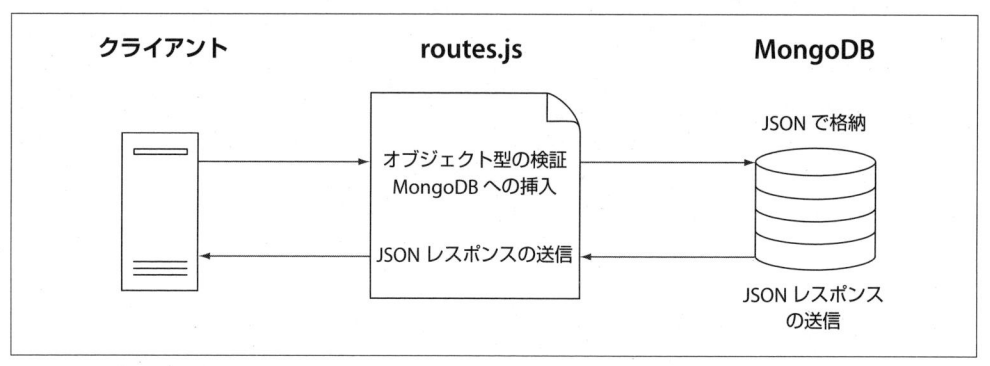

図8-5　オブジェクト型の検証

実装するのはかなり簡単だ。許可されるオブジェクト型のマップを作成し、ルータの中でつき合わせることができる。例8-12に示すように、routes.jsファイルを変更してこれを実現してみよう。変更点は**太字**で示す。

例8-12　受信ルートを検証する (routes.js)

```
/*
 * routes.js - ルーティングを提供するモジュール
 */
```

---

*1　原注：64ビットの開発マシン上では、**ほぼ空**のコレクションごとに64MBのディスクスペースを消費する。

```
...
// ----------- モジュールスコープ変数開始 --------------
'use strict';
var
  ...
  makeMongoId = mongodb.ObjectID,
  objTypeMap  = { 'user': { } }; ❶
// ----------- モジュールスコープ変数終了 --------------

// --------------- パブリックメソッド開始 ------------------
configRoutes = function ( app, server ) {
  app.get( '/', function ( request, response ) {
    response.redirect( '/spa.html' );
  });

  app.all( '/:obj_type/*?', function ( request, response, next ) {
    response.contentType( 'json' );
    if ( objTypeMap[ request.params.obj_type ] ) { ❷
      next();
    }
    else { ❸
      response.send({ error_msg : request.params.obj_type
        + ' is not a valid object type'
      });
    }
  });
...
```

❶ マップを宣言し、許可するオブジェクト型を割り当てる。
❷ オブジェクト型のマップにオブジェクト型(:obj_type)が定義されていれば、次のルートハンドラに移動する。
❸ オブジェクト型のマップにオブジェクト型(:obj_type)が定義されていなければ、無効なルートであることをクライアントに伝えるJSONレスポンスを送信する。

オブジェクト型が許可されていることを確認するだけで終わりにしたくはない。クライアントデータが期待どおりに構造化されていることも確認したい。次にこれを実現しよう。

8.4.2　オブジェクトを検証する

ブラウザクライアントは、オブジェクトを表すJSONドキュメントをサーバに送信する。読者の多くはご存知だと思うが、多くのWeb APIでJSONがXMLに取って代わっている。JSONの方がコンパクトであり、また処理が容易なことが多いからだ。

XMLが提供する優れた機能に、許可される内容を記述する**文書型定義**(DTD：Document Type Definition)を定義できる機能がある。やや未成熟ながら、JSONにもDTDと同じようにドキュメントの内容を保証できる同様の標準がある。これは**JSONスキーマ**と呼ばれている。

JSVはJSONスキーマを使うバリデータである。ブラウザとサーバで使用できるので、検証ライブラリを（わずかな違いしかないにも関わらず）別々に書いてメンテナンスする必要はない。オブジェクトを検証するのに必要な手順を以下に示す。

- JSVモジュールをインストールする。
- JSONスキーマを作成する。
- JSONスキーマをロードする。
- 検証関数を作成する。
- 受信データを検証する。

まずはJSVをインストールする。

8.4.2.1　JSVモジュールをインストールする

JSV 4.0.2を含めるようにpackage.jsonを更新する。すると、**例8-13**のようになるだろう。

例8-13　JSVを取り込むようにマニフェストを更新する（webapp/package.json）

```
{ "name"     : "SPA",
  "version"  : "0.0.3",
  "private"  : true,
  "dependencies" : {
    "express"   : "3.2.x",
    "mongodb"   : "1.3.x",
    "socket.io" : "0.9.x",
    "JSV"       : "4.0.x"
  }
}
```

`npm install`を実行すると、npmはpackage.jsonの変更を検出し、JSVをインストールする。

8.4.2.2　JSONスキーマを作成する

ユーザオブジェクトを検証する前に、どのプロパティを許可し、どのような値を想定しているかを決めなければならない。**例8-14**に示すように、JSONスキーマはこうした制約を記述するための優れた標準的なメカニズムを提供する。注釈で制約を説明しているので、注意深く見てほしい。

例8-14　ユーザスキーマを作成する（webapp/user.json）

```
{ "type" : "object",  ❶
  "additionalProperties" : false,  ❷
  "properties" : {  ❸
    "_id" : {  ❹
      "type"      : "string",
      "minLength" : 25,
      "maxLength" : 25
    },
    "name" : {  ❺
      "type"      : "string",
```

❶ このオブジェクトは、object(`"type" : "object"`)のスキーマを表す。ブール値、整数、文字列、配列のための制約を表現できる点に注意。

❷ object型は、明示的に宣言されていないプロパティを受理または拒否できる。falseの場合、バリデータは宣言されていないプロパティを許可しない。ほとんどの場合falseにするのが正しい選択である。

❸ properties値は、オブジェクトスキーマにプロパティ名をキーとする許可されたプロパティのマップを提供する。

❹ _idプロパティは文字列であり、長さが25文字でなければいけない（`"minLength" : 25, "maxLength" : 25`）。

❺ nameプロパティは_idに似ているが、可変長でもかまわない。

```
      "minLength" : 2,
      "maxLength" : 127
    },
    "is_online" : { ❻
      "type"     : "boolean"
    },
    "css_map": { ❼
      "type" : "object",
      "additionalProperties" : false,
      "properties" : {
        "background-color" : { ❽
          "required" : true,
          "type"     : "string",
          "minLength" : 0,
          "maxLength" : 25
        },
        "top" : { ❾
          "required" : true,
          "type"     : "integer"
        },
        "left" : { ❿
          "required" : true,
          "type"     : "integer"
        }
      }
    }
  }
}
```

❻ is_onlineプロパティはtrueかfalseでなければならない。
❼ css_mapプロパティはオブジェクトでなければならず、宣言されていないプロパティは許されない。
❽ css_mapオブジェクトのbackground-colorプロパティが必須であり、文字列で長さを最大25文字にできる。
❾ css_mapオブジェクトのtopプロパティが存在し、整数でなければいけない。
❿ css_mapオブジェクトのleftプロパティが存在し、整数でなければいけない。

オブジェクトとそのオブジェクト内のオブジェクトを制約するスキーマを定義していることに気付かれたかもしれない。これはJSONスキーマを無限に再帰的に構成できる方法を示している。JSONスキーマは、XMLと同じように他のスキーマを拡張しても構わない。JSONスキーマについて詳しく知りたければ、公式Webサイト http://json-schema.org を調べてみよう。これで、スキーマをロードし、受信したユーザオブジェクトには許可したデータしか含まれないことを保証できる。

8.4.2.3　JSONスキーマをロードする

サーバの起動時にスキーマドキュメントをメモリにロードしよう。これによってサーバアプリケーションの実行中、コストのかかるファイルシークが避けられる。例8-15に示すように、オブジェクト型マップ（objTypeMap）で定義されたオブジェクト型ごとに1つのスキーマドキュメントをロードできる。変更点は**太字**で示す[1]。

---

[1] 原注：Windowsユーザの場合、ファイルシステムのパスに含まれるスラッシュ（/）をバックスラッシュ2個（\\）に置き換える必要がある。

例8-15　ルータにスキーマをロードする（webapp/routes.js）

```
/*
 * routes.js - ルーティングを提供するモジュール
*/
...
// ------------ モジュールスコープ変数開始 --------------
'use strict';
var
  loadSchema, configRoutes,
  mongodb    = require( 'mongodb' ),
  fsHandle   = require( 'fs'      ),  ❶

  mongoServer = new mongodb.Server(
    'localhost',
    mongodb.Connection.DEFAULT_PORT
  ),
  dbHandle   = new mongodb.Db(
    'spa', mongoServer, { safe : true }
  ),

  makeMongoId = mongodb.ObjectID,
  objTypeMap  = { 'user': {} };
// ------------- モジュールスコープ変数終了 ---------------

// ------------- ユーティリティメソッド開始 ---------------
loadSchema = function ( schema_name, schema_path ) {  ❷
  fsHandle.readFile( schema_path, 'utf8', function ( err, data ) {
    objTypeMap[ schema_name ] = JSON.parse( data );
  });
};
// ------------- ユーティリティメソッド終了 ---------------

// --------------- パブリックメソッド開始 -----------------
...
// --------------- パブリックメソッド終了 -----------------

// ---------------- モジュール初期化開始 ------------------
dbHandle.open( function () {
  console.log( '** Connected to MongoDB **' );
});

// スキーマをメモリ (objTypeMap) にロードする
(function () {
  var schema_name, schema_path;
  for ( schema_name in objTypeMap ) {  ❸
    if ( objTypeMap.hasOwnProperty( schema_name ) ) {
```

❶ ファイルシステムモジュールを取り込む。

❷ ファイルを読み込み、オブジェクト型マップ (objTypeMap) に格納する loadSchema ユーティリティを作成する。

❸ objTypeMap に定義されているオブジェクト型ごとにファイルを読む。この例では user というオブジェクト型が1つあるだけである。

```
        schema_path = __dirname + '/' + schema_name + '.json';
        loadSchema( schema_name, schema_path ); ❹
      }
    }
  }
}());
// -------------- モジュール初期化終了 ----------------
```

> ❹ ファイルのデータを構文解析してJSONオブジェクトに変換し、オブジェクトマップに格納する。ループの中で関数を宣言するのは一般に不適切なやり方であり、JSLintで警告されるので、外部関数（loadSchema）を使う。

これでスキーマをロードできたので、検証関数を作成できる。

8.4.2.4 検証関数を作成する

JSONスキーマをロードしたので、受信クライアントデータとスキーマを比較したい。**例8-16**にこの比較を行う簡単な関数を示す。変更点は**太字**で示す。

例8-16 ドキュメントを検証する関数を追加する（webapp/routes.js）

```
/*
 * routes.js - ルーティングを提供するモジュール
 */
...
// ------------- モジュールスコープ変数開始 -------------
'use strict';
var
  loadSchema, checkSchema, configRoutes,
  mongodb     = require( 'mongodb' ),
  fsHandle    = require( 'fs'      ),
  JSV         = require( 'JSV'     ).JSV, ❶

  mongoServer = new mongodb.Server(
    'localhost',
    mongodb.Connection.DEFAULT_PORT
  ),
  dbHandle    = new mongodb.Db(
    'spa', mongoServer, { safe : true }
  ),
  validator   = JSV.createEnvironment(), ❷

  makeMongoId = mongodb.ObjectID,
  objTypeMap  = { 'user': {} };
// ------------- モジュールスコープ変数終了 -------------

// ------------- ユーティリティメソッド開始 -------------
loadSchema = function ( schema_name, schema_path ) {
```

> ❶ JSVモジュールを取り込む。
> ❷ JSVバリデータの環境を作成する。

```
    fsHandle.readFile( schema_path, 'utf8', function ( err, data ) {
      objTypeMap[ schema_name ] = JSON.parse( data );
    });
  };

  checkSchema = function ( obj_type, obj_map, callback ) { ❸
    var
      schema_map = objTypeMap[ obj_type ],
      report_map = validator.validate( obj_map, schema_map );

    callback( report_map.errors ); ❹
  };
  // -------------- ユーティリティメソッド終了 ----------------

  // ---------------- パブリックメソッド開始 ------------------
  ...
```

❸ バリデータは、object、検証に使うオブジェクトスキーマ名（obj_type）、callback関数の3つを引数に取る。

❹ 検証を実行すると、エラーのリストを引数にcallbackが呼び出される。エラーリストが空の場合、オブジェクトは妥当である。

JSONスキーマのロード関数と検証関数ができたので、クライアントからの受信データを検証できる。

8.4.2.5　受信クライアントデータを検証する

これで検証を完成できる。あとは、クライアントデータを受け付けるルータを調整し（作成と更新）、バリデータを使うようにするだけである。どちらの場合も、エラーのリストが空であれば、要求された動作を実行したい。空でなければ、エラーレポートを返したい（**例8-17**）。変更点は**太字**で示す。

例8-17　検証を備えた作成と更新のルート（webapp/routes.js）

```
  /*
   * routes.js - ルーティングを提供するモジュール
   */
  ...
  // ---------------- パブリックメソッド開始 ------------------
  configRoutes = function ( app, server ) {
    ...
    app.post( '/:obj_type/create', function ( request, response ) {
      var
        obj_type = request.params.obj_type,
        obj_map  = request.body;

      checkSchema( ❶
        obj_type, obj_map,
        function ( error_list ) {
          if ( error_list.length === 0 ) {
```

❶ 前節で定義した検証関数（checkSchema）を、オブジェクト型、オブジェクトマップ、コールバック関数を引数にして呼び出す。

```
              dbHandle.collection(
                obj_type,
                function ( outer_error, collection ) {
                  var options_map = { safe: true };

                  collection.insert(
                    obj_map,
                    options_map,
                    function ( inner_error, result_map ) {
                      response.send( result_map );
                    }
                  );
                }
              );
            }
            else {
              response.send({
                error_msg  : 'Input document not valid',
                error_list : error_list
              });
            }
          }
        }
      );
    });

    ...

    app.post( '/:obj_type/update/:id', function ( request, response ) {
      var
        find_map = { _id: makeMongoId( request.params.id ) },
        obj_map  = request.body,
        obj_type = request.params.obj_type;

      checkSchema(
        obj_type, obj_map,
        function ( error_list ) {
          if ( error_list.length === 0 ) { ❷
            dbHandle.collection(
              obj_type,
              function ( outer_error, collection ) {
                var
                  sort_order = [],
                  options_map = {
                    'new' : true, upsert: false, safe: true
                  };

                collection.findAndModify(
```

❷ エラーリストが空かどうかを確認する。空だったら以前と同様にオブジェクトを作成あるいは更新する。

```
              find_map,
              sort_order,
              obj_map,
              options_map,
              function ( inner_error, updated_map ) {
                response.send( updated_map );
              }
            );
          }
        );
      }
      else {
        response.send({  ❸
          error_msg  : 'Input document not valid',
          error_list : error_list
        });
      }
    }
  );
});
...
};

module.exports = { configRoutes : configRoutes };
// ---------------- パブリックメソッド終了 ------------------
...
```

> ❸ エラーリストが空でなければ、エラーレポートを送信する。

これで検証が完了したので、ここまでの成果を確認してみよう。最初にJSLintでモジュールがすべて合格するのを確認してから（`jslint user.json app.js routes.js`）アプリケーションを起動する（`node app.js`）。次に、例8-18に示すように巧みな`wget`のテクニックを使って不正なデータと正しいデータをPOSTする。入力は**太字**で示す。

例8-18　巧みなwgetのテクニックを使って不正なデータと正しいデータをPOSTする

```
# 不正なデータで試す
wget http://localhost:3000/user/create \
  --header='content-type: application/json' \
  --post-data='{"name":"Betty",
   "css_map":{"background-color":"#ddd",
   "top" : 22 }
  }' -O -

--2013-06-07 22:20:17--  http://localhost:3000/user/create
Resolving localhost (localhost)... 127.0.0.1
Connecting to localhost (localhost)|127.0.0.1|:3000... connected.
HTTP request sent, awaiting response... 200 OK
```

```
Length: 354 [application/json]
Saving to: `STDOUT'
...
{ "error_msg": "Input document not valid",
  "error_list": [
    {
      "uri": "urn:uuid:8c05b92a...",
      "schemaUri": "urn:uuid:.../properties/css_map/properties/left",
      "attribute": "required",
      "message": "Property is required",
      "details": true
    }
  ]
}
...
# しまった、「left」プロパティを忘れた。修正しよう。
wget http://localhost:3000/user/create \
  --header='content-type: application/json' \
  --post-data='{"name":"Betty",
    "css_map":{"background-color":"#ddd",
    "top" : 22, "left" : 500 }
  }' -O -
--2013-05-07 22:24:02--  http://localhost:3000/user/create
Resolving localhost (localhost)... 127.0.0.1
Connecting to localhost (localhost)|127.0.0.1|:3000... connected.
HTTP request sent, awaiting response... 200 OK
Length: 163 [application/json]
Saving to: `STDOUT'
...
  {
    "name": "Betty",
    "css_map": {
      "background-color": "#ddd",
      "top": 22,
      "left": 500
    },
    "_id": "5189e172ac5a4c5c68000001"
  }
...
# 成功！
```

wgetでユーザを更新する操作は読者の練習問題として残しておく。

次節ではCRUD機能を個別のモジュールに分離する。そうすれば、よりきれいで、理解しやすく、メンテナンス性が高いコードになるだろう。

8.5　個別のCRUDモジュールを作成する

現時点では、図8-6に示すように、CRUD操作とルーティングのためのロジックはroutes.jsファイルに含まれている。

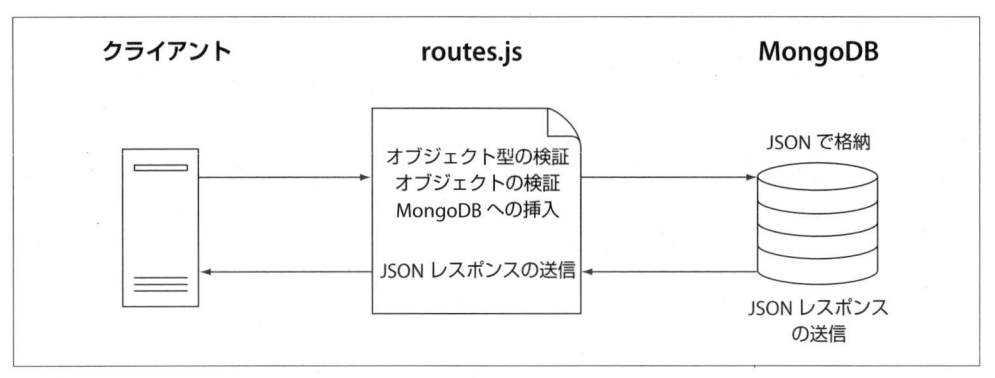

図8-6　コードでのパス

ここまででサーバはクライアントからの呼び出しを受け入れ、データを検証し、データベースにデータを保存できるようになった。データを検証して保存するには、HTTPの呼び出しを使ってルートを呼ぶしかない。アプリケーションに必要なものがこれだけであれば、ここで抽象化を止めてしまってもよいだろう。しかし、本書のSPAでは、WebSocket接続を使ってオブジェクトの作成と変更も行える必要がある。そのため、データベースにあるドキュメントの検証と管理のためのロジックを持つCRUDモジュールを作成する。ルータは、要求されたCRUD操作に対してこのCRUDモジュールを使う。

CRUDモジュールを作成する前に、ここまでCRUDモジュールを作らずにいた理由を強調しておきたい。コードはできる限り直接的で簡潔にしておきたい。コードでの操作が1回限りであれば、通常はインラインか、少なくともローカル関数を選ぶ。しかし、2回以上操作を実行する必要がある場合は抽象化したい。これは最初のコーディング時間の節約にはならないかもしれないが、ロジックを単一ルーチンに集中させ、実装の矛盾を引き起こしかねないわかりにくいエラーを避けられるので、大抵メンテナンス時間を節約できる。もちろん、この哲学をどの程度取り入れるかを適切に判断する必要がある。例えば、`for`ループをすべて抽象化するのはJavaScriptでは完全に可能とはいえ、一般には良いアイデアとは思えない。

MongoDB接続と検証を別個のCRUDモジュールに移行したので、ルータはデータストレージの実装を気にすることはなくなり、むしろコントローラのように振る舞う。図8-7に示すように、処理そのものを実行する代わりに他のモジュールに要求を発行する。

8.5　個別のCRUDモジュールを作成する | **341**

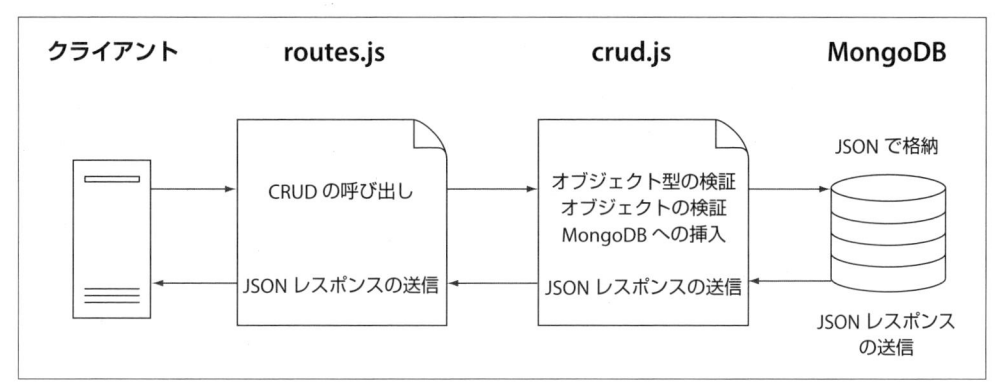

```
クライアント    routes.js           crud.js              MongoDB

                                                        JSON で格納
              CRUD の呼び出し  →  オブジェクト型の検証  →
                                 オブジェクトの検証
                                 MongoDB への挿入

           ← JSON レスポンスの送信 ← JSON レスポンスの送信
                                                        JSON レスポンス
                                                        の送信
```

図8-7　サーバでのコードのパス

CRUDモジュールを作成するには、まずファイル構造を用意する。

8.5.1　ファイル構造を用意する

ファイル構造は本章の最初から一貫している。ここではモジュールを追加する必要があるので、ファイル構造を少し再考する必要がある。現在の構造を**例8-19**に示す。

例8-19　現在のファイル構造

```
chapter_8
`-- webapp
    |-- app.js
    |-- node_modules/
    |-- package.json
    |-- public
    |   |-- css/
    |   |-- js/
    |   `-- spa.html
    |-- user.json
    `-- routes.js
```

本書のモジュールをlibという独立したディレクトリに置いておきたい。そうすれば、Webアプリケーションのディレクトリが整頓され、node_modues ディレクトリから切り離せる。node_modulesディレクトリには npm install で追加される外部モジュールだけを含め、本書のモジュールに干渉することなく削除や再作成ができるようにする。改良したファイル構造を**例8-20**に示す。変更点は**太字**で示す。

例8-20　新たに改良したファイル構造

```
chapter_8
`-- webapp
    |-- app.js
    |-- lib
    |   |-- crud.js
    |   |-- routes.js
    |   `-- user.json
    |-- node_modules/
    |-- package.json
    |-- public
        |-- css/
        |-- js/
        `-- spa.html
```

　ファイル構造を改良するには、まずルートファイルをwebapp/libに移動する。移動したら、**例8-21**に示すように新しいパスを指すようにサーバアプリケーションを更新する。変更点は**太字**で示す。

例8-21　移動したroutes.jsを要求するようにapp.jsを改訂する（webapp/app.js）

```
/*
 * app.js - ルーティングを備えたExpressサーバ
*/
...
// ------------ モジュールスコープ変数開始 --------------
'use strict';
var
  http    = require( 'http'            ),
  express = require( 'express'         ),
  routes  = require( './lib/routes' ),
  app     = express(),
  server  = http.createServer( app );
// ------------ モジュールスコープ変数終了 --------------
...
```

　次に、**例8-22**に示すようにルートモジュールでCRUDモジュールを取り込む。変更点は**太字**で示す。

例8-22　CRUDを要求するようにルートモジュールを調整する（webapp/lib/routes.js）

```
/*
 * routes.js - ルーティングを提供するモジュール
*/
...
// ----------- モジュールスコープ変数開始 -------------
'use strict';
```

8.5 個別のCRUDモジュールを作成する

```
var
  loadSchema, checkSchema, configRoutes,
  mongodb     = require( 'mongodb' ),
  fsHandle    = require( 'fs'      ),
  JSV         = require( 'JSV'     ).JSV,
  crud        = require( './crud'  ),
  ...
```

これでCRUDモジュールを作成してAPIの概略を示すことができる。例8-23に示すように、`module.exports`を使ってCRUDメソッドを共有する。

例8-23 CRUDモジュールを作成する（webapp/lib/crud.js）

```
/*
 * crud.js - CRUD db機能を提供するモジュール
 */

/*jslint          node    : true, continue : true,
  devel  : true, indent  : 2,    maxerr   : 50,
  newcap : true, nomen   : true, plusplus : true,
  regexp : true, sloppy  : true, vars     : false,
  white  : true
*/
/*global */

// ------------ モジュールスコープ変数開始 --------------
'use strict';
var
  checkType,   constructObj, readObj,
  updateObj,   destroyObj;
// ------------- モジュールスコープ変数終了 ---------------

// -------------- パブリックメソッド開始 ----------------
checkType    = function () {};
constructObj = function () {};
readObj      = function () {};
updateObj    = function () {};
destroyObj   = function () {};

module.exports = {
  makeMongoId : null,
  checkType   : checkType,
  construct   : constructObj,  ❶
  read        : readObj,
  update      : updateObj,
  destroy     : destroyObj     ❷
};
// ---------------- パブリックメソッド終了 ----------------
```

❶ `create`はJavaScriptの`Object`プロトタイプにあるルートメソッドなので、メソッド名として`construct`を使う。

❷ `delete`はJavaScriptの予約語なので、メソッド名として`destroy`を使う。

```
// ------------ モジュール初期化開始 --------------
console.log( '** CRUD module loaded **' );
// ------------ モジュール初期化終了 --------------
```

`node app.js`でサーバを起動すると、以下のようにエラーなしで実行されるだろう。

```
** CRUD module loaded **
Express server listening on port 3000 in development mode
** Connected to MongoDB **
```

なお、CRUDの基本操作以外にも2つのパブリックメソッドを追加している。1つ目の`makeMongoID`は、MongoDB IDオブジェクトを作成する機能を提供する。2つ目の`checkType`は、許可されたオブジェクト型をチェックするのに使うことを意図している。これでファイルがそろったので、CRUDロジックを適切なモジュールに移すことができる。

8.5.2　CRUDを固有のモジュールに移す

ルートモジュールからメソッドをコピーして、HTTP特有のパラメータを一般的なパラメータに置き換えれば、CRUDモジュールが完成する。この移し替えは一目瞭然なので、詳細には立ち入らない。完成したモジュールを例8-24に示す。注釈で考察を加えているので注目してほしい。

例8-24　ロジックをCRUDモジュールに移行する（webapp/lib/crud.js）

```
/*
 * crud.js - CRUD db機能を提供するモジュール
*/

/*jslint         node    : true, continue : true,
  devel  : true, indent  : 2,    maxerr   : 50,
  newcap : true, nomen   : true, plusplus : true,
  regexp : true, sloppy  : true, vars     : false,
  white  : true
*/
/*global */

// ------------ モジュールスコープ変数開始 --------------
'use strict';
var
  loadSchema,   checkSchema,    clearIsOnline,
  checkType,    constructObj,   readObj,
  updateObj,    destroyObj,

  mongodb       = require( 'mongodb' ),       ❶
  fsHandle      = require( 'fs'      ),
  JSV           = require( 'JSV'     ).JSV,
```

❶ webapp/lib/routes.jsにならって、CRUDに必要なライブラリを取り込む。

8.5 個別のCRUDモジュールを作成する | 345

```
    mongoServer = new mongodb.Server( ❷
      'localhost',
      mongodb.Connection.DEFAULT_PORT
    ),
    dbHandle    = new mongodb.Db(
      'spa', mongoServer, { safe : true }
    ),
    validator   = JSV.createEnvironment(),

    objTypeMap  = { 'user' : { } }; ❸
// ------------ モジュールスコープ変数終了 ---------------

// ------------ ユーティリティメソッド開始 ---------------
loadSchema = function ( schema_name, schema_path ) { ❹
  fsHandle.readFile( schema_path, 'utf8', function ( err, data ) {
    objTypeMap[ schema_name ] = JSON.parse( data );
  });
};

checkSchema = function ( obj_type, obj_map, callback ) {
  var
    schema_map = objTypeMap[ obj_type ],
    report_map = validator.validate( obj_map, schema_map );

  callback( report_map.errors );
};

clearIsOnline = function () { ❺
  updateObj(
    'user',
    { is_online : true  },
    { is_online : false },
    function ( response_map ) {
      console.log( 'All users set to offline', response_map );
    }
  );
};
// ------------ ユーティリティメソッド終了 ---------------

// -------------- パブリックメソッド開始 ----------------
checkType = function ( obj_type ) { ❻
  if ( ! objTypeMap[ obj_type ] ) {
    return ({ error_msg : 'Object type "' + obj_type
      + '" is not supported.'
    });
  }
```

❷ webapp/lib/routes.jsにならって、データベース接続変数（mongodbとdbHandle）とJSONスキーマバリデータを作成する。
❸ webapp/lib/routes.jsにならって、許可されたオブジェクト型マップ（objTypeMap）を宣言する。
❹ webapp/lib/routes.jsにならって、スキーマのロードとチェックのユーティリティを追加する。

❺ MongoDBが接続されたときに実行されるClearIsOnLineメソッドを作成する。これによって、サーバ起動時には全ユーザがオフラインにマークされるようになる。
❻ オブジェクト型（例えば、userやhorse）がこのモジュールでサポートされているかどうかをチェックするメソッドを作成する。現在サポートされているオブジェクト型はuserだけである。

```
      return null;
};

constructObj = function ( obj_type, obj_map, callback ) { ❼
  var type_check_map = checkType( obj_type );
  if ( type_check_map ) { ❽
    callback( type_check_map );
    return;
  }

  checkSchema(
    obj_type, obj_map,
    function ( error_list ) {
      if ( error_list.length === 0 ) {
        dbHandle.collection(
          obj_type,
          function ( outer_error, collection ) {
            var options_map = { safe: true };

            collection.insert(
              obj_map,
              options_map,
              function ( inner_error, result_map ) {
                callback( result_map );
              }
            );
          }
        );
      }
      else {
        callback({
          error_msg  : 'Input document not valid',
          error_list : error_list
        });
      }
    }
  );
};

readObj = function ( obj_type, find_map, fields_map, callback ) { ❾
  var type_check_map = checkType( obj_type );
  if ( type_check_map ) { ❿
    callback( type_check_map );
    return;
  }

  dbHandle.collection(
```

❼ webapp/lib/routes.jsからオブジェクトを作成（construct）するためのロジックをこのモジュールに移す。同じロジックを使うが、より汎用的になるように調整している。この機能は、ルートモジュールとその他のモジュールから呼び出される。

❽ 要求されたオブジェクト型をサポートしていることを確認するロジックを追加する。サポートしていない場合、JSONエラードキュメントを返す。

❾ webapp/lib/routes.jsにならって、readメソッドを作成する。ロジックがより汎用的になるように調整する。

❿ 要求されたオブジェクト型をサポートしていることを確認する。サポートしていない場合、JSONエラードキュメントを返す。

```
      obj_type,
      function ( outer_error, collection ) {
        collection.find( find_map, fields_map ).toArray(
          function ( inner_error, map_list ) {
            callback( map_list );
          }
        );
      }
    );
  };

  updateObj = function ( obj_type, find_map, set_map, callback ) { ⓫
    var type_check_map = checkType( obj_type );
    if ( type_check_map ) { ⓬
      callback( type_check_map );
      return;
    }

    checkSchema(
      obj_type, set_map,
      function ( error_list ) {
        if ( error_list.length === 0 ) {
          dbHandle.collection(
            obj_type,
            function ( outer_error, collection ) {
              collection.update(
                find_map,
                { $set : set_map },
                { safe : true, multi : true, upsert : false },
                function ( inner_error, update_count ) {
                  callback({ update_count : update_count });
                }
              );
            }
          );
        }
        else {
          callback({
            error_msg  : 'Input document not valid',
            error_list : error_list
          });
        }
      }
    );
  };

  destroyObj = function ( obj_type, find_map, callback ) { ⓭
```

⓫ webapp/lib/routes.jsにならって、updateメソッドを作成する。ロジックがより汎用的になるように調整する。

⓬ 要求されたオブジェクト型をサポートしていることを確認する。サポートしていない場合、JSONエラードキュメントを返す。

⓭ webapp/lib/routes.jsにならって、削除（destroy）メソッドを作成する。ロジックがより汎用的になるように調整する。

```
    var type_check_map = checkType( obj_type );
    if ( type_check_map ) { ⓮
      callback( type_check_map );
      return;
    }

    dbHandle.collection(
      obj_type,
      function ( outer_error, collection ) {
        var options_map = { safe: true, single: true };

        collection.remove( find_map, options_map,
          function ( inner_error, delete_count ) {
            callback({ delete_count: delete_count });
          }
        );
      }
    );
  };

  module.exports = { ⓯
    makeMongoId : mongodb.ObjectID,
    checkType   : checkType,
    construct   : constructObj,
    read        : readObj,
    update      : updateObj,
    destroy     : destroyObj
  };
  // ------------- パブリックメソッド終了 --------------

  // -------------- モジュール初期化開始 ---------------
  dbHandle.open( function () {
    console.log( '** Connected to MongoDB **' );
    clearIsOnline(); ⓰
  });

  // メモリ (objTypeMap) にスキーマをロードする
  (function () { ⓱
    var schema_name, schema_path;
    for ( schema_name in objTypeMap ) {
      if ( objTypeMap.hasOwnProperty( schema_name ) ) {
        schema_path = __dirname + '/' + schema_name + '.json';
        loadSchema( schema_name, schema_path );
      }
    }
  }());
  // ------------- モジュール初期化終了 ---------------
```

⓮ 要求されたオブジェクト型をサポートしていることを確認する。サポートしていない場合、JSONエラードキュメントを返す。

⓯ すべてのパブリックメソッドをきちんとエキスポートする。

⓰ MongoDBに接続したら、clearIsOnlineメソッドを呼び出す。

⓱ webapp/lib/routes.jsにならって、インメモリのスキーマストレージを初期化する。

8.5 個別のCRUDモジュールを作成する | 349

ほとんどのロジックと多くの依存関係をCRUDモジュールに移行したので、ルートモジュールがかなり簡潔になった。改訂されたルートファイルは**例8-25**のようになる。変更点は**太字**で示す。

例8-25 改訂されたルートモジュール（webapp/lib/routes.js）

```javascript
/*
 * routes.js - ルーティングを提供するモジュール
*/

/*jslint          node    : true, continue : true,
  devel   : true, indent  : 2,    maxerr   : 50,
  newcap  : true, nomen   : true, plusplus : true,
  regexp  : true, sloppy  : true, vars     : false,
  white   : true
*/
/*global */

// ------------ モジュールスコープ変数開始 --------------
'use strict';
var
  configRoutes, ❶
  crud        = require( './crud' ),
  makeMongoId = crud.makeMongoId;
// ------------ モジュールスコープ変数終了 --------------
// ❷
// -------------- パブリックメソッド開始 ----------------
configRoutes = function ( app, server ) {
  app.get( '/', function ( request, response ) {
    response.redirect( '/spa.html' );
  });

  app.all( '/:obj_type/*?', function ( request, response, next ) { ❸
    response.contentType( 'json' );
    next();
  });

  app.get( '/:obj_type/list', function ( request, response ) { ❹
    crud.read(
      request.params.obj_type,
      {}, {},
      function ( map_list ) { response.send( map_list ); }
    );
  });

  app.post( '/:obj_type/create', function ( request, response ) { ❺
    crud.construct(
      request.params.obj_type,
```

❶ ほとんどの変数宣言はCRUDモジュールに移したので、ここでは削除する。

❷ ユーティリティセクションを削除する。

❸ オブジェクト型チェックはCRUDモジュールで処理されるので、ここでのチェックは削除する。このチェックはCRUDモジュールに任せた方が安全。

❹ CRUDモジュールのreadメソッドを使ってオブジェクトリストを取得する。CRUDモジュールからのレスポンスは、データかエラーのどちらかになる。どちらの場合も、結果を変更せずに返す。

❺ CRUDモジュールのconstructメソッドを使ってユーザを作成する。結果を変更せずに返す。

```
      request.body,
      function ( result_map ) { response.send( result_map ); }
    );
  });

  app.get( '/:obj_type/read/:id', function ( request, response ) { ❻
    crud.read(
      request.params.obj_type,
      { _id: makeMongoId( request.params.id ) ,}
      {},
      function ( map_list ) { response.send( map_list ); }
    );
  });

  app.post( '/:obj_type/update/:id', function ( request, response ) { ❼
    crud.update(
      request.params.obj_type,
      { _id: makeMongoId( request.params.id ) },
      request.body,
      function ( result_map ) { response.send( result_map ); }
    );
  });

  app.get( '/:obj_type/delete/:id', function ( request, response ) { ❽
    crud.destroy(
      request.params.obj_type,
      { _id: makeMongoId( request.params.id ) },
      function ( result_map ) { response.send( result_map ); }
    );
  });
};

module.exports = { configRoutes : configRoutes }; ❾
// ---------------- パブリックメソッド終了 -------------------
❿
```

> ❻ CRUDモジュールのreadメソッドを使って1つのオブジェクトを取得する。結果を変更せずに返す。以前のreadメソッドと異なる点に注意。成功したレスポンスは1つのオブジェクトを持つ配列で返す。
> ❼ CRUDモジュールのupdateメソッドを使って1つのオブジェクトを更新する。結果を変更せずに返す。
> ❽ CRUDモジュールのdestroyメソッドを使って1つのオブジェクトを削除する。結果を変更せずに返す。
> ❾ 以前と同様に構成メソッドをエキスポートする。
> ❿ 初期化のセクションを削除する。

これでルートモジュールはかなり小さくなり、CRUDモジュールを使ってルートを提供する。そして、おそらくもっと重要なことに、次節で構築するチャットモジュールでCRUDモジュールがすぐに使える状態になっている。

8.6 チャットモジュールを構築する

サーバアプリケーションがSPAにチャット機能を提供するようにしたい。これまで、クライアント、UI、サーバでのフレームワークを開発してきた。チャットを実装すると、アプリケーションは図8-8

のように見えるだろう。

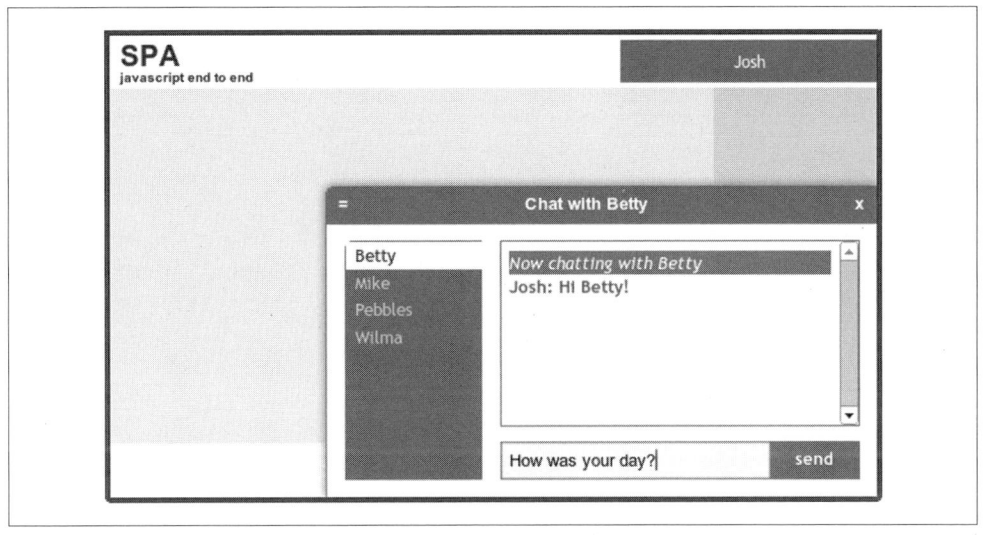

図8-8 完成したチャットアプリケーション

本節の終わりでは正常に動作するチャットサーバができている。まずチャットモジュールの作成から始めよう。

8.6.1 チャットモジュールに着手する

Socket.IOはwebappディレクトリにすでにインストールされているだろう。webapp/package.jsonのマニフェストに正しいモジュールが記されているか確認してほしい。

```
{ "name"    : "SPA",
  "version" : "0.0.3",
  "private" : true,
  "dependencies" : {
    "express"  : "3.2.x",
    "mongodb"  : "1.3.x",
    "socket.io" : "0.9.x",
    "JSV"      : "4.0.x"
  }
}
```

マニフェストがこの例と同じだったら、`npm install`を実行できる。npmは、socket.ioと必要なその他のすべてのモジュールを確実にインストールしてくれる。

これでチャットメッセージングモジュールを構築できる。メッセージに必要となるのでCRUDモジュールを取り込みたい。chatObjを作成し、`module.exports`を使ってchatObjをエクスポートする。

このオブジェクトは初めは`connect`という1つのメソッドを持つ。`connect`メソッドは`http.Server`インスタンス（`server`）を引数として取り、ソケット接続のための待ち受けを開始する。初期状態のソースを例8-26に示す。

例8-26　チャットメッセージングモジュールの初期状態（webapp/lib/chat.js）

```javascript
/*
 * chat.js - チャットメッセージングを提供するモジュール
*/

/*jslint          node    : true, continue : true,
  devel  : true, indent  : 2,    maxerr   : 50,
  newcap : true, nomen   : true, plusplus : true,
  regexp : true, sloppy  : true, vars     : false,
  white  : true
*/
/*global */

// ------------- モジュールスコープ変数開始 ---------------
'use strict';
var
  chatObj,
  socket = require( 'socket.io' ),
  crud   = require( './crud'   );
// ------------- モジュールスコープ変数終了 ---------------

// -------------- パブリックメソッド開始 -----------------
chatObj = {
  connect : function ( server ) {
    var io = socket.listen( server );
    return io;
  }
};

module.exports = chatObj;
// -------------- パブリックメソッド終了 -----------------
```

6章の内容を思い出してほしいが、クライアントは/chat名前空間を使ってサーバにメッセージ（adduser、updatechat、leavechat、disconnect、updateavatar）を送信する。例8-27に示すように、これらのメッセージを処理するようにチャットクライアントを設定しよう。変更点は**太字**で示す。

例8-27　アプリケーションを設定し、メッセージ処理の概要を示す（webapp/lib/chat.js）

```javascript
/*
 * chat.js - チャットメッセージングを提供するモジュール
*/
```

```
...
// --------------- パブリックメソッド開始 -----------------
chatObj = {
  connect : function ( server ) {
    var io = socket.listen( server );

    // io設定開始
    io
      .set( 'blacklist' , [] ) ❶
      .of( '/chat' ) ❷
      .on( 'connection', function ( socket ) { ❸
        socket.on( 'adduser',      function () {} ); ❹
        socket.on( 'updatechat',   function () {} );
        socket.on( 'leavechat',    function () {} );
        socket.on( 'disconnect',   function () {} );
        socket.on( 'updateavatar', function () {} );
      }
    );
    // io設定終了

    return io;
  }
};

module.exports = chatObj;
// --------------- パブリックメソッド終了 -----------------
```

❶ Socket.IOが他のメッセージをブラックリスト処理(disconnect)しないように設定する。disconnectを有効化すると、クライアントがドロップしたときにSocket.IOハートビートを使って通知できる。
❷ Socket.IOが/chat名前空間のメッセージに応答するように設定する。
❸ クライアントが/chat名前空間に接続したときに呼び出される関数を定義する。
❹ /chat名前空間のメッセージを処理するハンドラを作成する。

ここでルートモジュールに戻ろう。チャットモジュールを取り込み、chat.connectメソッドを使ってSocket.IO接続を初期化する。**例8-28**に示すように、http.Serverインスタンス(server)を引数として提供する。変更点は**太字**で示す。

例8-28　チャットを初期化するようにルートモジュールを更新する(webapp/lib/routes.js)

```
/*
 * routes.js - ルーティングを提供するモジュール
*/
...
// ------------ モジュールスコープ変数開始 --------------
'use strict';
var
  configRoutes,
  crud        = require( './crud' ),
  chat        = require( './chat' ),
  makeMongoId = crud.makeMongoId;
// ------------ モジュールスコープ変数終了 --------------
```

```
// --------------- パブリックメソッド開始 -----------------
configRoutes = function ( app, server ) {
  ...

  chat.connect( server );
};

module.exports = { configRoutes : configRoutes };
// ---------------- パブリックメソッド終了 ------------------
```

node app.jsでサーバを起動すると、Node.jsサーバログに`info - socket.io started`と表示されるだろう。また、前と同様にhttp://localhost:3000にアクセスし、ブラウザでユーザオブジェクトを管理したりアプリケーションを表示したりすることができる。

メッセージハンドラをすべて宣言したが、メッセージハンドラを対応させなければいけない。adduserメッセージハンドラから始めよう。

なぜWebSocketなのか

WebSocketには、ブラウザで使用する他の準リアルタイム通信手法に勝るはっきりとした利点がある。

- WebSocketのデータフレームは、データ接続を維持するためにたった2バイトしか必要としない。それに対し、（ロングポーリングで使う）AJAX HTTP呼び出しはフレームごとにキロバイト単位の情報を転送することが少なくない（実際の転送量はCookieの数と大きさに依存する）。
- WebSocketはロングポーリングよりも優れている。通常はネットワーク帯域の1～2%しか使わず、遅延も3分の1。また、WebSocketはファイアウォールとの親和性も向上しつつある。
- WebSocketは全二重である。他のほとんどのソリューションは全二重ではなく、2つの接続に相当する接続が必要である。
- Flashソケットとは違い、WebSocketはほぼあらゆるプラットフォーム（スマートフォンやタブレットなどのモバイルデバイスを含む）の最新ブラウザで動作する。

Socket.IOはWebSocketを優先するが、もしWebSocketが利用できないときはできるだけ最善の接続をネゴシエートすることを知っておけば安心である。

8.6.2 adduserメッセージハンドラを作成する

ユーザがサインインを試みると、クライアントはサーバアプリケーションにユーザデータを持つadduserメッセージを送信する。adduserメッセージハンドラは以下の処理を実現すべきである。

- CRUDモジュールを使い、指定されたユーザ名のユーザオブジェクトをMongoDBから探す。
- 要求されたユーザ名のオブジェクトが見つかったら、そのオブジェクトを使う。
- 要求されたユーザ名のオブジェクトが見つからなかったら、指定されたユーザ名で新しいユーザオブジェクトを作成し、データベースに挿入する。この新規作成したオブジェクトを使う。
- ユーザがオンラインであることを示すように（is_online: true）MongoDBのユーザオブジェクトを更新する。
- chatterMapを更新し、ユーザIDとソケット接続をキーバリューペアとして格納する。

例8-29に示すように、このロジックを実装しよう。変更点は**太字**で示す。

例8-29　adduserメッセージハンドラを作成する（webapp/lib/chat.js）

```
/*
 * chat.js - チャットメッセージングを提供するモジュール
*/
...
// ------------- モジュールスコープ変数開始 ---------------
'use strict';
var
  emitUserList, signIn, chatObj,  ❶
  socket = require( 'socket.io' ),
  crud   = require( './crud'     ),

  makeMongoId = crud.makeMongoId,
  chatterMap  = {};  ❷
// ------------- モジュールスコープ変数終了 ---------------

// ------------- ユーティリティメソッド開始 ---------------
// emitUserList- 接続されている全クライアントにユーザリストを配信する
//
emitUserList = function ( io ) {  ❸
  crud.read(
    'user',
    { is_online : true },
    {},
    function ( result_list ) {
      io
        .of( '/chat' )
        .emit( 'listchange', result_list );  ❹
```

❶ ユーティリティメソッドemitUserListとsignInを宣言する。

❷ ユーザIDをソケット接続に関連付けるchatterMapを追加する。

❸ 接続している全クライアントにオンラインユーザのリストを配信するemitUserListユーティリティを追加する。

❹ オンラインユーザのリストをlistchangeメッセージとして送信する。オンラインユーザの新規リストをデータとして提供する。

```
      }
    );
  };

  // signIn -is_onlineプロパティとchatterMapを更新する
  //
  signIn = function ( io, user_map, socket ) { ❺
    crud.update(
      'user',
      { '_id'       : user_map._id },
      { is_online : true          },
      function ( result_map ) { ❻
        emitUserList( io );
        user_map.is_online = true;
        socket.emit( 'userupdate', user_map );
      }
    );

    chatterMap[ user_map._id ] = socket; ❼
    socket.user_id = user_map._id;
  };
  // -------------- ユーティリティメソッド終了 ----------------

  // ---------------- パブリックメソッド開始 ------------------
  chatObj = {
    connect : function ( server ) {
      var io = socket.listen( server );

      // io設定開始
      io
        .set( 'blacklist' , [] )
        .of( '/chat' )
        .on( 'connection', function ( socket ) {

          // /adduser/ メッセージハンドラ開始
          // 概要：サインイン機能を提供する。❽
          // 引数：1つのuser_mapオブジェクト。
          //    user_mapは以下のプロパティを持つべき。
          //       name    = ユーザの名前
          //       cid     = クライアントID
          // 動作：
          //    指定のユーザ名を持つユーザがMongoDBにすでに存在する場合には、
          //       既存のユーザオブジェクトを使い、他の入力は無視する。
          //    指定のユーザ名を持つユーザがMongoDBに存在しない場合には、
          //       ユーザオブジェクトを作成してそれを使う。
          //    送信者に「userupdate」メッセージを送信し、
          //       ログインサイクルを完了できるようにする。クライアントIDを戻し、
```

> ❺ 既存のユーザの状態を更新することで (is_online : true) サインインするSignInユーティリティを追加する。
> ❻ ユーザがサインインしたら、emitUserListを呼び出して接続している全クライアントにオンラインユーザのリストを配信する。
> ❼ ユーザをchatterMapに追加し、ユーザIDをソケットの属性として保存し、簡単にアクセスできるようにする。
> ❽ adduserメッセージハンドラを説明する。

```
//     クライアントがユーザを関連付けられるようにするが、MongoDBには格納しない。
//     ユーザをオンラインとしてマークし、「adduser」メッセージを発行した
//     クライアントを含めた全クライアントに更新されたオンラインユーザリストを配信する。
//
socket.on( 'adduser', function ( user_map ) { ❾
  crud.read( ❿
    'user',
    { name : user_map.name },
    {},
    function ( result_list ) {
      var
        result_map,
        cid = user_map.cid;

      delete user_map.cid;

      // 指定の名前を持つ既存ユーザを使う
      if ( result_list.length > 0 ) { ⓫
        result_map      = result_list[ 0 ];
        result_map.cid = cid;
        signIn( io, result_map, socket );
      }

      // 新しい名前のユーザを作成する
      else { ⓬
        user_map.is_online = true;
        crud.construct(
          'user',
          user_map,
          function ( result_list ) {
            result_map     = result_list[ 0 ];
            result_map.cid = cid;
            chatterMap[ result_map._id ] = socket;
            socket.user_id = result_map._id;
            socket.emit( 'userupdate', result_map );
            emitUserList( io );
          }
        );
      }
    }
  );
});
// /adduser/メッセージハンドラ終了

socket.on( 'updatechat',  function () {} );
socket.on( 'leavechat',   function () {} );
socket.on( 'disconnect',  function () {} );
```

❾ クライアントからuser_mapオブジェクトを受け取るようにadduserメッセージハンドラを更新する。

❿ crud.readメソッドを使って指定のユーザ名を持つユーザをすべて探す。

⓫ 指定のユーザ名を持つユーザオブジェクトが見つかったら、見つかったオブジェクトを使ってsignInユーティリティを呼び出す。signInユーティリティはupdateuserメッセージをクライアントに送信し、user_mapをデータとして提供する。またemitUserListを呼び出してオンラインユーザのリストを接続している全クライアントに配信する。

⓬ 指定のユーザ名を持つユーザが見つからないときは、新規オブジェクトを作成してMongoDBコレクションに格納する。ユーザオブジェクトをchtterMapに追加し、ユーザIDをソケットの属性として保存して、簡単にアクセスできるようにする。その後、emitUserListを呼び出し、オンラインユーザのリストを接続している全クライアントに配信する。

```
      socket.on( 'updateavatar', function () {} );
    }
  );
  // io設定終了

  return io;
  }
};

module.exports = chatObj;
// ----------------- パブリックメソッド終了 -------------------
```

コールバックメソッドの考え方に慣れるには時間がかかることもあるが、一般に、メソッドの呼び出し時と終了時に提供したコールバックが実行される。要するに、

```
var user = user.create();

if ( user ) {
  //ユーザオブジェクトを使った処理を行う
}
```

のような手続き型コードを、以下のようなイベント駆動型コードにする。

```
user.create( function ( user ) {
    // ユーザオブジェクトを使った処理を行う
});
```

コールバックを使うのは、Node.jsでの多くの関数呼び出しは非同期に行われるからだ。上記の例では、user.createを呼び出すと、JavaScriptエンジンはこの呼び出しが完了するのを待たずに後続するコードの実行を続ける。結果が準備できたら即座に使えるようにする方法の1つが、コールバックを使う方法である[*1]。jQuery AJAX呼び出しを使ったことがあるだろうか。jQuery AJAXもコールバックのメカニズムを使っている。

```
$.ajax({
  'url': '/path',
  'success': function ( data ) {
      // データを使って処理を行う
  }
});
```

これでブラウザにhttp://localhost:3000を指定してサインインできる。実際にアクセスして試して

---

*1 原注：もう1つのメカニズムはプロミスと呼ばれており、一般に普通のコールバックよりもより柔軟である。プロミスのライブラリにはQ (npm install q) やPromised-IO (npm install promised-io) がある。Node.jsのためのjQueryも、豊富で親しみやすいプロミスメソッド群を提供している。Node.jsでのjQueryの使い方は付録Bに示す。

みるとよい。次はユーザにチャットをさせてみよう。

8.6.3　updatechatメッセージハンドラを作成する

サインインの実装にはかなりの量のコードが必要であった。現在このアプリケーションでは、MongoDBでユーザを記録し、その状態を管理し、接続している全クライアントにオンラインユーザのリストを配信している。とりわけサインインのロジックが完成しているので、チャットメッセージングの処理は比較的簡単である。

クライアントがサーバアプリケーションにupdatechatメッセージを送信する場合、メッセージを誰かに配信することを要求している。updatechatメッセージハンドラは以下の処理を行うべきである。

- チャットデータを調べ、受信者を判別する。
- 目的の受信者がオンラインかどうかを判断する。
- 受信者がオンラインであれば、ソケットでチャットデータを受信者に送信する。
- 受信者が**オンラインでなければ**、ソケットで新たなチャットデータを送信者に送信する。新たなチャットデータは、目的の受信者がオンラインでないことを送信者に通知する。

例8-30に示すようにこのロジックを実装してみよう。変更点は**太字**で示す。

例8-30　updatechatメッセージを追加する（webapp/lib/chat.js）

```
/*
 * chat.js - チャットメッセージングを提供するモジュール
 */
...
// ---------------- パブリックメソッド開始 ------------------
chatObj = {
  connect : function ( server ) {
    var io = socket.listen( server );

    // io設定開始
    io
      .set( 'blacklist' , [] )
      .of( '/chat' )
      .on( 'connection', function ( socket ) {

        ...
        // /adduser/メッセージハンドラ開始
        ...
        socket.on( 'adduser', function ( user_map ) {
          ...
        });
        // /adduser/メッセージハンドラ終了
```

```
              // /updatechat/メッセージハンドラ開始 ❶
              // 概要：チャットのメッセージを処理する。
              // 引数：1つのchat_mapオブジェクト。
              //    chat_mapは以下のプロパティを持つべき。
              //      dest_id    = 受信者のID
              //      dest_name  = 受信者の名前
              //      sender_id  = 送信者のID
              //      msg_text   = メッセージテキスト
              // 動作：
              //    受信者がオンラインの場合、受信者にchat_mapを送信する。
              //    オンラインではない場合、「user has gone offline」というメッセージを送信者に送信する。
              //
              socket.on( 'updatechat', function ( chat_map ) { ❷
                if ( chatterMap.hasOwnProperty( chat_map.dest_id ) ) { ❸
                  chatterMap[ chat_map.dest_id ]
                    .emit( 'updatechat', chat_map );
                }
                else {
                  socket.emit( 'updatechat', { ❹
                    sender_id : chat_map.sender_id,
                    msg_text  : chat_map.dest_name + ' has gone offline.'
                  });
                }
              });
              // /updatechat/メッセージハンドラ終了

              socket.on( 'leavechat',    function () {} );
              socket.on( 'disconnect',   function () {} );
              socket.on( 'updateavatar', function () {} );
            }
          );
          // io設定終了

          return io;
        }
      };

module.exports = chatObj;
// ---------------- パブリックメソッド終了 ------------------
```

❶ updatechatメッセージハンドラを説明する。
❷ 目的の受信者がオンラインであれば（ユーザIDがchatterMapに存在すれば）、適切なソケットを使って受信者クライアントにchat_mapを転送する。
❸ 目的の受信者がオンラインでなければ、要求した受信者がオンラインでなくなっていることを知らせるために新規のchat_mapを送信者に返す。
❹ クライアントからのチャットデータを保持するchat_map引数を追加する。

ブラウザでhttp://localhost:3000を指定するとサインインできる。別のブラウザウィンドウから別ユーザでサインインすれば、メッセージを互いに受け渡しすることができる。いつもと同様、実際にアクセスして試してみるのをお勧めする。まだ動作していない機能は、切断とアバターだけである。次に切断に取り組もう。

8.6.4 disconnectメッセージハンドラを作成する

　クライアントがセッションを閉じる方法は2通りある。1つ目は、ユーザがブラウザウィンドウの右上角にあるユーザ名をクリックしてサインアウトする方法である。すると、サーバにleavechatメッセージが送信される。2つ目は、ユーザがブラウザウィンドウを閉じる方法である。すると、disconnectメッセージがサーバに送信される。どちらの方法にせよ、Socket.IOがソケット接続を適切に終了する。

　サーバアプリケーションがleavechatかdisconnectメッセージを受信したら、同じ2つの処理を実行すべきである。まず、クライアントに関連付けられたユーザをオフライン（is_online : false）としてマークすべきである。次に、更新されたオンラインユーザのリストを接続している全クライアントに配信する必要がある。このロジックを**例8-31**に示す。変更点は**太字**で示す。

例8-31　disconnectメソッドを追加する（webapp/lib/chat.js）

```javascript
/*
 * chat.js - チャットメッセージングを提供するモジュール
 */
...
// ------------- モジュールスコープ変数開始 ---------------
'use strict';
var
  emitUserList, signIn, signOut, chatObj,
  socket = require( 'socket.io' ),
  crud   = require( './crud'    ),

  makeMongoId = crud.makeMongoId,
  chatterMap  = {};
// ------------- モジュールスコープ変数終了 ---------------

// ------------- ユーティリティメソッド開始 ---------------
...

// signOut - is_onlineプロパティとchatterMapを更新する
//
signOut = function ( io, user_id ) {
  crud.update( ❶
    'user',
    { '_id'      : user_id },
    { is_online : false    },
    function ( result_list ) { emitUserList( io )}; ❷
  );
  delete chatterMap[ user_id ]; ❸
};
// ------------- ユーティリティメソッド終了 ---------------
```

❶ is_online属性をfalseに設定して、ユーザをサインアウトする。
❷ ユーザがサインアウトしたら、新しいオンラインユーザリストを接続している全クライアントに発行する。
❸ サインアウトしたユーザをchatterMapから削除する。

```
// --------------- パブリックメソッド開始 -----------------
chatObj = {
  connect : function ( server ) {
    var io = socket.listen( server );

    // io設定開始
    io
      .set( 'blacklist' , [] )
      .of( '/chat' )
      .on( 'connection', function ( socket ) {

        ...

        // disconnectメソッド開始
        socket.on( 'leavechat', function () {
          console.log(
            '** user %s logged out **', socket.user_id
          );
          signOut( io, socket.user_id );
        });

        socket.on( 'disconnect', function () {
          console.log(
            '** user %s closed browser window or tab **',
            socket.user_id
          );
          signOut( io, socket.user_id );
        });
        // disconnectメソッド終了

        socket.on( 'updateavatar', function () {} );
      }
    );
    // End io setup

    return io;
  }
};

module.exports = chatObj;
// --------------- パブリックメソッド終了 -----------------
```

ブラウザウィンドウを複数開けるので、http://localhost:3000を指定し、それぞれのウィンドウの右上角をクリックして別のユーザでサインインする。すると、ユーザ間でメッセージをやり取りできる。読者の課題としてわざと欠陥を残している。サーバアプリケーションは同一ユーザが複数のクライア

ントからログインするのを許可するが、これは許可すべきでない。これを修正するには、adduserメッセージハンドラでchatterMapを検査すればよい。

まだ実装していない最後の機能として、アバターの同期が残っている。

8.6.5 updateavatarメッセージハンドラを作成する

WebSocketメッセージングは、あらゆる種類のサーバクライアント通信で利用できる。ブラウザで準リアルタイムの通信が必要なときには、多くの場合、WebSocketメッセージングが最善の選択である。Socket.IOの別の用途を紹介するために、チャットにアバターを組み込んで、ユーザが画面の中であちこちに動かし、色を変更できるようにした。誰かがアバターを変更すると、Socket.IOは即座にこの更新を他のユーザに通知する。図8-9、図8-10、図8-11に示すように画面が変化する。

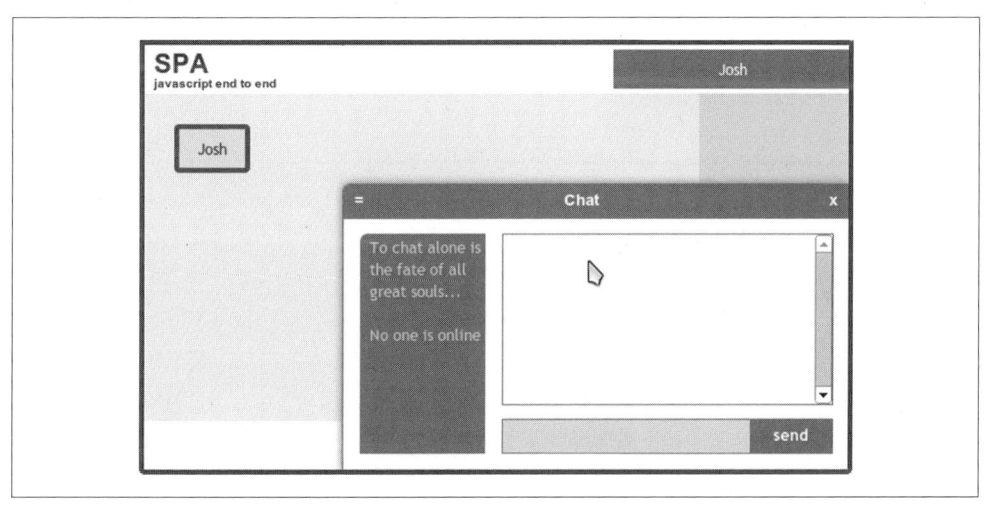

図8-9 サインインしたときのアバター

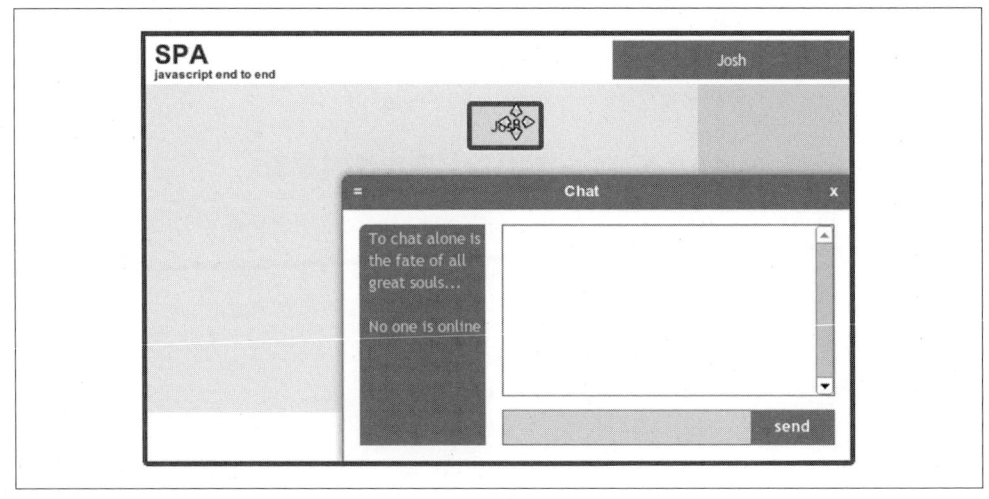

図8-10 アバターの移動

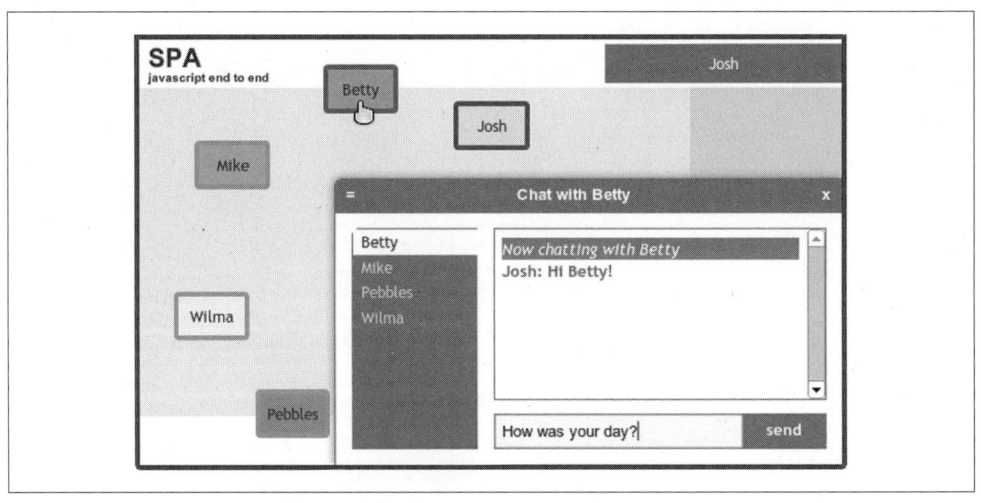

図8-11 他のユーザがサインインしたときのアバター

このためのクライアント側のコードは6章で示しており、ここでついにすべてをひとつにまとめる段階に到達した。すでにNode.jsサーバ、MongoDB、Socket.IOを準備しているので、これを実現にするサーバ側のコードは劇的に小さい。例8-32に示すように、lib/chat.jsの他のハンドラの近くにメッセージハンドラを追加するだけである。

例8-32 アバターを管理する（webapp/lib/chat.js）

```
/*
 * chat.js - チャットメッセージングを提供するモジュール
```

```
  */
  ...
  // --------------- パブリックメソッド開始 -----------------
  chatObj = {
    connect : function ( server ) {
      var io = socket.listen( server );

      // io設定開始
      io
        .set( 'blacklist' , [] )
        .of( '/chat' )
        .on( 'connection', function ( socket ) {

          ...

          // disconnectメソッド終了

          // /updateavatar/メッセージハンドラ開始
          // 概要：アバターのクライアント更新に対処する
          // 引数：1つのavtr_mapオブジェクトavtr_mapは以下のプロパティを持つべき。
          //   person_id = 更新するユーザアバターのID
          //   css_map   = 上端、左端、背景色のcssマップ
          //
          // 動作：
          //   このハンドラはMongoDBのエントリを更新し、全クライアントに修正したユーザリストを配信する。
          //
          socket.on( 'updateavatar', function ( avtr_map ) {
            crud.update(
              'user',
              { '_id'    : makeMongoId( avtr_map.person_id ) },
              { css_map : avtr_map.css_map },
              function ( result_list ) { emitUserList( io )};
            );
          });
          // /updateavatar/メッセージハンドラ終了
        }
      );
      // io設定終了

      return io;
    }
  };

module.exports = chatObj;
// ---------------- パブリックメソッド終了 ----------------
```

node app.jsでサーバを起動し、ブラウザでhttp://localhost:3000/を開いてサインインしてみよう。2個目のブラウザウィンドウを開き、別のユーザ名でサインインする。この時点では、2つが重なっていて、アバターが1つしか見えないかもしれない。アバターをドラッグすると移動できる。クリックまたはタップすると色を変更できる。これはデスクトップとタッチデバイスで機能する。どちらの場合でも、サーバアプリケーションがアバターを準リアルタイムで同期している。

メッセージングは準リアルタイムのコラボレーションを実現する際の鍵になる。WebSocketを使うと、離れている相手と協力してパズルを解いたり、エンジンを設計したり、絵を描いたりすることができるアプリケーションを作成でき、その可能性は限りない。これはリアルタイムWebが有望である理由であり、その成果を日々目にしている。

8.7 まとめ

本章では、MongoDBを設定してNode.jsに接続し、CRUDの基本操作を実現した。MongoDBを紹介し、多くの利点と落とし穴を議論した。また、データをデータベースに格納する前に、クライアントが使うのと同じコードを使ってデータを検証する方法も示した。この再利用によって、サーバ用のバリデータをある言語で記述し、ブラウザ用のバリデータをJavaScriptで書き直すというおなじみの苦痛を軽減できる。

Socket.IOを紹介し、これを使ってチャットメッセージングを提供する方法を示した。CRUD機能を別個のモジュールに移行し、HTTP APIとSocket.IOの両方で簡単に使えるようにした。また、メッセージングを利用し、多くのクライアント間でアバターを準リアルタイムで同期した。

次章では、SPAを本番環境に備える方法を説明する。SPAをホスティングする際に直面する問題をおさらいし、その解決方法を議論する。

9章
SPAを本番環境に備える

本章で取り上げる内容：
- SPAを検索エンジンに対して最適化する。
- Google Analyticsを使用する。
- コンテンツデリバリネットワーク（CDN）に静的コンテンツを配置する。
- クライアントエラーをロギングする。
- キャッシングとキャッシュバスティング

　本章では、8章で記述したコードを土台とする。8章のディレクトリ構造全体を新しい「chapter_9」ディレクトリにコピーして、このディレクトリでファイルを更新するとよい。

　十分にテストされたアーキテクチャを使って応答の速いSPAを記述し終えたが、プログラミングというより運用に関する課題が残っている。

　ユーザがGoogleやその他の検索エンジンを使って必要なものを見つけられるようにSPAを調整する必要がある。Webサーバは、コンテンツを異なる方法でインデックス付けする**クローラロボット**とやり取りする必要がある。なぜなら、クローラはSPAがコンテンツを作成するのに使うJavaScriptを実行しないからだ。また、分析ツールも使いたい。従来のWebサイトでは、一般に分析データはHTMLページに追加されたJavaScriptコードから収集される。SPAのHTMLはすべてJavaScriptで作成されるので、別の方法が必要である。

　また、トラフィック、ユーザの振る舞い、エラーを詳細にロギングするようにSPAを調整したい。従来のWebサイトでは、サーバロギングがこのような情報の多くを提供する。SPAではユーザとの対話処理ロジックの大部分をクライアントに移行しているので、別の方法が必要である。SPAの応答を非常に速くしたい場合、応答時間を改善する方法には、コンテンツデリバリネットワーク（CDN）を使って静的なファイルやデータを提供する方法がある。また、HTTPやサーバキャッシングを使う方法もある。

　まずは、SPAのコンテンツを検索できるようにすることから始めよう。

9.1 SPAを検索エンジンに対して最適化する

　Googleやその他の検索エンジンがWebサイトをインデックス付けする際には、JavaScriptを実行しない。そのため、従来のWebサイトに比べてSPAは極めて不利に思える。Googleで検索されないとビジネスの死を意味することになりかねず、この困難な問題により、知識のない人はSPAを見捨てたくなる可能性がある。

　実際には、Googleやその他の検索エンジンはこの課題を認識しているため、SPAは検索エンジン最適化（SEO）において従来のWebサイトよりも有利である。SPAのために動的ページをインデックス付けするだけでなく、クローラ専用にページを最適化するメカニズムも作成している。この節では最大の検索エンジンGoogleを重点的に取り上げるが、Yahoo!やBingなどの他の大きな検索エンジンも同じメカニズムをサポートしている。

9.1.1 GoogleでのSPAのクロール方法

　Googleが従来のWebサイトをインデックス付けする際には、（Googlebotと呼ばれる）Webクローラはまずトップレベル URI（例えば、www.myhome.comなど）のコンテンツを調べてインデックス付けする。それが完了すると、そのページのすべてのリンクをたどり、そのページもインデックス付けする。そして、さらにそのページのリンクをたどるというように続けていく。最終的には、そのサイトと関連ドメインのすべてのコンテンツをインデックス付けする。

　GooglebotがSPAをインデックス付けしようとするときには、HTML内に見えるのは1つの空のコンテナ（通常は空の`div`や`body`タグ）だけなので、インデックス付けするものやクロールするリンクがなく、その結果に基づいてサイトをインデックス付けする。

　これで終わりなら、多くのWebアプリケーションやサイトにとってSPAは終わりである。幸い、Googleやその他の検索エンジンはSPAの重要性を認識しており、開発者が従来のWebサイトより優れた検索情報をクローラに提示できるようにするツールを提供している。

　SPAをクロールできるようにするための最初の鍵となるのは、クローラがリクエストを行っているのかWebブラウザを使っている人が行っているのかをサーバが判断し、それに応じて応答できることを認識することである。訪問者がWebブラウザを使っている人の場合は通常どおりに応答するが、クローラの場合は、クローラが読みやすい形式でクローラに示したい情報を提示するように最適化されたページを返す。

　本書のサイトのホームページでは、クローラに対して最適化されたページはどのようになるだろうか。おそらく、検索結果に表示したいロゴやその他の主な画像、アプリケーションの動作を説明するSEO最適化されたテキスト、Googleにインデックス付けしてほしいページへのHTMLリンクだけのリストなどになるだろう。このページに含まれないのは、CSSスタイリングやページに適用された複雑なHTML構造である。また、JavaScriptや、Googleにインデックス付けしてほしくないサイト領

域（法的免責条項ページやGoogle検索から入ってきてほしくないその他のページなど）へのリンクも含まれない。ブラウザとクローラに示されるページを図9-1に示す。

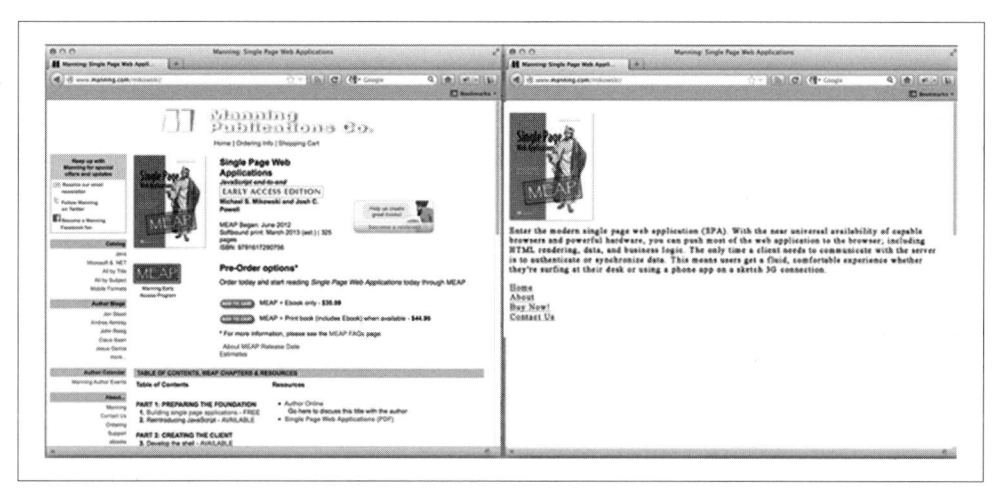

図9-1　ホームページのクライアントとクローラへの表示

　URIアンカー要素に特殊文字#!（シバン（hash bang）と発音する）を適用しているので、クローラは人とは異なるページリンクのたどり方をする。例えば、SPAではユーザページへのリンクが/index.htm#!page=user:id,123などの場合、クローラは#!を見て/index.htm?_escaped_fragment_=page=user:id,123というURIのWebページを探すことがわかる。クローラがこのパターンに従いこのURIを探すことがわかると、サーバがこのリクエストに通常ならJavaScriptがブラウザにレンダリングするページのHTMLスナップショットで応答するようにプログラムできる。このスナップショットはGoogleでインデックス付けされるが、Google検索結果のリストをクリックした人は/index.htm#!page=user:id,123に誘導される。そこからSPA JavaScriptが引き継ぎ、期待どおりにページを表示する。

　これにより、SPA開発者はGoogleやユーザに合わせてサイトを調整する機会が得られる。人が読みやすく興味を引くテキストとクローラが理解できるテキストの両方を記述する必要はなく、ページをどちらかに最適化でき、他方は気にしなくてもよい。クローラがサイトをたどる経路を制御でき、Google検索結果からの訪問者を特定の入口ページに誘導できる。これにはエンジニアの開発作業が増えるが、検索結果での位置や顧客維持の観点で大きな見返りがある。

　本書の執筆時点では、Googlebotはユーザエージェント文字列Googlebot/2.1 (+http://www.googlebot.com/bot.html)でリクエストし、サーバにクローラであることを示す。本書のNode.jsアプリケーションは、このユーザエージェント文字列をミドルウェアで調べ、ユーザエージェント文字列が合致したらクローラに最適化されたホームページを送り返すことができる。それ以外の場合はリ

クエストに通常どおり対処できる。または、**例9-1**に示すようにルーティングミドルウェアで対処することもできる。

例9-1 `routes.js`ファイルで**Googlebot**を検出して別のコンテンツを提供する

```
...
var agent_text = 'Enter the modern single page web application(SPA).' ❶
  + 'With the near universal availability of capable browsers and '
  + 'powerful hardware, we can push most of the web application to'
  + ' the browser; including HTML rendering, data, and business '
  + 'logic. The only time a client needs to communicate with the '
  + 'server is to authenticate or synchronize data. This means users'
  + ' get a fluid, comfortable experience whether they\'re surfing '
  + 'at their desk or using a phone app on a sketch 3G connection.'
  + '<br><br>'
  + '<a href="/index.htm#page=home">;Home</a><br>'
  + '<a href="/index.htm#page=about">About</a><br>'
  + '<a href="/index.htm#page=buynow">Buy Now!</a><br>'
  + '<a href="/index.htm#page=contact us">Contact Us</a><br>';

app.all( '*', function ( req, res, next ) {
  if ( req.headers['user-agent'] ===
      'Googlebot/2.1 (+http://www.googlebot.com/bot.html)' ) { ❷
    res.contentType( 'html' );
    res.end( agent_text );
  }
  else {
    next(); ❸
  }
});
...
```

❶ Webクローラに提供されるHTML
❷ ユーザエージェント文字列を調べてGooglebotを検出する。クローラによって使用するユーザエージェントが異なるが、調べればそのユーザエージェントを対象とすることもできる。クローラを検出したら、contentTypeをHTMLに設定し、通常のルーティングコードを迂回してテキストを送信する。
❸ ユーザエージェントがクローラでなければ、next()を呼び出して通常処理のための次のルートに進む。

Googlebotを所有していないため、これはテストが複雑なように見える。Googleは、Webマスタツールの一部として一般的に利用できる本番Webサイトでテストを行うためのサービスを提供しているが（https://support.google.com/webmasters/answer/158587?hl=ja）、もっと簡単なテスト方法はユーザエージェント文字列を偽造する方法である。これには以前はコマンドラインでの高度な作業が必要であったが、Chromeデベロッパーツールにより、ボタンをクリックしてボックスをチェックするという簡単なものになっている。

1. Googleツールバーの右側の3本の横線の入ったボタンをクリックし、メニューから［ツール］を選んで［デベロッパーツール］をクリックし、Chromeデベロッパーツールを開く。
2. 画面の右上角に［Show console.］アイコンがある。このアイコンをクリックすると、コンソールが表示される。

3. 3番目の［Emulation］というタブをクリックし、［User Agent］でドロップダウンからChromeからFirefox、IE、IPadなどの任意のユーザエージェントを選ぶ。Googlebotエージェントはデフォルトオプションではない。Googlebotを使うには、［Other］を選んでユーザエージェント文字列を入力部分にコピーアンドペーストする。
4. これでタブがGooglebotになりすましているので、サイト上のURIを開くと、クローラページが表示されるだろう。

当然ながら、アプリケーションによってWebクローラに対して実行したいことは異なるが、常にGooglebotに1ページを返すだけではおそらく十分ではない。公開したいページを決め、アプリケーションが_escaped_fragment_=key=valueというURIを表示したいコンテンツにマッピングする方法を提供する必要もある。いずれにせよ、本書ではアプリケーションを最も適切にクローラコンテンツに要約する方法を判断するツールを提供すべきである。サーバレスポンスをフロントエンドフレームワークに連結したいかもしれないが、通常はもっと簡単な方法を取り、クローラのためのカスタムページを作成してクローラのための別個のルータファイルに格納する。

もっと合理的なクローラもあるので、サーバをGoogleクローラに合わせて調節したら、それらのクローラも含めるように拡張できる。

9.2 クラウドサービスとサードパーティサービス

多くの企業がアプリケーションの構築と管理に役立つサービスを提供しており、開発とメンテナンスを大幅に節約できる。小規模な運用なら、このようなサービスを活用するとよいだろう。SPA開発には3つの重要なサービス（サイト分析、クライアントロギング、CDN）が特に重要である。

9.2.1 サイト分析

Web開発者向けの重要なツールは、サイトに関する分析データを入手できるツールである。従来のWebサイトでは、開発者はGoogle AnalyticsやNew Relicなどのツールを頼り、ユーザのサイトの使い方の詳細な分析を入手し、アプリケーション性能やビジネス実績（サイトがどれ程効率的に売り上げを生み出しているか）のボトルネックを見つけていた。同じツールを使って少し異なる方法を採用すると、SPAでも同様な効果を発揮する。

Google Analyticsは、SPAの人気やさまざまな状態、さらにトラフィックがサイトにどのように入ってきているかに関する分析データを入手する簡単な方法を提供する。従来のWebサイトでは、JavaScriptコードをサイトのすべてのHTMLページに貼り付け、多少の変更を行ってページを分類するとGoogle Analyticsを使用できる。この方法はSPAでも使えるが、最初のページロードに関する分析データしか得られない。SPAでGoogle Analyticsを最大限に活用できるようにするには2つの方

法がある。

1. Googleイベントを使ってハッシュタグの変更を追跡する。
2. Node.jsを使ってサーバ側を記録する。

まずはGoogleイベントを見てみよう。

9.2.1.1　Googleイベント

　Googleは長らく、ページ上のイベントを記録し分類する必要性を認識している。SPA開発はかなり新しいものであるが、Ajaxは長い間存在している（Webの年月では、1999年以来という非常に長い年月である）。イベントの追跡は簡単だが、多くの手動作業を行ってページビューを追跡する。従来のWebサイトでは、JavaScriptコードで_gaqオブジェクトの_trackPageViewを呼び出す。_trackPageViewでは、カスタム変数を渡してこのJavaScriptコードのあるページに関する情報を設定できる。この呼び出しは、画像を要求してリクエストの最後にパラメータを渡すことでGoogleに情報を送信する。このパラメータをGoogleのサーバが使用し、そのページビューに関する情報を処理する。Googleイベントを使うと、_gaqオブジェクトの別の呼び出しを行う。_trackEventを呼び出し、いくつかのパラメータを取る。そして、_trackEventは最後にパラメータの付いた画像をロードし、Googleがそのパラメータを使ってそのイベントに関する情報を処理する。

　イベント追跡の設定をして使用する手順は非常に簡単である。

1. Google Analyticsサイトでサイトを追跡するための設定を行う。
2. _trackEventメソッドを呼び出す。
3. レポートを閲覧する。

　_trackEventメソッドは、2つの必須パラメータと3つのオプションパラメータを取る。

　　_trackEvent(category, action, opt_label, opt_value, opt_noninteraction)

パラメータの詳細を以下に示す。

- categoryは必須であり、属するイベントグループを指定する。これはイベントを分類するためにレポートに表示される。
- actionは必須であり、各イベントで追跡している具体的な動作を定める。
- opt_labelは、イベントに関する付加データを追加するオプションパラメータ。
- opt_valueは、イベントに関する数値データを提供するオプションパラメータ。
- opt_noninteractionは、直帰率の計算にこのイベントを使わないようにGoogleに通知するオプションパラメータ。

例えば、SPAでユーザがチャットウィンドウを開いたときを追跡したい場合には、以下の_trackEvent呼び出しを行う。

    _trackEvent('chat', 'open', 'home page');

この呼び出しはレポートに表示され、チャットイベントが発生し、ユーザがチャットウィンドウを開き、ユーザがホームページでこの操作を行ったことがわかる。他に、以下のような呼び出しも考えられる。

    _trackEvent('chat', 'message', 'game');

この呼び出しは、チャットイベントが発生し、ユーザがメッセージを送信し、ゲームページでこの操作を行ったことを記録する。従来のWebサイトでの方法と同様に、さまざまなイベントを体系化し追跡する方法を決めるのは開発者に任されている。手っ取り早い方法として、各イベントをクライアント側のメソッドにコーディングする代わりに、クライアント側のルータ（ハッシュタグで変更を監視するコード）に_trackEvent呼び出しを挿入し、その変更をカテゴリ、動作、ラベルに分類してその変更をパラメータとして使って_trackEventメソッドを呼び出すこともできる。

9.2.1.2　サーバ側のGoogle Analytics

サーバから要求されているデータに関する情報を取得したい場合には、サーバ側での追跡が便利であるが、サーバ側に要求していないクライアント動作を追跡するのには使えず、SPAではこのような動作が極めて多い。クライアント側の動作を追跡できないためあまり役に立たないと思うかもしれないが、クライアントキャッシュを超えたリクエストを追跡できるようにするのに便利である。処理が遅すぎたり、他の振る舞いをしたりしているサーバリクエストを見つけ出すのにも役立つ。有益な見識を提供できるとはいえ、1つを選ばなければいけない場合にはクライアントを選ぶ。

JavaScriptはサーバで使用するが、おそらくGoogle Analyticsコードをサーバから使うように修正できると思われる。可能なだけでなく、よいアイデアと思われる多くのことと同様に、おそらくすでにコミュニティが実装しているだろう。ざっと検索してみると、コミュニティ開発プロジェクトとしてnode-googleanalyticsやnodealyticsが見つかる。

9.2.2　クライアント側のエラーをロギングする

従来のWebサイトでは、サーバでエラーが発生するとログファイルに書き込まれる。SPAでは、クライアントが同様のエラーに遭遇したときに記録する適切な場所がない。エラーを追跡するコードを自ら手動で記述するか、サードパーティサービスに期待するしかない。自分で対処するとエラーに対して好きなように柔軟に対処できるが、サードパーティサービスを使うと時間やリソースを別のことに費やせる。さらに、おそらく自分で行うよりもはるかに多くの処理を実装している。また、どちらかしか選べないわけではない。サードパーティサービスを使い、そのサービスが提供していない方法

でエラーを追跡したり上位レベルに渡したりしたければ、望みの機能を自分で実装できる。

9.2.2.1　サードパーティクライアントロギング

アプリケーションで生じたエラーや尺度データを収集して集計するサードパーティサービスがいくつかある。

- **Airbrake**はRuby on Railsアプリケーション専用であるが、実験的にJavaScriptをサポートしている。
- **Bugsense**はモバイルアプリケーションソリューション専用である。Bugsenseの製品は、JavaScript SPAやネイティブモバイルアプリケーションで機能する。モバイルに焦点を合わせたアプリケーションがある場合には、適切な選択肢となりえる。
- **Errorception**はJavaScriptエラーのロギングに専念しているので、SPAクライアントに適した選択肢。AirbrakeやBugsenseほどの定評はないが、moxyは好まれている。Errorceptionは開発者ブログ（http://blog.errorception.com）を持っており、そこでJavaScriptエラーロギングに関する知見が得られる。
- **New Relic**は、Webアプリケーション性能監視のための業界標準に急速になりつつある。この性能監視には、エラーロギングと、データベース内でクエリにかかった時間からブラウザでCSSスタイルのレンダリングにかかった時間にいたるまでのリクエスト／レスポンスサイクルの各段階での性能基準が含まれる。このサービスから、クライアントとサーバの両方の性能に関して圧倒的な情報が入手できる。

本書の執筆時点では、New RelicかErrorceptionが好まれている。New Relicの方が多くのデータを提供するが、JavaScriptエラーを扱うときや設定の容易さに関してはErrorceptionの方が優れている。

9.2.2.2　クライアント側のエラーを手動でロギングする

クライアント側のエラーを手動でロギングするには、上記のサービスではすべて以下の2つの方法のいずれかを使ってJavaScriptエラーを送信する。

1. `window.onerror`イベントハンドラでエラーを捕捉する。
2. `try/catch`ブロックでコードを囲み、捕捉したものを送り返す。

`window.onerror`イベントは、ほとんどのサードパーティアプリケーションの基礎をなす。`onerror`は実行時エラーで発行されるが、コンパイルエラーでは発行されない。`onerror`はブラウザでのサポートにむらがあり、セキュリティホールとなる可能性があるので多少議論の余地があるが、クライアント側のJavaScriptエラーをロギングするための重要な手段である。

```
<script>
  var obj;
  obj.push( 'string' );  ❶

  windor.onerror = function ( error ) {
    // エラーに対して何らかの処理を行う ❷
  }
</script>
```

> ❶ pushメソッドは定義されていないのでエラーとなる。
> ❷ このエラーにはこのブロック内でアクセスできる。エラーオブジェクトの属性はブラウザによって異なる。

try/catch手法では、SPAの主要な呼び出しをtry/catchブロックで囲む必要がある。すると、アプリケーションで発生した同期エラーを捕捉する。残念ながら、これはwindow.onerrorへのバブリングやエラーコンソールへの表示を妨げることにもなる。イベントハンドラまたはsetTimeoutやsetInterval関数などが実行する非同期呼び出しのエラーは捕捉しない。つまり、非同期関数内のすべてのコードをtry/catchブロックで囲まなければいけないのである。

```
<script>
  setTimeout( function () {
    try {
      var obj;
      obj.push( 'string' );
    } catch ( error ) {
      // エラーに対して何らかの処理を行う
    }
  }), 1);
</script>
```

すべての非同期呼び出しに対してこのようにする必要があるのは面倒であり、エラーがコンソールに報告されなくなる。また、try/catchブロックでコードを囲むと、そのブロック内のコードは事前にコンパイルされなくなり、実行が遅くなる。SPAに適した妥協案は、init呼び出しをtry/catchブロックで囲み、catch内でエラーをコンソールにロギングしてAjaxで送り出し、window.onerrorを使って非同期エラーをすべて捕捉してAjaxで送り出す。非同期エラーはそのままでコンソールに表示されるので、非同期エラーを手動でコンソールにロギングする必要はない。

```
<script>
  $(function () {
    try {
      spa.initModule( $('#spa') );
    } catch ( error ) {
      // エラーをコンソールにロギングし、
      // サードパーティロギングサービスに送る
    }
  });

  window.onerror = function ( error ) {
```

```
    // 非同期エラーに対して何らかの処理を行う
  };
</script>
```

これでクライアントでどのようなエラーが発生しているかを把握したので、コンテンツをサイト訪問者に迅速に配信する方法に専念できる。

9.2.3　コンテンツデリバリネットワーク

コンテンツデリバリネットワーク（CDN）は、静的ファイルをできるだけ迅速に配信するように手配されたネットワークである。コンテンツデリバリネットワークは、アプリケーションサーバの隣に1つのApacheを設置するように簡単にすることもできれば、多数のデータセンタを備えた世界的インフラにすることもできる。どのような場合でも、アプリケーションサーバに静的ファイル配信の責務を負わせないように別個のサーバを設置して静的ファイルを配信するのが合理的である。静的コンテンツファイルの配信ではNode.jsの非同期特性を活用できないため、Node.jsは大規模な静的コンテンツファイルの配信には特に不向きである。Apacheのpreforkの方がはるかに適している。

Apacheを熟知しているので、サイトを拡張する準備ができるまで独自の「1サーバCDN」を手早く作成できる。または、多くのサードパーティCDNを使用できる。Amazon、Akamai、Edgecastが3大サードパーティCDNである。AmazonにはCloudFront製品があり、AkamaiとEdgecastはRackspaceやDistribution Cloudなどの他社から再販されている。実は、世の中には非常に多くのCDN会社があるため、適切なプロバイダを選ぶための専門のWebサイトがある（http://www.cdnplanet.com/）。

世界中に分散したCDNを使うメリットとしてもう1つ、コンテンツが最も近いサーバから提供され、ファイルを提供するのにかかる時間がかなり短くなることが挙げられる。性能上のメリットを考慮する場合には、CDNを使うのが無難であることが多い。

9.3　キャッシングとキャッシュバスティング

キャッシングは、アプリケーションを高速に動作させるために極めて重要である。クライアントキャッシングよりも高速なデータ検索はなく、多くの場合、サーバキャッシングは同じデータを何度も要求して計算するよりもはるかに優れている。SPAには、データをキャッシュしてアプリケーションの各部分を高速化できそうな箇所がたくさんある。以下のすべてを調べていく。

- Webストレージ
- HTTPキャッシング
- サーバキャッシング
- データベースキャッシング

9.3 キャッシングとキャッシュバスティング

キャッシングの際には、データの鮮度を検討することが極めて重要である。アプリケーションユーザに古いデータを提供したくはないが、同時にリクエストにできるだけ速く応答したい。

9.3.1 キャッシングの機会

キャッシュにはそれぞれ異なる責務があり、クライアントとやり取りしてアプリケーションをさまざまな方法で高速化する。

- **Webストレージ**はクライアントに文字列を格納し、アプリケーションからアクセスできる。Webストレージを使い、サーバからすでに取得して処理したデータから完成したHTMLを格納する。
- **HTTPキャッシング**は、サーバからのレスポンスを格納するクライアント側のキャッシング。この形式のキャッシングを適切に制御するには多くの詳細を学ぶ必要があるが、学習して実装すると、多くのキャッシングがほぼ無料で手に入る。
- MemcachedやRedisでの**サーバキャッシング**は、処理済みのサーバレスポンスをキャッシュするのに使うことが多い。これはさまざまなユーザのためのデータを格納できる最初のキャッシング形式なので、あるユーザが情報を要求すると、次に別の誰かがその情報を要求したときにはすでにキャッシュされており、データベースとのやり取りを省ける。
- **データベースキャッシング**（クエリキャッシング）はデータベースがクエリの結果をキャッシュするのに使うので、データベースキャッシングを有効にしている場合、以降の同じクエリではデータを再び集める代わりにキャッシュを返す。

図9-2は、上記のすべてのキャッシングの機会での典型的なリクエスト/レスポンスサイクルを表している。各レベルのキャッシングがさまざまな段階でサイクルを短縮してレスポンスを高速化できる様子がわかる。HTTPキャッシングとデータベースキャッシングは実装が最も簡単であり、通常はいくつかの設定だけが必要であるのに対し、Webストレージとサーバキャッシングはもっと複雑であり、開発者側で多くの労力が必要である。

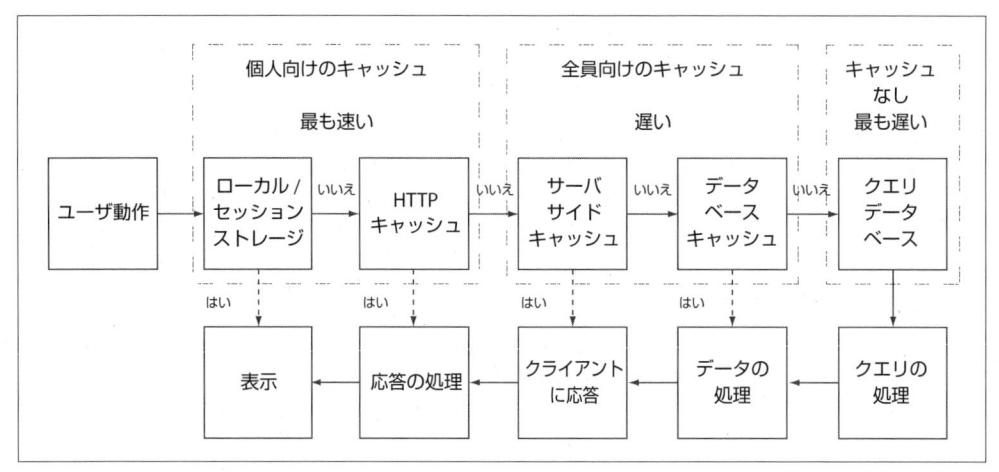

図9-2　キャッシングでのリクエスト/レスポンスサイクルの短縮

9.3.2　Webストレージ

　WebストレージはDOMストレージとしても知られており、ローカルストレージとセッションストレージの2種類がある。どちらもIE8以降を含む最近のすべてのブラウザでサポートされている。簡単なキーバリューストアであり、キーバリューはどちらも文字列でなければいけない。セッションストレージは、現在のタブセッションのデータだけを格納する。タブを閉じるとセッションが終了し、データは削除される。ローカルストレージではストレージがキャッシュされ続け、期限切れはない。どちらの場合も、データを格納したWebページだけでそのデータを利用できる。つまり、SPAではサイト全体でストレージにアクセスできることになる。Webストレージを使う優れた方法として、処理済みのHTML文字列を格納すると、リクエストに対してリクエスト/レスポンスサイクル全体を迂回して直接結果の表示に進むことができる。図9-3にその詳細を示す。

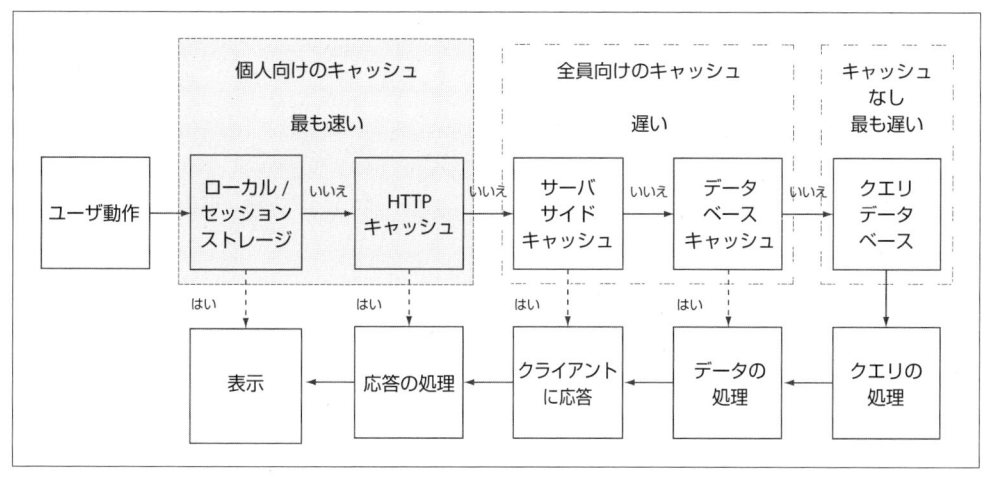

図9-3　Webストレージ

　現在のブラウザセッションを超えて永続させたい非機密情報を格納するにはローカルストレージを使う。現在のセッションを超えて永続させたくないデータにはセッションストレージを使う。

　Webストレージは文字列値だけを保存できるので、通常はJSONやHTMLを保存する。SPAでは、HTTPキャッシュを使うとJSONの保存は冗長であり（これについては次の節で説明する）、やはり何らかの処理が必要である。多くの場合、HTML文字列を格納する方が優れている。最初にHTMLを作成するのに必要なクライアント処理を保存できるからだ。この種のストレージはJavaScriptオブジェクトに抽象化でき、JavaScriptオブジェクトが個々の状況に対処してくれる。

　セッションストレージは現在のセッションのデータだけを格納するので、データの陳腐化問題についてあまり考えずにやり過ごせる場合があるが、常にやり過ごせるわけではない。データの陳腐化を心配する必要があるときにデータを強制的に最新にする方法には、時間をキャッシュキーにエンコードする方法がある。データを1日ごとに期限切れにしたい場合、キーにその日の日付を含める。データの期限を1時間にしたい場合には、時間もエンコードする。これですべての状況に対処できるわけではないが、**例9-2**に示すように実装の観点ではおそらく最も簡単である。

例9-2　キャッシュキーに時間をエンコードする

```
SPA.storage = (function () {

  var generateKey = function ( key ) {
    var date    = new Date(),
        datekey = new String()
                + date.getYear()
                + date.getMonth(
                + date.getDay();
    return key + datekey; ❶
```

❶ キーに現在の日付を付加し、セッションがデータを1日だけキャッシュするようにする。これは、キャッシュされたデータがある特定の期間経過後に返されないようにするための手短な技。

```
    };

    return {
      'set': function ( key, value ) { ❷
        sessionStorage.setItem( generateKey( key ), value );
      },

      'get': function ( key ) {
        return sessionStorage.getItem( generateKey( key ) );
      },

      'remove': function ( key ) {
        sessionStorage.removeItem( generateKey( key ) );
      },

      'clear': function () {
        sessionStorage.clear();
      }

    }
  })();
```

❷ これらのメソッドはsessionStorageを抽象化するので、コードをすべて変更しなくても後日localStorageに置き換えることができる。また、generateKeyを呼び出して日付を付加できるので、ストレージを使用するたびにこれをコーディングしなくてもよい。

9.3.3　HTTPキャッシング

　HTTPキャッシングは、サーバがヘッダに設定した属性やデフォルトキャッシング指針の業界標準に基づいてサーバから送信されたデータをブラウザがキャッシュするときに生じる。それでも結果を処理する必要があるのでWebストレージよりは遅くなるが、大抵はサーバサイドキャッシングよりははるかに簡単で高速である。図9-4は、リクエスト/レスポンスサイクルでのHTTPキャッシングの位置を示している。

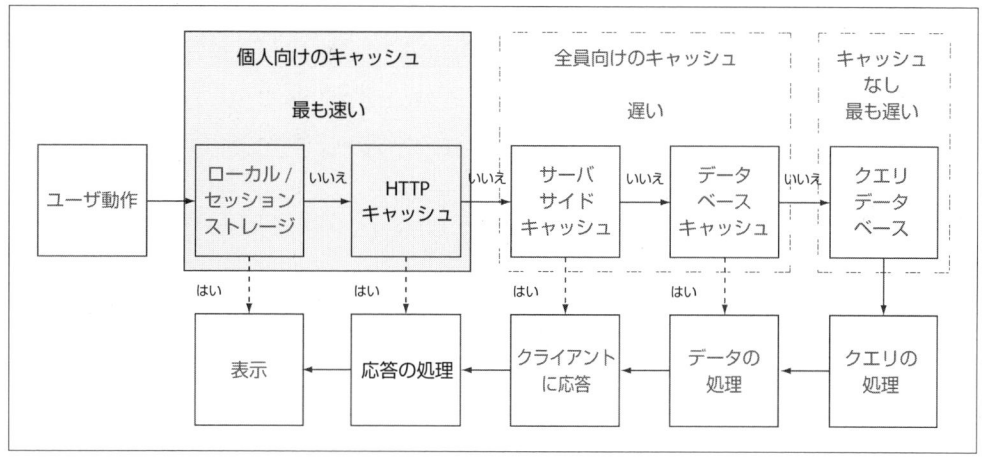

図9-4　HTTPキャッシング

　HTTPキャッシングを使うと、サーバレスポンスをクライアントに格納し、何度もサーバを往復しなくてよくなる。HTTPキャッシングが従う手順には2つのパターンがある。

1. サーバで鮮度を調べずにキャッシュから直接提供する。
2. サーバで鮮度を調べ、最新であればキャッシュから提供し、古ければサーバレスポンスを提供する。

　データの鮮度を調べずにキャッシュから直接提供すると、サーバとの往復がなくなるので最も高速である。これは画像、CSS、JavaScriptファイルに対して行う方が安全であるが、ある期間データをキャッシュするようにアプリケーションを設定することもできる。例えば、ある種のデータを1日1回だけ午前零時に更新するアプリケーションがある場合、クライアントに午前零時直後までデータをキャッシュさせることができる。

　HTTPキャッシングは完全に最新な情報を提供しない場合もある。その場合には、サーバを調べ直してデータが最新かどうかを確認するようにブラウザに指示できる。

　核心に入り、HTTPキャッシングの働きを調べてみよう。HTTPキャッシングでは、クライアントにサーバから送信されたレスポンスのヘッダを調べさせる。クライアントが探す属性には、max-age、no-cache、last-modifiedの3つの主要な属性がある。この属性はそれぞれ、データのキャッシュ期間をクライアントに告げる働きをする。

9.3.3.1　max-age

　クライアントがサーバにアクセスを試みずにキャッシュからのデータを使うようにするには、最初のレスポンスのCache-Controlヘッダにmax-ageが設定されていなければいけない。この値は、別の

リクエストを行うまでのデータのキャッシュ期間をクライアントに通知する。max-age値は秒単位である。これは強力な機能であると同時に、危険を伴う可能性もある。考えられる最速のデータアクセス方法であるため、強力である。この方法でキャッシュされたデータで動作するアプリケーションは、データを一旦ロードすれば非常に高速になる。しかし、クライアントはサーバで変更を調べなくなるので危険であり、慎重に扱わなければいけない。

Expressを使っているときには、以下のようにCache-Controlヘッダにmax-age属性を設定できる。

```
res.header("Cache-Control", "max-age=28800");
```

このようにキャッシュを設定したら、キャッシュを破棄してクライアントに新たなリクエストを行わせるには、ファイル名を変更するしかない。

本番環境に設置するたびにファイル名を変更するのは明らかに避けたい。幸い、ファイルに渡すパラメータを変更するとキャッシュが破棄される。これには通常、バージョン番号やデプロイごとにビルドシステムがインクリメントする整数を付加する。これを実現する方法は多数あるが、増加する値を含む別個のファイルを用意し、その数値をファイル名の最後に付加する方法が好ましい。インデックスページは静的なので、完成したHTMLファイルを作成し、最後にバージョン番号を含めるようにデプロイツールを設定できる。完成したHTMLでのキャッシュバスタの例を**例9-3**で見てみよう。

例9-3 max-ageキャッシュの破棄

```
<html>
<head>
  <link rel="stylesheet" type="text/css"
        href="/path/to/css/file?version=1.1 />❶
  <script src="/path/to/js/file?version=1.1"></script>
</head>
<body>

</body>
</html>
```

❶ キャッシュバスタ、version=1.1

max-ageを0に設定する別の使い方もある。これは、コンテンツを必ず再検証すべきことをクライアントに通知する。0を設定すると、クライアントは必ずサーバを調べ、コンテンツがまだ有効であることを確認するが、サーバはやはり自由に302レスポンスで答え、データが古くなくキャッシュから提供するようにクライアントに通知できる。しかし、max-age=0の設定には、中間サーバ（クライアントと末端サーバの間に位置するサーバ）がレスポンスに警告フラグを設定している限り、古いキャッシュで応答する可能性がある副作用がある。

中間サーバがキャッシュを使えないようにしたければ、no-cache属性を検討する。

9.3.3.2 no-cache

仕様によると、no-cache属性はmax-age=0設定と同様に機能するため、紛らわしい。no-cache属性はキャッシュのデータを使う前にサーバで再検証するようにクライアントに通知するが、中間サーバが警告メッセージを付けたとしても古いコンテンツを提供できないようにもする。IEとFirefoxがこの設定をいかなる場合でもデータをキャッシュすべきではないと解釈するようになったため、この数年間で興味深い解決策が現れた。つまり、クライアントが最後に受信したデータが最新であるかどうかをサーバに尋ねることもなく、データが再提供される。クライアントはデータをキャッシュに格納することもない。すると、no-cacheヘッダ付きでロードされたリソースがいたずらに遅くなる。クライアントにリソースをキャッシュさせないことが望みの振る舞いであれば、代わりにno-store属性を使うべきである。

9.3.3.3 no-store

no-store属性は、クライアントや中間サーバに、そのリクエストやレスポンスに関する情報をキャッシュに決して格納しないように通知する。これは伝送のプライバシーを改善するのに役立つが、決して完璧なセキュリティ方式ではない。適切に実装されたシステムでは、データの追跡が全くなくなる。データが不適切または悪意を持ってコーディングされたシステムを通過でき、傍受されやすくなる可能性がある。

9.3.3.4 last-modified

Cache-Controlが設定されていない場合、クライアントはlast-modified日付に基づいたアルゴリズムを頼りに、データのキャッシュ期間を決める。一般に、これはlast-modified日付からの時間の3分の1である。そのため、画像ファイルが3日前に最後に変更されていた場合、そのファイルを要求すると、クライアントはデフォルトで1日間はキャッシュから提供した後、再びサーバを調べる。その結果、ファイルが最後に本番環境に送られてからの経過時間によってかなりランダムな期間、リソースがキャッシュから提供されることになる。

他にもキャッシュを扱う属性がたくさんあるが、上記の基本属性を習得するとアプリケーションのロード時間が大幅に速くなる。HTTPキャッシングでは、アプリケーションのクライアントが情報を再び要求することなく以前からあるリソースを提供するか、または、最小限のオーバーヘッドでリソースがまだ最新かどうかをサーバに尋ねることができる。すると、アプリケーションでのその後のリクエストが高速なるが、他のクライアントが同じリクエストを行った場合はどうなるだろうか。HTTPキャッシングは役に立たない。代わりに、データをサーバでキャッシュする必要がある。

9.3.4 サーバキャッシング

クライアント側からの動的データのリクエストにサーバが最も高速に応答するための方法は、キャッシュから提供する方法である。すると、データベースに問い合わせ、問い合わせの応答をJSON文字列に変換する処理時間を省ける。図9-5は、リクエスト/レスポンスサイクルでのサーバキャッシングの位置を示している。

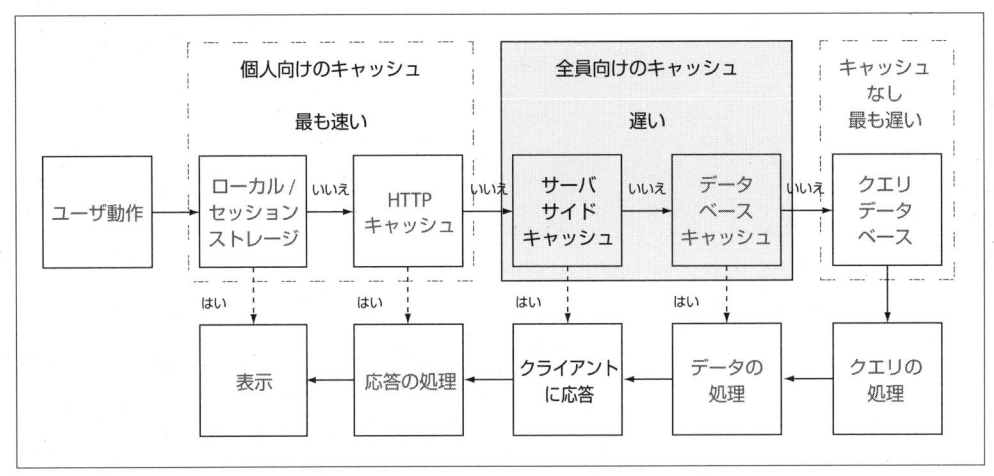

図9-5 サーバキャッシング

データをサーバにキャッシュする2つの一般的な方法はMemcachedとRedisである。memcached.orgによると、「Memcachedは任意の小規模なデータ群のためのインメモリキーバリューストアである」。Memcachedは、データベースから取得したデータ、API呼び出し、処理済みのHTMLの一時的なキャッシュ専用である。サーバでメモリが不足すると、LRU（Least Recently Used）アルゴリズムに基づいて自動的にデータを削除する。Redisは**高度な**キーバリューストアであり、文字列、ハッシュ、リスト、セット、ソート済みセットなどのより複雑なデータ構造を格納できる。

キャッシュの全般的な目的は、サーバ負荷の削減とレスポンス時間の高速化である。データのリクエストを受信すると、アプリケーションはまずこのクエリに対するレスポンスがキャッシュに格納されているかどうかを調べる。アプリケーションがデータを見つけたら、そのデータをクライアントに提供する。データがキャッシュされていない場合は、代わりに比較的コストのかかるデータベースクエリを実行し、そのデータをJSONに変換する。そして、そのデータをキャッシュに格納し、その結果でクライアントに応答する。

キャッシュを使うときには、キャッシュを「破棄」すべき時期を検討する必要がある。自分のアプリケーションだけがキャッシュに書き込むのであれば、データが変わったときにキャッシュの削除や再作成を行える。他のアプリケーションもキャッシュに書き込むなら、そのアプリケーションもキャッ

シュを更新できるようにする必要がある。これを回避するための方法がいくつかある。

1. 指定の時間後にキャッシュを無効にしてデータを更新できる。これを1時間に1回行うと、1日に最大24回はキャッシュなしで応答する。当然ながら、これはすべてのアプリケーションで使えるわけではない。
2. データの最後の更新時間を調べ、キャッシュのタイムスタンプと同じかそれ以前かどうかを確認する。これは最初の方法よりも処理時間がかかるが、複雑なリクエストタスクほどの時間はかからない可能性があり、データが最新であることが保証される。

どちらの方法を選ぶかは、アプリケーションのニーズで決まる。

サーバキャッシングは、本書のSPAには行き過ぎである。MongoDBは、本書のサンプルデータセットに対して優れた性能を提供する。また、MongoDBレスポンスを処理することはない。クライアントに渡すだけである。

では、どのようなときにWebアプリケーションへのサーバキャッシングの追加を検討すべきだろうか。データベースやWebサーバがボトルネックになりつつあることが判明したときである。通常、サーバキャッシングはサーバとデータベースの両方の負荷を軽減し、レスポンス時間を改善する。高価な新サーバを購入する前には必ず試すようにする。しかし、サーバキャッシングには監視して保守管理する必要がある別のサービス（MemcachedやRedisなど）が必要であり、アプリケーションが複雑にもなる。

Node.jsには、MemcachedとRedisの両方のドライバがある。アプリケーションにRedisを追加し、ユーザに関するデータをキャッシュしてみよう。http://redis.ioにアクセスして指示に従うと、システムにRedisをインストールできる。インストールして実行したら、コマンド`redis-cli`でRedisシェルを開始して利用可能なことを確認できる。

例9-4に示すように、npmマニフェストを更新してRedisドライバをインストールしよう。変更点は**太字**で示す。

例9-4　Redisを含めるようにnpmを更新する（webapp/package.json）

```
{ "name" : "SPA",
  "version" : "0.0.3",
  "private" : true,
  "dependencies" : {
    "express"   : "3.2.x",
    "mongodb"   : "1.3.x",
    "socket.io" : "0.9.x",
    "JSV"       : "4.0.x",
    "redis"     : "0.8.x"
  }
}
```

始める前に、キャッシュで実行する必要があることについて考えてみよう。思い浮かぶのは、キャッシュのキーバリューペアの**設定**とキーによるキャッシュ値の**取得**の2つである。また、キャッシュキーを**削除**できるようにもしたい。そこで、libディレクトリにcache.jsファイルを作成し、そのファイルにNodeモジュールパターンとキャッシュの取得、設定、削除を行うためのメソッドを入れてNodeモジュールを準備しよう。Node.jsをRedisに接続し、キャッシュファイルの骨組みを用意する方法は**例9-5**を参照してほしい。

例9-5　Redisキャッシュを始める（webapp/cache.js）

```
/*
 * cache.js - Redisキャッシュの実装
*/

/*jslint         node   : true, continue : true,
  devel  : true, indent : 2,    maxerr   : 50,
  newcap : true, nomen  : true, plusplus : true,
  regexp : true, sloppy : true, vars     : false,
  white  : true
*/
/*global */

// ------------ モジュールスコープ変数開始 --------------
'use strict';
var
  redisDriver = require( 'redis' ),
  redisClient = redisDriver.createClient(),
  makeString, deleteKey, getValue, setValue;
// ------------ モジュールスコープ変数終了 --------------

// -------------- パブリックメソッド開始 -----------------
deleteKey = function ( key ) {};

getValue = function ( key, hit_callback, miss_callback ) {};

setValue = function ( key, value ) {};

module.exports = {
  deleteKey : deleteKey,
  getValue  : getValue,
  setValue  : setValue
};
// -------------- パブリックメソッド終了 ----------------
```

次にこれらのメソッドの中身を埋めよう。完成したメソッドを**例9-6**に示す。setValueが最も簡単なので、setValueから始める。Redisは、キャッシングしているデータの種類ごとに役立つさまざま

なデータ型を備えている。この例では、基本的な文字列のキーバリューペアを使い続ける。Redisドライバを使って値を設定するのは簡単であり、redis.set(key, value);を呼び出すだけである。このメソッドは正常に機能し、呼び出しを非同期に行って失敗を破棄することを前提とするので、コールバックはない。望みなら、もっと高度なことを行い、Redisで値を増やして失敗を把握できる。興味のある読者にはこの方法を探求してみるとよい。

getValueメソッドは、検索するkey、キャッシュヒットのためのコールバック（hit_callback）、キャッシュミスのためのコールバック（miss_callback）の3つの引数を取る。このメソッドを呼び出すと、Redisにキーに関連する値を返すように要求する。ヒットしたら（値がnullでない場合）、その値を引数としてhit_callbackを呼び出す。ミスの場合は（値がnullの場合）、miss_callbackを呼び出す。このコードではキャッシングに専念したいので、データベースに問い合わせるロジックはすべて呼び出し側に委ねる。

deleteKeyメソッドは、redis.delを呼び出してRedisキーを渡す。これは非同期に行い、正常に機能することを前提としているので、コールバックは使わない。

makeStringユーティリティは、Redisに渡す前にキーバリューを変換するのに使う。このユーティリティが必要なのは、これがないとRedis NodeドライバがキーバリューにtoString()を使うからだ。toString()を使うと文字列が[Object object]などになり、これは望んでいる結果ではない。

更新したキャッシュモジュールを図9-6に示す。変更点は**太字**で示す。

例9-6 最終的なRedisキャッシュファイル（webapp/lib/cache.js）

```
/*
 * cache.js - Redisキャッシュ実装
 */
...
// ------------- モジュールスコープ変数開始 ---------------
'use strict';
var
  redisDriver = require( 'redis' ),
  redisClient = redisDriver.createClient(),
  makeString, deleteKey, getValue, setValue;
// ------------- モジュールスコープ変数終了 ---------------

// ------------- ユーティリティメソッド開始 ---------------
makeString = function ( key_data ) {   ❶
  return (typeof key_data === 'string' )
    ? key_data
    : JSON.stringify( key_data );
};
// ------------- ユーティリティメソッド終了 ---------------

// -------------- パブリックメソッド開始 ------------------
```

❶ makeStringメソッドは、オブジェクトをJSON文字列に変換するのに使う。このメソッドがないと、Redisクライアントは入力に対してtoString()を呼び出し、[Object object]のような役に立たないキーを作成する。

```
  deleteKey = function ( key ) { ❷
    redisClient.del( makeString( key ) );
  };

  getValue = function ( key, hit_callback, miss_callback ) { ❸
    redisClient.get(
      makeString( key ),
      function( err, reply ) {
        if ( reply ) {
          console.log( 'HIT' );
          hit_callback( reply );
        }
        else {
          console.log( 'MISS' );
          miss_callback();
        }
      }
    );
  };

  setValue = function ( key, value ) {
    redisClient.set( ❹
      makeString( key ), makeString( value )
    );
  };

  module.exports = {
    deleteKey : deleteKey,
    getValue  : getValue,
    setValue  : setValue
  };
  // ---------------- パブリックメソッド終了 ------------------
```

❷ deleteKeyメソッドは、Redisのdelコマンドでキーとその値を削除する。

❸ getValueメソッドは、引数としてキーと2つのコールバックメソッドを取る。最初のコールバックは合致するものが見つかったときに呼び出され、見つからなかったら2番目のコールバックが呼び出される。

❹ setValueメソッドは、文字列を格納するのにRedisのsetコマンドを使う。Redisは、格納するオブジェクトの種類ごとに異なるコマンドを持つ。単に文字列を格納するだけでなく、より柔軟なキャッシングシステムに役立つ。

キャッシュファイルが用意できたので、**例9-7**に示すようにcrud.jsファイルに5行のコードを追加してキャッシュを活用できる。変更点は**太字**で示す。

例9-7　キャッシュからの読み込み（webapp/lib/crud.js）

```
/*
 * crud.js - CRUD DB機能を提供するモジュール
*/
...
// ------------ モジュールスコープ変数開始 --------------
'use strict';
var
  ...
  JSV        = require( 'JSV'      ).JSV,
```

```
  cache        = require( './cache' ), ❶

  mongoServer = new mongodb.Server(
  ...
// ------------- モジュールスコープ変数終了 ---------------

...

// -------------- パブリックメソッド開始 -----------------

...

readObj = function ( obj_type, find_map, fields_map, callback ) {
  var type_check_map = checkType( obj_type );
  if ( type_check_map ) {
    callback( type_check_map );
    return;
  }

  cache.getValue( find_map, callback, function () { ❷❸
    dbHandle.collection(
      obj_type,
      function ( outer_error, collection ) {
        collection.find( find_map, fields_map ).toArray(
          function ( inner_error, map_list ) {
            cache.setValue( find_map, map_list ); ❹
            callback( map_list );
          }
        );
      }
    );
  }); ❺
};
...

destroyObj = function ( obj_type, find_map, callback ) {
  var type_check_map = checkType( obj_type );
  if ( type_check_map ) {
    callback( type_check_map );
    return;
  }

  cache.deleteKey( find_map ); ❻
  dbHandle.collection(
    obj_type,
    function ( outer_error, collection ) {
      var options_map = { safe: true, single: true };
```

❶ CRUDモジュールにキャッシュモジュールを含める。
❷ cache.getValue呼び出しを追加し、キャッシュミスの場合に呼び出されるコールバックに以前のMongoDBの呼び出しを渡す。
❸ キャッシュキーとしてfind_mapを使う。
❹ キャッシュミスの場合はcache.setValueを呼び出してキャッシュにアイテムを追加する。
❺ cache.getValue呼び出しを閉じる。
❻ データベースからオブジェクトを削除するときは、cache.deleteKeyメソッドを使ってRedisから検索キーを削除する。

```
      collection.remove( find_map, options_map,
        function ( inner_error, delete_count ) {
          callback({ delete_count: delete_count });
        }
      );
    }
  );
};

...
// ---------------- パブリックメソッド終了 -------------------
...
```

オブジェクトを削除したら、Redisデータベースからキーを必ず削除しておく。しかし、これは理想には程遠い。キャッシュされたデータのすべてのインスタンスが削除されている保証はない。**アイテムの削除に使ったキー**に関連するキャッシュデータが削除されていることを保証するだけである。例えば、解雇された従業員のIDで従業員を削除できるが、情報は**ユーザ名とパスワードキー**を使ってキャッシュされているかもしれないので、ユーザがまだログインしておりシステムに損害を与える可能性がある。オブジェクトの更新時にも同じ問題が起こりえる。

これは簡単に解決できる問題ではなく、システムを拡張するためにサーバキャッシングに時間をつぎ込む必要が生じるまでサーバキャッシングを先送りにすることが多い1つの理由である。考えられる解決策としては、ある期間後にキャッシュされたレコードを無効にする（キャッシュ不一致期間を最小限にする）、ユーザの削除や更新時にユーザキャッシュ全体を削除する（安全だが、キャッシュミスが増える）、またはキャッシュオブジェクトを手動で管理する（開発者が間違いを起こしやすくなる）などがある。

サーバキャッシングには、（1冊の書籍になるほど）他にも多くの機会と課題があるが、おそらく手始めとしては十分だろう。次は最後のキャッシュ手法であるデータベースでのデータのキャッシングを調べよう。

9.3.5 データベースクエリキャッシング

クエリキャッシングは、データベースが特定のクエリの結果をキャッシュするときに生じる。リレーショナルデータベースでは、結果をアプリケーションが読める形式に変換する必要があるため特に重要である。クエリキャッシュは、この変換結果を格納する。**図9-6**を見て、リクエスト/レスポンスサイクル内のクエリキャッシングの位置を確認してほしい。

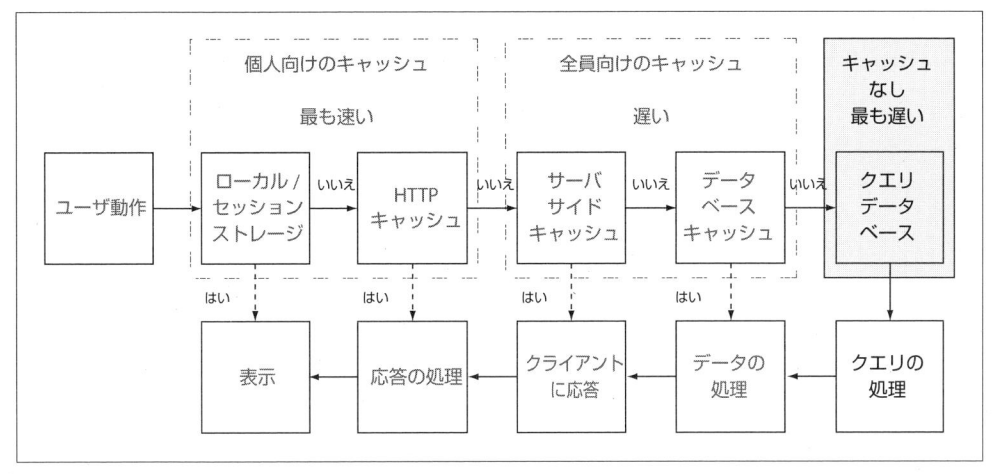

図9-6 クエリキャッシング

　MongoDBでは、OSのファイルシステムを使って自動的にクエリキャッシングに対応してくれる。特定のクエリの結果をキャッシュする代わりに、MongoDBはインデックス全体をメモリに保持しようとする。MongoDB（正確に言えばOSのサブシステムメモリ）は、サーバのニーズに基づいて動的にメモリを確保する。つまり、MongoDBは確保するメモリ量を推測せずに利用可能な空きRAM容量全体を提供し、他のプロセスが必要なときには自動的にメモリを解放する。LRUアルゴリズムなどのキャッシングの振る舞いは、OSの振る舞いに従って機能している。

9.4　まとめ

　本章では、SPA Webサイトをホスティングするときに生じる一般的な疑問に答えた。SPAが検索エンジンにインデックス付けされるように調整する方法、分析ツール（Google Analyticsなど）の使い方、アプリケーションエラーのサーバへのロギング方法を示した。最後に、アプリケーションの各レイヤーでのキャッシュ方法、各レイヤーのキャッシングがもたらす実際のメリット、キャッシングの活用方法を説明した。

　堅牢でテスト可能な拡張性のあるSPAの構築方法に関するアドバイスはほぼ出し尽くした。付録AとBはどちらも重要な話題をかなり詳しく取り上げているので、ぜひ目を通してもらいたい。付録Aは、本書のほとんどで従っているコード標準を示している。付録Bは、テストモードと自動化を使ってソフトウェアの欠陥を特定し、分離し、修正する方法を示している。

　本書の第1部では、最初のSPAを構築し、多くのWebサイトにとってSPAが優れた選択肢である理由を説明した。特に、SPAは、従来のWebサイトでは太刀打ちできない、極めて応答が速くインタラクティブなユーザエクスペリエンスを提供する。次に、大規模SPAを手際良く実装するために理解

すべきJavaScriptプログラミングの概念を復習した。

　第2部では、十分にテストされたアーキテクチャを使ったSPAの設計と実装に進んだ。SPAの内部動作を示したかったので、「フレームワーク」ライブラリは使用しなかった。このアーキテクチャを使って独自のSPAを開発することもできれば、多くのフレームワークライブラリの1つを学習するという課題に挑戦し、そのフレームワークが自分に必要なツールを提供するかどうかを判断するための経験を得ることもできるだろう。

　第3部では、Node.jsとMongoDBサーバを用意し、SPAのためのCRUDバックエンドを提供した。Socket.IOを使い、クライアントとサーバとの間の応答が速い軽量な全二重通信を提供した。また、従来のWebサイトで頻繁に目にするデータフォーマット変換も取り除いた。

　最後に、本書では全体を通じて言語にJavaScript、データフォーマットにはJSONを使っている。この素晴らしい簡潔さにより、開発工程の各段階でメリットをもたらす。例えば、1つの言語を使用することでクライアントとサーバとの間でコードの移動や共有の機会が生まれ、コードのサイズや複雑さを大幅に削減できる。また、言語やデータフォーマット間のコンテキスト切り替えがほとんどないため、時間を節約し、混乱を避ける。さらに、このメリットはテストにもおよび、テストコードを大幅に減らせるだけでなく、ブラウザテストスイートのオーバーヘッドやコストが生じることなくほぼすべてのコードで同じテストフレームワークを使うこともできる。

　読者が本書を楽しみ、本書を執筆するのと同じくらい学習できれば幸いである。SPAを引き続き学習するための最善の方法は、SPAの開発を続けることである。本書では、エンドツーエンドでJavaScriptを使ってSPAを開発するのに必要なツールをすべて提供するように尽力している。

付録A
JavaScriptコーディング標準

本章で取り上げる内容：

- コーディング標準が重要である理由を探る。
- 一貫性を持ってコードをレイアウトし文書化する。
- 変数に一貫した名前を付ける。
- 名前空間を使ってコードを分離する。
- ファイルを体系化し、一貫した構文を保証する。
- JSLintを使ってコードの妥当性を検証する。
- 標準を具体化するテンプレートを使用する。

コーディング標準には議論の余地がある。コーディング標準を持つべきであることにはほぼ全員が同意するが、コーディング標準がどうあるべきかについてはほとんど合意に至っていないように思われる。コーディング標準がJavaScriptにとって特に重要である理由を考えてみよう。

A.1 なぜコーディング標準が必要なのか

JavaScriptのように緩く型付けされた動的な言語では、明確に定義された標準があることは厳格な言語の場合よりもほぼ間違いなく重要である。JavaScriptの柔軟性の高さは、コーディングの構文や実践方法のパンドラの箱になりえる。厳格な言語は本質的に構造や一貫性を提供するが、JavaScriptで同じ効果を得るには規律や適切な標準が必要である。

以下は、長年にわたって利用し、改訂されてきた標準である。この標準はかなり包括的でまとまりがあり、本書で一貫して使っている。ここでは多くの説明や例を追加しているのであまり簡潔ではない。この大部分を3ページにまとめたものがhttps://github.com/mmikowski/spaにある。

このコーディング標準が誰にでも適しているとは考えていない。各自の作業に適しているかどうかによって、この標準を使うか無視するかを判断すべきである。いずれにしても、ここで説明する概念が各自の実践方法を見直すきっかけになれば幸いである。チームで標準に合意してから大規模プロ

ジェクトに着手し、バベルの塔を経験しないようにするとよい。

経験や研究によると、コードの記述よりもメンテナンスに多くの時間を費やしている。そのため、この標準では作成の速度よりも読みやすさに重点を置いている。理解されるように記述したコードの方が、最初から入念に検討され、適切に構築されている傾向がある。

優れたコーディング標準には以下のような特徴がある。

- コーディングエラーの可能性を最小限にする。
- 大規模なプロジェクトやチームに適した、一貫性や拡張性があり読みやすくメンテナンスしやすいコードとなる。
- コードの効率、効果、再利用を高める。
- JavaScriptの長所の活用を促し、弱点を回避する。
- 開発チームの全メンバーが利用する。

よく知られているように、マーチン・ファウラーはかつて「Any fool can write code that a computer can understand. Good programmers write code that humans can understand（愚かな人でもコンピュータが理解できるコードは書ける。優れたプログラマは人間が理解できるコードを書く）」と言った。明確に定義された包括的な標準でも人間が読めるJavaScriptを保証するわけではないが、間違いなく役には立つ。辞書や文法書が人間が読める英語を保証するのに役立つのと同様である。

A.2 コードレイアウトとコメント

コードをよく考えられた一貫性のある方法でレイアウトすることは、理解を高める最善の方法の1つである。これは、コード標準で論争を引き起こしやすい問題でもある[*1]。そのため、この節を読むときにはリラックスしてほしい。カフェイン抜きのラテを手に持ち、スペアミントティーリーフのペディキュアを塗り、前向きに考えてほしい。本当に楽しくなるだろう。

A.2.1 読みやすくなるようにコードをレイアウトする

本書から見出し、句読点、スペース、大文字をすべて取り除いたらどうなるだろうか。数カ月早く出版されるかもしれないが、おそらく読者はわかりにくいと感じるだろう。そのため、編集者は書式を整え規約を適用し、読者が内容の理解に努められるように求めたのだろう。

JavaScriptコードには、理解してもらう必要のある相手が2種類いる。コードを実行するマシンと、保守や拡張を行う人間である。通常、人間がコードを記述する回数よりも読む回数の方がはるかに多い。コードの書式を整え規約を適用し、仲間の開発者（および今から数週間後の自分自身）が内容の理

[*1] 原注：多くの開発者が、タブの使用に関してだけで莫大な時間を費やして互いを激しく非難し合っている。もっと証拠が必要なら、インターネットで「tabs versus spaces（タブとスペースの対比）」を検索してほしい。

解に努められるようにする。

A.2.1.1　一貫したインデントと行の長さを使う

　新聞のテキスト段の長さは50文字から80文字の間であることに誰もが気付いているだろう。行が80文字を超えると、徐々に人間の目で追いにくくなる。Bringhurst著の権威ある書籍『The Elements of Typographic Style』では、最適な読解と読みやすさには45文字から75文字の行の長さを推奨しており、66文字が最適であるとみなしている。

　長い行は、コンピュータディスプレイでも読みにくくなる。今日では、多段レイアウトのWebページが増えているが、適切に実現するにはコストがかかることで有名である。Web開発者がこのような面倒に手を出す唯一の理由は、長い行に問題があるからだ（または、時給で働いているからだ）。

　広いタブ位置（4～8個のスペース）の支持者は、コードが読みやすくなると主張する。しかし、広いタブを補うために長い行長を支持することも少なくない。本書では別の手法を採用する。短いタブ幅（2個のスペース）とやや短い行長（78文字）が相まって、1行当たりにかなりの内容を含む幅の狭い読みやすい文書を提供する。また、短いタブ位置は、JavaScriptなどのイベント駆動型言語ではコールバックやクロージャが広まっているために純粋な手続き型言語よりも一般にインデントが多いことも認識できる。

- コードレベルごとに**2個のスペースでインデントする**。
- タブ位置の配置には標準がないため、インデントには**タブではなくスペースを使う**。
- **1行は78文字**に制限する。

　また、幅の狭い文書の方があらゆるディスプレイに対応し、2つの高解像度ディスプレイで同時に6つのファイルを表示したり、ノートブック、タブレット、スマートフォンなどの小さな画面で1つの文書を簡単に読むこともできる。さらに、電子ブックリーダや印刷書籍フォーマットにもぴったりと合い、編集者もかなり満足する[*1]。

A.2.1.2　コードを段落にまとめる

　英語やその他の書き言葉は段落で表され、あるトピックが完了し、別のトピックが示されていることを読者がわかるようにしている。コンピュータ言語もこの慣行の恩恵を受ける。段落はまとめて示すことができる。ホワイトスペース[*2]を適切に使うと、JavaScriptは適切な書式の書籍のように読める。

[*1] 原注：本書のリストの行長制限は実際には72文字であり、6文字足りないのはつらかった。
[*2] 原注：ホワイトスペースとはスペース、改行、タブの任意の組み合わせである。しかし、タブは使わないでほしい。

付録A　JavaScriptコーディング標準

- コードを論理的段落にまとめ、段落間に空行を入れる。
- 各行には最大1つの文か割り当てを含めるべきだが、複数の変数宣言は許可する。
- 演算子や変数の間にはホワイトスペースを入れ、変数を見分けやすくする。
- カンマの後にはホワイトスペースを入れる。
- 段落内では同類の演算子を整列する。
- コメントは説明するコードと同じ量だけインデントする。
- 文の最後にはセミコロンを配置する。
- 制御構造内の文はすべてかっこで囲む。制御構造には、for、if、while構造などが含まれる。この指針に対する最も一般的な違反は、1行のif文でのかっこの省略だろう。しかし、省略してはいけない。必ずかっこを使い、うっかりバグを発生させることなく簡単に文を追加できるようにする。

例A-1　悪い例

```javascript
// 変数を初期化する ❶
var first_name='sally';var rot_delta=1; ❷
var x_delta=1;var y_delta=1; var coef=1;
var first_name = 'sally', x, y, r, print_msg, get_random;
// 重要なテキストをdiv id sl_fooに入れる ❸
print_msg = function ( msg_text ) {
// .text()はxssインジェクションを防ぐ ❹
  $('#sl').text( msg_text ) ❺
};
// 乱数を取得する
get_random = function ( num_arg ){
  return Math.random() * num_arg;
};
// 座標を初期化する ❻
x=get_random( 10 );
y=get_random( 20 );
r=get_random( 360 );
// 座標を調整する
x+=x_delta*coef; ❼
y+=y_delta*coef;
r+=rot_delta*coef;
if ( first_name === 'sally' ) print_msg('Hello Sally!') ❽
```

❶ このコメントは書くまでもないことを述べている。
❷ 1行で複数の割り当てを行うべきではない。
❸ このコメントはあっという間に古くなっている。
❹ コメントは説明するコードと同じレベルにインデントする。
❺ この文はセミコロンで終わっていない。
❻ このコメントは大量のテキストに隠れているのでわかりにくい。
❼ この方程式は読みにくい。
❽ すべてのif文でかっこを使う。

例A-2　良い例

❶
```
var                              ❷
  x, y, r, print_msg, get_random,
  coef       = 0.5
  rot_delta = 1,
  x_delta   = 1,
  y_delta   = 1,
  first_name = 'sally'
  ;

// メッセージコンテナにテキストを書き込む関数 ❸
print_msg = function ( msg_text ) {
  // .text()はxss インジェクションを防ぐ ❹
  $('#sl').text( msg_text ); ❺
};

// 乱数を返す関数
get_random = function ( num_arg ) {
  return Math.random() * num_arg;
};

// 座標を初期化する ❻
x = get_random( 10 );
y = get_random( 20 );
r = get_random( 360 );

// オフセットを調節する ❼
x += x_delta   * coef;          ❽
y += y_delta   * coef;
r += rot_delta * coef;

if ( first_name === 'sally' ){ print_msg('Hello Sally!'); } ❾
```

❶ 余計なコメントを削除する。
❷ 1行に1つ以上の宣言を入れるが、割り当ては1つだけにする。
❸ 次の段落の前に空行を追加する。段落を説明するようにコメントを変更する。
❹ 説明している段落と同じレベルにコメントをインデントする。
❺ 欠けているセミコロンを追加する。すべての文はセミコロンで終わるべき。
❻ 次の段落の前に空行を追加する。段落を説明するようにコメントを変更する。
❼ 別の段落を追加する。段落によってコメントがかなり読みやすくなる。
❽ スペースを追加し、同類の要素を整列させると、類似した文が読みやすくなる。
❾ すべてのif文と制御構文でかっこを使う。

　コードをレイアウトするときには、バイト数を減らすのではなく明確さを目指したい。コードが本番環境になったら、JavaScriptは連結、縮小、圧縮されてからユーザの手に渡る。その結果、わかりやすさを目指して使っていたツール（ホワイトスペース、コメント、説明的な変数名）が性能に及ぼす影響は、ほとんどないか皆無である。

A.2.1.3　一貫性を持って行を分割する

　文が最大行長を超えなければ、1行に1文を入れるべきである。しかし、それができないことも多いので、2行以上に分割する必要がある。以下の指針はエラーを減らし、認知を高めるのに役立つ。

- 演算子の前で行を分割する。すべての演算子を左欄で簡単に見直せるため。
- 文の後続の行を1つのレベルにインデントする。例えば、本書では2つのスペースである。
- カンマ区切り記号の後で行を分割する。
- 閉じかっこは別の行に配置する。すると、文の終端がはっきりと示され、読者が水平方向にセミコロンを探さなくてすむ。

例A-3　悪い例

```
long_quote = 'Four score and seven years ago our ' +   ❶
  'fathers brought forth on this continent, a new ' 
  'nation conceived in Liberty, ' +
  'and dedicated to the proposition that ' +
  'all men are created equal.';

cat_breed_list = ['Abyssinian' , 'American Bobtail'   ❷
, 'American Curl' , 'American Shorthair' , 'American Whiterhair'
, 'Balinese', 'Balinese-Javanese' , 'Birman' , 'Bombay' ];   ❸
```

❶ でこぼこの行末では末尾の「+」を非常に忘れやすい。
❷ カンマを前に入れるのには利点があるが、本書の標準ではない。
❸ この文はどこで終わるのだろうか。セミコロンを探し続ける。

例A-4　良い例

```
long_quote = 'Four score and seven years ago our '    ❶
  + 'fathers brought forth on this continent, a new '
  + 'nation, conceived in Liberty, '
  + 'and dedicated to the proposition that '
  + 'all men are created equal.';

cat_breed_list = [                                    ❷
  'Abyssinian',         'American Bobtail',   'American Curl',
  'American Shorthair', 'American Whiterhair', 'Balinese',
  'Balinese-Javanese',  'Birman',              'Bombay'
];   ❸
```

❶ 演算子を左側に並べる。
❷ カンマを末尾にすると保守が容易になる。
❸ 閉じかっこを別の行に入れる。次の行が見分けやすい。

この付録ではもう少し後でJSLintをインストールし、構文のチェックに役立たせる。

A.2.1.4　K&Rスタイルのかっこ付け

K&Rスタイルのかっこ付けでは、垂直空間の利用と読みやすさのバランスをとる。K&Rスタイルは、オブジェクト、マップ、配列、複合文、呼び出しの書式を整えるときに使うべきである。複合文には、中かっこで囲まれた1つ以上の文が含まれる。例えば、if、while、for文などである。alert('I have been invoked!');などの呼び出しは、関数やメソッドを呼び出す。

- 可能な限り1行の方がよい。例えば、短い配列宣言が1行に収まるときに不必要に3行に分割しない。

- 開きかっこはその行末に配置する。
- 区切り文字（かっこ）内のコードは1つのレベル（例えば、2つのスペースなど）にインデントする。
- 閉じかっこは、開きかっこの行と同じインデントで別の行に配置する。

例A-5　悪い例

```
var invocation_count, full_name, top_fruit_list,
  full_fruit_list, print_string;

invocation_count = 2;
full_name = 'Fred Burns';
top_fruit_list = ❶
[
  'Apple',
  'Banana',
  'Orange'
];

full_fruit_list = ❷
[ 'Apple','Apricot','Banana','Blackberry','Blueberry',
  'Currant','Cherry','Date','Grape','Grapefruit',
  'Guava','Kiwi','Kumquat','Lemon','Lime',
  'Lychee','Mango','Melon','Nectarine','Orange',
  'Peach','Pear','Pineapple','Raspberry','Strawberry',
  'Tangerine' ,'Ugli'
];

print_string = function ( text_arg )
{ ❸
  var char_list = text_arg.split(''), i;

  for ( i = 0; i < char_list.length; i++ )
  {
    document.write( char_list[i] );
  }

  return true;
};

print_string( 'We have counted '
  + String( invocation_count )
  + ' invokes to date!'
);
```

❶ これは非常にまだらで長い。
❷ とても乱雑である。人間の目を使ってフルーツを選んでみてほしい。
❸ GNUスタイルのかっこ付けの方がページが長くなる。

例A-6 良い例

```
var
  run_count,       full_name,    top_fruit_list,
  full_fruit_list, print_string;

run_count = 2;
full_name = 'Fred Burns';

top_fruit_list  = [ 'Apple', 'Banana', 'Orange' ]; ❶
full_fruit_list = [ ❷
  'Apple',     'Apricot', 'Banana',   'Blackberry', 'Blueberry',
  'Currant',   'Cherry',  'Date',     'Grape',      'Grapefruit',
  'Guava',     'Kiwi',    'Kumquat',  'Lemon',      'Lime',
  'Lychee',    'Mango',   'Melon',    'Nectarine',  'Orange',
  'Peach',     'Pear',    'Pineapple','Raspberry',  'Strawberry',
  'Tangerine', 'Ugli'
];

print_string = function ( text_arg ) { ❸
  var text_arg, char_list, i;

  char_list = input_text.split('');

  for ( i = 0; i < char_list.length; i++ ) {
    document.write( char_list[i] );
  }
  return true;
};

print_string( 'We have counted '
  + String( run_count )
  + ' invocations to date!'
);
```

❶ すべて1行に収まる。
❷ 垂直方向に整列すると驚くほど読みやすくなる。
❸ 閉じかっこをK&Rスタイルのかっこ付けに合わせる。

垂直方向に整列するように要素を調整すると実に理解しやすくなるが、強力なテキストエディタがないと時間がかかる可能性もある。(Vim、Sublime、WebStormなどが提供する)垂直方向テキスト選択は、値の整列に役立つ。WebStormはマップ値を自動整列するツールも提供しており、大幅な時間の節約になる。エディタで垂直方向選択ができない場合は、エディタを変更することを強く勧める。

A.2.1.5　ホワイトスペースを使って関数とキーワードを区別する

多くの言語には冠詞(an、a、theなどの単語)の概念がある。冠詞の目的には、次の言葉が名詞か名詞句であることを読者や聞き手に気付かせることがある。同様の効果を得るために、関数とキーワードにホワイトスペースを使える。

- 関数では関数キーワードと開きかっこ (`()`) の間に**スペースを入れない**。
- キーワードの後ろに1つの**スペースを入れ**、続いて開きかっこ (`()`) を記述する。
- **`for`文の書式**では、セミコロンの後にスペースを追加する。

例A-7　悪い例

```
mystery_text = get_mystery ('Hello JavaScript Denizens'); ❶

for(x=1;x<10;x++){console.log(x);} ❷
```

❶ `get_mystery`はキーワードか、または カスタム関数か。
❷ スペースがないとテキストがぼやける。

例A-8　良い例

```
mystery_text = get_mystery( 'Hello JavaScript Denizens' ); ❶

for ( x = 1; x < 10; x++ ) { console.log( x ); } ❷
```

❶ かっこが隣接しているので、関数を意味する。
❷ スペースによって読みやすくなる。

この規約は、Python、Perl、PHPなどの他の動的言語でも一般的である。

A.2.1.6　一貫性を持って引用符を使う

　HTML標準の属性区切り文字は二重引用符なので、文字列区切り文字には二重引用符よりも**単一引用符**がよい。また、一般にSPAではHTMLに引用符を付けることが多い。HTMLを単一引用符で区切ると、文字のエスケープやエンコードが少なくてすむ。その結果、短く読みやすくなり、エラーが生じにくくなる。

例A-9　悪い例

```
html_snip = "<input name=\"alley_cat\" type=\"text\" value=\"bone\">";
```

例A-10　良い例

```
html_snip = '<input name="alley_cat" type="text" value="bone">';
```

　Perl、PHP、Bashなどの多くの言語には、補間引用符と非補間引用符の概念がある。**補間引用符**は内部にある変数値を展開するのに対し、**非補間引用符**は展開しない。一般に、二重引用符 (`"`) は補間であり、単一引用符 (`'`) は補間ではない。JavaScriptの引用符は決して補間せず、単一引用符と二重引用符のどちらを使っても振る舞いに違いはない。そのため、他の有名な言語での使い方に合わせる。

A.2.2　コメントで説明して文書化する

　コメントは、コメントがなければはっきりしない重要な詳細を伝えることができるので、対象となるコードよりも重要なことさえある。これはイベント駆動型プログラミングで特に明らかである。多数のコールバックにより、コード実行の追跡にかなりの時間がかかるからだ。これは必ずしもコメントを多く追加するほどよいという意味ではない。戦略的に配置され、有益で管理の行き届いたコメントは極めて貴重であるが、不正確なコメントであふれているのは、コメントが全くない場合よりも悪いこともある。

A.2.2.1　コードを戦略的に説明する

　この標準ではコメントを最小限にし、その価値を最大限することを目指している。コメントを最小限にするために、コードをできるだけ自明にするような規約を採用する。コメントの価値を最大限にするために、説明する段落にコメントを配置し、内容が読み手にとって価値のあるものになるようにする。

例A-11　悪い例

```
var
  welcome_to_the = '<h1>Welcome to Color Haus</h1>',
  houses_we_use  = [ 'yellow','green','little pink' ],
  the_results, make_it_happen, init;

// 家の設計書を取得する
var make_it_happen = function ( house ) {
  var
    sync = houses_we_use.length,
    spec = {},
    i;

  for ( i = 0; i < sync; i++ ) {
  ...
  // 30行以上の行
  }
  return spec;
};

var init = function () {
  // houses_we_useは家の色の配列。
  // make_it_happenは建築設計書のマップを返す関数。
  //
  var the_results = make_it_happen( houses_we_use );

  // DOMに歓迎メッセージを入れる
```

```
      $('#welcome').text( welcome_to_the );
      // そして設計書を入れる
      $('#specs').text( JSON.stringify( the_results ) );
    };

    init();
```

例A-12 良い例

```
  var
    welcome_html    = '<h1>Welcome to Color Haus</h1>',   ← ❶
    house_color_list = [ 'yellow','green','little pink' ]
    spec_map, get_spec_map, run_init;   ← ❷

  // /get_spec_map/開始  ← ❸
  // 色に基づいて設計書マップを取得する
  get_spec_map = function ( color_list_arg ) {
    var
      color_count = color_list_arg.length,
      spec_map    = {},
      i;
    for ( i = 0; i < color_count; i++ ) {
      // ……30行以上の行
    }
    return spec_map;
  };
  // /get_spec_map/終了  ←

  run_init = function () {
    var spec_map = getSpecMap( house_color_list );  ←

    $('#welcome').html( welcome_html );  ←
    $('#specs').text( JSON.stringify( spec_map ) );
  };

  run_init();
```

❶❷ コメントでできるだけ多くを説明する代わりに、一貫性のある有意義な変数名を使う。

❸ 「開始」と「終了」の区切り文字を使い、長いセクションを明確に定める。

一貫性のある有意義な変数名は、**少ない**コメントで**多くの**情報を提供できる。変数の名前付けのセクションはこの付録の少し後で登場するが、主な部分を少し見てみよう。関数を参照する変数はすべて最初の単語に動詞を持つ（`get_spec_map`、`run_init`）。その他の変数は、内容を理解しやすいように名前を付ける。`welcome_html`はHTML文字列、`house_color_list`は色名の配列、`spec_map`は設計書のマップである。このようにすると、コードを理解しやすくするために追加または維持する必要のあるコメント数を減らすのに役立つ。

A.2.2.2　APIとTODOを文書化する

コメントは、コードのより正式な文書を提供することもできる。しかし、注意が必要である。全体的なアーキテクチャに関する文書は多くのJavaScriptファイルの1つではなく、その代わりに専用のアーキテクチャ文書に含めるべきである。しかし、関数やオブジェクトAPIに関する文書はコードのすぐ隣に配置でき、多くの場合、そうすべきである。

- 関数の「目的」、「引数」、「設定」、「戻り値」、「例外発行」を規定して**重要な関数を説明する**。
- **コードを無効にする場合には**、`// TODO date username - comment`という形式のコメントで理由を説明する。ユーザ名と日付はコメントの新しさを判断するのに重要であり、自動化ツールがコードベースにTODO項目を報告するのにも使える。

例A-13　関数のAPI文書の例

```
// DOMメソッド/toggleSlider/開始
// 目的：チャットスライダーの拡大と格納を行う。
// 必須引数：
//   * do_extend（ブール値）trueはスライダーを拡大し、falseは格納する。
// オプション引数：
//   * callback（関数）アニメーションの完了後に実行される。
// 設定：
//   * chat_extend_time,   chat_retract_time
//   * chat_extend_height, chat_retract_height
// 戻り値：boolean
//   * true- スライダーアニメーションが動作した
//   * false- スライダーアニメーションが動作していない
// 例外発行：なし
//
toggleSlider = function( do_extend, callback ) {
  // ...
};
// DOMメソッド/toggleSlider/終了
```

例A-14　無効化されたコードの例

```
// BEGIN TODO 2012-12-29 mmikowski-デバッグコード無効化
// alert( warning_text );
// ... (lots more lines) ...
//
// END TODO 2012-12-29 mmikowski-デバッグコード無効化
```

コードは必ずすぐに削除し、再び必要なときにはソース管理ツールから復元すべきであるという人もいる。しかし、再び必要になる**可能性の高い**コードは、無効化されたコードが含まれている元のバー

ジョンを見つけてマージするよりもコメントアウトした方が効率的である。コードを無効化してしばらく経ったら、安全に削除できる。

A.3 変数名

書籍のコードでは特別な命名規則が使われていることが多いと思ったことはないだろうか。例えば、`person_str = 'fred';`のような行を目にしたことがあるだろう。一般に、コードの作成者がこのようにするのは、変数が表すものを思い出すために体裁が悪く時機と焦点を外したコメントを後で挿入したくないからだ。名前から自明である。

コーディングする人は誰でも、認識しているか否かにかかわらず命名規則に従う[*1]。優れた命名規則は、チームの全メンバーがコードを理解して使用するときに最大の効果を発揮する。命名規則を使えば、退屈なコード追跡や辛いコメントメンテナンスから解放され、代わりにコードの目的とロジックに専念できる。

A.3.1 命名規則を使ってコメントを減らし改善する

一貫性のある説明的な名前は、非常に速く理解でき、一般的なエラーの回避にも役立つので、エンタープライズクラスのJavaScriptアプリケーションにとって極めて重要である。以下のような完全に有効で現実的なJavaScriptコードを考えてみよう。

例A-15 例A

```
var creator = maker( 'house' );
```

これをすぐ後で説明する命名規則を使って書き直してみよう。

例A-16 例B

```
var make_house = curry_build_item({ item_type : 'house' });
```

例Bの方が確かに説明的に見える。この規則を使うと、以下のことがわかる。

- `make_house`はオブジェクトコンストラクタである。
- 呼び出される関数はカリー化関数である。クロージャを採用し、状態を保持して関数を返す。
- 呼び出される関数は、`type`を示す文字列引数を取る。
- 変数のスコープはローカルである。

[*1] 原注:「if you choose not to decide you still have made a choice (もし何も決めないことにしたにしろ、それはひとつの選択になっているのだ)」に少し似ている (Rushのアルバム「Permanent Waves (パーマネント・ウェイブス)」の「Freewill (自由意思)」より)。

例Aでも、コードの前後関係を調べれば上記のすべてがわかっただろう。おそらく、すべての関数と変数の追跡に5分、30分、または60分はかかる。そして、このコードに関わっている間、**すべてを覚えている必要がある**。時間を失うだけでなく、そもそも成し遂げようとしていたことに集中できなくなるかもしれない。

新たな開発者がこのコードに関わる**たびに**、このような回避可能なコストが発生する。さらに、数週間後には、開発者全員（元の作成者も含む）が実質的に新規開発者となる。当然ながら、これはひどく非効率であり、エラーが生じやすい。

例Aでコメントを使って例Bと同じだけの意味を示したらどのようになるかを見てみよう。

例A-17　コメントを付けた例A

```
// 「creator」は、「maker」を呼び出して取得する
// オブジェクトコンストラクタ。「maker」の
// 最初の引数は文字列でなければならず、
// 返すべきオブジェクトコンストラクタの型を示す。
// 「maker」はクロージャを使い、返された関数が
// 作成すべきオブジェクトの型を保持する。

var creator = maker( 'house' );
```

コメント付きの例Aは例Bよりもかなり冗長なだけでなく、命名規則と同じ量の情報を伝えようとしたためにかなり長くなっている。これがさらに事態を悪化させる。コメントは、時間と共にコードが変わったにもかかわらず開発者が更新を怠り、不正確になりがちである。数週間後にいくつかの名前を変えることにしたとしよう。

例A-18　変数名変更後のコメント付きの例A

```
// 「creator」は、「maker」を呼び出して取得する  ❶
// オブジェクトコンストラクタ。「maker」の  ❷
// 最初の引数は文字列でなければならず、  ❸
// 返すべきオブジェクトコンストラクタの型を示す。
// 「maker」はクロージャを使い、返された関数が  ❹
// 作成すべきオブジェクトの型を保持する。

var maker = builder( 'house' );
```

❶ おっと、名前が間違っている。
❷ 正しくない。現在はbuilder。
❸ しまった……makerではなくbuilderである。修正した方がよい。
❹ 誰かに直させよう。私は新しいコードを書かなければいけない。

変更した変数名に言及したコメントの更新を忘れていた。現在のコメントは完全に間違っており、誤解を招く恐れがある。それだけでなく、このリストは**9倍**も長いので、コメントでコードがわかりにくくなる。コメントが全くない方がいい。例Bで変数名を変更したい場合と比べてみてほしい。

例A-19　名前を変更した例B

```
var make_abode = curry_make_item({ item_type : 'abode' });
```

このように修正しても**コメントを調整する必要はない**ので、たちどころに正しいコードになる。このように、熟慮された命名規則は**元の作成者**がコードを自己文書化するための優れた手段であり、正確性も増し、保守がほぼ不可能な乱雑なコメントが必要なくなる。これは開発の高速化、品質改善、メンテナンスしやすさを促進する。

A.3.2　命名規則を使う

上記で示したように、変数名は多くの情報を伝える。本書で最も役立つと考える指針を見てみよう。

A.3.2.1　一般的な文字を使う

チームの多くが変数にqueensryche_album_nameという名前を付けるのは巧妙であると考えるかもしれないが、キーボードでyのキーを探してみた人はかなり否定的な別の意見を持つだろう。変数名は、世界中のほとんどのキーボードで利用できる文字に限定した方がよい。

- 変数名にはa～z、A～Z、0～9、アンダースコア、$の文字を使う。
- 変数名を数字で始めない。

A.3.2.2　変数スコープを伝える

本書のJavaScriptファイルとモジュールには、Node.jsと同様に1対1の対応がある（これについてはこの付録の後半で詳細に説明する）。モジュール内のどこでも使える変数とスコープが限られた変数を区別した方が便利である。

- 変数が完全なモジュールスコープである（モジュール名前空間のどこからでもアクセスできる）場合は、キャメルケースを使う。
- 変数が完全なモジュールスコープではない（モジュール名前空間内の関数にローカルな変数である）場合は、アンダースコアを使う。
- モジュールスコープ変数はすべて少なくとも2音節にし、スコープをはっきりさせる。例えば、configという変数を使う代わりに、もっと説明的でモジュールスコープであることが明らかなconfigMapを使う。

A.3.2.3　変数の型が重要であることを認識する

JavaScriptでは変数の型を気にしなくてよいからといって、無頓着でいるべきではない。以下の例を考えてみよう。

例A-20　暗黙的な型変換

```
var x = 10, y = '02', z = x + y;
console.log( z ); // '1002'
```

上記の場合、JavaScriptはxを文字列に変換してy（02）と連結し、文字列1002を得る。これはおそらく意図した結果ではない。型変換の結果には、もっと計り知れない影響もある。

例A-21　型変換の負の側面

```
var
  x = 10,
  z = [ 03, 02, '01' ],
  i , p;

for ( i in z ) {
  p = x + z[ i ];
  console.log( p.toFixed( 2 ) );
}

// 出力：
// 13.00
// 12.00
// TypeError: Object 1001 has no method 'toFixed'
```

このような**意図的でない**型変換の方が**意図的な**型変換よりもはるかに一般的であり、多くの場合、バグの発見や解決が困難になる。**意図的に**変数の型を変換することはほとんどない。そうすると、ほとんどの場合に非常にわかりにくくなったり管理が困難になったりし、メリットがない[1]。そのため、変数に名前を付けるときには、意図する変数の型を伝えるようにしたい。

A.3.2.4　ブール値の命名

ブール値が状態を表す場合、isという単語を使用する。例えば、is_retractedやis_staleなどである。（関数引数などで）ブール値を使って動作を指示するときには、do_retractやdo_extendのようにdoという単語を使用する。また、ブール値を使って所有を示すときにはhasを使う。例えば、has_whiskersやhas_wheelsなどである。表A-1に例を示す。

---

[1] 原注：FirefoxのJavaScript JITコンパイラの最近のバージョンでは、この事実を認識し、**型推論**というテクニックを使って実際のコードで20%〜30%の性能向上を実現している。

表A-1　ブール値名の例

指標	ローカルスコープ	モジュールスコープ
bool（汎用）	bool_return	boolReturn
do（動作の要求）	do_retract	doRetract
has（含有を表す）	has_whiskers	hasWhiskers
is（状態を表す）	is_retracted	isRetracted

A.3.2.5　文字列の命名

前述の例は、文字列変数だということがわかると役立つことを示している。**表A-2**は、文字列で一般的に使う指標の表である。

表A-2　文字列名の例

指標	ローカルスコープ	モジュールスコープ
str（汎用）	direction_str	directionStr
id（識別子）	email_id	emailId
date	email_date	emailDate
html	body_html	bodyHtml
msg（メッセージ）	employee_msg	employeeMsg
name	employee_name	employeeName
text	email_text	emailText
type	item_type	itemType

A.3.2.6　整数の命名

JavaScriptはサポートしている変数型として整数を公開していないが、整数を提供しないとJavaScript言語が正しく機能しない事例が数多くある。例えば、配列を反復する場合、インデックスとして浮動小数点数を使うと正しく機能しない。

```
var color_list = [ 'red', 'green', 'blue' ];

color_list[1.5] = 'chartreuse';

console.log( color_list.pop() ); // 'blue'
console.log( color_list.pop() ); // 'green'
console.log( color_list.pop() ); // 'red'
console.log( color_list.pop() ); // 未定義 -「chartreuse」はどこに行ったのか。
console.log( color_list[1.5] );  // ここにあった。

console.log( color_list ); // [1.5: "chartreuse"]と表示する
```

文字列substr()メソッドなどのその他の組み込みメソッドも整数値を取る。そのため、使用している数値が整数であることが重要な場合は、**表A-3**に示すような指標を使う。

表A-3　整数名の例

指標	ローカルスコープ	モジュールスコープ
int（汎用）	size_int	sizeInt
なし（慣例）	i、j、k	（モジュールスコープでは許されない）
count	employee_count	employeeCount
index	employee_index	employeeIndex
time（ミリ秒）	retract_time	retractTime

A.3.2.7　数値の命名

非整数値を扱っていることを知るのが重要な場合には、別の指標を使える（**表A-4**を参照）。

表A-4　数値名の例

指標	ローカルスコープ	モジュールスコープ
num（汎用）	size_num	sizeNum
なし（慣例）	x、y、z	（モジュールスコープでは許されない）
coord（座標）	x_coord	xCoord
ratio	sales_ratio	salesRatio

A.3.2.8　正規表現の命名

一般に、正規表現には**表A-5**に示すように接頭辞regexを付ける。

表A-5　正規表現名の例

指標	ローカルスコープ	モジュールスコープ
regex	regex_filter	regexFilter

A.3.2.9　配列の命名

配列の命名に役立つ指針がいくつかある。

- 配列名では単数名詞の後ろに単語「list」を付ける。
- モジュールスコープの配列では名詞＋「List」の形式の方がよい。

表A-6に例を示す。

表A-6　配列名の例

指標	ローカルスコープ	モジュールスコープ
list	timestamp-list	timestampList
list	color_list	colorList

A.3.2.10　マップの命名

JavaScriptには正式にはmapデータ型がない。オブジェクトがあるだけである。しかし、データを格納するためだけに使う簡単なオブジェクト（maps）とフル機能のオブジェクトを区別すると便利である。このマップ構造は、Javaのmap、Pythonのdict、PHPの**連想配列**、Perlのhashに類似している。

マップに名前を付けるときには、通常は開発者の目的を強調し、名前にmapという単語を含める。一般に、構造は名詞の次に単語mapが続き、必ず単数にする。マップ名の例は**表A-7**を参照のこと。

表A-7　マップ名の例

指標	ローカルスコープ	モジュールスコープ
map	employee_map	employeeMap
map	receipt_timestamp_map	receiptTimestampMap

また、マップのキーが独特な場合や際立った特徴となる場合もある。そのような場合には、receipt_timestamp_mapのように名前でキーを示す。

A.3.2.11　オブジェクトの命名

通常、オブジェクトには具体的に「実世界」に類似するものがあり、それに応じて名前を付ける。

- **オブジェクト変数名は名詞にすべきである**（employeeやreceipt）。オプションで修飾子が続く。
- **モジュールスコープオブジェクトの変数名は必ず2音節**以上にし、スコープを明確にする（storeEmployeeやsalesReceipt）。
- **jQueryオブジェクトには接頭辞$を付ける**。これは最近では一般的な慣例であり、（コレクションとも呼ばれる）jQueryオブジェクトはSPAで広く使われている。

表A-8に例を示す。

表A-8　オブジェクト名の例

指標	ローカルスコープ	モジュールスコープ
なし（単数名詞）	employee	storeEmployee
なし（単数名詞）	receipt	salesReceipt
$	$area_tabs	$areaTabs

jQueryコレクションに複数のエントリを含めたい場合には、複数形にする。

A.3.2.12　関数の命名

関数は大抵オブジェクトに対して処理を行う。そのため、関数名の最初の部分は常に動作動詞にしたい。

- 関数名は、必ず動詞の後に名詞が来るようにする。例えば、get_recordやempty_cache_mapなど。
- モジュールスコープの関数は必ず2音節以上にし、スコープを明確にする。例えば、getRecordやemptyCacheMapなど。
- 一貫した動詞の意味を用いる。表A-9は一般的な動詞の一貫した意味を示している。

表A-9　関数名の例

指標	指標の意味	ローカルスコープ	モジュールスコープ
fn (汎用)	汎用的な関数の指標。	fn_sync	fnSync
curry	引数で指定された関数を返す。	curry_make_user	curryMakeUser
destroy、remove	配列などのデータ構造を削除する。必要に応じてデータ参照を消去することを示す。	destroy_entry、remove_element	destroyEntry、removeElement
empty	コンテナを削除せずにデータ構造のすべてまたは一部のメンバーを削除する。例えば、配列の全要素を削除するが、配列はそのままにする。	empty_cache_map	emptyCacheMap
fetch	AJAXやWebSocket呼び出しなどの外部ソースから取得したデータを返す。	fetch_user_list	fetchUserList
get	オブジェクトや他の内部データ構造からのデータを返す。	get_user_list	getUserList
make	新たに生成したオブジェクトを返す（new演算子を使わない）。	make_user	makeUser
on	イベントハンドラ。イベントはHTMLマークアップの場合と同様に1単語にすべき。	on_mouseover	onMouseover
save	オブジェクトや他の内部データ構造にデータを保存する。	save_user_list	saveUserList
set	引数で指定された値の初期化や更新を行う。	set_user_name	setUserName
store	例えばAJAX呼び出しなどを介してストレージ用の外部ソースにデータを送る。	store_user_list	storeUserList
update	setと同様だが、「以前に初期化されている」という意味を含む。	update_user_list	updateUserList

　コンストラクタ動詞makeと、fetch/getとstore/saveの区別は、開発チーム間で目的を伝える際に特に有益である。また、イベントハンドラにonEventnameを使うのは一般的で便利になってきている。一般的な形式はon<eventname><modifier>であり、修飾子はオプションである。なお、本書ではイベント名を1単語にしている。例えば、onMouseOverでなくonMouseover、on_drag_startでなくon_dragstartである。

A.3.2.13　型がわからない変数の命名

　変数に含まれるデータ型がわからない場合もある。これは一般に以下の2つの状況で生じる。

- 多相型関数を記述している。多相型関数は複数のデータ型を受け付ける。
- AJAXやWebSocketフィードなどの外部データソースからデータを受信している。

このような場合の変数は、データ型がはっきりしないという特徴がある。このような場合には、名前にdataという単語を入れるようにする（表A-10を参照）。

表A-10 データ名の例

ローカルスコープ	モジュールスコープ	注記
http_data、socket_data	httpData、socketData	HTTPフィードやWebSocketから受信した未知のデータ型。
arg_data、data	---	引数として受け取った未知のデータ型。

命名規則をおさらいしたので使ってみよう。

A.3.3　命名規則を利用する

命名規則を適用する前と適用後のオブジェクトプロトタイプを比較しよう。

例A-22　悪い例

```
doggy = {
    temperature  : 36.5, ❶
    name         : 'Guido',
    greeting     : 'Grrrr',
    speech       : 'I am a dog', ❷
    height       : 1.0,
    legs         : 4, ❸
    ok           : check, ❹
    remove       : destroy,
    greet_people : greet_people,
    say_something: say_something,
    speak_to_us  : speak,
    colorify     : flash,
    show         : render
};
```

❶ temperatureは何であるかわからない。メソッド、文字列、それともオブジェクトだろうか。数値なら、単位は何だろうか。華氏だろうか摂氏だろうか。

❷ このプロパティも誤解を招きやすい。文字列やメソッドと推測する可能性がある。

❸ legsは配列やマップなどのコレクションを暗示する。しかし、ここでは整数カウントの格納に使う。

❹ メソッドのマッピングがひどい。キーと参照する関数の間に並列構造がないため、コードでの追跡は悪夢である。また、関数名が必ずしも動作を表していない。最悪の違反はおそらくokであり、これはブール値状態を暗示する。しかし、これはブール値状態ではない。

例A-23　良い例

```
dogPrototype = {
    body_temp_c   : 36.5, ❶
    dog_name      : 'Guido', ❷
    greet_text    : 'Grrrr',
    speak_text    : 'I am a dog',
    height_in_m   : 1.0,
    leg_count     : 4, ❸
    check_destroy : checkDestroy, ❹
    destroy_dog   : destroyDog,
    print_greet   : printGreet,
    print_name    : printName,
```

❶ 名前に単位を入れると、数値であることとその単位がわかる。

❷ この名前の指標から文字列値を持つことがわかる。その下のテキスト値も同様。

❸ countは整数値を示す。

❹ 動作動詞はメソッドを持つことを示す。名前の並べ方に着目すると、コードで追跡するときに役立つ。

```
      print_speak   : printSpeak,
      show_flash    : showFlash,
      redraw_dog    : redrawDog
  };
```

上記の例は、本書の2つのWebページ例listings/apx0A/bad_dog.htmlとlistings/apx0A/good_dog.htmlからの抜粋である。これらをダウンロードして比較し、どちらがわかりやすくメンテナンスしやすいか確認するとよい。

A.4　変数の宣言と割り当て

変数には、関数ポインタ、オブジェクトポインタ、配列ポインタ、文字列、数値、null、undefinedを割り当てることができる。内部で整数（32ビット符号付き）と64ビット倍精度浮動小数点数を内部で区別するJavaScript実装もあるが、このような型付けを強制する正式なインタフェースはない。

- 新しいオブジェクト、マップ、配列を作成するには、new Object()やnew Array()の代わりに{}や[]を使う。マップは、メソッドを持たない簡単なデータ専用オブジェクトである。オブジェクト継承が必要な場合は、2章とこの付録のA.5で示すcreateObjectユーティリティを使う。
- ユーティリティを使ってオブジェクトや配列をコピーする。ブール値、文字列、数値などの単純な変数は、割り当て時にコピーされる。例えば、new_str = this_strは基となるデータ（この場合は文字列）をnew_strにコピーする。配列やオブジェクトなどのJavaScriptでの複雑な変数は、割り当て時に**コピーされない**。その代わり、データ構造へのポインタがコピーされる。例えば、second_map = first_mapでは、second_mapがfirst_mapと同じデータを指すようになり、second_mapに対する操作はすべてfirst_mapに反映される。配列やオブジェクトを正しくコピーするのは、必ずしもわかりきったことでも簡単なことでもない。オブジェクトや配列のコピーには、jQueryが提供するユーティリティなどの十分にテストされたユーティリティを使うことを強く勧める。
- 1つの**var**キーワードを使い、関数スコープで**まずすべての変数を明示的に宣言する**。JavaScriptは変数を関数でスコーピングし、ブロックスコープは提供しない。そのため、関数内のどこで変数を宣言しても、その関数の呼び出し時にはすぐにundefined値で初期化される。すべての変数を最初に宣言すると、この振る舞いを認識できる。また、コードが読みやすくなり、未宣言の変数を見つけやすくなる（未宣言の変数は決して許されない）。

```
     var getMapCopy = function ( arg_map ) {
       var key_name, result_map, val_data;  ❶

       result_map = {};  ❷
```

❶ 宣言のみ。1行でいくつも宣言する。
❷ 割り当てのみ。1行に1つ。

```
      for ( key_name in arg_map ) {
        if ( arg_map.hasOwnProperty( key_name ) ) {
          val_data = arg_map[ key_name ]; ❸
          if ( val_data ) { result_map[ key_name ] = val_data; }
        }
      }
      return result_map;
    };
```

❸ 条件付き割り当て。

変数の宣言は、値の割り当てと**同じではない**。**宣言**は、変数がスコープ内に存在することをJavaScriptに通知する。**割り当て**は変数に（undefinedの代わりに）値を提供する。便宜上、var文で宣言と割り当てを結合できるが、必須ではない。

- JavaScriptはブロックスコープ[*1]を提供しないので、**ブロックを使ってはいけない**。ブロックで変数を定義すると、他のC系言語の経験のあるプログラマが混乱する恐れがある。その代わりに、関数スコープで変数を定義する。
- **関数はすべて変数に割り当てる**。これは、JavaScriptが関数を第一級オブジェクトとして扱うという事実を強化する。

    ```
    // 悪い例
    function getMapCopy( arg_map ) { ... };
    // 良い例
    var getMapCopy = function ( arg_map ) { ... };
    ```

- 関数に3つ以上の引数が必要な場合には、必ず**名前付き引数を使う**。位置引数は忘れやすく、自己文書化コードではないためである。

    ```
    // 悪い例
    var coor_map = refactorCoords( 22, 28, 32, 48);
    // 良い例
    var coord_map = refactorCoords({ x1:22, y1:28, x2:32, y2:48 });
    ```

- **変数割り当てごとに1行を使う**。可能な限りアルファベット順や論理グループごとに並べる。1行に**複数の宣言**を配置してもよい。

    ```
    // lasso関数とdrag関数のための変数
    var
      $cursor = null,        // 現在の強調表示されたリスト項目 ❶
      scroll_up_intid = null, // スクロールアップの間隔id
      index, length, ratio ❷
      ;
    ```

❶ 宣言と割り当て。
❷ 1行に複数の宣言。

[*1] 原注：ほぼ正しいが、ForefoxのJavaScriptバージョン1.7ではlet文が導入されており、let文を使ってブロックスコープを提供できる。しかし、主なブラウザすべてがサポートしているわけではないので、無視すべきである。

A.5 関数

関数は、JavaScriptで中心的な役割を担う。関数はコードを体系化し、変数スコープのためのコンテナを提供し、プロトタイプベースのオブジェクトの構築に使える実行コンテキストを提供する。そこで、関数のための指針はあまりないが、かなり大切に扱う。

- **オブジェクトコンストラクタにはファクトリパターンを使う。** ファクトリパターンの方がJavaScriptオブジェクトの実際の働きや速さがよく表され、オブジェクトカウントなどのクラス的な機能を提供できるためである。

```javascript
var createObject, extendObject,
  sayHello, sayText, makeMammal,
  catPrototype, makeCat, garfieldCat;

// ** 継承を設定するユーティリティ関数
// Object.create()を継承するための特定のブラウザに依存しないメソッド
// 新しいjsエンジン(v1.8.5+)はネイティブにサポートする

var objectCreate = function ( arg ) {
  if ( ! arg ) { return {}; }
  function obj() {};
  obj.prototype = arg;
  return new obj;
};

Object.create = Object.create || objectCreate;

// ** オブジェクトを拡張するためのユーティリティ関数
extendObject = function ( orig_obj, ext_obj ) {
  var key_name;
  for ( key_name in ext_obj ) {
    if ( ext_obj.hasOwnProperty( key_name ) ) {
      orig_obj[ key_name ] = ext_obj[ key_name ];
    }
  }
};

// ** オブジェクトメソッド……
sayHello = function () {
  console.warn( this.hello_text + ' says ' + this.name );
};

sayText = function ( text ) {
  console.warn( this.name + ' says ' + text );
```

```javascript
  };

  // ** makeMammalコンストラクタ
  makeMammal = function ( arg_map ) {
    var mammal = {
      is_warm_blooded : true,
      has_fur         : true,
      leg_count       : 4,
      has_live_birth  : true,
      hello_text      : 'grunt',
      name            : 'anonymous',
      say_hello       : sayHello,
      say_text        : sayText
    };
    extendObject( mammal, arg_map );
    return mammal;
  };

  // ** mammalコンストラクタを使ってcatプロトタイプを作成する
  catPrototype = makeMammal({
    has_whiskers : true,
    hello_text   : 'meow'
  });

  // ** catコンストラクタ
  makeCat = function( arg_map ) {
    var cat = Object.create( catPrototype );
    extendObject( cat, arg_map );
    return cat;
  };

  // ** catインスタンス
  garfieldCat = makeCat({
    name        : 'Garfield',
    weight_lbs  : 8.6
  });

  // ** catインスタンスメソッド呼び出し
  garfieldCat.say_hello();
  garfieldCat.say_text('Purr...');
```

- **古典まがいのオブジェクトコンストラクタ（newキーワードを必要とするコンストラクタ）を避ける**。このようなコンストラクタをnewキーワードなしで呼び出すと、グローバル名前空間が破損する。このようなコンストラクタを保持する必要がある場合には、最初の文字を大文字にして古典まがいのコンストラクタとわかるようにする。

- 関数を使用する前にすべての関数を宣言する。関数の宣言は、値の割り当てと同じではないことを思い出してほしい。
- 関数をすぐに呼び出すときには、spa.shell = (function () { ... }());のように関数をかっこで囲い、作成された値が関数の結果であり関数そのものではないことを明確にする。

A.6 名前空間

かなり初期のJavaScriptコードは比較的小規模で、1つのWebページだけで使われていた。このようなスクリプトでは、ほとんど影響なくグローバル変数を使用できた(また、よく使われていた)。しかし、JavaScriptアプリケーションが大掛かりになり、サードパーティライブラリが一般的になるにつれ、他の誰かがグローバル変数iを使いたくなる機会が急激に増す。2つのコードベースが同じグローバル変数を要求すると、ひどい事態が生じる可能性がある[*1]。

以下に示すように、1つのグローバル関数だけを使い、他のすべての変数のスコープをその関数内にすると、この問題をかなり最小限に抑えることができる。

```javascript
var spa = (function () {
  // ここに他のコードが入る

  var initModule = function () {
    console.log( 'hi there' );
  };

  return { initModule : initModule };
}());
```

この1つのグローバル関数(この例ではspa)を**名前空間**と呼ぶ。名前空間に割り当てた関数はロード時に実行され、もちろん、この関数内で割り当てられたローカル変数はグローバル名前空間では利用できない。initModuleメソッドを利用できるようにしたことに注意してほしい。したがって、他のコードは初期化関数を呼び出せるが、その他にはアクセスできない。また、他のコードでは接頭辞spaを使わなければいけない。

```javascript
// 別のライブラリからspa初期化関数を呼び出す
spa.initModule();
```

名前空間をさらに分割し、50KBのアプリケーションを1つのファイルに詰め込まずにすませること

[*1] 原注:著者はかつて、サードパーティライブラリが突然誤ってグローバル変数utilを要求するアプリケーションに関わったことがあった(JSLintを使うべきであった……)。著者のアプリケーションには3つの名前空間しかなかったが、utilはその1つだった。この衝突でアプリケーションがクラッシュし、問題を突き止めて対処するのに4時間かかった。全く幸福とは言えない状況であった。

ができる。例えば、`spa`、`spa.shell`、`spa.slider`の名前空間を作成できる。

```javascript
// spa.jsファイル内：
var spa = (function () {
  // ここにコードが入る
}());

// spa.shell.jsファイル内：
var spa.shell = (function () {
  // ここにコードが入る
}());

// spa.slider.jsファイル内：
var spa.slider = (function () {
  // ここにコードが入る
}());
```

このような名前空間は、JavaScriptで管理しやすいコードを作成するための秘訣である。

A.7　ファイル名とレイアウト

名前空間はファイルの命名とレイアウトの基盤となる。以下に一般的な指針を示す。

- DOM操作には**jQueryを使う**。
- 独自のコードを作成する前にjQueryプラグインなどの**サードパーティコードを調べる**。統合や肥大化のコストと標準化やコードの一貫性のメリットのバランスをとる。
- HTMLでは**JavaScriptコードの埋め込みを避ける**。代わりに外部ライブラリを使う。
- 稼働前にJavaScriptとCSSの**縮小化、難読化、gzip**を行う。例えば、準備中にはUglifyを利用してJavaScriptの最小化と難読化を行い、納入時にはApache2/mod_gzipを利用してファイルをgzipする。

JavaScriptファイルの指針を以下に示す。

- HTMLにはまず**サードパーティJavaScriptファイルを含め**、サードパーティ関数が評価され、アプリケーションで使えるようにする。
- 次に名前空間の順に**独自のJavaScriptファイルを含める**。例えば、ルート名前空間`spa`をロードしていないと、名前空間`spa.shell`をロードできない。
- JavaScriptファイルには**接尾辞`.js`を付ける**。
- `js`というディレクトリに**静的JavaScriptファイルをすべて格納する**。
- 提供している名前空間に従って**JavaScriptファイルの名前を付ける**。ファイルごとに1つの名前

空間を提供する。以下に例を示す。

```
spa.js         // spa.*        名前空間
spa.shell.js   // spa.shell.*  名前空間
spa.slider.js  // spa.slider.* 名前空間
```

- JavaScriptモジュールファイルに着手するときには**テンプレートを使う**。テンプレートの一例をこの付録の最後に記載する。

JavaScriptファイル、CSSファイル、クラス名の間で並列構造を維持する。

- HTMLを生成する**JavaScript**ファイルごとに**CSS**ファイルを作成する。

```
spa.css         // spa.*        名前空間
spa.shell.css   // spa.shell.*  名前空間
spa.slider.css  // spa.slider.* 名前空間
```

- CSSファイルには接尾辞.cssを付ける。
- cssというディレクトリにCSSファイルをすべて格納する。
- サポートするモジュールの名前に従って**CSSセレクタ接頭辞を付ける**。このようにすると、サードパーティモジュールが思いもよらずクラスとやり取りするのを避けるのに大いに役立つ。例を以下に示す。

```
spa.cssは#spa、.spa-x-clearallを定義する。
spa.shell.cssは
    #spa-shell-header、#spa-shell-footer、.spa-shell-mainを定義する。
```

- 状態指標や他の共有クラス名には`<namespace>-x-<descriptor>`を使う。例えば、`spa-x-select`や`spa-x-disabled`など。これはルート名前空間スタイルシート（例えば、`spa.css`など）に配置する。

上記は簡単な指針であり、わかりやすい。このように体系化して一貫性を持たせると、CSSとJavaScriptの関係が非常に理解しやすくなる。

A.8 構文

この節では、JavaScript構文と従うべき指針を概説する。

A.8.1 ラベル

文ラベルはオプションである。`while`、`do`、`for`、`switch`文だけにラベルを付けるようにする。ラベルは必ず大文字にし、単数名詞にする。

```
var
  horseList  = [ 'Anglo-Arabian', 'Arabian', 'Azteca', 'Clydsedale' ],
  horseCount = horseList.length,
  breedName, i
  ;

HORSE:
for ( i = 0; i < horseCount; i++ ) {
  breedName = horseList[ i ];
  if ( breedName === 'Clydsedale' ) { continue HORSE; }
  // クライズデール種以外の馬の処理が以下に続く……
}
```

A.8.2 文

一般的なJavaScript文を以下に列挙し、推奨する使い方を示す。

A.8.2.1 continue

ラベルを使う場合を除き、continue文の使用は避ける。そうしないと、制御フローが不明瞭になってしまう。また、ラベルを含めた方がcontinueが弾力的にもなる。

```
// 推奨しない
  continue;

// 推奨する
  continue HORSE;
```

A.8.2.2 do

do文は以下のような形式にする。

```
do {
  // 文
} while ( condition );
```

do文は必ずセミコロンで終わる。

A.8.2.3 for

for文では、以下に示す形式のどちらかを使うようにする。

```
for ( initialization; condition; update ) {
  // 文
}
```

```
for ( variable in object ) {
  if ( filter ) {
    // 文
  }
}
```

最初の形式は、反復回数がわからない配列やループで使うようにする。

2番目の形式は、オブジェクトやマップで使うべきである。この列挙には属性を持つメンバーやオブジェクトのプロトタイプに追加されたメソッドが含まれることを知っておいてほしい。本当のプロパティをフィルタリングするにはhasOwnPropertyメソッドを使う。

```
for ( variable in object ) {
  if ( object.hasOwnProperty( variable ) ) {
    // 文
  }
}
```

A.8.2.4　if

if文は、以下に示す形式のいずれかを使うようにする。elseキーワードは新たな行の先頭から始める。

```
if ( condition ) {
  // 文
}

if ( condition ) {
  // 文
}
else {
  // 文
}

if ( condition ) {
  // 文
}
else if ( condition ) {
  // 文
}
else {
  // 文
}
```

A.8.2.5　return

return文では、戻り値をかっこで囲むべきではない。return値の式は、セミコロンの挿入を避けるためにreturnキーワードと同じ行で始めなければいけない。

A.8.2.6　switch

switch文は以下の形式を使うようにする。

```
switch ( expression ) {
  case expression:
    // 文
  break;
  case expression:
    // 文
  break;
  default:
    // 文
}
```

文のそれぞれのグループ（デフォルトを除く）は、break、return、またはthrowで終わるべきである。フォールスルーは非常に注意して使い、コメントを添えたほうがよいが、それでもその必要性を考え直すべきである。その簡潔さが読みやすさとのトレードオフに本当に値するだろうか。おそらく値しないだろう。

A.8.2.7　try

try文は以下の形式のいずれかを使うようにする。

```
try {
  // 文
}
catch ( variable ) {
  // 文
}

try {
  // 文
}
catch ( variable ) {
  // 文
}
finally {
  // 文
}
```

A.8.2.8 while

while文は以下の形式を使うようにする。

```
while ( condition ) {
  // 文
}
```

while文は、無限ループ状態を引き起こしがちなので避ける。できる限りfor文を使う方がよい。

A.8.2.9 with

with文は避けるようにする。代わりにobject.call()ファミリーのメソッドを使い、関数呼び出し中のthisの値を調整する。

A.8.3 その他の構文

JavaScriptにはラベルや文以外にもさまざまな構文がある。その他の指針を以下に示す。

A.8.3.1 カンマ演算子を避ける

（一部のforループ構造に見られる）カンマ演算子の使用を避ける。これはカンマ区切り文字には適用されない。カンマ区切り文字は、オブジェクトリテラル、配列リテラル、var文、パラメータリストで使う。

A.8.3.2 割り当て式を避ける

if文やwhile文の条件部分で割り当てを使うのを避ける。if (a = b) { ...と記述してはいけない。これは等価性と割り当ての成功のどちらをテストするつもりなのかがはっきりしないからだ。

A.8.3.3 必ず===と!==の比較を使う。

ほとんどの場合、===演算子と!==演算子を使う方がよい。==演算子と!=演算子は型強制を行う。特に、==を使って偽となる値を比較してはいけない。本書のJSLint設定では型強制を許していない。値が真となるか偽となるかをテストしたいときには、以下のような構造を使う。

```
if ( is_drag_mode ) { // is_drag_modeは真となるか
  runReport();
}
```

A.8.3.4　プラスとマイナスの混乱を避ける

+に続けて+や++を使わないように注意する。このパターンは紛らわしくなる恐れがある。間にかっこを挿入して意図を明確にする。

```
// 紛らわしい
total = total_count + +arg_map.cost_dollars;
// わかりやすい
total = total_count + (+arg_map.cost_dollars);
```

このようにすると、+ +を++と読み間違えるのを避けられる。同じ指針がマイナス記号 - にも当てはまる。

A.8.3.5　evalを使わない

evalはevil（悪）の別名なので、注意してほしい。Functionコンストラクタは使ってはいけない。setTimeoutやsetIntervalに文字列を渡してはいけない。evalの代わりにパーサーを使ってJSON文字列を内部データ構造に変換する。

A.9　コードを検証する

JSLintは、ダグラス・クロックフォードが記述し保守しているJavaScript検証ツールである。JSLintは非常に人気があり、コードエラーの発見や基本的な指針に従っていることを確認するのに便利である。プロレベルのJavaScriptを作成しているときには、JSLintや類似のバリデータを使うべきである。さまざまな種類のバグを避けるのに役立ち、開発時間を大幅に削減する。

A.9.1　JSLintをインストールする

1. http://code.google.com/p/jslint4java/ から jslint4java-2.0.2.zip などの最新のjslint4javaディストリビューションをダウンロードする。
2. 使用しているプラットフォーム用の説明書に従って展開してインストールする。

> ### OS XやLinuxの場合
>
> `sudo mv jslint4java-2.0.2.jar /usr/local/lib/` などでjarファイルを移動し、`/usr/local/bin/jslint` に以下のラッパーを作成する。
>
> ```
> #!/bin/bash
> # http://code.google.com/p/jslint4java/ を参照
> for jsfile in $@;
> do /usr/bin/java \
>   -jar /usr/local/lib/jslint4java-2.0.1.jar \
>   "$jsfile";
> done
> ```
>
> `sudo chmod 755 /usr/local/bin/jslint` でjslintを実行可能にする。

Node.jsをインストールしている場合には、`npm install -g jslint` などで別のバージョンをインストールできる。このバージョンの方がかなり速く動作するが、本書のコードではテストしていない。

A.9.2 JSLintを設定する

本書のモジュールテンプレートにはJSLintの設定が含まれている。この設定を使って本書のコーディング標準に合わせる。

```
/*jslint         browser : true, continue : true,
  devel   : true, indent  : 2,    maxerr   : 50,
  newcap  : true, nomen   : true, plusplus : true,
  regexp  : true, sloppy  : true, vars     : false,
  white   : true
*/
/*global $, spa, <other external vars> */
```

- `browser : true` —— `document`、`history`、`clearInterval` などのブラウザキーワードを許可する。
- `continue : true` —— `continue`文を許可する。
- `devel : true` —— `alert`、`console` などの開発キーワードを許可する。
- `indent : 2` —— 2つのスペースでのインデントを期待する。
- `maxerr : 50` —— 50個のエラーがあるとJSLintを停止する。
- `newcap : true` —— 先頭のアンダースコアを許容する。
- `nomen : true` —— 大文字でないコンストラクタを許容する。
- `plusplus : true` —— `++`と`--`を許可する。
- `regexp : true` —— 便利であるが危険な可能性のある正規表現構造を許可する。

- sloppy : true —— use strictプラグマを必要としない。
- vars : false —— 1つの関数スコープに複数のvar文を許可しない。
- white : true —— JSLintのフォーマットチェックを無効にする。

A.9.3　JSLintを使う

コードを検証したいときには、コマンドラインからJSLintを使用する。構文を以下に示す。

```
jslint filepath1 [filepath2, ... filepathN]
# 例：jslint spa.js
# 例：jslint *.js
```

変更したすべてのJavaScriptファイルをテストしてからリポジトリへのコミットを許可するgitコミットフックを記述している。以下のシェルスクリプトをrepo/.git/hooks/pre-commitとして追加できる。

```
#!/bin/bash
# See www.davidpashley.com/articles/writing-robust-shell-scripts.html
# unset var check
set -u;
# exit on error check
# set -e;
BAIL=0;
TMP_FILE="/tmp/git-pre-commit.tmp";
echo;
echo "JSLint test of updated or new *.js files ...";
echo " We ignore third_party libraries in .../js/third_party/...";
git status \
    | grep '.js$' \
    | grep -v '/js/third_party/' \
    | grep '#\s\+\(modified\|new file\)' \
    | sed -e 's/^#\s\+\(modified\|new file\):\s\+//g' \
    | sed -e 's/\s\+$//g' \
    | while read LINE; do
        echo -en " Check ${LINE}: ... "
        CHECK=$(jslint $LINE);
        if [ "${CHECK}" != "" ]; then
          echo "FAIL";
        else
          echo "pass";
        fi;
      done \
    | tee "${TMP_FILE}";

echo "JSlint test complete";
```

```
if grep -s 'FAIL' "${TMP_FILE}"; then
  echo "JSLint testing FAILED";
  echo " Please use jslint to test the failed files and ";
  echo " commit again once they pass the check.";
  exit 1;
fi
echo;
exit 0;
```

各自の目的に合わせて多少変更する必要があるかもしれない。また、実行可能ファイルになっていることも確認する（MacやLinuxでは chmod 755 pre-commit）。

A.10 モジュール用のテンプレート

経験から、モジュールを一貫性のあるセクションに分割するのは有益な方法である。理解やナビゲーションを助け、優れたコーディングプラクティスを思い出させてくれる。多くのプロジェクトでの何百ものモジュールに基づいて決めたテンプレートを以下に示す。これにはサンプルコードをちりばめている。

例A-24　推奨するモジュールテンプレート

```
/* ❶
 * module_template.js
 * ブラウザ機能モジュール用のテンプレート
 */
/*jslint           browser : true, continue : true,  ❷
  devel   : true, indent  : 2,     maxerr   : 50,
  newcap  : true, nomen   : true,  plusplus : true,
  regexp  : true, sloppy  : true,  vars     : false,
  white   : true
*/

/*global $, spa */

spa.module = (function () {  ❸

  //--------------- モジュールスコープ変数開始 ------------- ❹
  var
    configMap = {
      settable_map : { color_name: true },
      color_name   : 'blue'
    },
    stateMap  = { $container : null },
    jqueryMap = {},
```

❶ 目的、作成者、著作権情報をヘッダに含める。このようにすると、どのようなファイル転送方法を使ってもこの情報が失われないことが保証される。

❷ ヘッダにJSLint設定を含める。JSLintを渡すJavaScriptだけしかコードリポジトリに送れないようにするコミットフックを推奨する。

❸ 自己実行型関数を使ってモジュールのための名前空間を作成する。これはうっかりとグローバルJavaScript変数を作成するのを防ぐ。1つのファイルに1つの名前空間だけを定義し、ファイル名を正確に関連付けるべきである。例えば、モジュールがspa.shell名前空間を提供する場合には、ファイル名はspa.shell.jsにすべき。

❹ モジュールスコープ変数の宣言と初期化を行う。通常はモジュール構成を格納するconfigMap、実行時状態値を格納するstateMap、jQueryコレクションをキャッシュするjqueryMapを含める。

A.10 モジュール用のテンプレート | 429

```
    setJqueryMap, configModule, initModule;
//--------------- モジュールスコープ変数終了 ---------------


//--------------- ユーティリティメソッド開始 --------------- ❺
// 例：getTrimmedString
//--------------- ユーティリティメソッド終了 ---------------


//-------------------- DOMメソッド開始 -------------------- ❻
// DOMメソッド/setJqueryMap/開始
setJqueryMap = function () {
  var $container = stateMap.$container;

  jqueryMap = { $container : $container };
};
// DOMメソッド/setJqueryMap/終了
//-------------------- DOMメソッド終了 --------------------


//---------------- イベントハンドラ開始 ---------------- ❼
// 例：onClickButton = ...
//---------------- イベントハンドラ終了 ----------------
                                                    ❽
//---------------- パブリックメソッド開始 ---------------- ❾
// パブリックメソッド/configModule/開始
// 目的：許可されたキーの構成を調整する
// 引数：設定可能なキーバリューマップ
//     * color_name-使用する色
// 設定：
//     * configMap.settable_map 許可されたキーを宣言する
// 戻り値  :true
// 例外発行：なし
//
configModule = function ( input_map ) {
  spa.butil.setConfigMap({
    input_map    : input_map,
    settable_map : configMap.settable_map,
    config_map   : configMap
  });
  return true;
};
// パブリックメソッド/configModule/終了

// パブリックメソッド/initModule/開始
// 目的：モジュールを初期化する
// 引数：
//     * $container この機能が使うjQuery要素
// 戻り値  :true
```

❺ すべてのプライベートユーティリティメソッドを専用のセクションにまとめる。このメソッドはドキュメントオブジェクトモデル（DOM）を操作しないので、ブラウザを実行する必要はない。メソッドが1つのモジュールを超えるユーティリティを持つ場合には、spa.util.jsなどの共有ユーティリティライブラリに移動する。

❻ すべてのプライベートDOMメソッドを専用のセクションにまとめる。このメソッドはDOMにアクセスして操作するため、ブラウザを実行する必要がある。DOMメソッドの例はCSSスプライトを変える可能性がある。setJqueryMapメソッドは、jQueryコレクションのキャッシュに使うべき。

❼ すべてのプライベートイベントハンドラを専用のセクションにまとめる。このメソッドはボタンクリック、キー押下、ブラウザウィンドウリサイズ、WebSocketメッセージ受信などのイベントを処理する。一般にイベントハンドラは、自ら変更を行う代わりにDOMメソッドを呼び出してDOMを調整する。

❽ すべてのコールバックメソッドを専用のセクションにまとめる。コールバックがある場合には、通常はイベントハンドラとパブリックメソッドの間に配置する。コールバックメソッドはそのメソッドが提供されている外部モジュールが使用するので、疑似パブリックメソッドである。

❾ すべてのパブリックメソッドを専用のセクションにまとめる。このメソッドは、モジュールのパブリックインタフェースに属する。configModuleとinitModuleが提供されていれば、このセクションに含めるべき。

```
  // 例外発行：なし
  //
  initModule = function ( $container ) {
    stateMap.$container = $container;
    setJqueryMap();
    return true;
  };
  // パブリックメソッド/initModule/終了

  // パブリックメソッドを返す ❿
  return {
    configModule : configModule,
    initModule   : initModule
  };
  //------------------ パブリックメソッド終了 --------------------
}());
```

❿ オブジェクトのパブリックメソッドを
  きちんとと返す。

A.11 まとめ

　1人または多数の開発者が最も効率的に作業するには、優れたコーディング標準が必要である。ここで示した標準は包括的でまとまりがあるが、すべてのチームに適しているとは限らないこともわかっている。いずれにしても、読者が一般的な課題と、規約がどのようにしてその課題を解決または軽減できるかについて考えるきっかけとなることを望んでいる。大規模なプロジェクトに着手する前にチームが標準に合意することを強く推奨する。

　コードは、記述する回数よりも読まれる回数の方がはるかに多いので、読みやすいように最適化する。1行を78文字に制限し、2つのスペースによるインデントを使う。タブは許可しない。読者が意図を理解しやすいように行を論理的な段落にまとめ、一貫性を持って行を分割する。かっこ付けにはK&Rスタイルを利用し、ホワイトスペースを使ってキーワードと関数を区別する。文字列リテラルの定義には単一引用符を使う。コードの動作を伝えるにはコメントより規約を活用する。説明的で一貫性のある変数名は、コメントを乱用せずに意図を伝えるための鍵である。コメントするときには、段落ごとに戦略的に説明する。重要な内部インタフェースは必ず説明する。

　名前空間を使うことで他のスクリプトと不要なやり取りをしないようにコードを保護する。自己実行型関数を使い、名前空間を提供する。コードを体系化するようにルート名前空間を分割し、妥当なファイルサイズとスコープを提供する。JavaScriptファイルにはそれぞれ1つの名前空間が含まれ、ファイル名が提供する名前空間を反映する。CSSセレクタとファイルに対応する名前空間を作成する。

　JSLintをインストールして設定した。コードをコードベースに登録する前に、必ずJSLintを使って検証する。検証には一貫した設定を使う。提示した多数の規約を具体化し、ヘッダにJSLintを含むモジュールテンプレートを示した。

コーディング標準は、一般的な方言と一貫性のある構造を導入することで単調な作業から開発者を解放するためのものである。これにより、開発者は重要なロジックに創造的エネルギーを傾けることができる。優れた標準は目的を明確にし、これは大規模プロジェクトの成功に不可欠である。

付録B
SPAのテスト

本章で取り上げる内容：

- テストモードを準備する。
- テストフレームワークを選ぶ。
- nodeunitを準備する。
- テストスイートを作成する。
- テスト設定に合わせてSPAモジュールを調整する。

　この付録では、8章で完成させたコードを土台とする。始める前に、8章のプロジェクトファイルをコピーし、そこに追加していく。8章で作成したディレクトリ構造全体を新しい「appendix_B」ディレクトリにコピーし、このディレクトリでファイルを更新するとよい。

　我々はテスト駆動開発のファンであり、テストの**生成**を自動化したgonzoプロジェクトに取り組んでいる。置換ツールを使い、APIと期待される振る舞いを表すだけで自動的に多数の回帰テストを生成する。開発者がコードを修正したら、コードをリポジトリに登録する前に回帰テストに合格する必要がある。また、新しいAPIを導入したら、開発者が構成に説明を追加し、多数の新しいテストが自動的に生成される。この方法はコード網羅率が優れており、めったに回帰がなかったので並外れた品質をもたらした。

　このような回帰テストが好きだが、この付録ではそれほど野心的ではない。少しかじるだけのスペースと時間しかなく、じっくり取り組む余裕はない。その代わり、テストモードを用意してその使い方を説明し、jQueryとテストフレームワークを使ってテストスイートを作成する。実際のプロジェクトの場合よりも後でテストを行っている。実際ではテストとコードを一緒に記述する方がよい。コードが実行すべきことを明確にするのに役立つからだ。また、ここでの主張を立証するかのように、この付録の執筆中に2つの問題を見つけて解決した[1]。では、SPAに必要なテストモードを説明しよう。

---

[1] 原注：知っておきたければ、その2つは次のような問題であった。1)オンラインユーザリストがサインアウト時に正しく削除されない。2)チャット相手のアバターの更新後、spa.model.chat.get_chatee()の呼び出しが古いオブジェクトを返す。どちらのバグも6章で修正している。

B.1 テストモードを準備する

SPAを開発するときには、少なくとも4つの異なるテストモードを使う。テストモードは、一般に以下の順に使用すべきである。

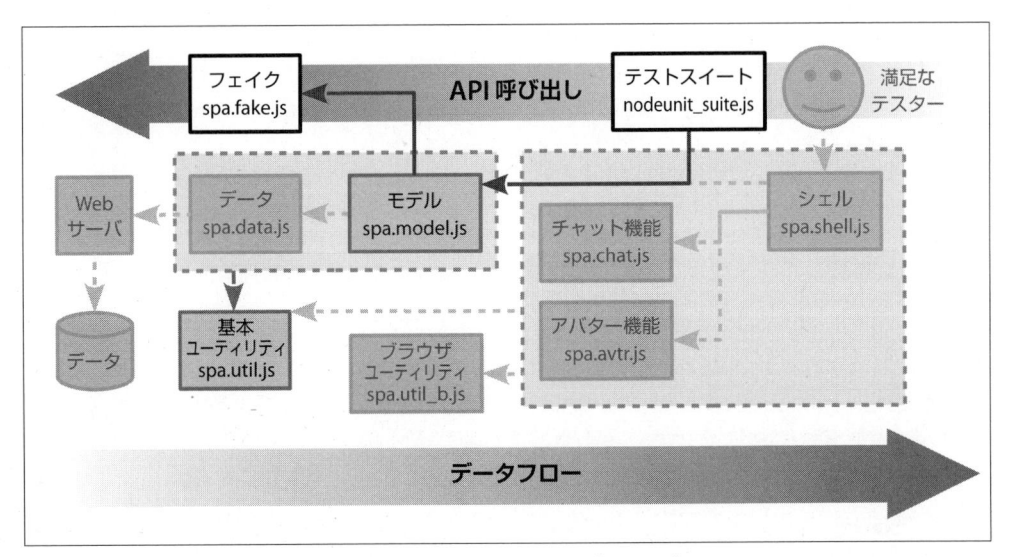

1. 偽のデータを使ってブラウザなしでモデルをテストする（モード1）。
2. 偽のデータを使ってユーザインタフェースをテストする（モード2）。
3. 生のデータを使ってブラウザなしでモデルをテストする（モード3）。
4. 生のデータを使ってモデルとユーザインタフェースをテストする（モード4）。

問題をすぐに特定し、分離し、解決できるように、テストモードを簡単に切り替えられる必要がある。そのためには、当然ながらすべてのモードに同じコードを使うべきである。ブラウザなし（モード1と3）とブラウザあり（モード2と4）でテストを実行したい。

図B-1は、偽のデータを使ってブラウザなしでモデルをテストするときに使うモジュールを表している（モード1）。通常、このテストモードを最初に使い、モデルAPIが設計どおりに機能していることを確認すべきである。

図B-1 偽のデータを使ってブラウザなしでモデルをテストする（モード1）

図B-2は、偽のデータを使ってユーザインタフェースをテストするときに使うモジュールを表している（モード2）。これは、モデルをテストした後にビューとコントロールに関連するバグを分離するための優れたモードである。

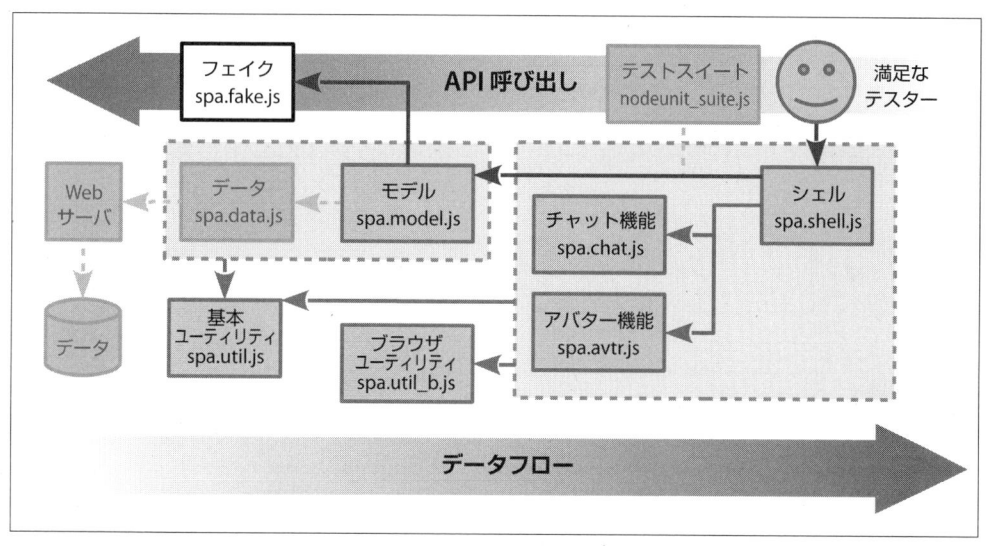

図B-2　偽のデータを使ってビューとコントロールをテストする（モード2）

　図B-3は、生のデータを使ってブラウザなしでモデルをテストするときに使うモジュールを表している（モード3）。これはサーバAPIの問題を分離するのに役立つ。

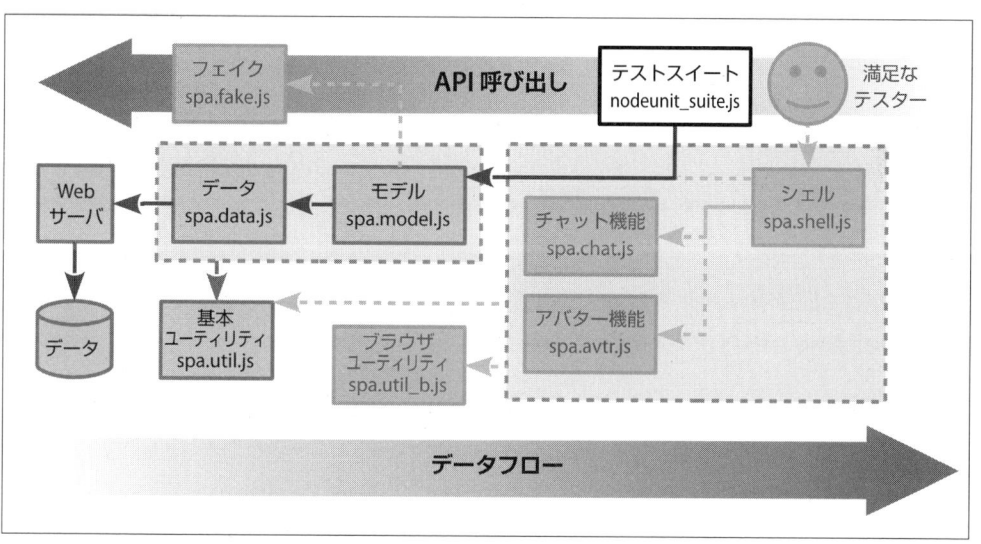

図B-3　テストスイートと生のデータを使ってモデルをテストする（モード3）

　図B-4は、生のデータを使ってユーザインタフェースをテストするときに使うモジュールを表している。このモードでは、ユーザがスタック全体をテストでき、本当の完全なアプリケーションである。

テスト愛好家（または、我々のように意欲的な愛好家）は、これを**統合テスト**と呼ぶ。

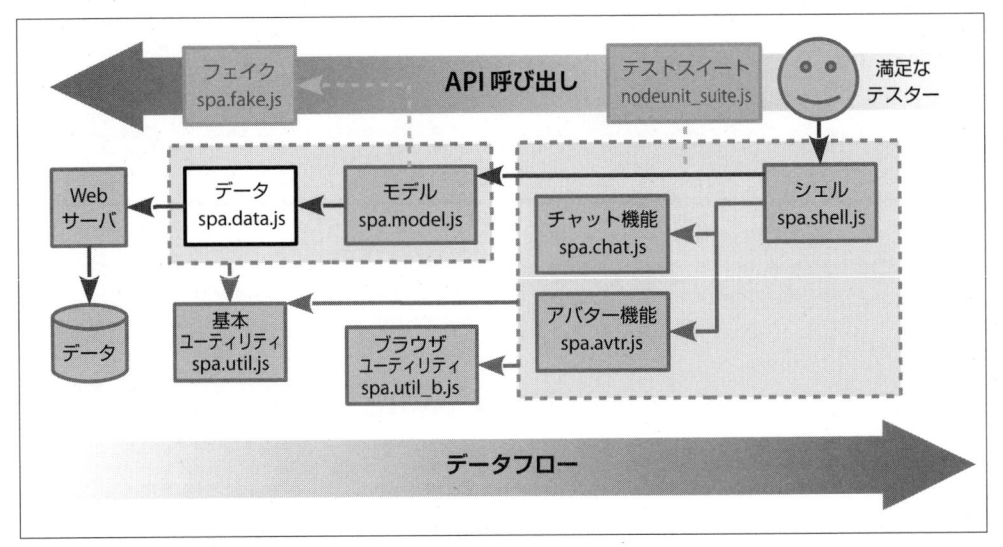

図B-4 生のデータを使った統合テスト（モード4）

モード4以外のモードでのテストをうまく行えば、モード4で見つかる問題の数が最小限になる。また、モード4で問題が見つかったら、より簡単なモード（モード1から始める）でその問題を分離してみるべきである。問題を効率的に解決することに関しては、モード4は月のようなものである。訪れるには興味深い場所であるが、住みたくはない。

この節では、生のデータと偽のデータの両方でブラウザインタフェースを使えるようにするのに必要な変更を行う（モード2と4）。実行すべきことを以下に示す。

- 偽のデータと生のデータを切り替える spa.model.setDataMode モデルメソッドを作成する。
- 初期化時にURIクエリ引数 fake の値を調べるようにシェルを更新する。そして、spa.model.setDataMode を使ってデータモードを設定させる。

spa.model.setDataMode メソッドは簡単にモデルに追加できる。モジュールスコープ isFakeData 変数を変更するだけでよい。この更新を**例B-1**に示す。変更点は**太字**で示す。

例B-1 モデルに setDataMode を追加する（webapp/public/js/spa.model.js）

```
...
spa.model = (function () {
  'use strict';
  var
    configMap = { anon_id : 'a0' },
    stateMap = { ...
```

```
    },

    isFakeData = true,  ❶

    personProto, makeCid, clearPeopleDb, completeLogin,
    makePerson, removePerson, people, chat, initModule,
    setDataMode;
...
  setDataMode = function ( arg_str ) {  ❷
    isFakeData = arg_str === 'fake'
      ? true : false;
  };

  return {
    initModule : initModule,
    chat       : chat,
    people     : people,
    setDataMode: setDataMode  ❸
  };
}());
```

❶ デフォルトを偽のデータにする。
❷ isFakeDataモジュールスコープ変数を設定する。
❸ エクスポートリストに加える。

次に、初期化時にURIクエリ引数を読み取り、spa.model.setDataMode（上記で追加したメソッド）を呼び出すようにシェルを調整する。例B-2に示すように、この変更は局所的である。変更点は**太字**で示す。

例B-2　シェルでデータモードを設定する（webapp/public/js/spa.shell.js）

```
...
    //------------------- パブリックメソッド開始 -------------------
    // パブリックメソッド/initModule/開始
...
    //
    initModule = function ( $container ) {
      var data_mode_str;

      // URIクエリ引数が設定されている場合はデータを偽に設定する
      data_mode_str
        = window.location.search === '?fake'
        ? 'fake' : 'live';
      spa.model.setDataMode( data_mode_str );

      // HTMLをロードし、jQueryコレクションをマッピングする
      stateMap.$container = $container;
      $container.html( configMap.main_html );
      setJqueryMap();
      ...
```

まず、webappディレクトリに入ってモジュールをインストールし（npm install）、ノードアプリケーションを起動する（node app.js）。fakeフラグを付けてブラウザドキュメントを開くと（http://localhost:3000/spa.html?fake）、インタフェースで偽のデータを使う（モード2）[*1]。fakeフラグなしでブラウザドキュメントを開くと（http://localhost:3000/spa.html）、代わりに生のデータを使う（モード4）。後の節では、ブラウザなしでSPAをテストする方法を説明する（モード1と3）。まずは、テストフレームワークを決めよう。

B.2 テストフレームワークを選ぶ

ブラウザを使わずに簡単にモデルをテストできるようにSPAアーキテクチャを設計した。モデルが設計どおりに機能すれば、ユーザインタフェースのバグを修正するコストはわずかになる傾向がある。また、人間にはスクリプトよりもインタフェーステストの方が効果的であることが多い（ただし、必ずしも効果的とは限らない）。

ブラウザの代わりにNode.jsを使ってモデルをテストする。これにより、開発中やデプロイ前にテストスイートを簡単に自動で実行できる。また、ブラウザに依存しないので、テストの記述、保守、拡張が簡単になる。

Node.jsには、長年にわたって使われ改良されてきた多数のテストフレームワークがある。独自に作り上げる代わりに、賢くその1つを使ってみよう。以下にさまざまな理由から興味を持ったテストフレームワークリストの一部を示す[*2]。

- jasmine-jquery —— jQueryイベントを「監視」できる。
- mocha —— nodeunitと同様で人気だが、レポートが優れている。
- nodeunit —— 人気。単純ながら強力なツール。
- patr —— 非同期テストに（jQuery $.Deferredオブジェクトに類似した）プロミスを使う。
- vows —— 人気の非同期BDDフレームワーク。
- zombie —— WebKitエンジンを特徴とする人気のフルスタックコマンドツール。

zombieは包括的であり、ユーザインタフェースとモデルをテストすることを目的としている。zombieにはWebKitレンダリングエンジンの独自インスタンスも含まれているので、テストではレンダリングされた要素をチェックできる。zombieはインストール、設定、保守にコストがかかり退屈なので、ここではこのようなテストは追求しない。これは付録であり、別個の書籍ではない。ここで挙げた理由からjasmine-jqueryとpatrに関心があるが、必要なレベルのサポートが提供されていないと感じる。mochaとvowsは人気であるが、もっと簡単に始めたい。

[*1] 原注：クエリ引数の解析は雑である。本番環境では、もっと堅牢なライブラリルーチンを使う。
[*2] 原注：完全なリストは、https://github.com/joyent/node/wiki/modules#testingを参照のこと。

その結果、nodeunitが残る。nodeunitは人気で強力かつシンプルであり、IDEともうまく統合する。nodeunitを準備してみよう。

B.3　nodeunitを準備する

nodeunitをインストールするには、7章で概説したようにNode.jsがインストールされている必要がある。Node.jsが利用できるようになったら、2つのnpmパッケージをインストールしてnodeunitでテストスイートを実行する準備を整える必要がある。

- jquery：モデルはグローバルカスタムイベントを使うためjQueryとjquery.event.geventjQueryプラグインが必要なので、Node.jsバージョンをインストールすること。さらに、このパッケージをインストールするとモックブラウザ環境が得られる。そのため、DOM操作をテストしたければ可能である。
- nodeunit：これはnodeunitコマンドラインツールを提供する。テストスイートを実行するときには、nodeの代わりにnodeunitコマンドを使う。

上記のパッケージをシステム全体にインストールし、すべてのNode.jsプロジェクトで使えるようにしたい。これは-gスイッチを使ってルート（Windowsの場合は管理者）としてインストールすれば実現できる。以下はLinuxとMacでも機能するだろう。

例B-3　jQueryとnodeunitをシステム全体にインストールする

```
$ sudo npm install -g jquery@1.8.3
$ sudo npm install -g nodeunit@0.8.0
```

なお、NODE_PATH環境変数を設定し、システムのNode.jsライブラリを見つける場所を実行環境に知らせる必要がある。LinuxやMacでは、~/.bashrcファイルに追加すればよい。

```
$ echo 'export NODE_PATH=/usr/lib/node_modules' >> ~/.bashrc
```

これで、新しい端末セッションを開始するたびにNODE_PATHが設定される[1]。Node.js、jQuery、nodeunitをインストールしたので、テストに備えてモジュールを準備しよう。

---

[1] 原注：現在動作中のセッションでは、export NODE_PATH=/usr/lib/node_modulesを入力する。Node.jsのインストール方法によってパスは変わる可能性がある。Macでは、/usr/local/share/npm/lib/node_modulesを試すとよい。

B.4 テストスイートを作成する

（フェイクモジュールのおかげで）既知のデータと明確に定義されたAPIを使ってモデルを正しくテストするための要素を、6章ですべて作成した。図B-5は、どのようにモデルをテストするつもりであるかを表している[*1]。

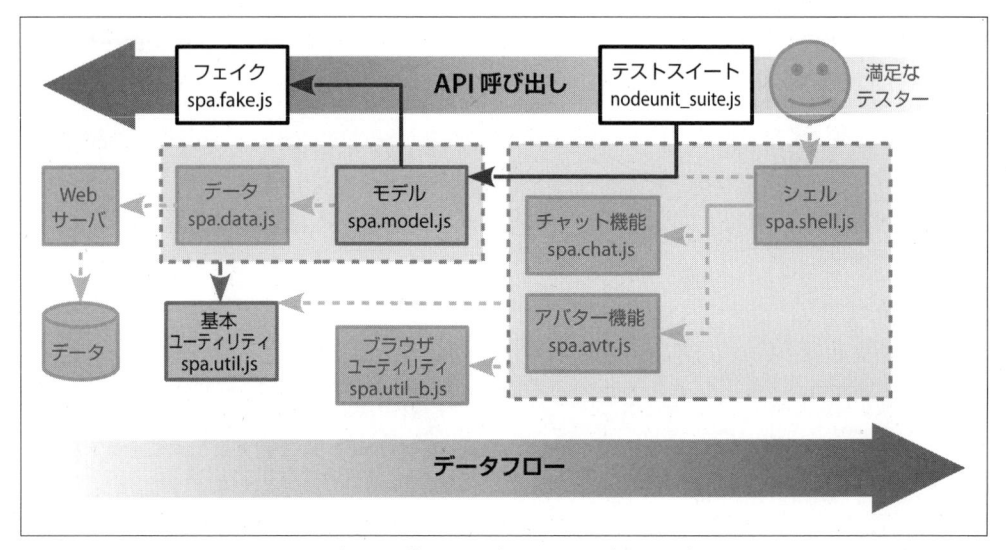

図B-5 テストスイートとフェイクデータを使ったモデルのテスト（モード1）

テストを始める前に、Node.jsにモジュールをロードさせる必要がある。次にこれを行おう。

B.4.1 Node.jsにモジュールをロードさせる

Node.jsは、グローバル変数の扱い方がブラウザとは異なる。ブラウザJavaScriptとは異なり、ファイル内の変数はデフォルトでローカルである。事実上、Node.jsはすべてのライブラリファイルを無名関数でラップする。すべてのモジュールで変数を利用できるようにするには、変数をトップレベルオブジェクトのプロパティにする。Node.jsのトップレベルオブジェクトはブラウザの場合のようなwindowではなく、代わりにglobalと呼ぶ。

本書のモジュールはブラウザで使うように設計されている。しかし、うまくやると、わずかな修正でNode.jsがモジュールを使うようにすることができる。以下のその方法を示す。アプリケーション全体は1つの名前空間（オブジェクト）spaで動作する。そのため、モジュールをロードする前にNode.js

---

[*1] 原注：鋭い人なら、この図が手抜きで、以前に示した図の完全なコピーであることに気付くだろう。我々はコラムインチ単位で報酬をもらっているはずである……

テストスクリプトでglobal.spa属性を宣言すると、すべてが期待どおりに機能する。

短期記憶からすべての記憶が消える前に、**例B-4**に示すようなテストスイートwebapp/public/nodeunit_suite.jsに着手しよう。

例B-4　テストスイートで名前空間を宣言する（webapp/public/nodeunit_suite.js）

```
/*
 * nodeunit_suite.js
 * SPAの単体テストスイート
 *
 * /nodeunit <this_file>/を使って実行する
 */

/*jslint          node  : true, continue : true,  ❶
  devel  : true, indent : 2,    maxerr   : 50,
  newcap : true, nomen  : true, plusplus : true,
  regexp : true, sloppy : true, vars     : false,
  white  : true
*/
/*global spa */

// 本書のモジュールとグローバル
global.spa = null;  ❷
```

❶ node: trueスイッチを追加し、JSLintにNode.js環境を前提とさせる。
❷ SPAモジュールがロード時にspa名前区間を使えるようにglobal.spa属性を作成する。

モジュールのロードを完了するには、ルートJavaScriptファイル（webapp/public/js/spa.js）を調整するだけでよい。以下の**例B-5**に示すように、この調整でテストスイートが正しいグローバルspa変数を使える。変更点は**太字**で示す。

例B-5　ルートSPA JavaScriptを調整する（webapp/public/js/spa.js）

```
/*
 * spa.js
 * ルート名前空間モジュール
 */
...
/*global $, spa:true */  ❶

spa = (function () {  ❷
  'use strict';
  var initModule = function ( $container ) {
    spa.data.initModule();
    spa.model.initModule();

    if ( spa.shell && $container ) {  ❸
      spa.shell.initModule( $container );
    }
```

❶ 設定にspa: trueを追加し、JSLintがspaグローバル変数への割り当てを許可するようにする。
❷ var宣言を削除する。
❸ アプリケーションをユーザインタフェース（シェル）なしで実行できるように調整する。

```
    };

    return { initModule: initModule };
}());
```

global.spa変数を作成したので、ブラウザドキュメント（webapp/public/spa.html）で行った場合と同様にモジュールをロードできる。まず、jQueryやTaffyDBなどのサードパーティモジュールをロードし、サードパーティモジュールのグローバル変数（jQuery、$、TAFFY）も利用できるようにする。そして、jQueryプラグインとSPAモジュールをロードする。モデルのテストにシェルと機能モジュールは必要ないのでロードしない。このような考えが意識に残っているうちに単体テストファイルを更新しよう。変更点は**太字**で示す。

例B-6　ライブラリとモジュールを追加する（webapp/public/nodeunit_suite.js）

```
...
/*global $, spa */

// サードパーティモジュールとグローバル
global.jQuery = require( 'jquery' );
global.TAFFY  = require( './js/jq/taffydb-2.6.2.js' ).taffy;
global.$      = global.jQuery;
require( './js/jq/jquery.event.gevent-0.1.9.js' );

// 本書のモジュールとグローバル
global.spa = null;
require( './js/spa.js'      );
require( './js/spa.util.js' );
require( './js/spa.fake.js' );
require( './js/spa.data.js' );
require( './js/spa.model.js' );

// サンプルコード
spa.initModule();
spa.model.setDataMode( 'fake' );

var $t = $( '<div/>' );
$.gevent.subscribe(
  $t, 'spa-login',
  function ( event, user ){
    console.log( 'Login user is:', user );
  }
);

spa.model.people.login( 'Fred' );
```

リストの最後では野心的になり、短いテストスクリプトを持ち込んだ。最終的にはnodeunitを使ってこのファイルを実行したいが、まずNode.jsで実行してライブラリを適切にロードしていることを確認する。実際に、Node.jsを使ってテストスイートを実行すると以下のようになる。

```
$ node nodeunit_suite.js
Login user is: { cid: 'id_5',
  name: 'Fred',
  css_map: { top: 25, left: 25, 'background-color': '#8f8' },
  ___id: 'T000002R000003',
  ___s: true,
  id: 'id_5' }
```

実際に試しているときには、気長に待ってほしい。フェイクモジュールは3秒停止してからサインイン要求を完了するので、出力が表示されるまで3秒かかる。また、Node.jsが動作を完了するまでには出力からさらに8秒かかる。これは、フェイクモジュールがサーバを模倣する際にタイマを使うからだ（タイマは`setTimeout`メソッドと`setInterval`で作成する）。このタイマが完了するまで、Node.jsはプログラムが「動作中」であるとみなして終了しない。この問題は後で再び取り上げる。次はnodeunitに慣れよう。

B.4.2　単一のnodeunitテストを準備する

Node.jsにライブラリをロードさせたので、nodeunitテストの準備に専念できる。まず、nodeunitに慣れよう。テストをうまく実行するには以下の手順に従う。

- テスト関数を宣言する。
- 各テスト関数では、`test.expect( <count> )`を使って見込まれるアサーション数を`test`オブジェクトに通知する。
- テストごとにアサーションを実行する。例えば、`test.ok( true );`。
- テストの最後に、`test.done()`を使ってテストが完了したことをテストオブジェクトに通知する。
- テストのリストを実行したい順にエクスポートする。各テストは、前のテストが完了してからしか実行されない。
- `nodeunit <filename>`でテストスイートを実行する。

例B-7は、上記の手順を使った単一テストのためのnodeunitスクリプトを示す。コメントにも有益な情報があるので読んでほしい。

例B-7　最初のnodeunitテスト（webapp/public/nodeunit_test.js）

```
/*jslint node : true, sloppy : true, white : true */

// 些細なnodeunit例
```

```
// /testAcct/開始
var testAcct = function ( test ) {   ❶
  test.expect( 1 );   ❷
  test.ok( true, 'this passes' );   ❸
  test.done();   ❹
};
// /testAcct/終了

module.exports = { testAcct : testAcct };
```

> ❶ testAcctというテスト関数を宣言する。テストには好きな名前を付けることができる。唯一の引数としてtestオブジェクトを取る関数であればよい。
> ❷ 1つのアサーションを実行しようとしていることをテストオブジェクトに通知する。
> ❸ この例の最初（唯一）のアサーションを呼び出す。
> ❹ test.done()を呼び出し、nodeunitが次のテストに進めるようにする（または、終了できるようにする）。

nodeunit nodeunit_test.jsを実行すると、以下の出力が表示されるだろう。

```
$ nodeunit_test.js
✔ testAcct

OK: 1 assertions (3ms)
```

次は、このnodeunitの経験をテストしたいコードで生かそう。

B.4.3　最初の実際のテストを作成する

最初の例を実際のテストに変換する。nodeunitとjQuery繰延（deferred）オブジェクトを使い、イベント駆動コードのテストの落とし穴を回避できる。まず、nodeunitは、前のテストがtest.done()を実行して完了を宣言するまで新しいテストに進まないことを頼りにする。これにより、テストの記述と理解が容易になる。次に、jQueryで繰延オブジェクトを使い、必要なspa-loginイベントが発行された後にだけtest.done()を呼び出せる。これでスクリプトが次のテストに進める。**例B-8**に示すようにテストスイートを更新しよう。変更点は**太字**で示す。

例B-8　最初の実際のテスト（webapp/public/nodeunit_suite.js）

```
...
// 本書のモジュールとグローバル
global.spa = null;
require( './js/spa.js'        );
require( './js/spa.util.js'   );
require( './js/spa.fake.js'   );
require( './js/spa.data.js'   );
require( './js/spa.model.js'  );

// /testAcct/初期化とログイン開始
var testAcct = function ( test ) {
  var $t, test_str, user, on_login,
    $defer = $.Deferred();
```

```
    // 見込まれるテスト数を設定する
    test.expect( 1 );

    // 「spa-login」イベントのハンドラを定義する
    on_login = function (){ $defer.resolve(); };

    // 初期化
    spa.initModule( null );
    spa.model.setDataMode( 'fake' );

    // jQueryオブジェクトの作成と登録
    $t = $('<div/>');
    $.gevent.subscribe( $t, 'spa-login', on_login );

    spa.model.people.login( 'Fred' );

    // ユーザが匿名ではなくなっていることを確認する
    user = spa.model.people.get_user();
    test_str = 'user is no longer anonymous';
    test.ok( ! user.get_is_anon(), test_str );

    // サインインが完了したら終了を宣言する
    $defer.done( test.done );
  };
  // /testAcct/初期設定とログイン終了

  module.exports = { testAcct : testAcct };
```

nodeunit ./nodeunit_suite.jsでテストスイートを実行すると、以下の出力が表示されるだろう。

```
$ nodeunit nodeunit_test.js
✔ testAcct
OK: 1 assertions (3320ms)
```

これで単一テストをうまく実装できたので、テストスイートに含めたいテストを策定し、正しい順序で実行する方法を説明しよう。

B.4.4　イベントとテストを策定する

　5章と6章でモデルを手動でテストしたときには、当然ながら処理が完了するのを待ってから次のテストを入力した。サインインが完了するのを待ってからメッセージをテストする必要があるのは、手動の場合は当然である。

　テストスイートが正しく機能するように一連のイベントとテストを策定する必要がある。テストスイートを記述するメリットには、コードの解析と理解がより完全になることが挙げられる。場合によっ

てはテストの実行時よりも記述時に多くのバグが見つかることもある。

まず、テストスイートのテスト計画を立てよう。架空のユーザFredとしてモデルをテストし、SPAの機能を試したい。以下にFredで実行したいこととその名前を示す。

- testInitialState：モデルの初期状態をテストする。
- loginAsFred：Fredとしてログインし、処理が完了する前にユーザオブジェクトをテストする。
- testUserAndPeople：オンラインユーザリストとユーザ詳細をテストする。
- testWilmaMsg：Wilmaからメッセージを受信し、メッセージ詳細をテストする。
- sendPebblesMsg：チャット相手をPebblesに変更し、メッセージを送信する。
- testMsgToPebbles：Pebblesに送信したメッセージの内容をテストする。
- testPebblesResponse：Pebblesが送信した応答メッセージの内容をテストする。
- updatePebblesAvtr：Pebblesのアバター用のデータを更新する。
- testPebblesAvtr：Pebblesのアバターの更新をテストする。
- logoutAsFred：Fredとしてサインアウトする。
- testLogoutState：サインアウト後のモデルの状態をテストする。

テストフレームワークnodeunitは指定した順にテストを実行し、前のテストが完了を宣言するまで次のテストには進まない。特定のテストを実行する前に特定のイベントが発生するようにしたいので、これは有利に働く。例えば、ユーザサインインイベントはオンラインユーザリストをテストする前に発行したい。例B-9に示すように、テスト計画と各テストから次に進む前に発行する必要のあるイベントを策定しよう。テスト名はテスト計画の名前と正確に一致しており、人間が読める形式である。

例B-9 テスト計画とブロックするイベント詳細

```
// /testInitialState/開始
  // SPAを初期化する
  // 初期状態でユーザをテストする
  // オンラインユーザリストをテストする
  // ブロックせずに次のテストに進む
// /testInitialState/終了

// /loginAsFred/開始
  // 「Fred」としてログインする
  // ログインが完了する前にユーザ属性をテストする
  // 以下の両方の条件を満たしたら次のテストに進む
  //    + ログインが完了している (spa-loginイベント)
  //    + オンラインユーザリストが更新されている (spa-listchangeイベント)
// /loginAsFred/終了

// /testUserAndPeople/開始
  // ユーザ属性をテストする
```

```
            // オンラインユーザリストをテストする
            // 以下の両方の条件を満たしたら次のテストに進む
            //    + 最初のメッセージを受信している（spa-updatechatイベント）
            //      （これは「Wilma」からのサンプルメッセージ）
            //    + チャット相手が変更されている（spa-setchateeイベント）
        // /testUserAndPeople/終了

        // /testWilmaMsg/開始
            // 「Wilma」から受信したメッセージをテストする
            // チャット相手属性をテストする
            // ブロックせずに次のテストに進む
        // /testWilmaMsg/終了

        // /sendPebblesMsg/開始
            // 「Pebbles」にset_chateeする
            // 「Pebbles」にsend_msgする
            // get_chatee()の結果をテストする
            // 以下の両方の条件を満たしたら次のテストに進む
            //    + チャット相手が設定されている（spa-setchateeイベント）
            //    + メッセージが送信されている（spa-updatechatイベント）
        // /sendPebblesMsg/終了

        // /testMsgToPebbles/開始
            // チャット相手属性をテストする
            // 送信されたメッセージをテストする
            // 以下の場合に次のテストに進む
            //    + 「Pebbles」から応答を受信している（spa-updatechatイベント）
        // /testMsgToPebbles/終了

        // /testPebblesResponse/開始
            // 「Pebbles」から受信したメッセージをテストする
            // ブロックせずに次のテストに進む
        // End /testPebblesResponse/

        // /updatePebblesAvtr/開始
            // update_avatarメソッドを呼び出す
            // 以下の場合に次のテストに進む
            //    + オンラインユーザリストが更新されている（spa-listchangeイベント）
        // /updatePebblesAvtr/終了

        // /testPebblesAvtr/開始
            // get_chateeメソッドを使って「Pebbles」パーソンオブジェクトを取得する
            // 「Pebbles」のアバター詳細をテストする
            // ブロックせずに次のテストに進む
        // /testPebblesAvtr/終了

        // /logoutAsFred/開始
```

```
        // Freadとしてログアウトする
        // 以下の場合に次のテストに進む
        //    + ログアウトが完了している（spa-logoutイベント）
    // /logoutAsFred/終了

    // /testLogoutState/開始
        // オンラインユーザリストをテストする
        // ユーザ属性をテストする
        // ブロックせずに進む
    // /testLogoutState/終了
```

この計画は線形であり、理解しやすい。次の節では、この計画を実行に移す。

B.4.5　テストスイートを作成する

これでテストスイートにユーティリティを加え、テストを徐々に追加できる。各段階でテストスイートを実行し、進捗をチェックする。

B.4.5.1　初期状態とサインインのテストを追加する

テストスイートの手始めとして、ユーティリティを追加し、モデルの初期状態のチェック、Fredのサインイン、ユーザとユーザリスト属性のチェックを行う最初の3つのテストを追加する。一般に、テストは以下の2つのカテゴリに分類される。

1. 多くのアサーション（user.name === 'Fred' など）を使ってプログラムデータの正確性を調べる検証テスト。多くの場合、このテストはブロックしない。
2. サインイン、メッセージの送信、アバターの更新などの動作を実行する制御テスト。このテストが多くのアサーションを持つことはめったにない。多くの場合、イベントベースの条件を満たすまで進捗をブロックする。

このような自然な分割を採用するのが最善であることがわかったので、それに応じてテストに名前を付ける。検証テストにはtest<something>という名前を付け、制御テストにはその動作にちなんでloginAsFredなどの名前を付ける。

loginAsFredテストでは、サインインが完了しており、**さらにオンラインユーザリストが更新されてから**nodeunitをtestUserAndPeopleテストに進める必要がある。これは、jQueryコレクション$tでspa-loginイベントとspa-listchangeイベントのハンドラを登録することで実現できる。そして、テストスイートはjQuery繰延オブジェクトを使い、これらのイベントが発生してからloginAsFredがtest.done()を実行するようにする。

例B-10に示すようにテストスイートを更新しよう。いつものように、コメントで情報を補っているので目を通してほしい。変更点を**太字**で示す。

例B-10　最初の3つのテストを追加する（webapp/public/nodeunit_suite.js）

```
...
/*global $, spa */

// サードパーティモジュールとグローバル
...
// 本書のモジュールとグローバル
...

var
  // ユーティリティとハンドラ
  makePeopleStr, onLogin, onListchange,

  // テスト関数
  testInitialState, loginAsFred, testUserAndPeople,  ❶

  // イベントハンドラ
  loginEvent, changeEvent, loginData, changeData,

  // インデックス
  changeIdx = 0,

  // 繰延オブジェクト
  $deferLogin      = $.Deferred(),
  $deferChangeList = [ $.Deferred() ];

// オンラインユーザ名の文字列を作成するユーティリティ ❷
makePeopleStr = function ( people_db ) {
  var people_list = [];
  people_db().each(function( person, idx ) {
    people_list.push( person.name );
  });
  return people_list.sort().join( ',' );
};

// 「spa-login」のイベントハンドラ ❸
onLogin = function ( event, arg ) {
  loginEvent = event;
  loginData  = arg;
  $deferLogin.resolve();
};

// 「spa-listchange」のイベントハンドラ ❹
onListchange = function ( event, arg ) {
  changeEvent = event;
  changeData  = arg;
```

❶ レポートが読みやすくなるように、説明的な名前を使って最初の3つのテストメソッドを宣言する。

❷ makePeopleStrユーティリティを作成する。名前から推測できるように、これはTaffyDBコレクション内に見つかったユーザの名前を含む文字列を作成する。これにより、テストスイートはオンラインユーザリストを簡単な文字列比較でテストできる。

❸ spa-loginカスタムグローバルイベントを処理するメソッドを作成する。このメソッドが実行されると、$deferLogin.resolve()を呼び出す。

❹ spa-listchangeカスタムグローバルイベントを処理するメソッドを作成する。このメソッドが実装されると、$deferChangeList[idxChange].resolve()を呼び出し、後続のspa-listchangeイベントのために新しいjQuery繰延オブジェクトを$deferChangeListに入れる。

```
      $deferChangeList[ changeIdx ].resolve();
      changeIdx++;
      $deferChangeList[ changeIdx ] = $.Deferred();
    };

    // /testInitialState/開始
    testInitialState = function ( test ) {
      var $t, user, people_db, people_str, test_str;
      test.expect( 2 );

      // SPAを初期化する
      spa.initModule( null );
      spa.model.setDataMode( 'fake' );

      // jQueryオブジェクトを作成する
      $t = $('<div/>');   ❺

      // グローバルカスタムイベントに関数を登録する         ❻
      $.gevent.subscribe( $t, 'spa-login',      onLogin );
      $.gevent.subscribe( $t, 'spa-listchange', onListchange );

      // 初期状態でユーザをテストする
      user     = spa.model.people.get_user();
      test_str = 'user is anonymous';
      test.ok( user.get_is_anon(), test_str );

      // オンラインユーザリストをテストする
      test_str = 'expected user only contains anonymous';
      people_db  = spa.model.people.get_db();
      people_str = makePeopleStr( people_db );
      test.ok( people_str === 'anonymous', test_str );

      // ブロックせずに次のテストに進む
      test.done();   ❼
    };
    // /testInitialState/終了

    // /loginAsFred/開始
    loginAsFred = function ( test ) {
      var user, people_db, people_str, test_str;
      test.expect( 6 );

      // 「Fred」としてログインする
      spa.model.people.login( 'Fred' );
      test_str = 'log in as Fred';
      test.ok( true, test_str );
```

❺ jQueryコレクション$tを作成する。これを使ってハンドラにカスタムグローバルイベントを登録できる。

❻ loginAsFredの完了を確認するのに必要なjQueryカスタムグローバルイベントに登録する。spa-loginイベントはonLoginが処理し、spa-listchangeイベントはonListchangeが処理する。

❼ testInitialStateテストは無条件にtest.done()を呼び出し、ブロックせずに次のテストに進む。

```
    // ログインが完了する前にユーザ属性をテストする
    user     = spa.model.people.get_user();
    test_str = 'user is no longer anonymous';
    test.ok( ! user.get_is_anon(), test_str );

    test_str = 'usr name is "Fred"';
    test.ok( user.name === 'Fred', test_str );

    test_str = 'user id is undefined as login is incomplete';
    test.ok( ! user.id, test_str );

    test_str = 'user cid is c0';
    test.ok( user.cid === 'c0', test_str );

    test_str   = 'user list is as expected';
    people_db  = spa.model.people.get_db();
    people_str = makePeopleStr( people_db );
    test.ok( people_str === 'Fred,anonymous', test_str );

    // 以下の両方の条件を満たしたら次のテストに進む
    //    + ログインが完了している（spa-loginイベント）
    //    + オンラインユーザリストが更新されている
    //      （spa-listchangeイベント）
    x$.when( $deferLogin, $deferChangeList[ 0 ] ) ❽
      .then( test.done );
  };
  // /loginAsFred/終了

  // /testUserAndPeople/開始
  testUserAndPeople = function ( test ) { ❾
    var
      user, cloned_user,
      people_db, people_str,
      user_str, test_str;
    test.expect( 4 );

    // ユーザ属性をテストする
    test_str = 'login as Fred complete';
    test.ok( true, test_str );

    user       = spa.model.people.get_user();
    test_str   = 'Fred has expected attributes';
    cloned_user = $.extend( true, {, user });

    delete cloned_user.__id;
    delete cloned_user.__s;
    delete cloned_user.get_is_anon;
```

❽ loginAsFredでjQuery繰延オブジェクトを使い、必要なイベントが完了してからtest.doneを宣言する。サインイン処理が完了しており（$deferLogin.is_resolved() === true）、オンラインユーザリストが更新されていなければいけない（($deferChangeList[0].is_resolved === true）。$.when(<deferred objects>).then(<function>)文がこのロジックを実装する。

❾ サインインユーザの属性とオンラインユーザリストをテストする。

```
      delete cloned_user.get_is_user;

      test.deepEqual(
        cloned_user,
        { cid : 'id_5',
          css_map : { top: 25, left: 25, 'background-color': '#8f8' },
          id      : 'id_5',
          name    : 'Fred'
        },
        test_str
      );

      // オンラインユーザリストをテストする
      test_str = 'receipt of listchange complete';
      test.ok( true, test_str );

      people_db  = spa.model.people.get_db();
      people_str = makePeopleStr( people_db );
      user_str = 'Betty,Fred,Mike,Pebbles,Wilma';
      test_str = 'user list provided is expected - ' + user_str;

      test.ok( people_str === user_str, test_str );

      test.done();  ❿
    };
    // /testUserAndPeople/ 終了

    module.exports = {
      testInitialState  : testInitialState,  ⓫
      loginAsFred       : loginAsFred,
      testUserAndPeople : testUserAndPeople
    };
    // テストスイート終了
```

❿ 今回はこれに続くテストがないので、testUserAndPeopleが先に進むのをブロックしてはいけない。これはさらにテストを追加するときに変更する。

⓫ 実行したい順にテストをエクスポートする。nodeunitを使ってテストを実行すると、テスト名が表示される。

テストスイートを実行すると (nodeunit nodeunit_suite.js)、以下のような出力が表示されるだろう。

```
$ nodeunit nodeunit_suite.js
✔ testInitialState
✔ loginAsFred
✔ testUserAndPeople

OK: 12 assertions (4223ms)
```

このテストスイートでは、JavaScriptが完了する必要のあるアクティブタイマを持つので、制御をコンソールに返すのに約12秒かかる。これについては心配しなくてもよい。これはテストスイートが

完了する頃には大した問題ではなくなる。次はメッセージやり取りのテストを追加しよう。

B.4.5.2　メッセージやり取りのテストを追加する

ここでは、テスト計画から次の4つのテストを追加する。この4つはすべてメッセージの送受信に関する問題をテストするので、適切な論理グループである。このテストには、**testWilmaMsg**、**sendPebblesMsg**、**testMsgToPebbles**、**testPebblesResponse** が含まれる。名前がテストの概要をよく表していると思う。

テストを追加するときには、逐次的に進めるためにjQuery繰延オブジェクトをもう少し追加する必要がある。**例B-11**はこの実装を表している。この新しいテストでブロックを実現する方法を注釈で詳細に説明しているので読んでほしい。変更点はすべて**太字**で示す。

例B-11　メッセージやり取りのテストを追加する（webapp/public/nodeunit_suite.js）

```
...
var
  // ユーティリティとハンドラ
  makePeopleStr, onLogin, onListchange,
  onSetchatee,    onUpdatechat, ❶

  // テスト関数
  testInitialState, loginAsFred,    testUserAndPeople,
  testWilmaMsg,    sendPebblesMsg, testMsgToPebbles, ❷
  testPebblesResponse,

  // イベントハンドラ
  loginEvent, changeEvent, chateeEvent, msgEvent, ❸
  loginData, changeData, msgData, chateeData,

  // インデックス
  changeIdx = 0, chateeIdx = 0, msgIdx = 0, ❹

  // 繰延オブジェクト
  $deferLogin      = $.Deferred(),
  $deferChangeList = [ $.Deferred() ],
  $deferChateeList = [ $.Deferred() ], ❺
  $deferMsgList    = [ $.Deferred() ];

  // オンラインユーザ名の文字列を作成するユーティリティ

  ...

  // 「spa-updatechat」のイベントハンドラ ❻
  onUpdatechat = function ( event, arg ) {
    msgEvent = event;
```

❶ 2つの新たなイベントハンドラを宣言する。
❷ 4つの新たなテスト名を宣言する。
❸ イベントハンドラデータを保持する変数を宣言する。
❹ 繰延オブジェクトリストのためのインデックス変数を宣言する。
❺ イベントハンドラが使うjQuery繰延オブジェクトのリストを宣言する。
❻ spa-updatechatのグローバルカスタムイベントハンドラを追加する。これは新しいメッセージが送受信されたときに呼び出される。

```javascript
    msgData = arg;
    $deferMsgList[ msgIdx ].resolve();
    msgIdx++;
    $deferMsgList[ msgIdx ] = $.Deferred();
  };

  // 「spa-setchatee」のイベントハンドラ ❼
  onSetchatee = function ( event, arg ) {
    chateeEvent = event;
    chateeData = arg;
    $deferChateeList[ chateeIdx ].resolve();
    chateeIdx++;
    $deferChateeList[ chateeIdx ] = $.Deferred();
  };

  // /testInitialState/開始
  testInitialState = function ( test ) {
    ...
    // グローバルカスタムイベントに関数を登録する
    $.gevent.subscribe( $t, 'spa-login',      onLogin );
    $.gevent.subscribe( $t, 'spa-listchange', onListchange );
    $.gevent.subscribe( $t, 'spa-setchatee',  onSetchatee ); ❽
    $.gevent.subscribe( $t, 'spa-updatechat', onUpdatechat ); ❾
    ...
  };
  // /testInitialState/終了

  ...
  // /testUserAndPeople/開始
  testUserAndPeople = function ( test ) {
    ...
    test.ok( people_str === user_str, test_str );

    // 以下の両方の条件を満たしたら次のテストに進む ❿
    //   + 最初のメッセージを受信している (spa-updatechat イベント)
    //     (これは「Wilma」からのサンプルメッセージ)
    //   + チャット相手が変更されている (spa-setchatee イベント)
    $.when($deferMsgList[ 0 ], $deferChateeList[ 0 ] )
      .then( test.done );
  };
  // /testUserAndPeople/終了


  // /testWilmaMsg/開始 ⓫
  testWilmaMsg = function ( test ) {
    var test_str;
    test.expect( 4 );
```

❼ spa-setchatee のグローバルカスタムイベントハンドラを追加する。これは何らかの理由でチャット相手が変わったときに呼び出される。チャット相手は、ユーザが新たなチャット相手を選んだ場合、現在のチャット相手がオフラインになった場合、または現在のチャット相手とは異なる人からメッセージを受信した場合に変わる。

❽ jQuery コレクション $t で spa-updatechat カスタムグローバルイベントに onUpdatechat ハンドラを登録する。

❾ jQuery コレクション $t で spa-setchatee カスタムグローバルイベントに onSetchatee ハンドラを登録する。

❿ 最初のメッセージを処理し、最初のチャット相手変更が生じるまで testUserAndPeople テストから先に進まない。jQuery 繰延オブジェクトと $.when().then() 構造を使ってこのブロッキングを実装する。

⓫ Wilma からのメッセージと新しいチャット相手属性を調べるテストを追加する。

B.4 テストスイートを作成する | 455

```
    // 「Wilma」から受信したメッセージをテストする
    test_str = 'Message is as expected';
    test.deepEqual(
      msgData,
      { dest_id: 'id_5',
        dest_name: 'Fred',
        sender_id: 'id_04',
        msg_text: 'Hi there Fred! Wilma here.'
      },
      test_str
    );

    // チャット相手属性をテストする
    test.ok( chateeData.new_chatee.cid  === 'id_04' );
    test.ok( chateeData.new_chatee.id   === 'id_04' );
    test.ok( chateeData.new_chatee.name === 'Wilma' );

    // ブロックせずに次のテストに進む ⓬
    test.done();
  };
  // /testWilmaMsg/ 終了

  // /sendPebblesMsg/開始 ⓭
  sendPebblesMsg = function ( test ) {
    var test_str, chatee;
    test.expect( 1 );

    // 「Pebbles」に set_chatee する
    spa.model.chat.set_chatee( 'id_03' );

    // 「Pebbles」に send_msg する
    spa.model.chat.send_msg( 'whats up, tricks?' );

    // get_chatee()の結果をテストする
    chatee = spa.model.chat.get_chatee();
    test_str = 'Chatee is as expected';
    test.ok( chatee.name === 'Pebbles', test_str );

    // 以下の両方の条件を満たしたら次のテストに進む ⓮
    //   + チャット相手が設定されている (spa-setchatee イベント)
    //   + メッセージが送信されている (spa-updatechat イベント)
    $.when( $deferMsgList[ 1 ], $deferChateeList[ 1 ] )
      .then( test.done );
  };
  // /sendPebblesMsg/ 終了

  // /testMsgToPebbles/開始 ⓯
```

⓬ testWilmaMsgテストからブロックせずに次に進む。

⓭ Fredがチャット相手としてPebblesを設定してメッセージを送信するsendPebblesMsgテストを追加する。動作を行うほとんどのテストと同様に、アサーションはほとんどなく、コードはイベントが発生するまで進捗をブロックする。

⓮ 2つ目のメッセージを処理し、2番目のチャット相手変更が生じるまでsendPebblesMsgテストから先に進まない。jQuery繰延オブジェクトと$.when().then()構造を使ってこのブロッキングを実装する。

⓯ Pebblesに送信したメッセージを調べるテストを追加する。

```
testMsgToPebbles = function ( test ) {
  var test_str;
  test.expect( 2 );

  // チャット相手属性をテストする
  test_str = 'Pebbles is the chatee name';
  test.ok(
    chateeData.new_chatee.name === 'Pebbles',
    test_str
  );

  // 送信されたメッセージをテストする
  test_str = 'message change is as expected';
  test.ok( msgData.msg_text === 'whats up, tricks?', test_str );

  // 以下の場合に次のテストに進む ⓰
  //   +「Pebbles」から応答を受信している（spa-updatechatイベント）
  $deferMsgList[ 2 ].done( test.done );
};
// /testMsgToPebbles/終了

// /testPebblesResponse/開始 ⓱
testPebblesResponse = function ( test ) {
  var test_str;
  test.expect( 1 );

  //「Pebbles」から受信したメッセージをテストする
  test_str = 'Message is as expected';
  test.deepEqual(
    msgData,
    { dest_id: 'id_5',
      dest_name: 'Fred',
      sender_id: 'id_03',
      msg_text: 'Thanks for the note, Fred'
    },
    test_str
  );

  // ブロックせずに次のテストに進む ⓲
  test.done();
};
// /testPebblesResponse/終了

module.exports = {
  testInitialState    : testInitialState,
  loginAsFred         : loginAsFred,
  testUserAndPeople   : testUserAndPeople,
```

⓰ 3番目のメッセージ（Pebblesの応答）を処理するまでtestMsgToPebblesテストから先に進まない。
⓱ Pebblesから送信されたメッセージを調べるtestPebblesResponseテストを追加する。
⓲ testPebblesResponseからブロックせずに先に進む。

```
      testWilmaMsg       : testWilmaMsg,
      sendPebblesMsg     : sendPebblesMsg,
      testMsgToPebbles   : testMsgToPebbles,
      testPebblesResponse : testPebblesResponse
    };
    // テストスイート終了
```

❶❾ 新しいテストをテストスイートに追加する。

テストスイートを実行すると（`nodeunit nodeunit_suite.js`）、以下のような出力が表示される。

```
$ nodeunit nodeunit_suite.js
✔ testInitialState
✔ loginAsFred
✔ testUserAndPeople
✔ testWilmaMsg
✔ sendPebblesMsg
✔ testMsgToPebbles
✔ testPebblesResponse

OK: 20 assertions (14233ms)
```

このテストスイートは以前と同じ時間で実行から戻るが、新しいテストが表示される。特に、このテストスイートはWilmaがユーザに送信したメッセージを待ってテストしている。次はさらにテストを追加し、テストスイートを完成させよう。

B.4.5.3 アバター、サインアウト、サインアウト状態のテストを追加する。

テスト計画から残りの4つのテストを追加すればテストスイートは完成する。ここでも繰延オブジェクトを使い、特定のイベントを受信してから次のテストに進めるようにする。**例B-12**に追加のテストを示す。変更点は**太字**で示す。

例B-12　追加テスト（webapp/public/nodeunit_suite.js）

```
...
    var
      // ユーティリティとハンドラ
      makePeopleStr, onLogin, onListchange,
      onSetchatee, onUpdatechat, onLogout,

      // テスト関数
      testInitialState,    loginAsFred,        testUserAndPeople,
      testWilmaMsg,        sendPebblesMsg,     testMsgToPebbles,
      testPebblesResponse, updatePebblesAvtr,  testPebblesAvtr,
      logoutAsFred,        testLogoutState,

      // イベントハンドラ
```

```
    loginEvent, changeEvent, chateeEvent, msgEvent, logoutEvent,
    loginData,  changeData,  msgData,     chateeData, logoutData,
    ...
    $deferMsgList = [ $.Deferred() ],
    $deferLogout  = $.Deferred();

  ...
  // 「spa-setchatee」のイベントハンドラ
  ...
  // 「spa-logout」のイベントハンドラ
  onLogout = function ( event, arg ) {
    logoutEvent = event;
    logoutData  = arg;
    $deferLogout.resolve();
    };

  // /testInitialState/開始
  testInitialState = function ( test ) {
    ...
    $.gevent.subscribe( $t, 'spa-updatechat', onUpdatechat );
    $.gevent.subscribe( $t, 'spa-logout',     onLogout );

    // 初期状態でユーザをテストする
  ...
  // 終了 /testPebblesResponse/

  // /updatePebblesAvtr/開始
  updatePebblesAvtr = function ( test ) {
    test.expect( 0 );

    // update_avatarメソッドを呼び出す
    spa.model.chat.update_avatar({
      person_id : 'id_03',
      css_map : {
        'top' : 10, 'left' : 100,
        'background-color' : '#ff0'
      }
    });

    // 以下の場合に次のテストに進む
    //   + オンラインユーザリストが更新されている（spa-listchangeイベント）
    $deferChangeList[ 1 ].done( test.done );
  };
  // /updatePebblesAvtr/終了

  // /testPebblesAvtr/開始
  testPebblesAvtr = function ( test ) {
```

```
  var chatee, test_str;
  test.expect( 1 );

  // get_chateeメソッドを使って「Pebbles」パーソンオブジェクトを取得する
  chatee = spa.model.chat.get_chatee();

  // 「Pebbles」のアバター詳細をテストする
  test_str = 'avatar details updated';
  test.deepEqual(
    chatee.css_map,
    { top : 10, left : 100,
      'background-color' : '#ff0'
    },
    test_str
  );

  // ブロックせずに次のテストに進む
  test.done();
};
// /testPebblesAvtr/終了

// /logoutAsFred/開始
logoutAsFred = function( test ) {
   test.expect( 0 );

  // Freadとしてログアウトする
  spa.model.people.logout();

  // 以下の場合に次のテストに進む
  //    + ログアウトが完了している (spa-logoutイベント)
  $deferLogout.done( test.done );
};
// /logoutAsFred/終了

// /testLogoutState/開始
testLogoutState = function ( test ) {
  var user, people_db, people_str, user_str, test_str;
  test.expect( 4 );

  test_str = 'logout as Fred complete';
  test.ok( true, test_str );

  // オンラインユーザリストをテストする
  people_db  = spa.model.people.get_db();
  people_str = makePeopleStr( people_db );
  user_str   = 'anonymous';
  test_str   = 'user list provided is expected - ' + user_str;
```

```
    test.ok( people_str === 'anonymous', test_str );

    // ユーザ属性をテストする
    user     = spa.model.people.get_user();
    test_str = 'current user is anonymous after logout';
    test.ok( user.get_is_anon(), test_str );
    test.ok( true, 'test complete' );

    // ブロックせずに進む
    test.done();
  };
  // /testLogoutState/終了

  module.exports = {
    testInitialState    : testInitialState,
    loginAsFred         : loginAsFred,
    testUserAndPeople   : testUserAndPeople,
    testWilmaMsg        : testWilmaMsg,
    sendPebblesMsg      : sendPebblesMsg,
    testMsgToPebbles    : testMsgToPebbles,
    testPebblesResponse : testPebblesResponse,
    updatePebblesAvtr   : updatePebblesAvtr,
    testPebblesAvtr     : testPebblesAvtr,
    logoutAsFred        : logoutAsFred,
    testLogoutState     : testLogoutState
  };
  // テストスイート終了
```

テストスイートを実行すると (nodeunit nodeunit_suite.js)、以下のような出力が表示される。

```
$ nodeunit nodeunit_suite.js
✔ testInitialState
✔ loginAsFred
✔ testUserAndPeople
✔ testWilmaMsg
✔ sendPebblesMsg
✔ testMsgToPebbles
✔ testPebblesResponse
✔ updatePebblesAvtr
✔ testPebblesAvtr
✔ logoutAsFred
✔ testLogoutState

OK: 25 assertions (14234ms)
```

テスト計画に従ってテストスイートを完成させた。更新をリポジトリに登録する前に自動的にこの

テストスイートを実行できる（コミットフックと考えてほしい）。このようにしても遅くなることはなく、代わりに回帰を避け、品質を保証するので開発が**加速**するだろう。これは、製品が「完成」して初めて製品をテストする代わりに、製品の設計に品質を**組み込む**例である。

また、1つの紛れもない問題が残っている。現在のテストスイートは決して終了しない。確かに、端末は25個のアサーションが完了したことを示すが、制御が端末や他の呼び出し側プロセスに戻ることは決してない。そのため、テストスイートの実行を自動化できない。次の節では、このような事態が生じる理由とその対処法を説明する。

B.5　テストに合わせてSPAモジュールを調整する

Node.js（ひいてはnodeunit）で直面する厄介な疑問として、**テストスイートの実行が完了したときをどのように知るのか**という疑問がある。これは古典的なコンピュータ科学の停止問題であり、イベント駆動型言語では重要な問題である。一般に、Node.jsは実行すべきコードが見つからず、保留中のトランザクションもないときにアプリケーションが完了したとみなす。

これまでのコードは、ブラウザタブを閉じることを除く終了条件を考慮せずに連続的に使うために設計してきた。テスターがモード2（偽のデータを使ったブラウザでのテスト）を使ってサインアウトすると、フェイクモジュールは別のサインインを見込んでsetTimeoutを開始する。

一部のジャンルの映画のように、本書のテストスイートでは明確な終点が必要である。そのため、テストスイートをSIGTERMやSIGKILLの場合のように完了させるつもりなら、**テスト設定**を使う必要がある[*1]。テスト設定は、テストには必要であるが「本番環境」での使用には必要のない設定や命令である。

推察のとおり、新たなバグの発生を回避できるようにむしろテスト設定を最小限にしてきた。しかし、避けられない場合もある。その場合には、テスト設定でフェイクモジュールが常にタイマを再始動しないようにする必要がある。すると、テストスイートを終了させることができ、テストスイートの実行を自動化し、結果を解釈するスクリプトを使用できる。

以下の手順を実行すると、フェイクモジュールがサインアウト後にタイマを再始動しないようにすることができる。

- テストスイートで spa.model.people(true) のようにサインアウト呼び出しにtrue引数を追加する。この命令（do_not_resetフラグと呼ぶ）は、サインアウト後に別のサインインに備えて値をリセットしたくないことをモデルに通知する。
- モデルの spa.model.people.logout メソッドでは、オプションのdo_not_reset引数を取る。こ

[*1] 原注：はっきりさせよう。自動コミットフックは終了コードの解析を頼りにするため、プログラムを終了させる必要がある。終了しないということは終了コードがないことであり、ひいては自動化できず、これはもちろん受け入れられない。

- の値を単一の引数としてchat._leaveメソッドに渡す。
- モデルのspa.model.chat._leaveメソッドでは、オプションのdo_not_reset引数を取る。バックエンドにleavechatメッセージを送信するときにこの値をデータとして渡す。
- leavechatコールバックが受信データをdo_not_resetフラグとして扱うようにフェイクモジュール（webapp/public/js/spa.fake.js）を変更する。leavechatコールバックで受信データにtrueの値があれば、サインアウト後にタイマを再始動してはいけない。

予想以上に作業が多いが（追加作業がないことを期待していた）、3つのファイルにわずかな手直しが必要なだけである。まずテストスイートに手を付け、**例B-13**に示すようにlogoutメソッドの呼び出しにdo_not_reset命令を追加しよう。1単語の追加を**太字**で示す。

例B-13 テストスイートにdo_not_resetを追加する（webapp/public/nodeunit_suite.js）

```
...
// /logoutAsFred/開始
logoutAsFred = function( test ) {
  test.expect( 0 );

  // Fredとしてログアウトする
  spa.model.people.logout( true );

  // 以下の場合に次のテストに進む
  //    + ログアウトが完了している（spa-logoutイベント）
  $deferLogout.done( test.done );
};
// /logoutAsFred/終了
...
```

次に、**例B-14**に示すようにモデルにdo_not_reset引数を追加しよう。変更点は**太字**で示す。

例B-14 モデルにdo_not_resetを追加する（webapp/public/js/spa.model.js）

```
...
people = (function () {
  ...
  logout = function ( do_not_reset ) {
  var user = stateMap.user;

  chat._leave( do_not_reset );
  stateMap.user = stateMap.anon_user;
  clearPeopleDb();

  $.gevent.publish( 'spa-logout', [ user ] );
};
...
```

```
}());
...
chat = (function () {
  ...
  _leave_chat = function ( do_not_reset ) {
    var sio = isFakeData ? spa.fake.mockSio : spa.data.getSio();
    chatee  = null;
    stateMap.is_connected = false;
    if ( sio ) { sio.emit( 'leavechat', do_not_reset ); }
  };
  ...
}());
...
```

最後に、leavechatメッセージの送信時にdo_not_reset命令を考慮するようにフェイクモジュールを更新しよう。変更点は**太字**で示す。

例B-15　フェイクにdo_not_resetを追加する（webapp/public/js/spa.fake.js）

```
...
mockSio = (function () {
  ...
  emit_sio = function ( msg_type, data ) {
    ...
    if ( msg_type === 'leavechat' ) {
      // ログイン状態をリセットする
      delete callback_map.listchange;
      delete callback_map.updatechat;

      if ( listchange_idto ) {
        clearTimeout( listchange_idto );
        listchange_idto = undefined;
      }
      if ( ! data ) { send_listchange(); }
    }
    ...
```

更新後、nodeunit nodeunit_suite.jsを実行すると、テストスイートが動作して**終了**する。

```
$ nodeunite nodeunit_suite.js
✔ testInitialState
✔ loginAsFred
✔ testUserAndPeople
✔ testWilmaMsg
✔ sendPebblesMsg
✔ testMsgToPebbles
✔ testPebblesResponse
```

✔ updatePebblesAvtr
✔ testPebblesAvtr
✔ logoutAsFred
✔ testLogoutState

OK: 25 assertions (14234ms)
$

　テストスイートの終了コードは、失敗したアサーションの数になる。そのため、すべてのテストに合格すれば、終了コードは0になる（LinuxやMacでは、echo $?を使って終了コードを調べることができる）。スクリプトではこの終了状態（およびその他の出力）を使い、ビルドのデプロイの阻止や関係する開発者やプロジェクトマネージャへの電子メールの送信などを行うことができる。

B.6　まとめ

　テストはより高速で優れた開発に役立つ手段である。優れたプロジェクトは、最初から複数のテストモードに合わせて設計されており、問題を迅速かつ効率的に特定して解決するのに役立つコードでテストを記述している。ほとんどの人が、前に進むたびに以前に取り組んでいた部分の整合の誤りに出くわすようなプロジェクトに関わったことがあるだろう。一貫性があり適切に策定された早期のテストにより回帰を防ぎ、迅速な進捗を促す。

　この付録では4つのテストモードを示し、テストモードの準備方法と使うべきタイミングを説明した。テストフレームワークとしてnodeunitを選んだ。これにより、Webブラウザを使わずにモデルをテストできた。テストスイートの作成にあたっては、jQuery繰延オブジェクトとテスト命令を使ってテストが正しい順に実行されるようにした。最後に、テスト環境でテストを実行できるようにモジュールを調整する方法を示した。

　本書の説明が啓発的でひらめきが得られたと感じてもらえれば幸いである。テストを楽しんでほしい。

索引

記号

!=演算子 424
!==演算子 424
==演算子 424
===演算子 424
#! (シバン、hash bang) 369
(ハッシュ記号) 101
$変数 56
$文字 170, 411
% (パーセント記号) 136
& (アンパサンド) 171
_ (アンダースコア) 407
' (単一引用符) 401
" (二重引用符) 401
* (アスタリスク) 292
, (カンマ) 31
: (コロン) 29
; (セミコロン) 401
? (疑問符) 292
( ) (かっこ) 398, 401
[ ] (角かっこ) 398, 414
{ } (波かっこ) 37, 414
< > (山かっこ) 171
- (マイナス符号) 425
+ (プラス符号) 425

A

actionパラメータ 372
ActionScript 5
AddThis 112
adduserメッセージハンドラ 355-359
Airbrake 373

AJAXメソッド 18
Akamai 376
alertメソッド 42
allメソッド (Express) 290
Amazon Cloudfront 376
anon_userキー 188
Apache/Apache2 ..... 271, 305
API (Application Programming Interfaces) 112

B

basicAuthメソッド 300
body要素 12
bodyParserメソッド 282
break文 423
Bugsense 373

C

C言語 59
Cache-Controlヘッダ 381
Cappuccino 7
Cassandra 312
Catalyst 115
categoryパラメータ 372
CDNサイト 376
CDN (コンテンツデリバリネットワーク) 16, 376
chatオブジェクト
 joinメソッドのテスト 219-221
 イベント 212
 概要 210
 コード 214-217
 テスト 228-230
 フェイクモジュールの使用 217-219, 226-228

文書化 213-214
　　　メソッド 212
　　　メッセージング追加 221-226
chatee 210
Chromeデベロッパーツール 370
cidプロパティ 177
clearChatメソッド 236, 240
closeメソッド 42
Cloudfront 376
cm単位 136
CoffeeScript 7
completeLogin()メソッド 191
configMap変数 21, 86, 94, 120
configureメソッド 281-282
Connectフレームワーク 276-278
connectメソッド 305
console.log()関数 34
contentTypeプロパティ 274, 286, 289
continue文 421
CouchDB 6
countUp関数 303
CPAN (Comprehensive Perl Archive Network) ... 272
createメソッド 45
createServerメソッド 273
CRUD (作成、読み取り、更新、削除)
　　　MongoDBドライバメソッド 321-324
　　　定義 285
　　　ルート 285-300
crud.jsファイル 342-344
cssディレクトリ 73
CSS (Cascading Style Sheet) 3, 5,
　134-139、CSS3も参照
　　　APIを実装 139-146
　　　em単位 135
　　　disconnectメッセージハンドラ 361-363
　　　handleResizeメソッド 156-161
　　　JavaScriptを更新 236-245
　　　removeSliderメソッド 155-156
　　　setSliderPosition API 131
　　　updateavatarメッセージハンドラ 363-366
　　　updatechatメッセージハンドラ 359-360
　　　概要 235
　　　クラス名の接頭辞 134
　　　シェルモジュール 81-85, 88-90
　　　初期化API 130
　　　初期化の流れ 131-133
　　　スタイルシートを更新 245-250
　　　チャット機能モジュール 134-139
　　　テスト 152-153, 250-251

　　　ファイル構造 118-119
　　　ファイルの命名 419
　　　変更 146-152
　　　目的 164
css_mapプロパティ 177, 231
CSS3 (Cascading Style Sheets 3) 6
curlコマンド 287

D

-dオプション (curlコマンド) 287
decodeHtmlユーティリティ 171
development環境設定 282
disconnectメッセージハンドラ 361-363
DisQus 112, 116
Distribution Cloud 376
Django 115
do文 421
document要素
　　　モデルモジュール 166
　　　概要 42
DOM (Document Object Model) 14
　　　jQueryによる 419
　　　ストレージ 378
DOMメソッド 428
DoubleClick 112
DTD (Document Type Definition) 331
Dustテンプレートシステム 245

E

eachメソッド 191
Edgecast 376
em単位 135, 139, 156
Embeddedスタイルテンプレートシステム 245
encodeHtmlユーティリティ 171
endメソッド 274
Errorception 373
errorHandlerメソッド 282
eval文 425
ex単位 136
exports属性 295
Expressフレームワーク 281-282
　　　概要 278-281
　　　環境 282-283
　　　静的ファイル 283-285
extend()メソッド 103

F

Facebook
　いいねボタン ... 112
　認証サービス ... 270
fileWatch メソッド ... 310
find メソッド (MongoDB) ... 316
Firebug ... 12
Firefox
　JavaScript の速さ ... 6
　Object.create メソッド ... 47
Flash ... 4-5
Flash Spacelander ... 4
FMVC (Fractal Model-View-Controller) パターン
　... 115
for ループ ... 31, 421
frame 要素 ... 42
fs モジュール ... 306

G

gaq オブジェクト ... 372
gem コマンド ... 272
GET ... 285
get メソッド (Express) ... 280
get_by_cid() メソッド ... 179
get_chatee() メソッド ... 212
get_cid_map() メソッド ... 187
get_db() メソッド ... 179, 187
get_is_anon() メソッド ... 178
get_is_user() メソッド ... 178
get_user() メソッド ... 179, 191
getEmSize ユーティリティ ... 171
getPeopleList() メソッド ... 187
Google +1 ボタン ... 112
Google Analytics
　イベント ... 372-373
　概要 ... 373
Google Chat ... 305
Google Chrome
　JavaScript の速さ ... 6
　Object.create メソッド ... 47
　XmlHttpRequests のロギング ... 371
　概要 ... 11-12
　チャットスライダーの例を調べる ... 19-23
Google V8 JavaScript エンジン ... 10
Google クロール ... 368-371
Googlebot
　定義 ... 368

　テスト ... 370
　ユーザエージェント文字列 ... 370
GWT (Google Web Toolkit) ... 7

H

Handlebars テンプレートシステム ... 245
handleResize メソッド ... 156-161
hashchange イベントハンドラ . 103, 109, 127, 144, 153
head 要素 ... 76
headers プロパティ ... 275
height プロパティ ... 21
Hello World サーバ ... 272-275
:hover 派生疑似クラス ... 138
HTML (Hypertext Markup Language) ... 5
　JavaScript への変換 ... 85-86
　機能コンテナ用テンプレート ... 86-88
HTML5 (Hypertext Markup Language 5) ... 6
HTTP キャッシュ ... 381-384
http モジュール ... 273
HTTPS (Hypertext Transfer Protocol Secure) ... 300

I

:id パラメータ ... 288
id プロパティ ... 177
IDE (Integrated Development Environment) ... 86
if 文 ... 20, 422
in 単位 ... 136
initModule 関数 ... 18, 77, 88, 120, 128, 145
Internet Explorer
　Object.create メソッド ... 47
　デベロッパーツール ... 12
is_chatee_online フラグ ... 223
isFakeData フラグ ... 184

J

Jabber ... 305
jasmine-jquery フレームワーク ... 439
Java ... 271
Java アプレット ... 4-5
JavaScript
　2回走査 ... 34
　HTML の変換 ... 85-86
　Node.js ... 271
　エンドツーエンドの利用 ... 3
　関数 ... 53-66
　高速 ... 6

コールバック 128
実行コンテキスト 36–39
JavaScript
　住宅ローン計算 4
　進化 5–8
　生成された 7
　引数 128
　プロトタイプチェーン 47–53
　プロトタイプベースのオブジェクト 43–51
　変数 29–36, 39–43
JavaScript Object Notation .... JSONを参照
join() メソッド 212, 219–221
jQuery
　$変数 56
　DOM操作 10, 419
　アニメーション 18
　シェルモジュール 74
　ダウンロード 74
　定義 14
　統一されたタッチマウスライブラリ 176
　利点 18
jquery.event.gevent-0.1.9.js ファイル 173
jquery.event.ue-0.3.2.js ファイル 169, 176
.js ファイル 419
js/jq ディレクトリ 73, 419
JSLint ツール 14, 18
　インストール 425
　使用 427–428
　設定 426–427
　ファイル構造 170
　変数 77
JSLintによるコード検証 (validating code with JSLint)
　インストール 425
　使用 427–428
　設定 426–427
JSON (JavaScript Object Notation)
　概要 5–6, 10
　スキーマ 331–335
　ブラウザ表示 324
JSONovich 拡張 324
JSONView 拡張 324
JSV モジュール 331

K

K&R スタイルのかっこ付け (K&R style bracketing) 398–400

L

last-modified 属性 384
_leave_chat メソッド 215
leavechat メッセージ 226
let 文 30
listchange メッセージ 217–219
listen メソッド 274
LiveFyre 112, 116
log() 関数 34
logger() 関数 278
login() メソッド 179, 191
logout() メソッド 179, 191
LRU (least recently used) 384

M

makeCid() メソッド 191
makeError() メソッド 121
makePerson() メソッド 187
max-age 属性 381–382
Memcached 312, 384, 385
method プロパティ 275
methodOverride() メソッド 282
MicroMVC 115
mm 単位 136
mocha フレームワーク 439
mod_perl 271
model.js ファイル 166
mongod コマンド 322
MongoDB 6–10
　CRUD メソッド 321–324
　CRUD モジュール 340–350
　インストール 319–321
　概要 314
　キャッシュ 390
　コマンド 316–318
　データの検証 329–340
　動的構造 315–316
　ドキュメント指向ストレージ 315
　ドライバのインストール 319–321
　プロジェクトファイルの準備 318
　利点 312
Mongolia 319
Mongoose 319
Mongoskin 319
Mustache テンプレートシステム 245
MVC パターン (Model-View-Controller pattern) 115–118, 166

MySQL 312

N

name プロパティ 177
Neo4J 312
New Relic 374
new 演算子 44-45, 414
new キーワード 417
no-cache 属性 382-384
Node.js
 Connect フレームワークを使う 276-278
 Express フレームワークを使う 278-285
 Hello World サーバ 272-275
 JavaScript エンジン 10
 Redis と使う 385-390
 Web サーバ 6
 概要 271
 ダウンロード 272
 モジュールのロード 295-296, 440-443
 利点 271-272
NODE_PATH 環境変数 440
nodealytics プロジェクト 373
node-googleanalytics プロジェクト 373
nodeunit フレームワーク 439-440
NoSQL データベース 312
no-store 属性 384
npm (Node Package Manager)
 manifest ファイル 279
 --save オプション 279
 定義 272
 モジュールのインストール 277

O

Object.create メソッド 45, 47, 188
Objective-C 7
Objective-J 7
ODM (Object Document Mapper) 319
on メソッド 305
onClick イベントハンドラ 144
ondata プロパティ 275
onerror イベント 374
onHeldendNav イベントハンドラ 254
onListChange イベントハンドラ 236, 241, 257
onload メソッド 19, 42
onLogin イベントハンドラ 204, 237, 242
onLogout イベントハンドラ 204, 237, 242, 257
onresize メソッド 42

onSetchatee イベントハンドラ 236, 240, 254
onSubmitMsg イベントハンドラ 236, 240
onTapAcct イベントハンドラ 204
onTapList イベントハンドラ 236, 240
onTapNav イベントハンドラ 253
onTapToggle イベントハンドラ 240
onUpdatechat イベントハンドラ 236, 241
Openfire 305
Opera 6
opt_label パラメータ 372
opt_noninteraction パラメータ 372
opt_value パラメータ 372
ORM (Object Relational Mapper) 319
Overture 112

P

Passenger 271
PATCH 285
patr フレームワーク 439
pc 単位 136
people オブジェクト
 イベント 180-182
 概要 176-177
 コード 186-191
 偽のユーザリスト 184-186
 文書化 182
 メソッド 179-180
people_cid_map キー 188
people_db キー 188
person オブジェクト 177-179
PhoneGap 6
PHP 5, 271
pip コマンド 272
POST 285
post メソッド (Express) 286
preventDefault() メソッド 97
preventImmediatePropagation() メソッド 97
production 環境設定 282
properties 値 332
__proto__ プロパティ 48
pt 単位 136
_publish_listchange メソッド 215
_publish_updatechat メソッド 223
PUT 285
px 単位 135-136

R

Rackspace 376
Redis 384, 385-390
removePerson()メソッド 191
removeSlider()メソッド 155-156
requestオブジェクト 273, 275
require関数 295
responseオブジェクト 273
REST (Representational State Transfer) 285
return文 423
routes.jsファイル 342, 349, 353, 370
Ruby on Rails 115, 271

S

Safari
 Object.createメソッド 47
 デベロッパーツール 12
safeオプション 327
--saveオプション (npmコマンド) 279
script要素 11
scrollChatメソッド 236
send_listchange関数 217
send_message()メソッド 212
set_chatee()メソッド 212
setDataModeメソッド 436-437
setInterval関数 303
setSliderPosition API 131
ShareThis 112
show dbsコマンド 316
Socket.IO
 JavaScriptの更新 306-310
 WebSocket 301
 概要 301-305
 フェイクモジュールとのメッセージ送受信 184
 メッセージングサーバ 305-306
Socket.IOモジュール 10
 概要 301-305
 メッセージングサーバ 305-306
 モックの作成 196-198
socket.io.jsファイル 305
spaディレクトリ 73
SPA (single page application)
 JavaScript SPAの進化 5-8
 更新 306-310
 プラットフォーム 4
 利点 23-24
 履歴 4-5

spa.avtr.cssファイル 169, 258
spa.avtr.jsファイル 169, 252
spa.chat.cssファイル 246
spa.chat.jsファイル 237
spa.cssファイル 245
spa.data.jsファイル 169, 264
spa.fake.jsファイル 169, 184, 196, 217, 226, 231
spa.jsファイル 189, 263
spa.model.jsファイル 187, 191, 213-214, 221, 230, 234, 264
spa.shell.cssファイル 205
spa.shell.jsファイル 203, 259
spa.util_b.jsファイル 171
spa-listchangeイベント 180, 212
spa-loginイベント 180
spa-logoutイベント 180
spa-setchateeイベント 212
spa-sliderクラス 14, 21
spa-updatechatイベント 212
Spring MVC 115
SQL (Structured Query Language) 5
staging環境設定 282
stateMap.is_connectedフラグ 214
stopPropagation()メソッド 97
strictプラグマ 186
style要素 11-12
SVG (Scalable Vector Graphics) 6
switch文 423
 try文 423
 while文 423
 with文 424

T

TaffyDB
 定義 187
 利点 187
TaffyDB2 10
taffydb-2-6.2.jsファイル 169
TDD (テスト駆動開発、test-driven development)
.... 233
TechCrunch.com 112
testing環境設定 282
thisキーワード 61
throw文 423
Tic-Tac-Toe (三目並べ) 4
Tidyツール 80
TODOコメント 404-405
Tomcat 271

Tornado 271
_trackEvent メソッド 372
_trackPageView メソッド 372
try/catch ブロック
    概要 374
    標準 423
Twisted 271
type 属性 30

U

Uglify 419
undefined の値 32, 35, 47, 414
underscore.js 245
update_avatar() メソッド 212, 230
_update_list メソッド 215
updateavatar メッセージハンドラ 230, 231, 363-366
updatechat メッセージハンドラ 226, 359-360
uriAnchor プラグイン 74, 102, 107-108
url プロパティ 275
use コマンド 316
userupdate メッセージ 191

V

ValueClick 112
var キーワード 28, 30, 32, 295, 414
vim エディタ 86, 400
vows フレームワーク 439

W

Web クローラ (web crawler) 368
Web ストレージ (web storage) 378-380
Web マスターツール 370
WebSocket
    概要 301
    使用の利点 354
wget コマンド 287
while 文 423
window オブジェクト
    onload イベント 19, 42
    サイズイベント 158-159
    グローバル変数 42
with 文 424
writeAlert メソッド 236
writeChat メソッド 236

X

XML (Extensible Markup Language) 5, 103
XmlHttpRequests 371
XMPP (Extensible Messaging and Presence
    Protocol) 305

Y・Z

Yahoo! 認証サービス 270
zombie フレームワーク 439

あ行

アスタリスク (*) 292
アニメーション (animation) 18
アバター機能モジュール (Avatar feature module)
    JavaScript 252-258
    概要 251
    シェルモジュールの更新 259-260
    スタイルシート 258-259
    テスト 260
    目的 164
アプリケーション状態 (application state)
    アンカーを使う 101, 103-107, 108
    概要 99, 103, 109
    定義 99
    履歴制御の管理 99
アプリケーションの更新 (updating application)
    306-310
アンカー (anchor)
    アプリケーション状態の管理 ... 101, 102, 103-108
    チャット機能モジュール 128
    ページリロード 102
アンカーインタフェースパターン (anchor interface
    pattern) 101
アンダースコア (underscore、_) 407
イージング (easing) 18
一貫したインデント (consistent indentation) 395
    K&R スタイルのかっこ付け 398-400
    引用符 401-402
    コードをパラグラフにまとめる 395-397
    標準 28
    ホワイトスペース 400
    メンテナンス 114
イベント (event)
    Google Analytics 372-373
    jQuery グローバルカスタムイベント 181
    Node.js 内のキュー 272

コールバックとの比較.................................. 180
　イベントの登録 (subscribing to event) 180
　イベントハンドラ (event handler) 429
　　チャットスライダーの例.............................. 94-98
　　命名 237
　インストール (installing)
　　JSLint 425
　　MongoDBドライバ................................ 319-321
　インデント (indentation) 395
　大きな攻撃ベクトル (large attack vector) 301
　行の分割 (breaking line) 397-398
　オブジェクト (object)
　　関数 53
　　命名 411
　オブジェクトリテラル (object literal) 29

か行

回帰テスト (regression testing) 168
型 (type) 408
かっこ (parentheses、()) 398, 401
ガベージコレクタ (garbage collectors) 59
カリー化関数 (currying function) 405
環境 (environment) 282-283
関数 (function)
　　クロージャ 59-66
　　実行コンテキスト 38
　　変数への割り当て 414
　　無名関数 53-53
感嘆符 (exclamation point、!) 103
カンマ演算子 (comma operator) 31, 424
管理 (management) 59
キーバリューストア (key/value store) 312, 378
機能コンテナ (feature container)
　　HTMLテンプレートを追加........................ 86-88
　　アプリケーションにシェルを使わせる......... 90-91
　　概要 79-80
　　クロージャ 85
　　シェルCSS 81-85, 88-90
　　シェルHTML 80
　　定義 91
機能モジュール (feature module)
　　MVCパターン..................................... 115-118
　　概要 112
　　サードパーティモジュールとの比較 112-114
　　初期化 130
　　チャット機能モジュール 118-126, 128-161
　　定義 111
　　やり取り 126

規約 (convention) 10
キャッシング (caching)
　　HTTPキャッシュ 381-384
　　MongoDB 390
　　Webストレージ 378-380
　　概要 376
　　サーバキャッシング 384-390
　　データベースクエリキャッシュング 390-391
キャメルケース (camelCase) 407
クライアントID (client ID) 178
クライアント側のエラーをロギング (logging client-side error)
　　サードパーティ 373-374
　　手動 374-376
クラスベースのオブジェクトとプロトタイプベース
　のオブジェクトの比較 (class-based objects vs.
　prototypebased object) 43-45
クリックイベントハンドラ (click event handler) 94-98
クロージャ (closure) 59-66
グローバルスコープ (global scope) 40
グローバル名前空間 (global namespace) 54
　　汚染 54
グローバル変数 (global variable)
　　windowオブジェクト 42
　　概要 29
クロスプラットフォーム開発 (cross-platform development) 6, 24
クロックフォード、ダグラス (Crockford, Douglas) 14, 425
検索パス (search path) 295
検証関数 (validation function) 335-336
更新 (update) 306-310
構成API (configuration API) 128-130
構成モジュール (configuring module) 128
高度なキーバリューストア (advanced key-value store) 384
構文 (syntax) 56
　　evalを避ける 425
　　JSLintによるコード検証 426-427
　　一般的な文字を使う 407-409
　　オブジェクト 411
　　概要 405-407
　　関数 411
　　カンマ演算子を避ける 424
　　数値 410
　　スコープを伝える 407
　　正規表現 410
　　整数 409-410
　　配列 410

比較 424
ブール値 409
プラスとマイナスの混乱を避ける 425
変数宣言 414-416
変数名と変数型 408
マップ 411
未知のデータ型 412
文字列 409
割り当て式を避ける 424
コーディング標準 (coding standard) 28
関数 416-418
コードのレイアウト 395-402
コメント 402-405
名前空間 418-419
ファイル名 419-420
モジュールテンプレート 428
利点 393-394
コード (code)
一貫性を持って行を分割する 397-398
再利用 114
メンテナンス 114
コールバック (callback) 128, 429
古典まがいのオブジェクトコンストラクタ (pseudo classical object constructor) 417
コメント (comment)
APIを文書化 404-405
コードを戦略的に説明 402-404
コンテナ (container) 112
コンテンツデリバリネットワーク (content delivery network、CDN) 376

さ行

サードパーティプラグイン (third-party plugin) ... 4-5
サードパーティライブラリ (third-party library)
.... 4-5, 56, 112-114, 124
サーバ (server)
CRUDルート 285-300
Node.js 271-285
キャッシュ 384-390
ベーシック認証 300
役割 270-271
最初の走査 (first pass) 35, 37
最適化 (optimizing) 368-371
サイト分析 (site analytics)
Google Analytics 373
イベント 372-373
サインイン/サインアウト (sign-in/sign-out)
シェルJavaScript更新 203-205

シェルスタイルシートを更新 205-206
テスト 206-207
ユーザエクスペリエンスの設計 202
参照 (reference) 128
参照渡し (passing by reference) 128
三目並べ (Tic-Tac-Toe) 4
シェルモジュール (Shell module)
jQueryファイル 74
アバター機能モジュールの更新 259-260
アプリケーションHTML 74-76
アプリケーション状態の管理 99-109
概要 71-73
機能間のやり取り 126
機能コンテナ 79-91
機能モジュールの変更 146-152
サインイン/サインアウトを可能にする ... 203-207
名前空間 73, 76-77
ファイル構造 73-74
自己実行型無名関数 (self-executing anonymous function) 4-5, 53-56, 112-114, 124
実行環境 (execution environment) 6
実行コンテキスト (execution context)
JavaScript 36-39
オブジェクト 36
参照のチェーン 65
自動双方向データバインディング (automatic two-way data binding) 262
自動テスト (automating testing) 168
シバン (hash bang, #!) 369
従属キー値 (independent key-value pairs) 107
状態コード (status code) 285
初期化 (initialization)
機能モジュール 130
チャット機能モジュール 131-133
初期化API (initialization API) 130
シングルページアプリケーション (single page application) .... SPAを参照
数値 (number) 410
一般的な文字を使う 407-409
オブジェクト 411-412
正規表現 410
未知のデータ型 412
文字列 409
スキーマ (schema) 315
スコープ (scope)
JavaScriptの古いバージョン 30
関数 36
変数 29-32, 39-43
変数スコープを伝える 407

スコープチェーンの上昇 (walking up the scope
　　chain) 34
スタブ (stub) 119
スペースとタブ (spaces vs. tabs) 395
スマートフォン (smartphone) 176
正規表現 (regular expression) 410
整数 (integer) 409-410
整数型 (integer data type) 28
生成された JavaScript (generated JavaScript) 7
静的ファイル (static file) 283-285
セキュリティ (security) 4-5
接頭辞 (prefix) 135
セミコロン (;) 401
相対単位とピクセル数 (relative units vs. pixel)
　　... 135-136

た行

第一級オブジェクト (first-class object) ... 53, 416-418
　　概要 53
　　自己実行型無名関数 53-56
　　スコープ 36
　　命名 411
　　モジュールパターン 56-62
タブとスペース (tabs vs. spaces) 395
タブレット (tablet)
　　px 単位 135-136
　　SPA 24
　　統一されたタッチマウスライブラリ 176
単一引用符 (single quote、') 401
単体テスト (unit testing) 168
チーム (team) 114
チャット機能モジュール (chat feature module)
　　adduser メッセージハンドラ 355-359
　　アンカーインタフェースパターン 127
　　ファイルの追加 119-126
チャットスライダーの例 (chat slider example)
　　Chrome で調べる 19-23
　　CSS 12-14
　　HTML 12-14
　　JavaScript 14-19
　　概要 10
　　スライダーの拡大や格納を行うメソッド 91-94
　　チャットスライダークリックイベントハンドラ
　　　　追加 94-98
　　ファイル構造 11
ツールキットスタイルテンプレートシステム (Toolkit
　　style template system) 245

停止問題 (halting problem) 461
データ検証 (validating data)
　　JSON スキーマ 331-332
　　インストール JSV モジュール 331
　　オブジェクト型 329-331
　　概要 336-340
データバインディング (data binding) 261-262
データベース (database)
　　Chat モジュール 350-366
　　CRUD モジュール 340-350
　　MongoDB 314-328
　　クエリキャッシング 390-391
　　種類 312
　　データの検証 331-340
　　データ変換をなくす 312-313
　　ビジネスロジック 313
データモジュール (Data module) 262-265
テキストエディタ (text editor) 86
デスクトップアプリケーションとSPAの比較 (desktop
　　applications vs. SPA) 23
デスクトップ制御 (desktop control) 99
テスト (testing)
　　nodeunit テストを準備 439-440
　　チャット機能モジュール 152-153
　　テストスイートを作成 440-461
　　テストフレームワークの使用 437-439
　　テストモードの準備 434-437
　　モジュールの調整 461-464
テスト駆動開発 (test-driven development、TDD)
　　... 233
デプロイ (deployment)
　　概要 23
　　容易 6
テンプレートシステム (template system) 245
統一されたタッチマウスライブラリ (unified
　　touchmouse library) 176
同一生成元ポリシー (same origin policy) 5
同期チャネル (synchronous channel) 211
動的言語 (dynamic language) 28
ドキュメントオブジェクトモデル (Document Object
　　Model) .... DOMを参照
ドキュメント指向ストレージ (document-oriented
　　storage) 315
独立キーバリューペア (dependent key-value pairs)
　　... 107
ドライバ (driver) 318, 321-324
ドラッグアンドドロップ (drag-and-drop) 176

な行

長押し (long-press gesture) 176
名前空間 (namespace)
　　シェルモジュール.......................... 71, 73
　　ピクセル.. 135
　　ファイルの命名 418-419
　　ファイル命名.................................. 419
名前付き引数 (named argument) 416
波かっこ ({}) 37 414
二重引用符 (double quotes、") 401
認可 (authorization) 269
認証 (authentication) 269
ネイティブ JavaScript SPA (native JavaScript SPA)
　.. 7-8

は行

パーセント記号 (%) 136
配列型 (array data type)
　　概要.. 28
　　命名... 410
ハッシュ記号 (hash symbol、#) 101
ハッシュフラグメント (hash fragment) 101
パブリックメソッド (public method) 429
パラグラフ (paragraph) 395-397
引数 (argument) 128
ピクセル数と相対単位 (pixels vs. relative unit)
　... 135-136
ビジネスロジック (business logic) 164
非同期チャネル (asynchronous channel) 211
非同期呼び出し (asynchronous call) 374
非補間引用符 (non-interpolating quote) 402
ピンチによるズーム (pinch-to-zoom gesture) 176
ファイル構造 (file structure)
　　モデルモジュール 168-169
　　シェルモジュール 73-74
　　チャット機能モジュール 118-119
　　標準 419-420
ファクトリパターン (factory pattern) 416
ブール値 (booleans) 409
フェイクモジュール (Fake module) 184, 217-219, 226-228
ブックマーク (bookmark) 99-101
浮動小数点型 (float data type) 28
プライバシー (privacy) 112
ブラウザの振る舞い (browser behavior) 99
プラグイン (plugin) 5
フラクタル (fractal) 115

フラクタル MVC パターン (Fractal Model-View-Controller pattern) 115
プラス符号 (+) 425
フレームワークライブラリ (framework library) 262
ブロックスコープ (block scope) 30
プロトタイプチェーン (prototype chain)
　　概要.. 47-53
　　変更.. 52-53
プロトタイプベースのオブジェクト (prototype-based object) 43-51
文 (statement)
　　continue 421
　　do.. 421
　　for 421
　　if 422
　　return 423
　　switch 423
　　try 423
　　while 423
　　with.. 424
文書化 (documenting)
　　chat オブジェクト 213-214
　　people オブジェクト 182
　　コメント 404-405
文書型定義 (Document Type Definition：DTD) ... 331
分離 (isolation) 112
ベーシック認証 (Basic Authentication) 300
変更 (mutation) 52-53
変数 (variable)
　　関数の割り当て 414
　　グローバル変数と window オブジェクト 42
　　スコープ 29-32, 39-43
　　宣言 28, 414-416
　　名前 405-412
　　巻き上げ 32-36
　　未定義... 35
　　割り当てごとに 1 行を使う 416
変数宣言 (declaring variable) 28, 414-416
変数の命名 (naming variable)
　　関数 411
　　スコープを伝える............................ 407
　　整数 409-410
　　配列 410
　　ブール値 409
　　変数型 408
　　マップ 411
変数名 (variable name) 409-410
補間引用符 (interpolating quote) 402
ホストページ (host page) 112

ホワイトスペース (whitespace)
 コード中 400
 定義 395
本番環境に備える (production preparation)
 367-371

ま行

マイナス符号 (-) 425
巻き上げ (hoisting) 32-36
マップ (map) 411
マルチタッチ (multi-touch gesture) 176
未知のデータ型 (unknown type) 412
ミドルウェア (middleware) 276
無名関数 (anonymous function)
 概要 53
 自己実行型無名関数 53-56
 定義 53
 ローカル変数 54
メッセージングサーバ (messaging server) 305-306
メモリ (memory)
 リーク 65
モジュール (module)
 テストに合わせて調整 461-464
 テンプレート 428
 ロード 295-296, 440-443
モジュールパターン (module pattern)
 JavaScript 56-62
 定義 53
モジュール用のテンプレート (template for module)
 428
文字列型 (string data type)
 概要 28
 命名 409
モデルモジュール (Model module)
 people オブジェクト 176-177, 179-200
 person オブジェクト 177-179
 アバターのサポート 196-201
 概要 164-166
 チャットオブジェクト 210-230
 統一されたタッチマウスライブラリ ... 176
 ファイル構造 168-169

 ファイルの内容 169-176
 目的 164
 モデルが実行しないこと 166-168
モバイルデバイス (mobile device) 6

や行

ユーザエージェント文字列 (user-agent string) 370
ユーザエクスペリエンス (user experience) 202
ユーティリティメソッド (utility method) 428
緩く型付けされた言語 (loosely typed language) 28
読みやすいコード (human-readable code) 394

ら行

ライブラリ (library) 124
 Node.js のモジュール 295-296
 最後にロード 124
ラベル (label) 420
リキッドレイアウト (liquid layout) 81
リサイズイベント (resize event) 158-159
流動的なページ (fluid page) 5
リレーショナルデータベース (relational database)
 312
履歴 (history)
 SPA 4-5
 アプリケーション状態の管理 99-101
 履歴が安全 127
リロード (reloading) 102
ルート (route) 292
ルート CSS 名前空間 (root CSS namespace) 76-77
ルート JavaScript 名前空間 (root JavaScript namespace) 77
ルート名前空間モジュール (root namespace module)
 .... 131, 152
ローカル変数 (local variable)
 概要 29
 無名関数 54
ロバートソン、ダンカン (Robertson, Duncan) 4

わ行

割り当て式 (assignment expression) 424

●著者紹介

Michael S. Mikowski（マイケル・S・ミコウスキー）
受賞経験のあるインダストリアルデザイナー兼SPAアーキテクトであり、フルスタックの（つまり何でもこなす）Web開発者およびアーキテクトとして13年の経験を持つ。ここ4年あまりは大規模クラスタでmod_perlアプリケーションサーバを使って1日に何億ものリクエストに対応するHP/HAプラットフォームの開発マネージャを務めた。

商用のSPAに関わるようになったのは2007年からで、その当時、AMDの「Where to Buy」サイトを開発しており、この開発ではホスティングの制約で他のほとんどのソリューションを使うことができなかったためだ。その後、SPAの可能性のとりこになり、同様の多くのソリューションの設計と開発に取りかかった。品質のための設計、創造的破壊、ミニマリズム、的を絞ったテストテクニックでSPA開発から複雑さと混乱を取り除けると固く信じている。

また、多くのオープンソースプロジェクトに貢献しており、多数のjQueryプラグインを公開している。2012年と2013年のHTML5開発者会議、Developer Week 2013、サンフランシスコ大学のほか多くの企業で講演を行っている。最近は、UIアーキテクト、コンサルタント、UXエンジニアリングのディレクターを務めている。

Josh C. Powell（ジョシュ・C・ポウエル）
IE 6が優れたブラウザとして認識されていた頃からWebに携わる。ソフトウェアエンジニアとWebアーキテクトとして13年以上の経験を持ち、Webアプリケーション開発と開発チーム構築の技術を愛している。現在は、さまざまなSPA技術を試し、その一瞬一瞬を楽しむことに夢中になっている。

どういう巡り合わせか、彼は講演に力を注いでおり、HTML5開発者会議やNoSQL NowなどのSPAやJavaScriptのカンファレンス、大学、Engine Yard社やRocketFuel社などの多くのシリコンバレー企業に参画している。また、www.learningjquery.comやさまざまなオンライン雑誌に記事も書いている。

●監訳者紹介

佐藤 直生（さとう なおき）
日本オラクル株式会社における、Java EEアプリケーションサーバやミドルウェアのテクノロジーエバンジェリストとしての経験を経て、現在はMicrosoft corporationで、パブリッククラウドプラットフォーム「Microsoft Azure」のテクノロジスト/エバンジェリストとして活動。監訳/翻訳書に『キャパシティプランニング──リソースを最大限に活かすサイト分析・予測・配置』、『Head First SQL』、『Head Firstデザインパターン』、『Java 魂──プログラミングを極める匠の技』、『J2EEデザインパターン』、『XML Hacks──エキスパートのためのデータ処理テクニック』、『Oracle XMLアプリケーション構築』、『開発者ノートシリーズ Spring』、『開発者ノートシリーズ Hibernate』、『開発者ノートシリーズ Maven』、『Enterprise JavaBeans 3.1 第6版』（以上オライリー・ジャパン）などがある。

● 訳者紹介

木下 哲也（きのした てつや）
1967年、川崎市生まれ。早稲田大学理工学部卒業。1991年、松下電器産業株式会社に入社。全文検索技術とその技術を利用したWebアプリケーション、VoIPによるネットワークシステムなどの研究開発に従事。2000年に退社し、現在は主にIT関連の技術書の翻訳、監訳に従事。訳書、監訳書に『Enterprise JavaBeans 3.1 第6版』、『大規模Webアプリケーション開発入門』、『キャパシティプランニング──リソースを最大限に活かすサイト分析・予測・配置』、『XML Hacks』、『Head Firstデザインパターン』、『Web解析 Hacks』、『アート・オブ・SQL』、『ネットワークウォリア』、『Head First C#』、『Head Firstソフトウェア開発』、『Head Firstデータ解析』、『Rクックブック』、『JavaScriptクイックリファレンス 第6版』、『アート・オブ・Rプログラミング』、『入門 データ構造とアルゴリズム』、『Rクイックリファレンス第2版』（以上すべてオライリー・ジャパン）などがある。

カバーの説明

表紙の人物の画像には「Gobenador de la Abisinia」、つまり「アビシニア（エチオピアの旧称）の役人」という説明がついている。この画像はマドリッドで1799年に発刊された、スペイン地方衣装一覧からのもので、この本の扉には次のように書かれている。

「世界の国々で着用されている衣装のコレクション。R.M.V.A.R.によって綿密に描かれ印刷された。この作品は頻繁に各地を移動する人にとって特に役立つ。」

この絵を描いた人物、版を彫った人物、彩色した人物については何も知られていないが、その作業の正確さについては絵から明らかだ。「アビシニアの役人」もこの色彩豊かなコレクションの中の一枚である。この本は200年前の世界中のさまざまな地域の衣装の独自性や特徴を鮮明に蘇らせている。

シングルページWebアプリケーション
―― Node.js、MongoDBを活用したJavaScript SPA

2014年 5 月26日　初版第 1 刷発行

著　　　者	Michael S. Mikowski（マイケル・S・ミコウスキー） Josh C. Powell（ジョシュ・C・ポウエル）
監 訳 者	佐藤 直生（さとう なおき）
訳　　　者	木下 哲也（きのした てつや）
発 行 人	ティム・オライリー
制　　　作	ビーンズ・ネットワークス
印刷・製本	日経印刷株式会社
発 行 所	株式会社オライリー・ジャパン 〒160-0002　東京都新宿区坂町26番地27　インテリジェントプラザビル1F Tel　　（03）3356-5227 Fax　　（03）3356-5263 電子メール　japan@oreilly.co.jp
発 売 元	株式会社オーム社 〒101-8460　東京都千代田区神田錦町3-1 Tel　　（03）3233-0641（代表） Fax　　（03）3233-3440

Printed in Japan (ISBN978-4-87311-673-0)
乱丁本、落丁本はお取り替え致します。

本書は著作権上の保護を受けています。本書の一部あるいは全部について、株式会社オライリー・ジャパンから文書による許諾を得ずに、いかなる方法においても無断で複写、複製することは禁じられています。